NEW WCDP
新文京開發出版股份有限公司
新世紀・新視野・新文京—精選教科書・考試用書・專業參考書

第2版

中餐烹調 素食 丙級技術士

技能檢定考照必勝

編著 周師傅

掃描 QR code 免費下載

水花盤飾示範刀工影片

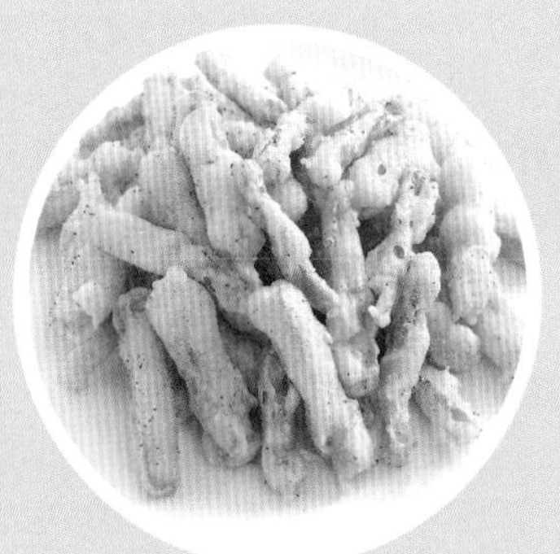

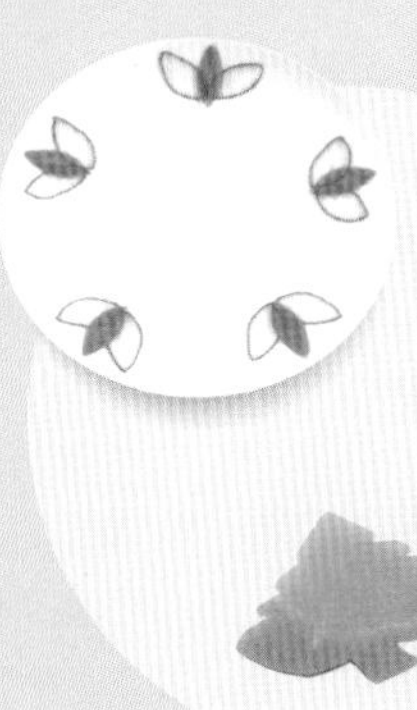

CHINESE VEGETARIAN FOODS COOKING

國家圖書館出版品預行編目資料

中餐烹調素食丙級技術士技能檢定考照必勝 / 周師傅編著. ─ 二版. ─ 新北市 : 新文京開發, 2019.08
面； 公分

ISBN 978-986-430-536-0（平裝）

1. 烹飪 2. 考試指南

427 108013342

中餐烹調素食丙級技術士
技能檢定考照必勝（第二版） （書號：**VF038e2**）

編 著 者	周師傅
出 版 者	新文京開發出版股份有限公司
地 址	新北市中和區中山路二段 362 號 9 樓
電 話	(02) 2244-8188（代表號）
F A X	(02) 2244-8189
郵 撥	1958730-2
初 版	西元 2017 年 08 月 15 日
二 版	西元 2020 年 01 月 20 日

建議售價：450 元
法律顧問：蕭雄淋律師
ISBN 978-986-430-536-0

編輯大意

TO THE INSTRUCTOR

近年來，隨著週休二日的實施，餐飲相關的行業也因而蓬勃發展，對於有興趣從事餐飲行業的民眾來說，通過中餐烹調素食丙級技術士檢定，可說是踏入餐飲業最基本的條件之一。本書提供讀者增進菜餚製作的能力及知識，並期許讀者能順利考取中餐烹調素食丙級技術士檢定證照。

本書的特點如下：

1. 以勞動部勞動力發展署最新公布技能檢定簡章進行改版，內容分明、條例清楚，讓應考者對報名資格及方式有所認識。
2. 本書由具乙級證照的專業老師、資歷超過 30 年的師傅，親自實作完成。
3. 針對最新公布的中餐烹調素食丙級技術士檢定術科，二大套、共 72 道菜餚，提供實作技巧與方法。

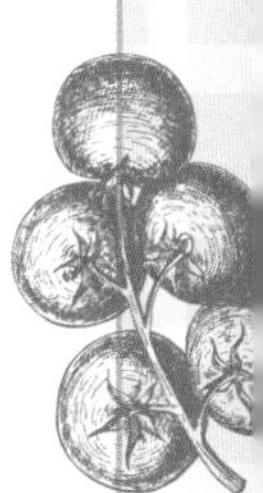

4. 每一小套菜（3 道菜），都有仔細的圖解說明、提示重點與烹調技巧。
5. 每一小套菜（3 道菜），針對其規定的水花片與盤飾，都有詳細的解析如何操作配對、切割。
6. 本書內容詳細，說明如何選購新鮮食材，與考場提供的各式醬料、調味料，方便在家操作練習，順利通過考試。
7. 本書內容附有詳細圖解說明應考器具，方便考生應考時，從容應考。
8. 內附學科考題，有利考生複習，可以順利考過中餐烹調素食丙級檢定。
9. 每週上課前，方便值日組學生分菜、配菜。

10. 內附 QR code 下載水花、盤飾示範刀工影片，在家可無師自通切割水花片與盤飾。
11. 內附重點應考流程圖及速簡表，方便考前複習。
12. 考照與廚藝進步必備好書！

目錄

CONTENTS

Chinese Vegetarian Foods Cooking

A PART 術科測試應檢人須知

一、一般說明 2

二、應檢人自備工（用）具 4

三、應檢人服裝參考圖（不合規定者，不得進場應試） 8

四、測試時間配當表 10

B PART 術科測試參考試題

一、共通原則說明 12

二、參考烹調須知 25

三、試題題組內容簡介 26

C PART 術科測試評審標準及評審表

一、評審標準 28

二、評審表 34

附錄1. 刀工操作步驟 42

附錄2. 水花參考圖譜（附QR code下載示範刀工影片） 68

附錄3. 盤飾參考圖譜 89

附錄4. 烹調法定義及食材處理手法釋義 102

附錄5. 術科測試抽籤暨領用卡單簽名表 108

D PART 術科試題組合菜單

術科試題組合菜單索引 110

試題 301-1~301-12

301-1組

練習材料單 114
(1) 榨菜炒筍絲 115
(2) 麒麟豆腐片 117
(3) 三絲淋素蛋餃 119

301-2組

練習材料單 121
(1) 紅燒烤麩塊 122
(2) 炸蔬菜山藥條 124
(3) 蘿蔔三絲捲 126

301-3組

練習材料單 128
(1) 乾煸杏鮑菇 129
(2) 酸辣筍絲羹 131
(3) 三色煎蛋 133

301-4組

練習材料單 135
(1) 素燴杏菇捲 136
(2) 燜燒辣味茄條 138
(3) 炸海苔芋絲 140

301-5組

練習材料單 142
(1) 鹽酥香菇塊 143
(2) 銀芽炒雙絲 145
(3) 茄汁豆包捲 147

301-6組

練習材料單 149
(1) 三珍鑲冬瓜 150
(2) 炒竹筍梳片 152
(3) 炸素菜春捲 154

301-7組

練習材料單 156
(1) 乾炒素小魚干 157
(2) 燴三色山藥片 159
(3) 辣炒蒟蒻絲 161

301-8組

練習材料單 163
(1) 燴素什錦 164
(2) 三椒炒豆乾絲 166
(3) 咖哩馬鈴薯排 168

301-9組

練習材料單 170
(1) 炒牛蒡絲 171
(2) 豆瓣鑲茄段 173
(3) 醋溜芋頭條 175

301-10組

練習材料單 177
(1) 三色洋芋沙拉 178
(2) 豆薯炒蔬菜鬆 180
(3) 木耳蘿蔔絲球 182

301-11組

練習材料單 184

(1) 家常煎豆腐 185

(2) 青椒炒杏菇條 187

(3) 芋頭地瓜絲糕 189

301-12組

練習材料單 191

(1) 香菇柴把湯 192

(2) 燒素獅子頭 194

(3) 什錦煎餅 196

試題 302-1~302-12

302-1組

練習材料單 198

(1) 紅燒杏菇塊 199

(2) 焦溜豆腐片 201

(3) 三絲冬瓜捲 203

302-2組

練習材料單 205

(1) 麻辣素麵腸片 206

(2) 炸杏片薯球 208

(3) 榨菜冬瓜夾 210

302-3組

練習材料單 212

(1) 香菇蛋酥燜白菜 213

(2) 粉蒸地瓜塊 215

(3) 八寶米糕 217

302-4組

練習材料單 219

(1) 金沙筍梳片 220

(2) 黑胡椒豆包排 222

(3) 糖醋素排骨 224

302-5組

練習材料單 226

(1) 紅燒素黃雀包 227

(2) 三絲豆腐羹 229

(3) 西芹炒豆乾片 231

302-6組

練習材料單 233

(1) 乾煸四季豆 234

(2) 三杯菊花洋菇 236

(3) 咖哩茄餅 238

302-7組

練習材料單 240

(1) 烤麩麻油飯 241

(2) 什錦高麗菜捲 243

(3) 脆鱔香菇條 245

302-8組

練習材料單 247

(1) 茄汁燒芋頭丸 248

(2) 素魚香茄段 250

(3) 黃豆醬滷苦瓜 252

302-9組

練習材料單 254

(1) 梅粉地瓜條 255

(2) 什錦鑲豆腐 257

(3) 香菇炒馬鈴薯片 259

302-10組

練習材料單 261

(1) 三絲淋蒸蛋 262

(2) 三色鮑菇捲 264

(3) 椒鹽牛蒡片 266

302-11組

練習材料單 268

(1) 五絲豆包素魚 269

(2) 乾燒金菇柴把 271

(3) 竹筍香菇湯 273

302-12組

練習材料單 275

(1) 沙茶香菇腰花 276

(2) 麵包地瓜餅 278

(3) 五彩拌西芹 280

術科試題組合菜單速簡表 282

學科試題：題庫與解答

工作項目01 食物性質之認識與選購 308

工作項目02 食物貯存 311

工作項目03 食物製備 315

工作項目04 排盤與裝飾 316

工作項目05 器具設備之認識 317

工作項目06 營養知識 320

工作項目07 成本控制 323

工作項目08 食品安全衛生知識 324

工作項目09 食品安全衛生法規 328

PART

A

術科測試應檢人須知

Chinese Vegetarian
Foods Cooking

一 一般說明

（一）本試題共有二大題，每大題各十二個小題組，每小題組各三道菜之組合菜單（試題編號：07601-1040301、07601-1040302）。每位應檢人依抽籤結果進行測試，第一階段「清洗、切配、工作區域清理」測試時間為 90 分鐘，第二階段「菜餚製作及工作區域清理並完成檢查」測試時間為 70 分鐘。技術士技能檢定中餐烹調（素食）丙級術科測試每日辦理二場次（上、下午各乙場）。

（二）術科辦理單位於測試前 14 日，將術科測試應檢參考資料寄送給應檢人。

（三）應檢人報到時應繳驗術科測試通知單、准考證、身分證或其他法定身分證件，並穿著依規定服裝方可入場應檢。

（四）術科測試抽題辦法如下：

1. 抽大題：測試當日上午場由術科測試編號最小之應檢人代表自二大題中抽出一大題測試，下午場抽籤前應先公告上午場抽出大題結果，不用再抽大題，直接測試另一大題。若當日僅有 1 場次，術科辦理單位應在檢定測試前 3 天內（若遇市場休市、休假日時可提前一天）由單位負責人以電子抽籤方式抽出一大題，供準備材料及測試使用，抽題結果應由負責人簽名並彌封。

2. 抽測試題組：術科測試編號最小之應檢人代表自 12 個題組中抽出其對應之測試題組，其他應檢人依編號順序依序對應各測試題組；例如應檢人代表抽到 301-5 題組，下一個編號之應檢人測試 301-6 題組，其餘（含遲到及缺考）依此類推。

3. 術科測試編號最小者代表抽籤後，應於抽籤暨領用卡單簽名表上簽名，同時由監評長簽名確認。術科辦理單位應記載所有應檢人對應之測試題組，並經所有應檢人簽名確認，以供備查。

4. 如果測試崗位超過 12 崗且非 12 的倍數時，超過多少崗位就依序補多少題組，例如抽到 301 大題的 14 崗位測試場地，超過 2 崗位，術科辦理單位備料時除了原來的 301-1 至 301-12 的材料（共 12 組），尚須加上 301-1 及 301-2 的材料（共 2 組），亦即原 12 組材料加上超過崗位的 2 組，以應 14 名應檢人應試。抽籤時，仍由術科測試編號最小之應檢人代表自 12 個題組中抽出其對應之測

試題組，其他應檢人依編號順序依序對應各測試題組。以 14 崗位，第 1 號應檢人抽到第 4 題組為例，對應情形依序如下：

題組	1	2	3	4	5	6	7	8	9	10	11	12	1	2
應檢人	12 號	13 號	14 號	1 號	2 號	3 號	4 號	5 號	6 號	7 號	8 號	9 號	10 號	11 號

（五） 術科測試應檢人有下列情事之一者，予以扣考，不得繼續應檢，其已檢定之術科成績以不及格論：

1. 冒名頂替者。
2. 傳遞資料或信號者。
3. 協助他人或託他人代為實作者。
4. 互換工件或圖說者。
5. 隨身攜帶成品或規定以外之器材、配件、圖說、行動電話、呼叫器或其他電子通訊攝錄器材等。
6. 不繳交工件、圖說或依規定須繳回之試題者。
7. 故意損壞機具、設備者。
8. 未遵守本規則，不接受監評人員勸導，擾亂試場內外秩序者。

（六） 應檢人有下列情事者不得進入考場（測試中發現時，亦應離場不得繼續測試）：

1. 制服不合規定。
2. 著工作服於檢定場區四處遊走者。
3. 有吸菸、喝酒、嚼檳榔、隨地吐痰等情形者。
4. 罹患感冒（飛沫或空氣傳染）未戴口罩者。
5. 工作衣帽未保持潔淨者（剁斬食材噴濺者除外）。
6. 除不可拆除之手鐲（應包紮妥當），有手錶，佩戴飾物者。
7. 蓄留指甲、塗抹指甲油、化妝等情事者。
8. 有打架、滋事、恐嚇、說髒話等情形者。
9. 有辱罵監評及工作人員之情形者。

二 應檢人自備工（用）具

（一）白色廚師工作服，含上衣、圍裙、帽，如「應檢人服裝參考圖」；未穿著者，不得進場應試。

（二）穿著規定之長褲、黑色工作皮鞋、內須著襪；不合規定者，不得進場應試。

（三）刀具：含片刀、剁刀（另可自備水果刀、果雕刀、剪刀、刮鱗器、削皮刀，但不得攜帶水花模具、槽刀、模型刀）。

（四）白色廚房紙巾 1 包（捲）以下。

（五）包裝飲用水 1~2 瓶（礦泉水、白開水）。

（六）衛生手套、乳膠手套、口罩。衛生手套參考材質種類可為乳膠手套、矽膠手套、塑膠手套（即俗稱手扒雞手套）等，並應予以適當包裝以保潔淨衛生，否則衛生將予以扣分。

（七）可攜帶計時器，但不可發出聲音，而影響他人操作。

考場器具總彙

白色砧板

用於考試時的熟食切割砧板

紅色砧板

用於考試時的生食切割砧板

鍋鏟

材質大多為不鏽鋼製，炒菜時翻炒的工具

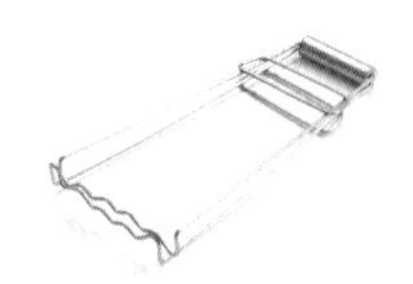

夾盤器

拿取蒸煮的菜餚放入蒸鍋蒸煮，避免燙手

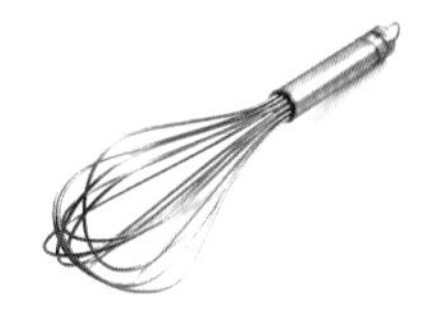

打蛋器

用於快速將蛋打散及混合麵糊使用

磨薑板

能夠均勻磨碎食材如薑泥、蒜泥等

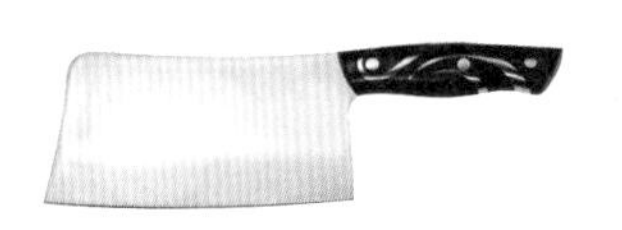

骨刀

又稱剁刀、武刀、斬刀、厚刀，刀身厚且重量重，主要用切配有帶骨的食材或堅硬的食材，如排骨、豬腳

片刀

重量輕且刀鋒銳利，適合切割薄片，細絲，未帶骨的食材

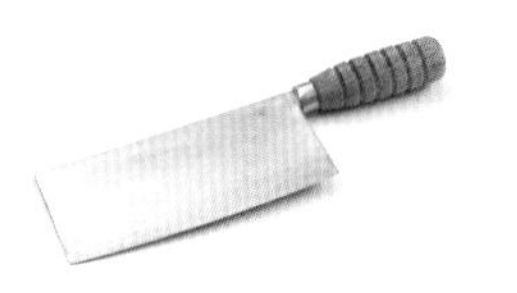

文武刀

重量比片刀還重，能切能剁，可剁雞、鴨、魚等，但不可剁豬排骨

剪刀

用來剪除蔬菜的根部，處理不固定的食材，如魚蝦等

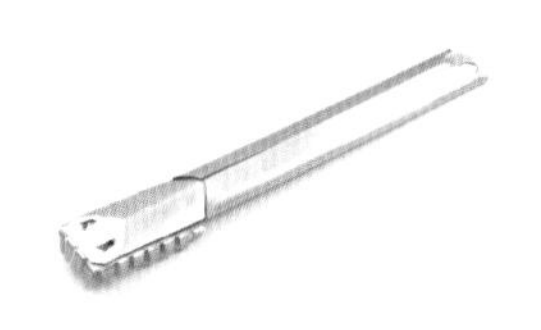

魚鱗刀

刮除各式魚類的魚鱗用器具

果雕刀

蔬果雕刻用，分為長短不同尺寸，刀尖鋒利，切割需小心

量杯

量杯容量為 240c.c.，一般用來測量水、分乾性粉或是液體材料

炒菜鍋含蓋

分為單耳炒鍋及雙耳炒鍋，好處是導熱快，一般炒菜用

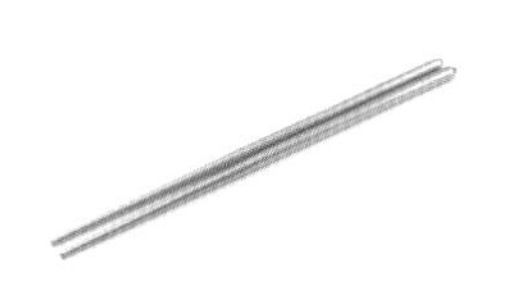

不鏽鋼筷

用來夾取煮熟的食物排盤、整理菜餚用

飯匙

用於蒸熟的米飯拌合均勻，使米飯軟硬適中

量匙

適用測量調味粉材料，可分為 1T、1t、1/2t、1/4t

鐵湯匙

用於舀湯、舀取調味料、醬料用

大圓盤
盛裝不帶湯汁的菜餚分量較多時，使用大盤

水盤
又稱羹盤，盛裝濃湯時使用

湯碗公
盛裝湯類使用，又可以放入熱炒菜餚

磁扣碗
拿來裝入食材，經蒸煮後倒扣出菜餚的碗

深盤
盛裝較多湯汁的菜餚，如勾芡的燴菜

橢圓盤
盛裝魚類料理的盤子，又稱腰子盤

小圓盤
盛裝不帶湯汁的菜餚，也是使用最廣的盤子

小湯碗
用來裝飯、裝湯

味碟
盛裝各式沾醬、淋醬及胡椒鹽用

蔬籬
清洗食材放置其中，可快速滴乾水分

配菜盤
用來放生鮮菜餚及切好的菜餚配料

馬口碗
放置液體材料或做為配菜用的鋼碗

鋼盆
可拿來放置大量的食材，常用為不鏽鋼製品

湯鍋
用於煮湯或是大量的燴菜、滷菜使用，以不鏽鋼為主

廣口油桶
用於盛油炸油使用及油炸後的收集

蒸籠鍋
利用蒸氣來蒸熟食物，底座於加水後，方可蒸煮

白色四方毛巾

白色正四方形毛巾 2 條，置放於調理區下層工作檯之配菜盤上，用於墊砧板，防止滑動及擦生食器具

黃色四方毛巾

黃色正方抹布 2 條，放置於披掛處或熟食區前緣，用於擦拭工作檯或墊握鍋把

白色長毛巾

白色長型毛巾 1 條，摺疊置放於熟食區一只瓷盤上，用於擦拭洗淨之熟食餐器具，及墊握熱燙之磁碗盤

炒菜杓

材料為不鏽鋼，質地不宜太重、太大，適用於炒菜或舀湯用

漏杓

材料為不鏽鋼，適合油炸、川燙撈取食物用

刨皮刀

用來刮除帶皮的各種蔬菜、水果表皮用

長竹筷

用來夾取鍋中的食材，常使用在炸的菜餚中

牙籤

用於串插捲摺的菇類食材幫助定形

五格調味盒

考試時每一組的基本調味盒，內有鹽、糖、胡椒粉、太白粉、味精

酒精噴器

考試時，用來噴灑消毒用，一般用於熟食切割前

垃圾桶

考試時，用於丟入紙巾、塑膠袋及蛋殼等

廚餘桶

考試時，用於丟棄各種食材的果皮、蒂頭、莖等

考生自備

乳膠手套（白）

製作涼拌菜及擺盤飾時，戴上手套方便製作

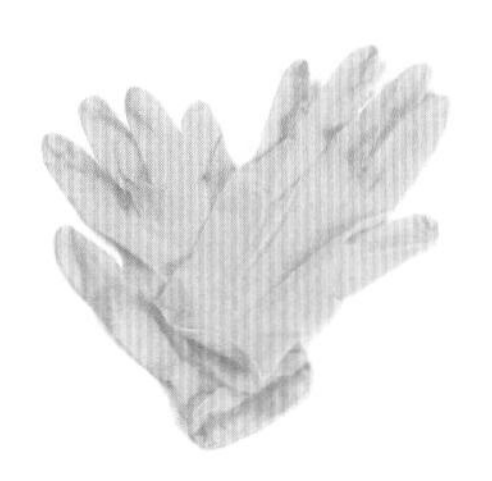

乳膠手套（黃）

不可戴有顏色的手套

塑膠手套

製作涼拌菜及擺盤飾時，戴上手套方便製作

廚房紙巾

用於應考時，擦拭瓷盤及器具、工作檯用

礦泉水

應考時的菜餚、涼拌菜過冷時用，避免燙太熟菜餚變黃

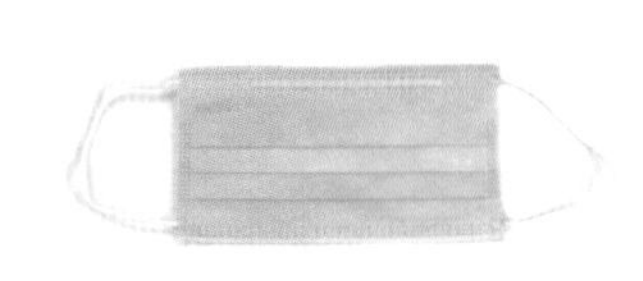

口罩

應考時，若有感冒咳嗽、流鼻水，就必須戴上口罩避免傳染

三 應檢人服裝參考圖（不合規定者，不得進場應試）

應檢人服裝說明：

服裝參考範例（女生）

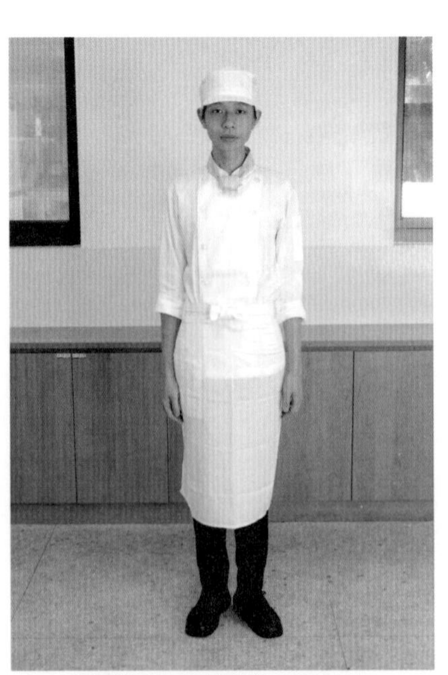

服裝參考範例（男生）

1. 帽子

   (1) 帽型：帽子需將頭髮及髮根完全包住；髮長未超過食指、中指夾起之長度，可不附網，超過者須附網。

   (2) 顏色：白色。

2. 上衣

   (1) 衣型：廚師專用服裝（可戴顏色領巾）。

   (2) 顏色：白色（顏色滾邊、標誌可）。

   (3) 袖：長袖、短袖皆可。

3. 圍裙

   (1) 型式不拘，全身圍裙、下半身圍裙皆可。

   (2) 顏色：白色。

   (3) 長度：過膝。

4. 工作褲

   (1) 黑、深藍色系列、專業廚房素色小格子（千鳥格）之工作褲，長度至踝關節。

   (2) 不得穿緊身褲、運動褲及牛仔褲。

5. 鞋

   (1) 黑色工作皮鞋（踝關節下緣圓周以下全包）。

   (2) 內須著襪。

   (3) 建議具止滑功能。

備註：帽、衣、褲、圍裙等材質以棉或混紡為宜。

四 測試時間配當表

每一檢定場，每日可排定測試場次為上、下午各乙場，時間配當表如下：

中餐烹調丙級檢定時間配當表		
時間	內容	備註
07：30~07：50	1. 監評前協調會議（含監評檢查機具設備） 2. 上午場應檢人報到、更衣	
07：50~08：30	1. 應檢人確認工作崗位、抽題，並依抽籤結果分給應檢人三張卡單及領用卡單簽名 2. 場地設備及供料、自備機具及材料等作業說明 3. 測試應注意事項說明 4. 應檢人試題疑義說明 5. 研讀材料清點卡、刀工作品規格卡，時間 10 分鐘 6. 應檢人檢查設備及材料（材料清點卡應於材料清點無誤後收回），確認無誤後於抽籤暨領用卡單簽名表簽名 7. 其他事項	應檢人務必研讀卡片（烹調指引卡於中場休息時研讀）
08：30~10：00	上午場測試開始，清洗、切配、工作區域清理	90 分鐘
10：00~10：30	評分，應檢人離場休息（研讀烹調指引卡）	30 分鐘
10：30~11：40	菜餚製作及工作區域清理並完成檢查	70 分鐘
11：40~12：10	監評人員進行成品評審	
12：10~12：30	1. 下午場應檢人報到、更衣 2. 監評人員休息用膳時間	
12：30~13：10	1. 應檢人確認工作崗位、抽題 2. 場地設備及供料、自備機具及材料等作業說明 3. 測試應注意事項說明 4. 應檢人試題疑義說明 5. 研讀材料清點卡、刀工作品規格卡，時間 10 分鐘 6. 應檢人檢查設備及材料（材料清點卡應於材料清點無誤後收回），確認無誤後於抽籤暨領用卡單簽名表簽名 7. 其他事項	應檢人務必研讀卡片（烹調指引卡於中場休息時研讀）
13：10~14：40	下午場測試開始，清洗、切配、工作區域清理	90 分鐘
14：40~15：10	評分，應檢人離場休息（研讀烹調指引卡）	30 分鐘
15：10~16：20	菜餚製作及工作區域清理並完成檢查	70 分鐘
16：20~16：50	監評人員進行成品評審	

※ 應檢人盛裝成品所使用之餐具，由術科辦理單位服務人員負責清理。

PART B

術科測試參考試題

Chinese Vegetarian Foods Cooking

一 共通原則說明

（一）測試進行方式

測試分兩階段方式進行，第一階段應於90分鐘內完成刀工作品及擺飾規定，第一階段完成後由監評人員進行第一階段評分，應檢人休息30分鐘。第二階段應於刀工作品評分後，於70分鐘內完成試題菜餚烹調作業。除技術評審外，全程並有衛生項目評審。

第一、二階段及衛生項目分別評分，有任一項（含）以上不合格即屬術科不合格。

應檢人在測試前說明會時，於進入測試場前，必須研讀二種卡單（第一階段測試過程刀工作品規格卡與應檢人材料清點卡），時間10分鐘。於中場休息的時間可以再研讀第二階段測試過程烹調指引卡。測試過程中，二種卡單可隨時參考使用。

（二）材料使用說明

1. 各測試場公共材料區需備12個以上的雞蛋，供考生自由取為上漿用。

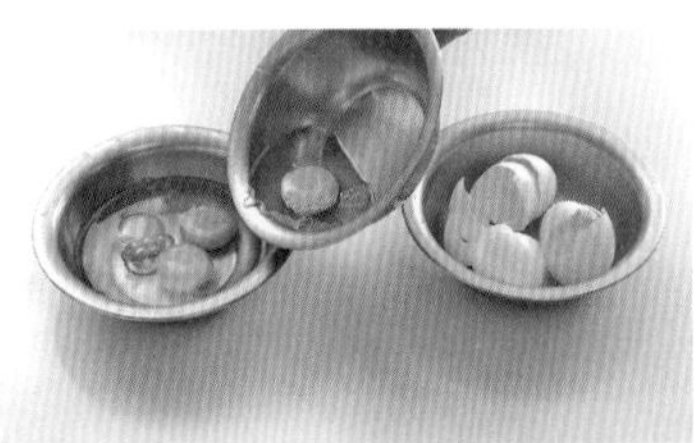

三段式打蛋法

敲破蛋殼，以雙手撥開蛋殼，打入中間的馬口碗檢視沒有碎蛋殼及壞蛋後，再倒入第三個馬口碗，再以同方式再打其他雞蛋

2. 所有題組的食材，取量切配之後，剩餘的食材皆需繳交於回收區，不得浪費；受評刀工作品至少需有3/4符合規定尺寸，總量不得少於規定量。

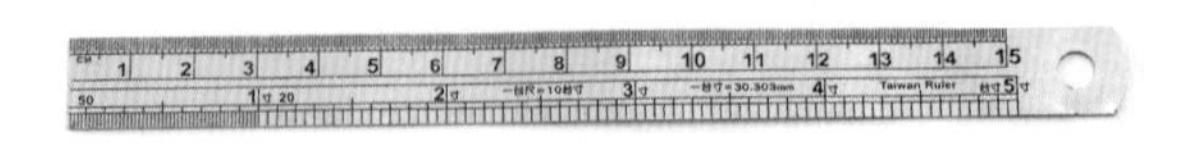

鐵尺

用在測量食材刀工的長度、寬度與厚度

3. 合格廠商：應在台灣有合法登記之營業許可者，至於該附檢驗證明者，各檢定承辦單位自應取得。

（三）洗滌階段注意事項

在進行器具及食材洗滌與刀工切割時不必開火，但遇難漲發（如乾香菇、乾木耳）或未汆燙切割不易的新鮮菇類（如杏鮑菇、洋菇），得於洗器具前燒水或起蒸鍋以處理之，處理妥當後應即熄火，但為評分之整體考量，不得作其他菜餚之加熱前處理。

（四）第一階段刀工共同事項

1. 食材切配順序需依中餐烹調技術士技能檢定衛生評分標準之規定。
2. 菜餚材料刀工作品以配菜盤分類盛裝受評，同類作品可置同一容器但需區分不可混合（中薑、紅辣椒絲除外）。
3. 每一題組指定水花圖譜三式，選其中一種切割且形體類似具美感即可，另自選樣式一式，應檢人可由水花參考圖譜選出或自創具美感之水花樣式，於蔬果類切配時切割（可同類）。
4. 每一題組指定盤飾（三選二），於蔬果類切配時直接生切擺飾於 10 吋瓷盤，置於熟食區檯面待評。
5. 除盤飾外，本題庫之烹調作品並無生食狀態者。
6. 限時 90 分鐘。
7. 測試階段自開始至刀工作品完成，作品完成後，應檢人須將規定受評作品依序整齊擺放於調理檯（準清潔區）靠走道端受評，部分無須受評之刀工作品則置於調理檯（準清潔區）之另一邊，刀工作品規格卡置於兩者中間，應檢人移至休息區。
8. 乾貨、特殊調味料或醬料、粉料、香料等若未發妥，應在第一階段完成後或第二階段測試開始前令應檢人自行取量備妥，以免影響其權益。
9. 第一階段離場前需將水槽、檯面做第一次整潔處理，廚餘、垃圾分置廚餘、垃圾桶，始可離場休息。
10. 規定受評之刀工作品須全數完成方具第一階段刀工受評資格，未全數完成者，其評分表評為不合格，仍可進行第二階段測試。

11. 規定受評之刀工作品已全數完成，但其他配材料刀工（不評分者）未完成者，可於第二階段測試時繼續完成，並不影響刀工作品成績，惟需符合切配之衛生規定。

（五）第二階段烹調共同事項

1. 每組調味品至少需備齊足量之鹽、糖、味精、白胡椒粉、太白粉、醬油、料理米酒、白醋、烏醋、香油、沙拉油。
2. 第二階段於應檢人就定位後，應就未發妥之乾貨、特殊調味料或醬料、粉料、香料等，令應檢人自行取量備妥，再統一開始第二階段之測試，繼續完成規定之 3 道菜餚烹調製作。應檢人於測試開始前未作上述已告知之準備工作者，於後續操作中無需另給時間。
3. 烹調完成後不需盤飾，直接取量（份量至少 6 人份，以規定容器合宜盛裝）整形而具賣相出菜，送至評分室，應檢人須將烹調指引圖卡及規定作品整齊擺放於各組評分檯，並完成善後作業。
4. 6 人份不一定為 6 個或 6 的倍數，是指足夠六個人食用的量。
5. 包含善後工作 70 分鐘內完成。

考試食材總彙

洋菜條

宜選購合格廠商、無雜質、無異味、在保存期間內者

麵筋泡

宜選購大小適中、顏色淡黃呈球狀者，避免選購破碎及有有油腥味者

乾木耳

宜選購外觀大而肉質豐厚、無雜質的乾製品，避免碰到水，而產生異味

乾香菇

宜選購外形菇帽完整豐厚，勿歪斜、破裂，菇柄短，而有清香味者

干瓢絲

以葫瓜皮經曬乾加工而成，避免選購太白或有異味者

紅棗

可入菜，亦可當中藥材，能補中益氣，應選購大小適中、無破裂或蟲蛀者

乾辣椒

宜選購外形完整呈深紅色、椒身無斑點蟲蛀、尾端無碎裂者

花椒粒

又名山椒或川椒，是中國菜常用的香料之一

紫菜

新鮮海藻經脫水後壓成薄片，顏色呈褐色或紫紅色

麵包粉

白土司經過切片晾乾，再以機器打碎成粗粉狀

蒸肉粉

以蓬萊米，加入八角、丁香、肉桂、花椒、陳皮混合磨成粉狀

梅子粉

宜選購顏色略白、食用時不會太鹹，無粗籽果核及顏色太紅者

杏仁角

杏仁去外殼，經過加工乾燥，以機器打成像米粒狀

長糯米

長糯米米粒大而飽滿，無雜質、摻雜白米及碎米者

玉米粒

罐頭外表完整，合格廠商生產，打開後玉米無碎粒、顏色略黃，在保存期限內

鳳梨片

罐頭鳳梨片，宜選購罐頭完整無凹罐、沒有生鏽、保存期限內，及合格廠商者佳

素火腿

宜選購外形完整無壓傷、沒有出水、無異味，在保存期限內者佳

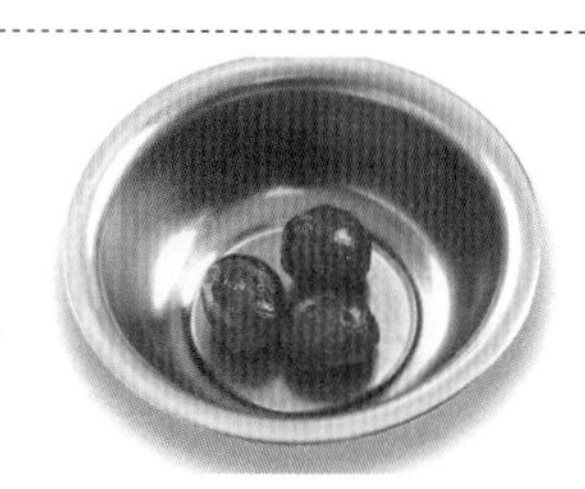

鹹鴨蛋黃

蛋黃飽滿、圓潤、富光澤，無雜質、異味，顏色為黃色者佳

冬菜

以大白菜嫩芽蕊為主要原料，經風乾曝曬、鹽醃而成，風味十分特殊

桶筍

將竹筍煮熟加工後，裝入桶子發酵而成，宜選購外形飽滿、沒有異味、尾端無軟爛者

榨菜

芥菜的地下莖，去除水分以鹽、辣椒等調味製成，宜選購外形圓粒飽滿者佳

酸菜

芥菜的嫩蕊，加鹽醃製加工而成，宜選購外形飽滿、避免顏色太黃及葉子乾爛者

蒟蒻板

以海藻為主要材料，經加工、塑形而成，白色為原味

麵腸

由生麵筋揉捲成腸子形狀後煮熟而成，富有嚼勁

烤麩

以生麵筋為原料，經泡水、發酵、蒸熟製成，口感鬆軟有彈性

五香大豆乾

豆腐包裹去除水分，放入焦糖染色滷煮，選購外表不要濕黏、味道清香者佳

豆乾

豆腐用布包裹，去除水分，放入焦糖染色滷製而成

板豆腐

宜選購外形不破裂、豆腐表面無濕黏、異味及酸敗者

盒裝豆腐

選購宜以外盒完整、勿壓到邊角，保存期限內與合格廠商者佳

百頁豆腐

包裹豆腐去除水分、定形而成，宜選購外表不濕黏、味道無酸味者佳

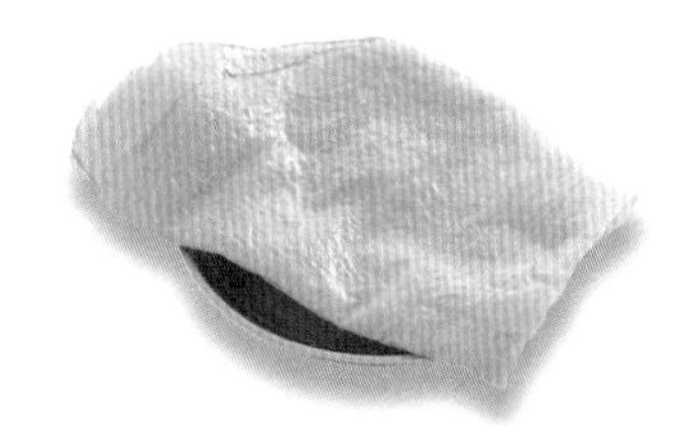

半圓豆皮

豆漿煮沸後在表面產生的薄膜，經乾燥後，如紙狀，又稱腐皮

白豆包

豆漿煮沸後，在表面產生的薄膜，即豆皮，豆皮折疊成四方形，即成豆包

千張豆皮

黃豆製品，經發酵、提煉、壓扁、切割而成

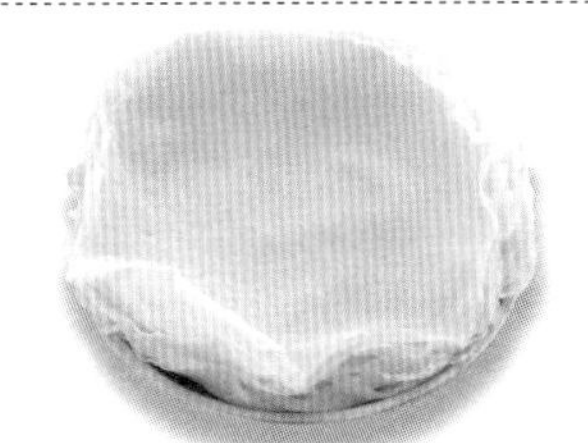

春捲皮

麵粉混合清水，以特殊鐵板煎煮而成，避免選購表面有黑點者

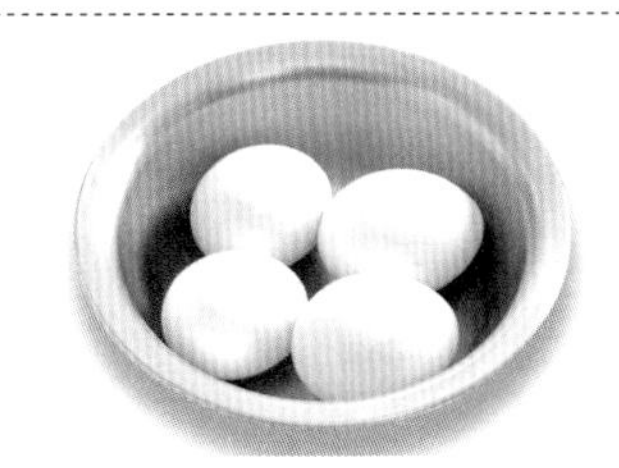

蛋

宜選購蛋殼粗、有重量感為較佳，避免選購蛋殼破裂、有斑點或雜質者

荷蘭豆

避免選購豆莢表面有蟲蛀、顏色變黃、有皺痕及斑點者

四季豆

宜選購長短一致、新鮮脆嫩，外形勿彎曲、蟲蛀及太老者

綠豆芽

選購粗短者為佳，自然潔白，要有根鬚，且根鬚不宜太短

新鮮香菇

選購傘帽厚實、飽滿、勿歪斜，菇柄短且粗，無斑點，表面光澤新鮮、無異味者

洋菇

宜選購大小均勻，菇帽無歪斜，顏色雪白無壓傷者

金針菇

一年四季都可以買到，選購顏色較白者，避免顏色變黃、濕潤者

杏鮑菇

外形完整，直條形，外表厚實飽滿，勿頭小尾大、變黃軟爛者

鮑魚菇

選購菌傘厚且完整，顏色呈淺褐色，菌傘無壓傷、變軟及軟爛者

玉米筍

玉米的幼果，避免選購尾端乾燥、不夠飽滿，果身有蟲蛀及雜質者

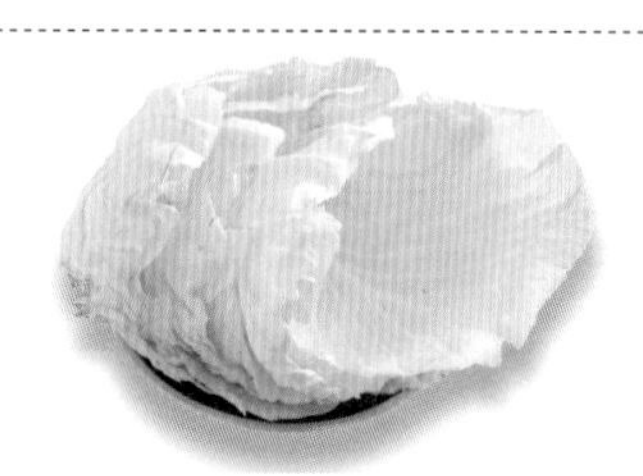

高麗菜

避免選購外層偏黃、失水分、有蟲蛀、頭部變黑者

青江菜

宜選購整株完整、細嫩且青翠，外表沒有變黃、失水分及有蟲蛀者

大白菜

宜選購厚重結實，外皮無蟲蛀、無斑點，顏色雪白、整顆完成者

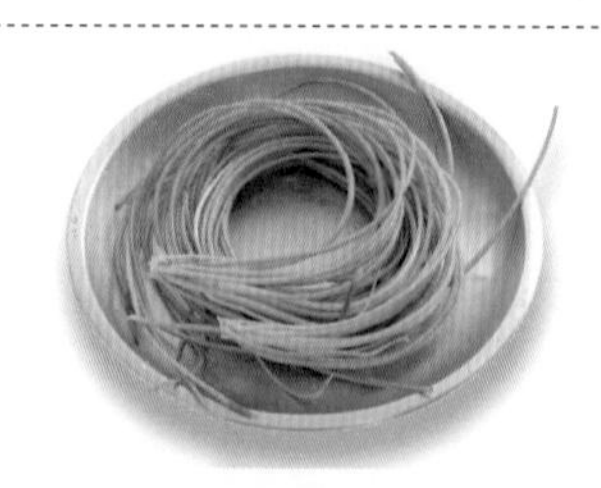

水蓮菜

睡蓮科，屬植物的莖，口感爽脆，避免選購頭、莖部爛掉，不夠翠綠者

西洋芹菜

宜選購葉片呈翠綠色、莖幹肥大寬厚、無蟲蛀，避免選購葉黃莖乾小及過老者

台灣芹菜

宜選購莖幹肥大飽滿，無蟲蛀，避免選購葉黃、蟲蛀及失水分者

地瓜

宜選購外形飽滿，無刮痕、蟲蛀，避免歪斜、細長形

白蘿蔔

選購表皮潔白、光滑、有清脆聲響及厚重者

牛蒡

避免選購根部龜裂，沒有彈性，頭部發黑、鬆軟及較輕者

苦瓜

選購外形飽滿新鮮、無蟲蛀，及瓜身鬆軟、變黃者

芋頭

選購外形飽滿，避免傷痕、蟲蛀及不夠厚重者

白山藥

選購外形飽滿漂亮，無裂痕、歪斜、蟲蛀、頭部發黑者

豆薯

又稱洋地瓜，宜選購外皮粗糙、蒂頭完整，厚重沒有刮傷、蟲蛀者

馬鈴薯

宜選購外形飽滿，表皮呈褐色，無彎曲、皺褶且無發芽者

紅蘿蔔

選購時，宜以外皮光滑、不龜裂厚重、尾端不長鬚、蒂頭變黑色者為佳

冬瓜

選購時，應以瓜條勻稱無斑點，肉厚實飽滿者為佳，每年的 7~8 月口感最好

小黃瓜

選購外形粗細均勻、表面有凸粒者，蒂頭未脫落，顏色鮮綠者為佳

大黃瓜

選購時，宜以外形呈直條狀、蒂頭緊連，呈深綠色，瓜身有光澤，表皮有凸粒者為佳

茄子

宜選購外形飽滿，蒂頭緊連，表皮無皺摺、蟲蛀，外皮光亮者佳

馬蹄肉

宜選購去皮後肉形完整、顏色乳白且味道無藥水味者

紅甜椒

宜選購外表富光澤亮麗，椒形飽滿完整，勿歪斜、無蟲蛀及軟爛者

青椒

宜選購外形飽滿、鮮綠，椒形完整，勿彎曲、變形，表皮富光澤者

黃甜椒

宜選購外表富亮麗光澤、椒形飽滿、勿歪斜、無蟲蛀及軟爛者

紅辣椒

宜選購外形飽滿，蒂頭緊連，表皮無皺摺，外皮光亮者佳

老薑

宜選購帶有泥土、薑塊小而結實多，避免選購發芽、軟爛者

中薑

宜選購較大塊，完整、未發芽，表皮呈褐色，無軟爛者

香菜

宜選購外表光澤呈鮮綠色、無蟲蛀，避免選購失水分、軟爛、葉黃者

九層塔

宜選購葉形翠綠、漂亮而葉大，避免選購葉面有蟲蛀、雜質者

考試菜餚調味料總彙

麻油

以黑芝麻經過烘焙提煉後壓榨而成，避免選購來路不明產品

醬油膏

醬油在殺菌前加入糯米粉與調味料調製而成，口感濃稠甘甜

烏醋

以糯米發酵加入焦糖色素調製而成，酸中帶香

紅麴醬

用紹興酒和酒糟、紅麴、米經過發酵，釀製而成

醃冬瓜

以新鮮冬瓜加糖等調味料醃製而成，味道甘甜

甜酒釀

以糯米加麴菌等經過發酵，釀製而成

辣椒醬

以辣椒經過醃漬發酵而成，味道辣而香，可增加食慾

素蠔油

以香菇為主要材料，加鹽經過熬煮，再發酵醃製，加入調味料、糯米粉調製而成

辣椒油

辣椒用沙拉油油炸後，提煉而成的調味油

咖哩粉

以辣椒、薑黃、芫荽、茴香、小荳蔻、芥末等調味而成

香油

以白芝麻經過烘焙提煉後壓汁而成，避免選購來路不明產品

粗黑胡椒粒

由胡椒藤上未成熟的漿果，經過加熱乾燥後研磨而成

醬油

以傳統釀造方式釀造，味道甘醇、豆味香濃

梅林辣醬油

又稱辣醋醬油、英國黑醋，味道酸甜微辣，色澤黑褐色

椰漿

以椰子仁，經加工研磨調味而成，須合格廠商、在保存期限內

玉米粒

以新鮮玉米經切取加工調味熟成，須合格廠商及保存期限內

花椒粉

又稱川椒或山椒，椒皮外表紅褐色、有光澤，曬乾後呈黑色，研磨而成

太白粉

以馬鈴薯製造的食用澱粉，常常使用在菜餚的勾芡用

中筋麵粉

蛋白質含量平均在 11% 左右，介於高粉與低粉之間，常用於製作包子、饅頭等

地瓜粉

以番薯萃取之澱粉，呈細顆粒狀，適合用於酥炸的菜餚

泡打粉

又稱發粉，由小蘇打加上酸性材料所製成的化學膨大劑

白醋

以糯米發酵製作而成，適合燒煮、涼拌菜使用

番茄醬

以成熟的番茄去籽，加鹽、砂糖、澱粉調製而成

沙拉醬

以沙拉油、砂糖、蛋白混合調製而成的醬料

（六）試題總表

試題編號：07601-105301

題組	菜單內容	主要刀工	烹調法	主材料類別
301-1	榨菜炒筍絲 麒麟豆腐片 三絲淋素蛋餃	絲 片 絲、末	炒 蒸 淋溜	桶筍 板豆腐 雞蛋
301-2	紅燒烤麩塊 炸蔬菜山藥條 蘿蔔三絲捲	塊 條、末 片、絲	紅燒 酥炸 蒸	烤麩 山藥 白蘿蔔
301-3	乾煸杏鮑菇 酸辣筍絲羹 三色煎蛋	片、末 絲 片	煸 羹 煎	杏鮑菇 桶筍 雞蛋
301-4	素燴杏菇捲 燜燒辣味茄條 炸海苔芋絲	剞刀厚片 條、末 絲	燴 燒 酥炸	杏鮑菇 茄子 芋頭
301-5	鹽酥香菇塊 銀芽炒雙絲 茄汁豆包捲	塊 絲 條	酥炸 炒 滑溜	鮮香菇 綠豆芽 芋頭、豆包
301-6	三珍鑲冬瓜 炒竹筍梳片 炸素菜春捲	長方塊、末 梳子片 絲	蒸 炒 炸	冬瓜 桶筍 春捲皮
301-7	乾炒素小魚干 燴三色山藥片 辣炒蒟蒻絲	條 片 絲	炸、炒 燴 炒	千張豆皮、海苔片 白山藥 長方型白蒟蒻
301-8	燴素什錦 三椒炒豆乾絲 咖哩馬鈴薯排	片 絲 泥、片	燴 炒 炸、淋	乾香菇、桶筍 五香大豆乾 馬鈴薯
301-9	炒牛蒡絲 豆瓣鑲茄段 醋溜芋頭條	絲 段、末 條	炒 炸、燒 滑溜	牛蒡 茄子 芋頭
301-10	三色洋芋沙拉 豆薯炒蔬菜鬆 木耳蘿蔔絲球	粒 鬆 絲	涼拌 炒 蒸	馬鈴薯 豆薯 白蘿蔔
301-11	家常煎豆腐 青椒炒杏菇條 芋頭地瓜絲糕	片 條 絲	煎 炒 蒸	板豆腐 杏鮑菇 芋頭、地瓜
301-12	香菇柴把湯 燒素獅子頭 什錦煎餅	條 末、片 絲	煮（湯） 紅燒 煎	乾香菇 板豆腐 高麗菜

試題編號：07601-105302

題組	菜單內容	主要刀工	烹調法	主材料類別
302-1	紅燒杏菇塊	滾刀塊	紅燒	杏鮑菇
	焦溜豆腐片	片	焦溜	板豆腐
	三絲冬瓜捲	絲、片	蒸	冬瓜
302-2	麻辣素麵腸片	片	燒、燴	素麵腸
	炸杏片薯球	末	炸	馬鈴薯
	榨菜冬瓜夾	雙飛片、片	蒸	冬瓜、榨菜
302-3	香菇蛋酥燜白菜	片、塊	燜煮	乾香菇、大白菜
	粉蒸地瓜塊	塊	蒸	地瓜
	八寶米糕	粒	蒸、拌	長糯米
302-4	金沙筍梳片	梳子片	炒	桶筍
	黑胡椒豆包排	末	煎	生豆包
	糖醋素排骨	塊	脆溜	半圓豆皮
302-5	紅燒素黃雀包	粒	紅燒	半圓豆皮
	三絲豆腐羹	絲	羹	板豆腐
	西芹炒豆乾片	片	炒	西芹
302-6	乾煸四季豆	段、末	煸	四季豆
	三杯菊花洋菇	剞刀	燜燒	洋菇
	咖哩茄餅	雙飛片、末	炸、拌炒	茄子
302-7	烤麩麻油飯	片	生米燜煮	烤麩
	什錦高麗菜捲	絲	蒸	高麗菜
	脆鱔香菇條	條	炸、溜	乾香菇
302-8	茄汁燒芋頭丸	片、泥	蒸、燒	芋頭
	素魚香茄段	段	燒	茄子
	黃豆醬滷苦瓜	條	滷	苦瓜
302-9	梅粉地瓜條	條	酥炸	地瓜
	什錦鑲豆腐	末	蒸	板豆腐
	香菇炒馬鈴薯片	片	炒	馬鈴薯、鮮香菇
302-10	三絲淋蒸蛋	絲	蒸、羹	雞蛋
	三色鮑菇捲	剞刀	炒	鮑魚菇
	椒鹽牛蒡片	片	酥炸	牛蒡
302-11	五絲豆包素魚	絲	脆溜	生豆包
	乾燒金菇柴把	末	乾燒	金針菇
	竹筍香菇湯	片	煮（湯）	鮮香菇、桶筍
302-12	沙茶香菇腰花	剞刀厚片	炒	乾香菇
	麵包地瓜餅	泥	炸	地瓜
	五彩拌西芹	絲	涼拌	西芹

二 參考烹調須知

（一）分為總烹調須知及題組烹調須知

1. 總烹調須知：規範本職類術科測試試題之基礎說明、刀工尺寸標準、烹調法定義及食材處理手法釋義。除題組烹調須知另有規定外，所有考題依據皆應遵循總烹調須知。
2. 題組烹調須知：已分註於 24 組題庫內容中，規範題組每小組之刀工尺寸標準、水花片、盤飾、烹調法及烹調、調味規定。題組烹調須知未規定部分，應遵循總烹調須知。

（二）總烹調須知

1. 基礎說明：

(1) 菜餚刀工講究一致性，即同一道菜餚的刀工，尺寸大小厚薄粗細或許不一，但是形狀應為相似。菜餚的刀工無法齊一時，主材料為一種刀工或原形食材，配材料應為另一類相似而相互襯映之刀工。

(2) 題組未受評的刀工作品，亦須按題意需求自行取量切配，以供烹調所需。切割規格不足者，可當回收品（需分類置於工作檯下層），結束後分類送至回收處，不隨意丟棄，避免浪費。

(3) 受評的各種刀工作品，規定的數量可能比實際烹調需用量多，烹調時可依據實際需求適當地取量與配色，即烹調完成後，可能會有剩餘的刀工作品，請分類送至回收處。

(4) 水花片指以（紅）蘿蔔或其他根莖、瓜果類食材切出簡易樣式的象形蔬菜片做為配菜用。以刀法簡易、俐落、切痕平整為宜，搭配菜餚形象、大小、厚薄度（約 0.2~0.4 公分）。

(5) 水花切割一般是在切配過程中，依片或塊狀刀工菜餚的需求，以刀工作簡易線條的切割。本試題提供 35 種樣式圖譜供參照（詳後續水花片參考圖譜）。

(6) 水花指定樣式，指應檢人須參照規格明細之水花片圖譜型式其中一種切割，或切割出具有美感之類似形狀。自選樣式，指應檢人可由水花片圖譜選出或自創具美感之水花樣式進行切割。每一個水花片大小、形狀應相似。每一題組皆須切出指定與自選二款水花各 6 片以上以受評，並適宜地取量（二款皆需取用）加入烹調，未依規定加水花烹調，亦為不符題意。

(7) 水花的要求以象形、美感、平整、均衡（與菜餚搭配），依指定圖完成，可受公評並獲得普遍認同之美感。

(8) 盤飾指以食材切割出大小一致樣式，擺設於瓷盤，增加菜餚美觀之刀工。以刀法簡易、俐落、切痕平整、盤面整齊、分布均勻（對稱、中隔、單邊美化、集中強化皆可）及整體美觀為宜。如測試之題組無紅辣椒，則盤飾可不加紅點。

(9) 盤飾指定樣式指應檢人參照規格明細之盤飾圖譜型式切擺，或切擺出具有美感之類似形狀。每一題組皆須從指定盤飾三選二，切擺出兩種樣式受評。

(10) 盤飾的要求以美感、平整、均勻、整齊、對稱。類似即可，但須可受公評並獲得普遍認同之美感。

2. 烹調法定義及 3. 食材處理手法釋義，請參考後續內文。

三 測試題組內容簡介

本套試題分 301 大題及 302 大題，兩大題各再分 12 題組，分別為 301-1、301-2、301-3、301-4、301-5、301-6、301-7、301-8、301-9、301-10、301-11、301-12、302-1、302-2、302-3、302-4、302-5、302-6、302-7、302-8、302-9、302-10、302-11、302-12，每題組有三道菜，各題組詳細試題說明見「PART D 術科試題組合菜單」。

PART

C

術科測試評審標準及評審表

Chinese Vegetarian Foods Cooking

一 評審標準

（一）依據「技術士技能檢定作業及試場規則」第 39 條第 2 項規定：「依規定須穿著制服之職類，未依規定穿著者，不得進場應試，其術科成績以不及格論」

1. 職場專業服裝儀容正確與否，由公推具公正性之監評長（或委請監評人員）協助檢查服儀；遇有爭議，由所有監評人員共同討論並判定之。
2. 相關規定請參考應檢人服裝參考圖。

（二）術科辦理單位應準備一份完整題庫及三種附錄卡單 2 份（查閱用），以供監評委員查閱。

（三）術科辦理單位應準備 15 公分長的不鏽鋼直尺 4 支，給予每位監評委員執行應檢人的刀工作品評審工作，並需於測試場內每一組的調理檯（準清潔區）上準備一支 15 公分長的不鏽鋼直尺，給予應檢人使用，術科辦理單位回收後應潔淨之。

（四）刀工項評審場地在測試場內每一組的調理檯（準清潔區）實施，檯面上應有該組應檢人留下將繳回之第一階段測試過程刀工作品規格卡及其刀工作品，監評委員依刀工測試評分表評分。

（五）烹調項評審場地在評分室內實施，每一組皆備有該組應檢人留下將繳回之第二階段測試過程烹調指引卡，供監評委員對照，監評委員依烹調測試作品評分表評分。

（六）術科測試分刀工、烹調及衛生三項內容，三項各自獨立計分，刀工測試評分標準合計 100 分，不足 60 分者為不及格；烹調測試三道菜中，每道菜個別計分，各以 100 分為滿分，總分未達 180 分者為不及格；衛生項目評分標準合計 100 分，成績未達 60 分者為不及格。

（七）刀工作品、烹調作品或衛生成績，任一項未達及格標準，總成績以不及格計。

（八）棉質毛巾與抹布的使用：

1. 白色長型毛巾摺疊置放於熟食區一只瓷盤上（置上層或下一層），由術科辦理單位備妥，使用前須保持潔淨，用於擦拭洗淨之熟食餐器具（含調味用匙、筷）及墊握熱燙之磁碗盤，可重覆使用，不得另置他處，不得使用紙巾（墊握時毛巾太短或擦拭如咖哩汁等不易洗淨之醬汁時方得使用紙巾）。

2. 白色正方毛巾 2 條置放於調理區下層工作台之配菜盤上（應檢人得依使用時機移置上層），由術科辦理單位備妥，使用前須保持潔淨，用於擦拭洗淨之刀具、砧板、鍋具、烹調用具（如炒杓、炒鏟、漏杓）、墊砧板及洗淨之雙手，不得使用紙巾，不得隨意放置。

3. 黃色正方抹布放置於披掛處或烹調區前緣，用於擦拭工作台或墊握鍋把，不得隨意放置（在洗餐器具流程後須以酒精消毒）。

（九）其他事項：其他未及備載之違規事項，依四位監評人員研商決議處理。

（十）其他未盡事宜，依技術士技能檢定作業及試場規則相關規定辦理。

（十一）測試規範皆已備載，與下表之衛生評審標準，應檢人應詳細研習以參與測試。

技術士技能檢定中餐烹調丙級素食項衛生評分標準

項目	監評內容	扣分標準
一般規定	1. 除不可拆除之手鐲外，有手錶、化妝、佩戴飾物、蓄留指甲、塗抹指甲油等情事者。	41 分
	2. 手部有受傷且未經適當傷口包紮處理，或不可拆除之手鐲且未全程配戴衛生手套者（衛生手套長度須覆蓋手鐲，處理熟食應更新手套）。	41 分
	3. 衛生手套使用過程中，接觸他種物件，未更換手套再次接觸熟食者（衛生手套應有完整包覆，不可取出置於臺面待用）。	41 分
	4. 使用免洗餐具者。	20 分
	5. 測試中有吸菸、喝酒、嚼檳榔、嚼口香糖、飲食（飲水或試調味除外）或隨地吐痰等情形者。	41 分
	6. 打噴嚏或擤鼻涕時，未轉身並以紙巾、手帕、或上臂衣袖覆蓋口鼻，或轉身掩口鼻，再將手洗淨消毒者。	41 分
	7. 以衣物拭汗者。	20 分
	8. 如廁時，著工作衣帽者（僅須脫去圍裙、廚帽）。	20 分
	9. 未依規定使用正方毛巾、抹布者。	20 分
驗收(A)	1. 食材未經驗收數量及品質者。	20 分
	2. 生鮮食材有異味或鮮度不足之虞時，未發覺卻仍繼續烹調操作者。	30 分
洗滌(B)	1. 洗滌餐器具時，未依下列先後處理順序者：瓷碗盤→配料碗盤盆→鍋具→烹調用具（菜鏟、炒杓、大漏杓、調味匙、筷）→刀具（即菜刀，其他刀具使用前消毒即可）→砧板→抹布。	20 分
	2. 餐器具未徹底洗淨或擦拭餐器具有汙染情事者。	41 分
	3. 餐器具洗畢，未以有效殺菌方法消毒刀具、砧板及抹布者（例如熱水沸煮、化學法，本題庫選用酒精消毒）。	30 分
	4. 洗滌食材，未依下列先後處理順序者：乾貨→加工食品類（如沙拉筍、酸菜、罐頭食品…）→不需去皮的蔬果類→需去皮根莖類→蛋類。	30 分
	5. 將非屬食物類或烹調用具、容器置於工作檯上者（如：洗潔劑、衣物等，另酒精噴壺應置於熟食區層架）。	20 分
	6. 食材未徹底洗淨者： (1) 毛、根、皮、尾、老葉殘留者。 (2) 其他異物者。	 30 分 30 分
	7. 以鹽水洗滌海藻類，致有腸炎弧菌滋生之虞者。	41 分
	8. 將垃圾袋置於水槽內或食材洗滌後垃圾遺留在水槽內者。	20 分

項目	監評內容	扣分標準
洗滌(B)	9. 洗滌各類食材時，地上遺有前一類之食材殘渣或多量水漬者。	20分
	10. 食材未徹底洗淨或洗滌工作未於三十分鐘內完成者。	20分
	11. 洗滌期間進行烹調情事經警告一次再犯者（即洗滌期間不得開火，然洗滌後與切割中可做烹調及加熱前處理，試題如另有規定，從其規定）。	30分
	12. 食材洗滌後未徹底將手洗淨者。	20分
	13. 洗滌時使用過砧板（刀），切割前未將該砧板（刀）消毒處理者。	30分
切割(C)	1. 洗滌妥當之食物，未分類置於盛物盤或容器內者。	20分
	2. 切割生食食材，未依下列先後順序處理者：乾貨→加工食品類（如沙拉筍、酸菜、罐頭食品…）→不須去皮的蔬果類→須去皮根莖類→蛋類。	30分
	3. 切割按流程但因漏切某類食材欲更正時，向監評人員報告後，處理後續補救步驟（應將刀、砧板洗淨拭乾消毒後始更正切割）	15分
	4. 切割妥當之食材未分類置於盛物盤或容器內者（汆燙熟後不同類可併放）。	20分
	5. 每一類切割過程後及切割完成後未將砧板、刀及手徹底洗淨者。	20分
	6. 蛋之處理程序未依下列順序處理者：洗滌好之蛋→用手持蛋→敲於乾淨配料碗外緣（可為裝蛋之容器）→剝開蛋殼→將蛋放入第二個配料碗內→檢視蛋有無腐壞，集中於第三配料碗內→烹調處理。	20分
調理、加工、烹調(D)	1. 烹調用油達發煙點或著火，且發煙或燃燒情形持續進行者。	41分
	2. 菜餚勾芡濃稠結塊、結糰或嚴重出油者。	30分
	3. 除西生菜、涼拌菜、水果菜及盤飾外，食物未全熟，有外熟內生情形或生熟食混合者（涼拌菜另依題組說明規定行之）。	41分
	4. 殺菁後之蔬果類，如需直接食用，欲加速冷卻時，未使用經減菌處理過之冷水冷卻者（需再經加熱食用者，可以自來水冷卻）。	41分
	5. 切割生、熟食，刀具及砧板使用有交互汙染之虞者。 (1) 若砧板為一塊木質、一塊白色塑膠質，則木質者切生食、白色塑膠質者切熟食。 (2) 若砧板為二塊塑膠質，則白色者切熟食、紅色者切生食。	41分

項目	監評內容	扣分標準
調理、加工、烹調(D)	6. 將砧板做為置物板或墊板用途，並有交互汙染之虞者。	41 分
	7. 菜餚成品未有良好防護或區隔措施致遭汙染者（如交叉汙染、噴濺生水）。	41 分
	8. 烹調後欲直接食用之熟食或滅菌後之盤飾置於生食碗盤者（烹調後之熟食若要再烹調，可置於生食碗盤）。	41 分
	9. 未以專用潔淨布巾擦拭用具、物品及手者（墊握時毛巾太短或擦拭如咖哩汁等不易洗淨之醬汁時方得使用紙巾）。	30 分
	10. 烹調時有汙染之情事者 (1) 烹調用具置於臺面或熟食匙、筷未置於熟食器皿上。 (2) 盛盤菜餚或盛盤食材重疊放置、成品食物有異物者、以烹調用具就口品嚐、未以合乎衛生操作原則品嚐食物、食物掉落未處理等。	30 分 41 分
	11. 烹調時蒸籠燒乾者。	30 分
	12. 可利用之食材棄置於廚餘桶或垃圾筒者。	30 分
	13. 可回收利用之食材未分類放置者。	20 分
	14. 故意製造噪音者。	20 分
熟食切割(E)	1. 未將熟食砧板、刀（洗餐器具時已處理者則免）及手徹底洗淨拭乾消毒，或未戴衛生手套切割熟食者。（熟食（將為熟食用途之生食及煮熟之食材）在切配過程中任一時段切割需注意食材之區隔（即生熟食不得接觸），或注意同一工作臺的時間區隔，且應符合衛生原則）	41 分
	2. 配戴衛生手套操作熟食而觸摸其他生食或器物，或將用過之衛生手套任意放置而又重複使用者。	41 分
盤飾及沾料(F)	1. 以非食品或人工色素做為盤飾者。	30 分
	2. 以非白色廚房用紙巾或以衛生紙、文化用紙墊底或使用者。（廚房用紙巾應不含螢光劑且有完整包覆或應置於清潔之承接物上，不可取出置於臺面待用）。	20 分

項目	監評內容	扣分標準
盤飾及沾料(F)	3. 配製高水活性、高蛋白質或低酸性之潛在危險性食物(PHF, Potentially Hazardous Foods)的沾料且內置營養食物者（沾料之配製應以食品安全為優先考量，若食物屬於易滋生細菌者，欲與沾料混置，則應配製安全性之沾料覆蓋於其上，較具危險性之沾料須與食物分開盛裝）。	30 分
清理(G)	1. 工作結束後，未徹底將工作檯、水槽、爐檯、器具、設備及工作區之環境清理乾淨者（即時間內未完成）。	41 分
	2. 拖把、廚餘桶、垃圾桶置於清洗食物之水槽內清洗者。	41 分
	3. 垃圾未攜至指定地點堆放者（如有垃圾分類規定，應依規定辦理）。	30 分
其他(H)	1. 每做有汙染之虞之下一個動作前，未將手洗淨造成汙染食物之情事者。	30 分
	2. 操作過程，有交互汙染情事者。	41 分
	3. 瓦斯未關而漏氣，經警告一次再犯者。	41 分
	4. 其他不符合食品良好衛生規範準則規定之衛生安全事項者（監評人員應明確註明扣分原因）。	20 分

二 評審表

（一）刀工測試評分表

依試題不同，要求刀工繳交作品不同，請評審依試題說明進行評分，如有疑慮，請依試題說明為主。術科辦理單位請放大本評審表為 B4 大小，以利監評評分。

第一階段評分表：301-1 刀工作品成績評審表－範例

場次：____爐臺編號：____術科編號：____准考證號碼：______姓名：

繳交作品	尺寸描述	數量	備註	扣分標準	各單項不合格請述理由
紅蘿蔔水花片	指定 1 款，指定款須參考下列指定圖（形狀大小需可搭配菜餚）	6 片以上		41	
中薑水花	自選 1 款	6 片以上		41	
配合材料擺出兩種盤飾	下列指定圖 3 選 2	各 1 盤		20	
木耳絲	寬 0.2~0.4，長 4.0~6.0，高（厚）依食材規格	20 克以上		20	
香菇末	直徑 0.3 以下碎末	20 克以上		20	
榨菜絲	寬、高（厚）各為 0.2~0.4，長 4.0~6.0	150 克以上		20	
豆腐片	長 4.0~6.0、寬 2.0~4.0、高（厚）0.8~1.5 長方片	12 片		20	
筍絲	寬、高（厚）各為 0.2~0.4，長 4.0~6.0	60 克以上		20	
青椒絲	寬、高（厚）各為 0.2~0.4，長 4.0~6.0	40 克以上		20	
紅蘿蔔絲	寬、高（厚）各為 0.2~0.4，長 4.0~6.0	25 克以上		20	
中薑絲	寬、高（厚）各為 0.3 以下，長 4.0~6.0	10 克以上		20	

※ 受評之刀工作品若未全數完成者，不具受評資格，請直接勾選「不合格」，並於綜合說明欄位寫出未完成作品。

繳交作品	尺寸描述	數量	備註	扣分標準	各單項不合格請述理由
綜合說明					
成績判定	□合格　□不合格	成績			
監評簽名					

水花及盤飾參考：依指定圖完成，可受公評並獲得普遍認同之美感。

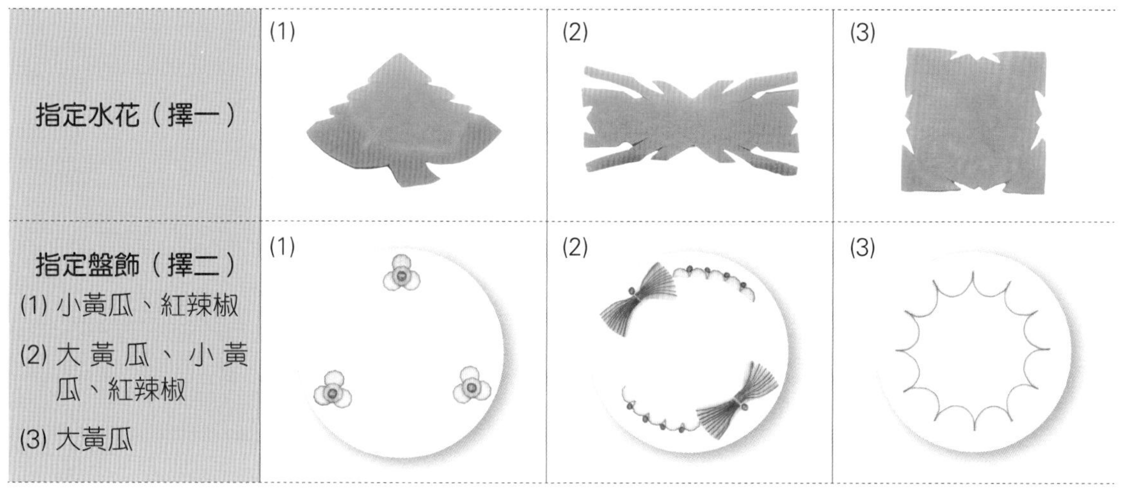

	(1)	(2)	(3)
指定水花（擇一）			
指定盤飾（擇二） (1) 小黃瓜、紅辣椒 (2) 大黃瓜、小黃瓜、紅辣椒 (3) 大黃瓜			

（二）烹調作品成績評審表

中餐烹調丙級技術士技能檢定術科測試烹調作品成績評審表

應檢人姓名：　　　　　　　　應檢日期：＿＿＿年＿＿＿月＿＿＿日
准考證號碼：　　　　　　　　場次：
術科編號：　　　　　　　　　爐臺編號：

評分項目＼菜餚名稱					
評分標準	取量	滿分分數	10	10	10
		實得分數			
	刀工	滿分分數	20	20	20
		實得分數			
	火侯	滿分分數	25	25	25
		實得分數			
	調味	滿分分數	20	20	20
		實得分數			
	觀感	滿分分數	25	25	25
		實得分數			
實得分數		小計			
總分					

評審須知：

1. 請依據烹調作品評審標準、烹調指引卡與刀工作品規格卡評分。
2. 三道菜，每道菜個別計分，各以 100 分為滿分，總分未達 180 分者不及格。
3. 材料的選用與作法，必須切合題意。
4. 作法錯誤的菜餚可在刀工、火候、調味、觀感扣分；取量可予計分。
5. 取量包含材料數量與取材種類（即配色之量）。
6. 刀工包括製備過程如抽腸泥、去外皮、根、內膜、種子、內臟、洗滌…。
7. 調味最忌不符題意要求或極鹹、極淡、極酸、極甜、極苦、極辣、極稠、極稀等。
8. 火候包含不符題意要求或質地之未脫生、帶血、極不酥、極不脆，極為過火的火候如極爛、極硬、極糊、焦化等，與食材色澤極為不佳。
9. 觀感包含刀工整體呈現、色澤、配色、排盤、整飾、醬汁多寡、稀、糊與賣相。
10. 未完成者、重做者與測試結束後發現舞弊者皆全不予計分。

評分分級表	配分	很差	差	稍差	可	稍好	好	很好
	滿分分數 10	3	4	5	6	7	8	9
	滿分分數 20	6	8	10	12	14	16	18
	滿分分數 25	8	10	12	15	18	20	22

不予計分原因：________________

技術監評人員簽名：________________

（三）中餐烹調丙級技術士技能檢定術科測試品評記錄表

日期：______年______月______日__________考場：__________場次：__________

應檢人編號 1	題組：	應檢人編號 2	題組：	應檢人編號 3	題組：	應檢人編號 4	題組：
菜餚名稱	品評紀錄	菜餚名稱	品評紀錄	菜餚名稱	品評紀錄	菜餚名稱	品評紀錄
應檢人編號 5	題組：	應檢人編號 6	題組：	應檢人編號 7	題組：	應檢人編號 8	題組：
菜餚名稱	品評紀錄	菜餚名稱	品評紀錄	菜餚名稱	品評紀錄	菜餚名稱	品評紀錄
應檢人編號 9	題組：	應檢人編號 10	題組：	應檢人編號 11	題組：	應檢人編號 12	題組：
菜餚名稱	品評紀錄	菜餚名稱	品評紀錄	菜餚名稱	品評紀錄	菜餚名稱	品評紀錄

註：

1. 本表所評字句與成品評審表上的評分要一致。
2. 記錄內容應詳實具體，例如「稍差」須明確寫出事實，不得只寫「稍差」二字，其餘依此類推。
3. 此表格請檢定場自行影印成 A3 大小。

技術監評人員簽名：________________、________________、________________

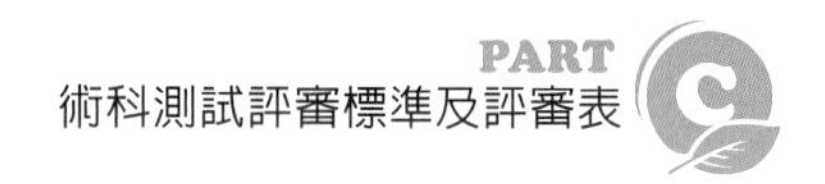

（四）衛生成績評審表

中餐烹調丙級技術士技能檢定術科測試衛生成績評審表

應檢人姓名：　　　　　　　　　　　　應檢日期：　年　月　日
准考證號碼：　　　　　　　　　　　　檢定場：
衛生成績：　　　　　　　　　　　　　分場次及工作檯：
扣分原因：

一般	1 □ 2 □ 3 □ 4 □ 5 □ 6 □ 7 □ 8 □ 9 □
A	1 □ 2 □
B	1 □ 2 □ 3 □ 4 □ 5 □ 6(1) □ 6(2) □ 6(3) □ 6(4) □ 6(5) □ 7 □ 8 □ 9 □ 10 □ 11 □ 12 □ 13 □
C	1 □ 2 □ 3 □ 4 □ 5 □ 6 □
D	1 □ 2 □ 3 □ 4 □ 5 □ 6 □ 7 □ 8 □ 9 □ 10(1) □ 10(2) □ 11 □ 12 □ 13 □ 14 □
E	1 □ 2 □
F	1 □ 2 □ 3 □
G	1 □ 2 □ 3 □
H	1 □ 2 □ 3 □ 4 □

衛生監評人員簽名：＿＿＿＿＿＿＿＿

技術監評人員（依協調會責任分工者）簽名：＿＿＿＿＿＿＿＿

（請勿於測試結束前先行簽名）

（五）評審總表

中餐烹調丙級技術士技能檢定術科測試評審總表

應檢人姓名：　　　　　　　　　　　　應檢日期：　年　月　日

准考證號碼：　　　　　　　　　　　　檢定場：

場次及工作檯：

評審總表		
項目	及格成績	實得成績
刀工作品成績	60 分	分
烹調作品成績	180 分	分
衛生成績	60 分	分
及格		
不及格		

1. 刀工作品評分標準 100 分，成績未達 60 分者，以不及格計。
2. 烹調作品：3 道菜，每道菜個別計分，各以 100 分為滿分，總成績未達 180 分者，以不及格計。
3. 衛生評分標準 100 分，成績未達 60 分者，以不及格計。
4. 刀工作品、烹調作品或衛生成績，任一項未達及格標準，總成績以不及格計。
5. 不予計分原因：＿＿＿＿＿＿＿＿＿＿＿＿＿＿＿＿＿＿＿＿

監評長簽名：＿＿＿＿＿＿

監評人員簽名：＿＿＿＿＿＿

＿＿＿＿＿＿

＿＿＿＿＿＿

（六）刀具認識與拿握技巧

刀具的結構如下圖所示：

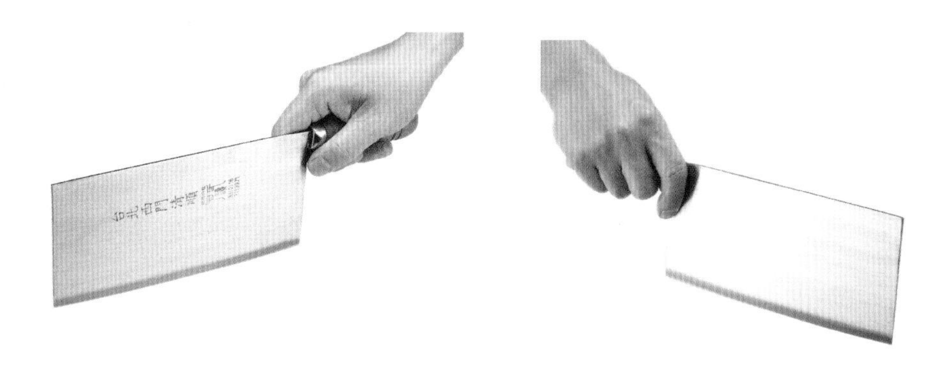

工欲善其事，必先利其器，中餐烹調重刀工、火候，首先要切出好的刀工，必先有利的刀子，而一盤菜餚，端上桌的一眼，觀感很重要，要切出好的刀工，拿握手刀非常重要。

1. 手掌口打開，握住刀柄，虎口不可超過刀柄，大拇指緊貼刀柄前的刀面。
2. 食指彎曲，緊貼刀背及外側刀面，中指、無名指、小指緊握住刀柄。
3. 切記拿握刀具時，刀柄須保持乾燥，以免濕滑造成危險。

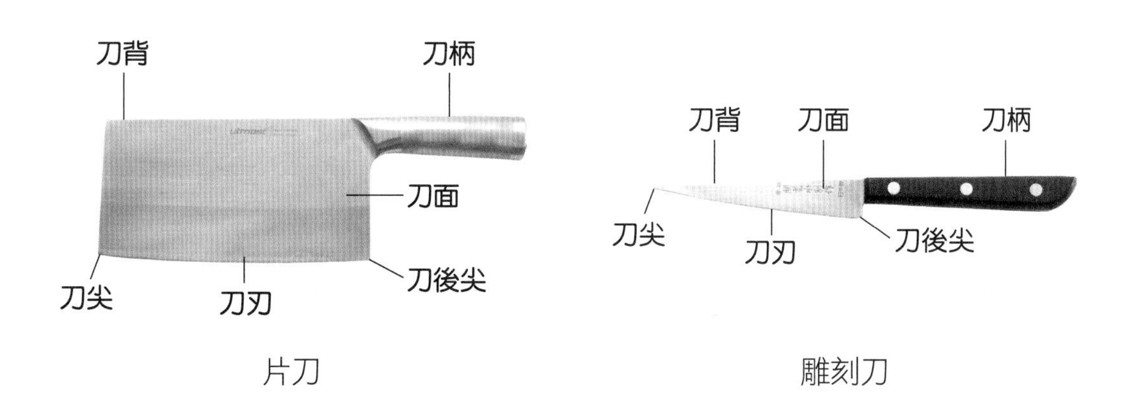

片刀　　雕刻刀

附錄1 刀工操作步驟

刀工	過程圖示		
 紅蘿蔔滾刀塊 完成圖	 1 取紅蘿蔔 1 條去皮，以片刀直切剖半 1 分為 2	 2 再以片刀對剖，切成 4 等分長條	 3 左手握住食材每切一刀轉一面，至完全切完，大小以一口為主的滾刀塊
 紅蘿蔔條 完成圖	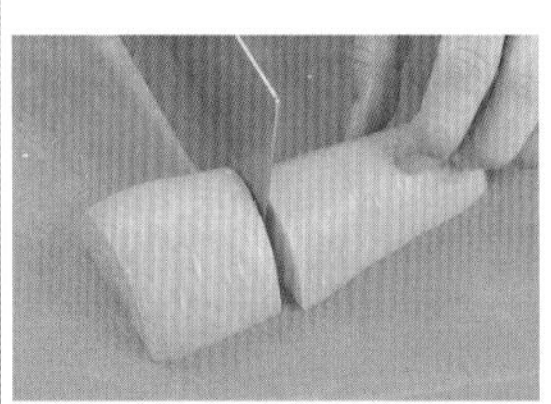 1 將紅蘿蔔去皮，切取約 5 公分的塊狀	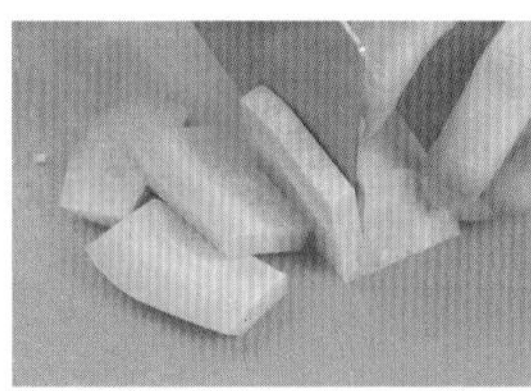 2 以片刀切出約 0.5~0.8 公分寬度的厚片狀	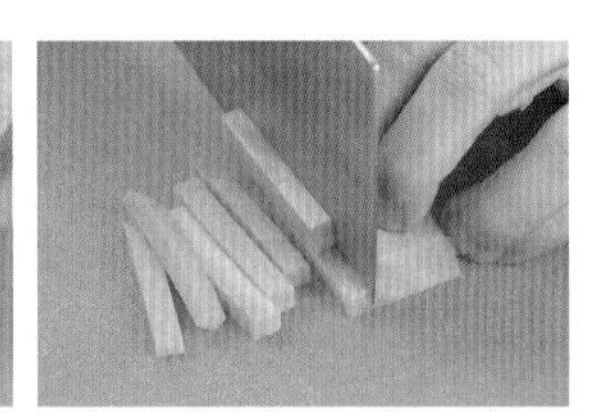 3 再將每片切成條狀，寬約 0.5~0.8 公分
 紅蘿蔔絲 完成圖	 1 將紅蘿蔔去皮後，切成 5~7 公分的段狀	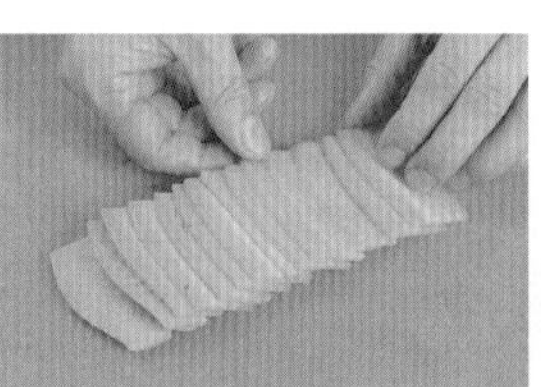 2 以片刀順紋切割 0.2~0.4 公分薄片，將薄片排齊	 3 將紅蘿蔔並排切割出 0.3 公分寬度的紅蘿蔔絲
 紅蘿蔔指甲片 完成圖	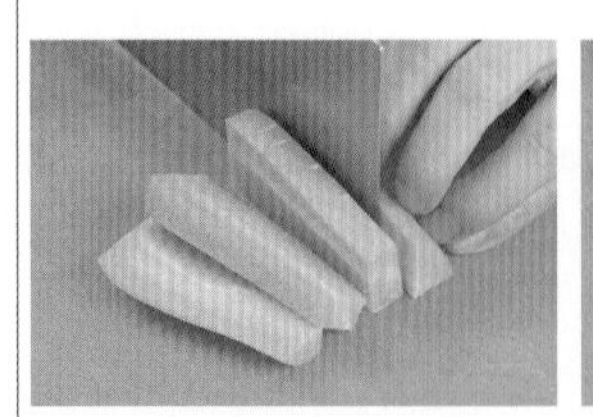 1 取紅蘿蔔一段，以片刀切割 1 公分厚片	2 將 1 公分厚片再切成 1 公分寬條狀	 3 將粗條轉 90 度，切割 0.2 公分指甲片狀

刀工	過程圖示		
 紅蘿蔔丁完成圖	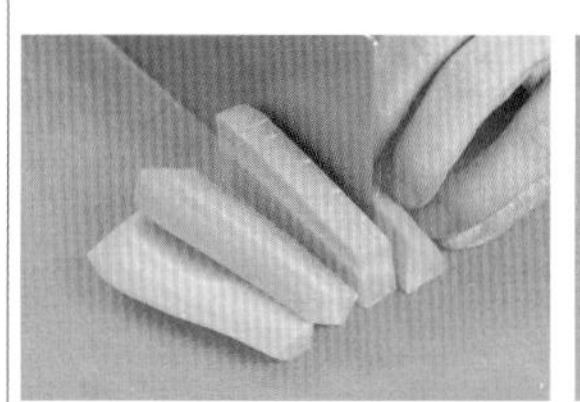 1 取紅蘿蔔去皮一段，以片刀切成 1 公分厚塊狀	 2 取原塊以片刀切成 1 公分寬條狀	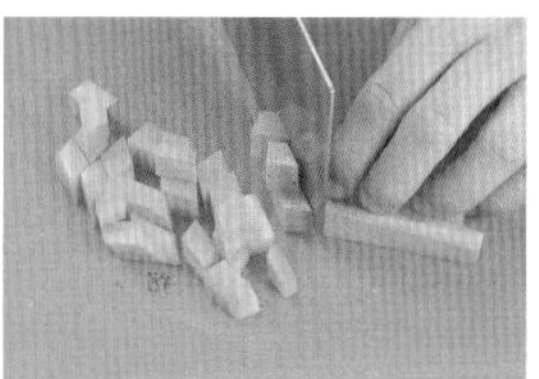 3 將切好條狀轉 90 度切成丁狀
 紅蘿蔔粒完成圖	 1 紅蘿蔔去皮後切成約 5 公分長段，再順紋切片約 0.2~0.4 公分	 2 將切割出的紅蘿蔔薄片排列整齊，切割順紋的 0.2~0.4 公分絲	 3 將切好的絲轉 90 度，以片刀切成粒狀
 牛蒡片完成圖	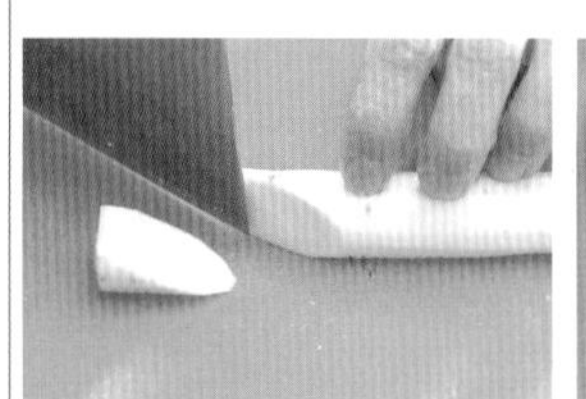 1 將牛蒡洗淨，以刮皮刀刮除表皮，再以片刀斜 45 度切除頭部	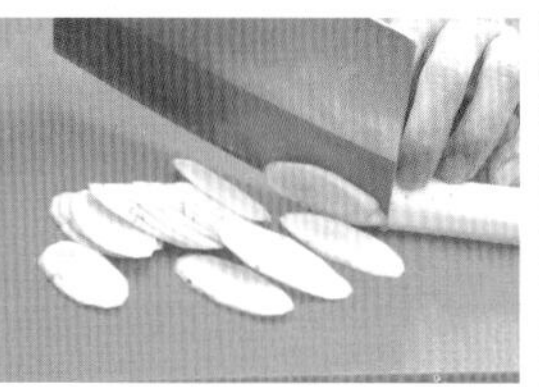 2 以片刀將頭部斜切除去後，再斜切片狀	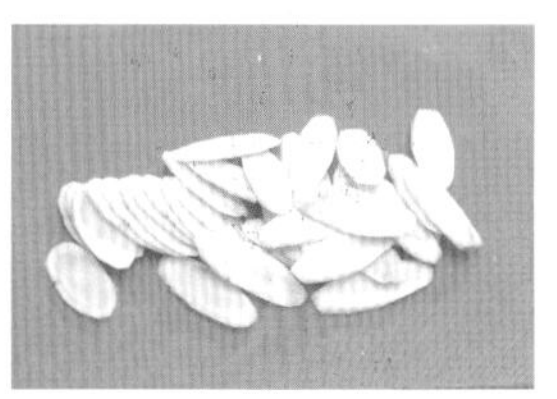 3 以片刀斜 45 度，將牛蒡切成厚約 0.3 公分、長約 4 公分的片狀，全部切完
 牛蒡絲完成圖	 1 取牛蒡，以刮皮刀刮除表皮，再以片刀斜 45 度切除頭部	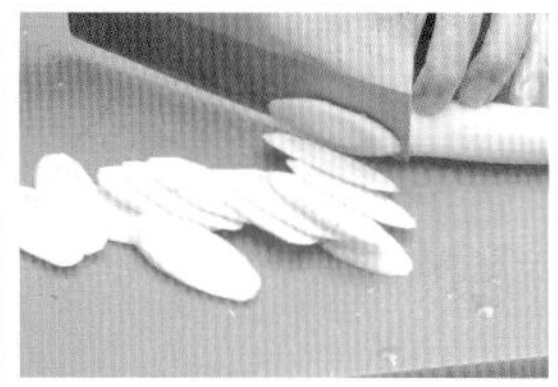 2 以片刀斜 45 度，將牛蒡切成厚約 0.3 公分、長約 5 公分的薄片	 3 將牛蒡切片後，排成骨排形狀、再切成絲狀，泡水避免變黑

<table>
<tr><th>刀工</th><th colspan="3">過程圖示</th></tr>
<tr><td>
茄段
完成圖</td><td>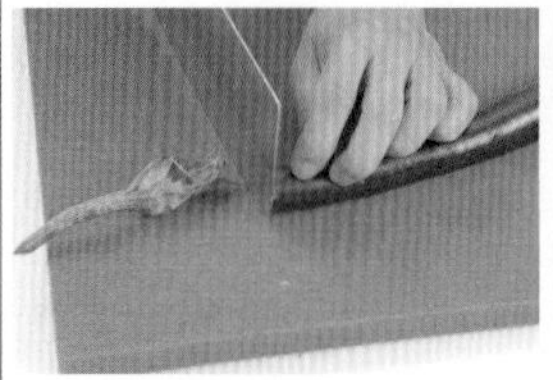
1 取新鮮茄子，以片刀切去頭部</td><td>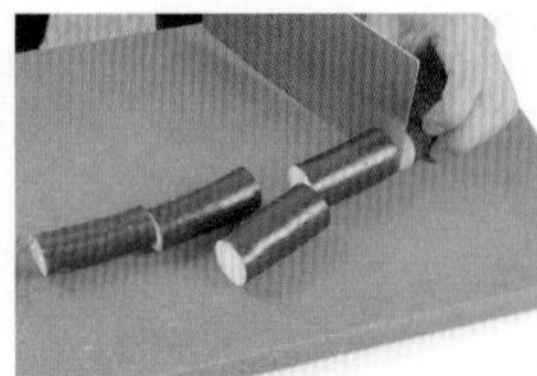
2 再以片刀將茄子切段約 5 公分長</td><td>
3 以片刀將每段茄子對剖切成茄段</td></tr>
<tr><td>
茄條
完成圖</td><td>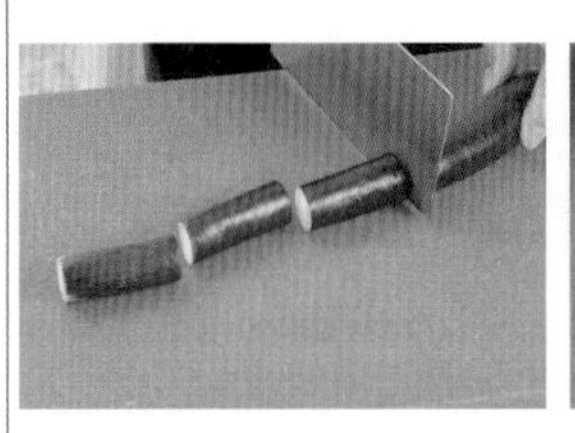
1 取茄子以片刀切除蒂頭，再切段約 5 公分長</td><td>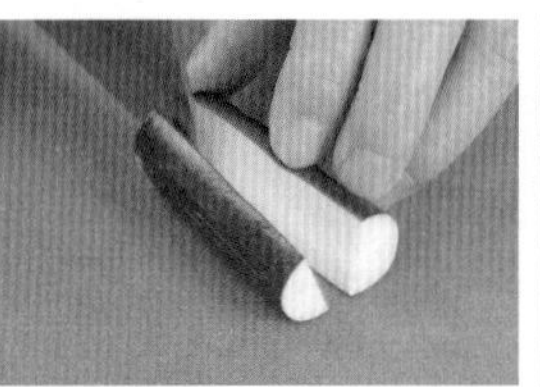
2 取每段茄子，以片刀直切為 2</td><td>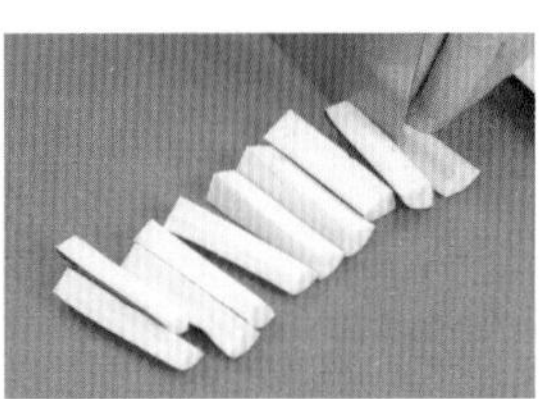
3 以片刀分別將茄子 1 切為 4</td></tr>
<tr><td>
茄圓圈
完成圖</td><td>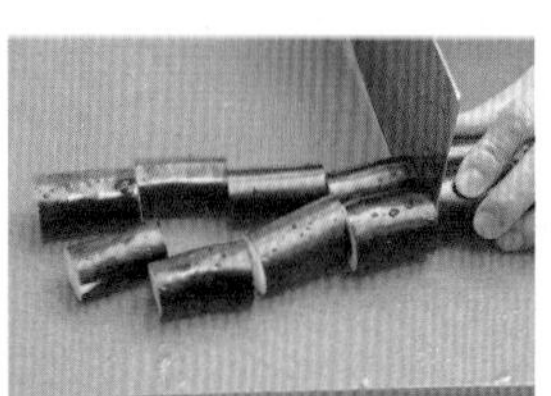
1 茄子洗淨，以片刀切取茄段，每段約 5 公分長</td><td>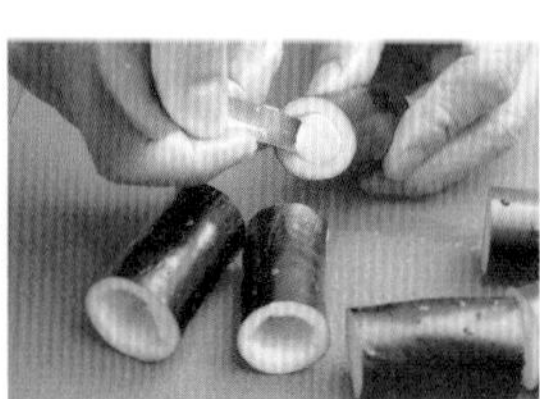
2 取鐵湯匙，以小柄部分挖空茄段內的茄肉</td><td>
3 以鐵湯匙小柄將所有茄段內的茄肉全部挖空</td></tr>
<tr><td>
茄夾
完成圖</td><td>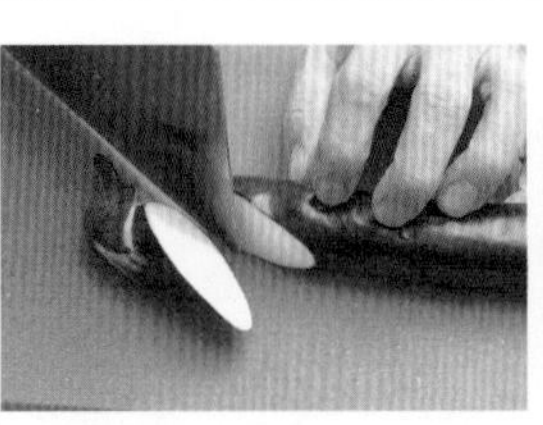
1 將茄子洗淨，以片刀斜切 45 度、長約 6 公分，去除頭部</td><td>
2 以片刀斜 45 度，切割一刀不斷、一刀斷，呈現併連在一起的蝴蝶片</td><td>
3 以片刀斜 45 度切割蝴蝶片，將茄夾完全切好</td></tr>
</table>

刀工	過程圖示		
 苦瓜條完成圖	 1 苦瓜洗淨，以片刀 1 切為 2，再以鐵湯匙刮除內籽	 2 將苦瓜內籽刮除後，取苦瓜 1/2 條，以片刀切成 3 等分	 3 以片刀將苦瓜切成 3 等分，再將每一等分，轉 90 度切割成粗約 1 公分的條狀
 白蘿蔔長四方片完成圖	 1 將白蘿蔔頭尾切除、刮除表皮，以片刀分別切除四邊圓弧邊	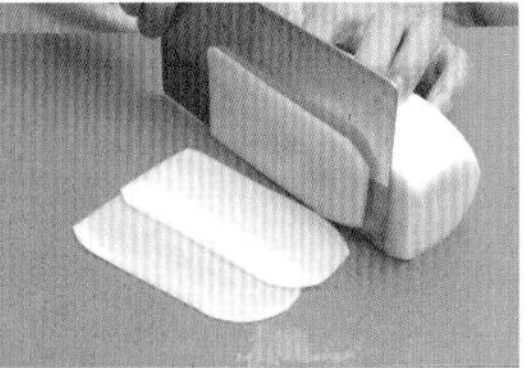 2 以片刀分別將白蘿蔔四邊切除後，小心的從頂端開始切割白蘿蔔薄片	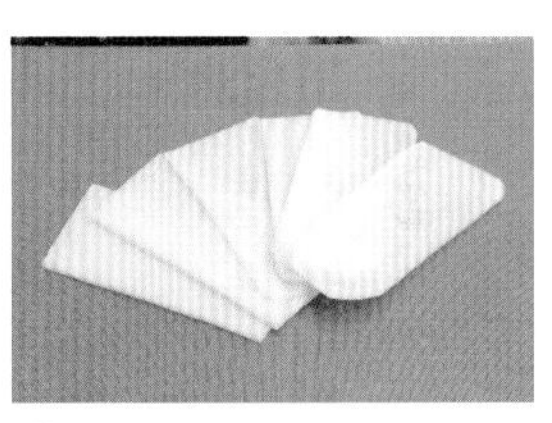 3 以片刀小心的由上而下切割白蘿蔔片，共切割 6 薄片
 冬瓜片完成圖	 1 取冬瓜以片刀直切由上而下，切除內面海綿體	 2 取冬瓜以片刀直切去除綠色外皮	 3 將冬瓜以片刀再一次切除內面薄膜
	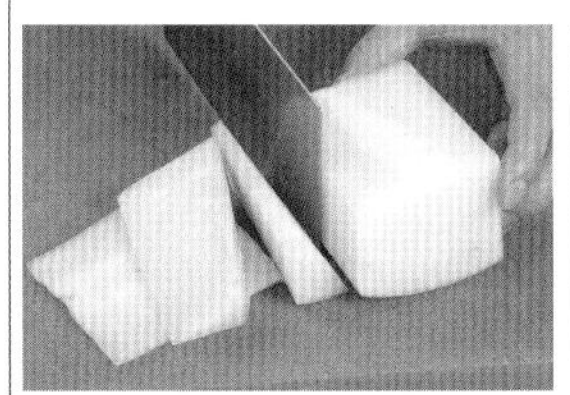 4 將冬瓜修整成 12 公分長方塊狀	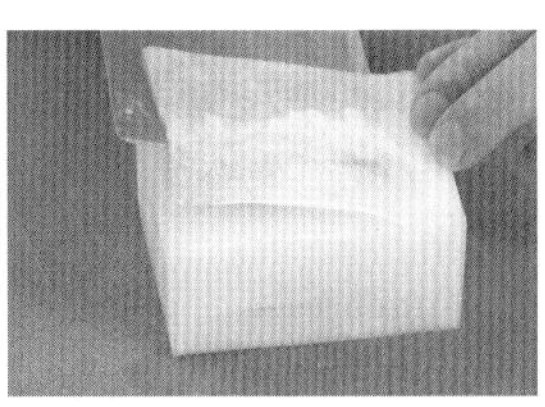 5 將冬瓜以片刀平刀切成薄片狀（由內面切割）	 6 以片刀平刀由冬瓜內面切片，每片薄 0.2 公分

<table>
<tr><th>刀工</th><th colspan="3">過程圖示</th></tr>
<tr><td rowspan="2">
冬瓜盒
完成圖</td><td>
1 將冬瓜洗淨，以片刀切割外圍冬瓜皮，再轉向切割內面薄膜</td><td>
2 將冬瓜內外表皮、薄膜切除後，以片刀 1 切為 2</td><td>
3 以片刀將冬瓜 1 切為 2 後，每一等分再 1 切為 3，共 6 塊</td></tr>
<tr><td>
4 將冬瓜 1 切 6 塊後，以片刀將每塊修切成大小一致的長四方塊</td><td>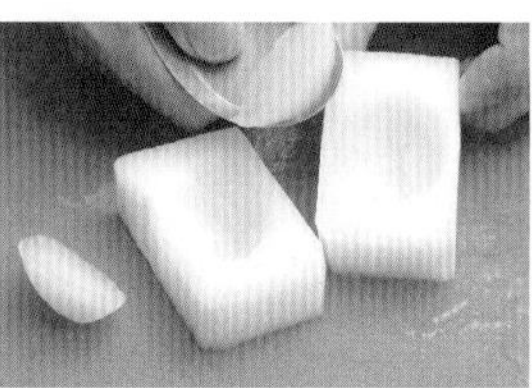
5 以片刀將每塊冬瓜切割成長四方盒形後，以鐵湯匙在每塊挖一凹槽</td><td>
6 以鐵湯匙將每個冬瓜盅挖出凹槽，注意不可挖破</td></tr>
<tr><td rowspan="2">
冬瓜蝴蝶片
完成圖</td><td>
1 以片刀切去冬瓜綠色外皮約 0.5 公分</td><td>
2 片刀將刮皮的西芹，頭部切除兩邊</td><td>
3 以片刀於中心，切割出凹槽，深 1 公分</td></tr>
<tr><td>
4 再斜切兩側去除餘肉成鋸齒狀</td><td>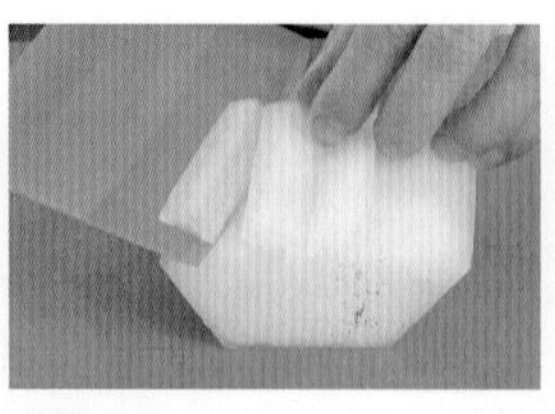
5 以片刀於冬瓜圓弧表面切出蝴蝶觸鬚狀</td><td>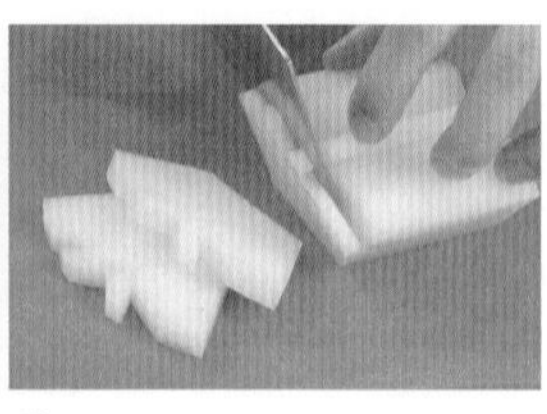
6 以片刀切約 0.2~0.4 公分厚度的不斷蝴蝶片狀</td></tr>
</table>

刀工	過程圖示		
 香菇片 完成圖	 1 以熱水泡軟香菇漲發，再以剪刀剪去蒂頭	 2 以片刀斜 25 度切割漲發的香菇	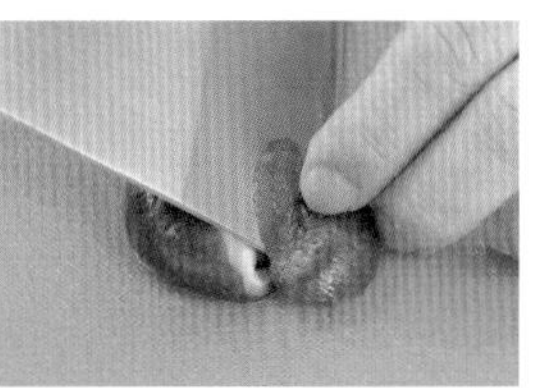 3 以片刀斜切 2 刀成 3 片
 香菇條 完成圖	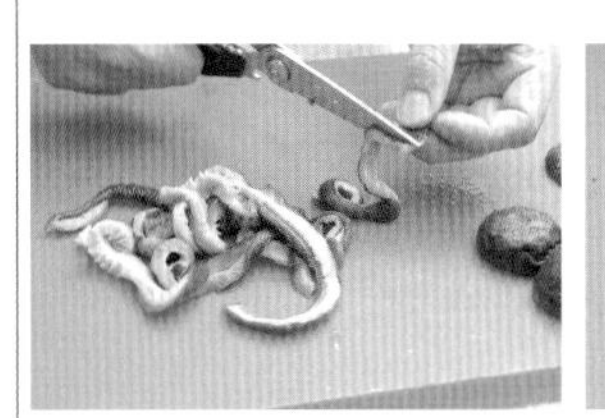 1 香菇用熱水燙至漲發、撈出過冷，以剪刀剪除蒂頭，再順著菇帽外緣剪成條狀	 2 以剪刀順著菇帽，以螺旋狀向內剪成寬約 0.5 公分的長條狀，再以片刀切段	 3 將香菇完全剪成條狀，再以片刀切段，每段約 5 公分
 香菇絲 完成圖	 1 以熱水泡軟香菇漲發，再以剪刀剪去蒂頭	 2 以片刀橫切香菇對剖，切成片狀	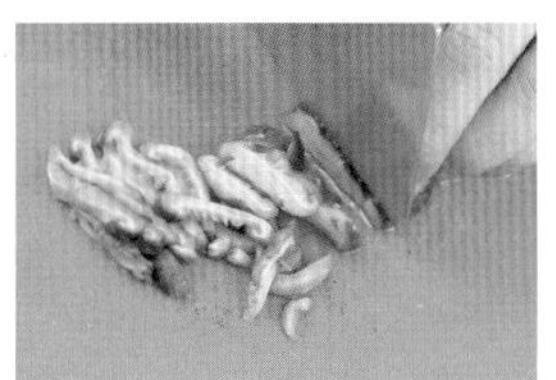 3 合併香菇，以片刀切絲，寬度約 0.2 公分
 香菇丁 完成圖	 1 以熱水泡軟香菇漲發，再以剪刀剪去蒂頭	 2 以片刀將香菇切割條狀，寬約 1 公分	 3 將切好的 1 公分條狀，轉 90 度切 1 公分丁狀

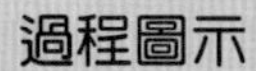

刀工	過程圖示		
 香菇粒 完成圖	 1 將燙至漲發的香菇以剪刀除去蒂頭，再以片刀直刀切成絲狀	 2 以片刀將香菇完全切成絲狀後，再轉 90 度切成小粒	 3 以片刀將香菇完全切成粒狀後，再略微剁碎，避免有大有小
 新鮮香菇片 完成圖	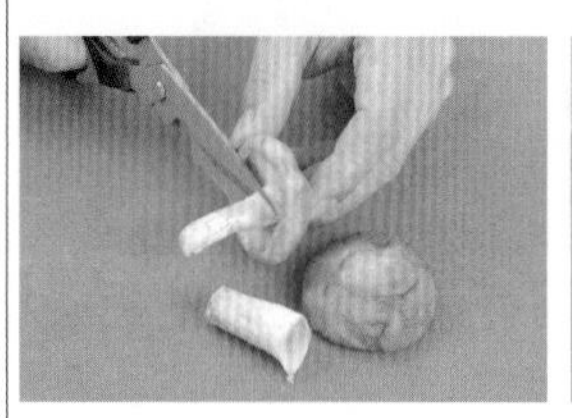 1 取新鮮香菇以剪刀剪除蒂頭	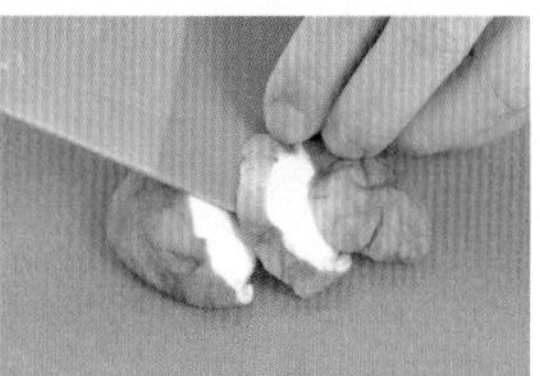 2 以片刀將菇帽以斜 45 度，切成厚 1 公分的厚片	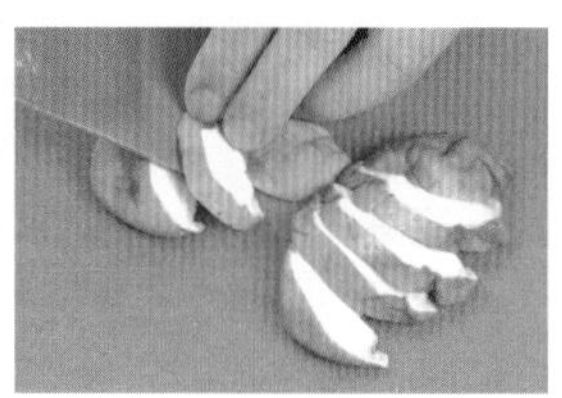 3 切片完成，續切另一朵香菇斜刀 45 度香菇片
 鮑魚菇花 完成圖	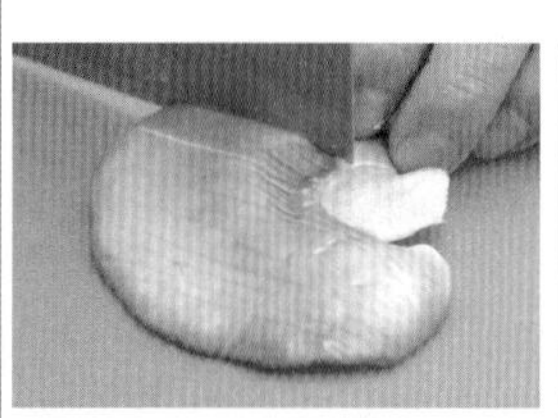 1 將洗淨的鮑魚菇以片刀切除蒂頭，在菇帽上切割交叉花刀	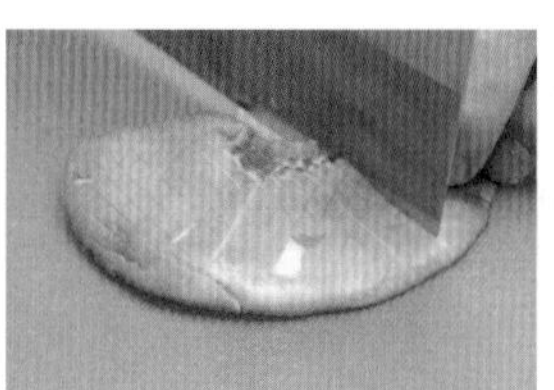 2 以片刀在鮑魚菇菇帽上，間隔 0.5 公分切割交叉花刀，深約菇帽的 1/2，不可切斷	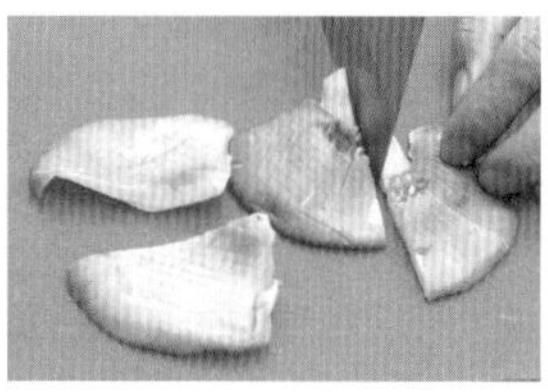 3 分別將所有鮑魚菇切割交叉花刀後，再將每片 1 切為 2
 洋菇花 完成圖	 1 將洋菇洗淨，以剪刀分別除去所有洋菇的蒂頭	 2 將蒂頭剪除後，以片刀在洋菇菇帽上切割交叉花刀刀痕，不可切斷	 3 以片刀分別將每個洋菇菇帽切割間隔 0.5 公分的交叉花刀，完全切好

刀工	過程圖示		
 杏鮑菇斜刀片 完成圖	 1 選取新鮮完整、無壓傷杏鮑菇 1 條	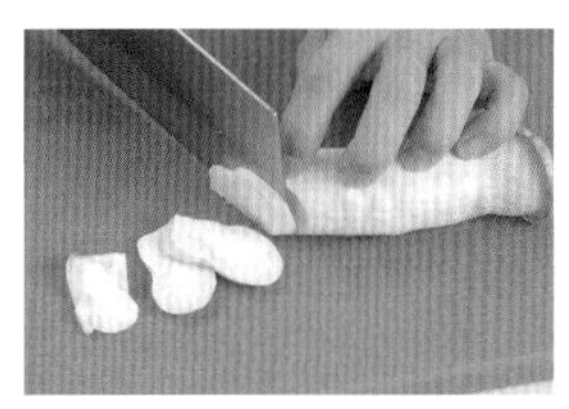 2 將杏鮑菇以片刀斜切 0.5 公分厚斜片長約 4~5 公分	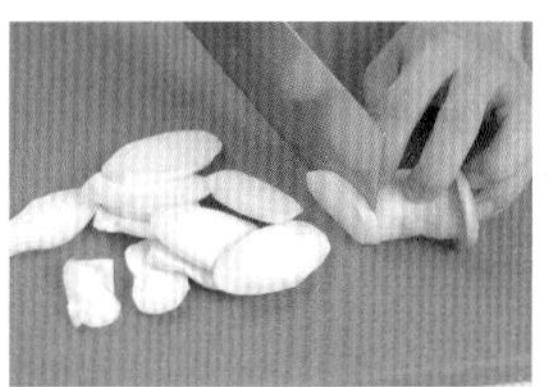 3 依序切 0.5 公分片狀完全切完
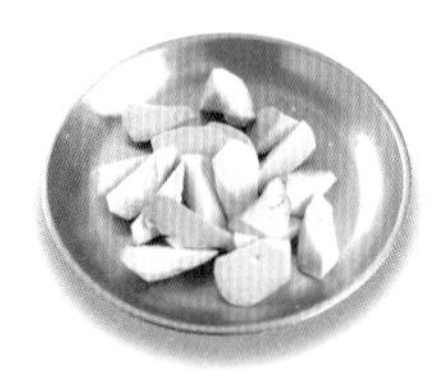 杏鮑菇滾刀塊 完成圖	 1 選取新鮮完整、無壓傷杏鮑菇數條	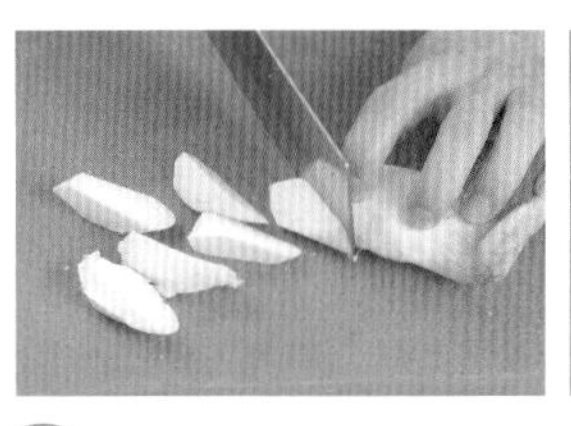 2 左手拿住杏鮑菇，右手拿片刀，每切一刀左手轉面，再切塊	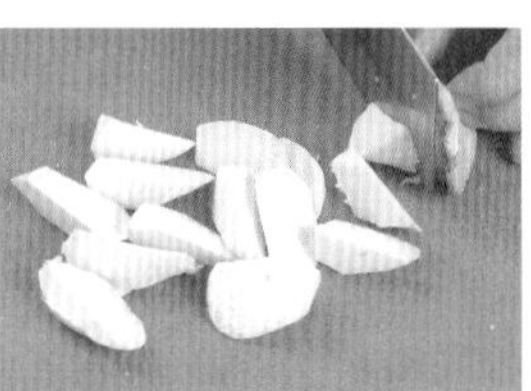 3 依序切完杏鮑菇成一口大小滾刀塊
 杏鮑菇菱形片 完成圖形	 1 選取新鮮完整、直長條無壓傷杏鮑菇 1 條	 2 將杏鮑菇以片刀切斜段，間隔 2 公分	 3 杏鮑菇斜段後，切面朝上，改刀切 0.5 公分菱形片
 杏鮑菇條 完成圖	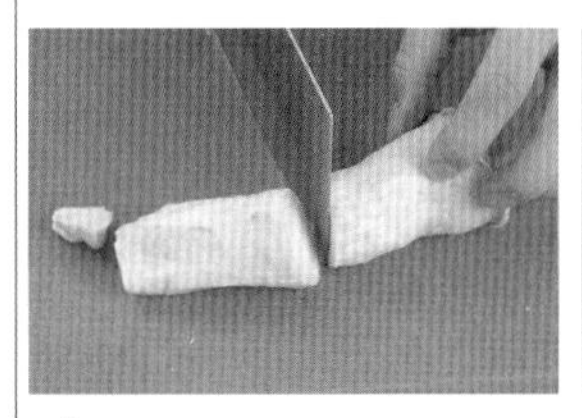 1 將杏鮑菇以片刀切除蒂頭，再切成 5 公分長段	 2 以片刀順紋切割約 1 公分以內的片狀	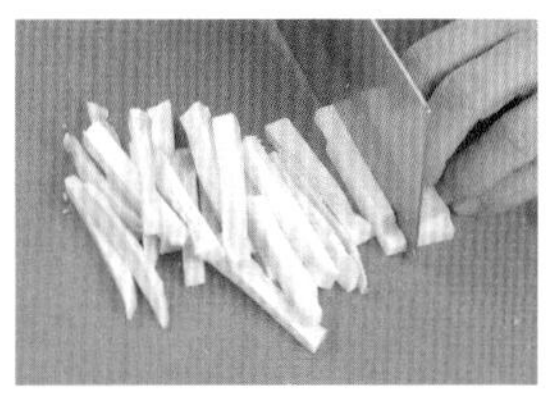 3 以兩片合併排列整齊後切條

刀工	過程圖示		
 杏鮑菇花 完成圖	 1 取杏鮑菇，以片刀斜 45 度切除頭部後，再切割厚約 1 公分的片狀	 2 以片刀將杏鮑菇斜切厚片，再於切面切割交叉花刀，間隔 0.5 公分、深 0.5 公分，不可切斷	 3 以片刀分別將所有的杏鮑菇片切割交叉花刀後，即成
 烤麩塊 完成圖	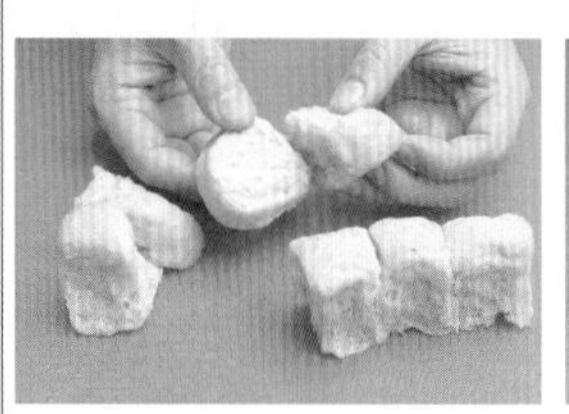 1 將烤麩塊略洗，再以手撥開每一顆烤麩	 2 將每一顆烤麩撥開後，以片刀將烤麩 1 切為 2	 3 以片刀將烤麩 1 切為 2 後，再 1 切為 4，完全切好
 麵腸片 完成圖	 1 麵腸洗淨，片刀斜切厚約 0.5 公分、長約 4 公分片狀	 2 以片刀分別將 2 條麵腸斜切成 0.5 公分厚的片狀	 3 以片刀將麵腸完全切成 0.5 公分厚的片狀，切時需小心
 麵腸條 完成圖	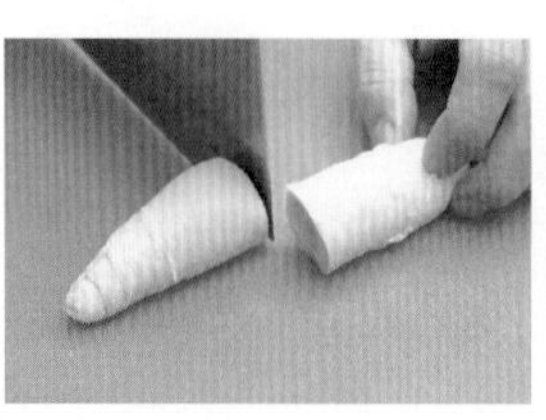 1 將麵腸洗淨，以片刀由中間 1 切為 2	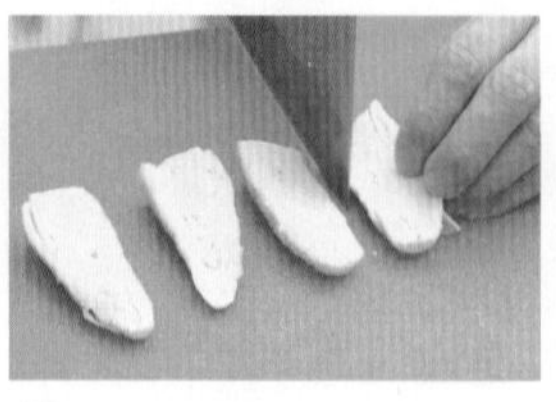 2 將麵腸 1 切為 2 後，再以片刀直切為 2	 3 將每個 1/4 大小的麵腸，以片刀直刀切成條狀，有較粗者再 1 切為 2

刀工	過程圖示		
	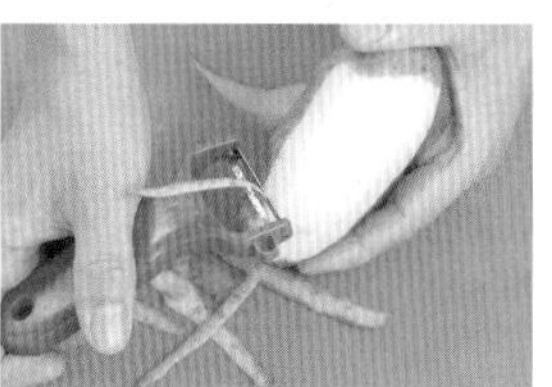		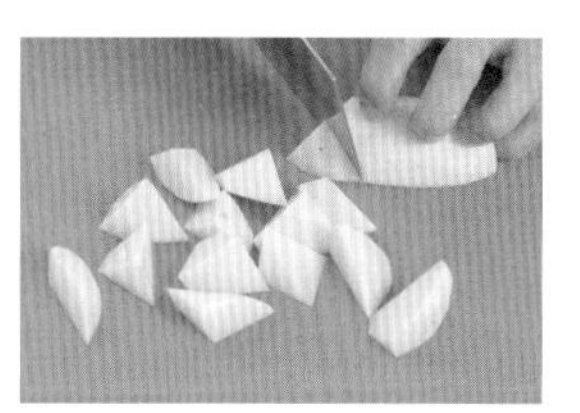
馬鈴薯滾刀塊 完成圖	1 將馬鈴薯以刮皮刀刮去表皮	2 以片刀直切為4長條	3 以片刀將馬鈴薯切出滾刀塊，每切一刀轉面一次

馬鈴薯片 完成圖	1 將馬鈴薯洗淨，以刮皮刀刮除表皮，再以片刀切除圓弧邊，呈長四方塊	2 將外圍圓弧切除後，轉90度切去頭部，再切成薄片	3 以片刀將馬鈴薯以推拉切方式切割薄片，完全切完即成
	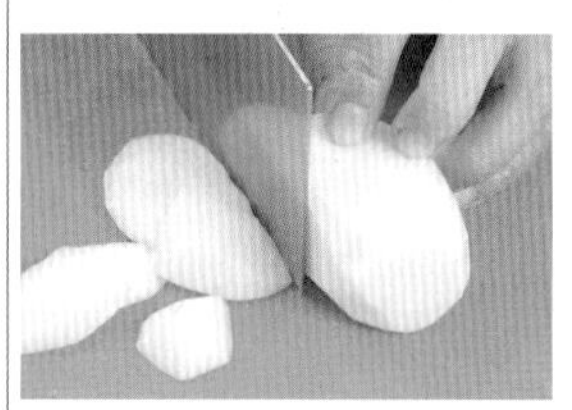	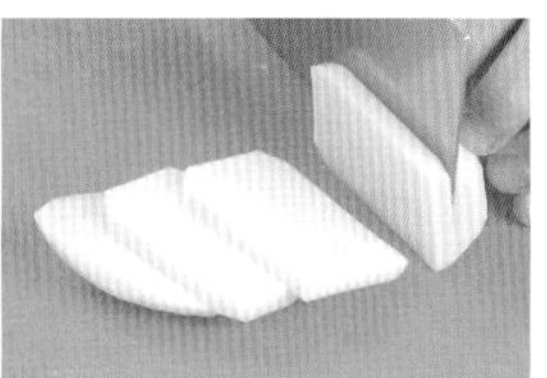	
馬鈴薯條 完成圖	1 將馬鈴薯刮去外皮後，以片刀切除圓弧邊	2 以片刀切寬約0.5~0.8公分寬、長約5~7公分的厚片狀	3 以片刀將切好的厚片直刀切割0.5~0.8公分條狀
	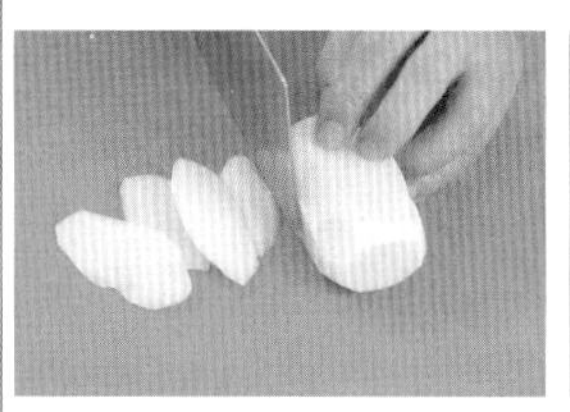	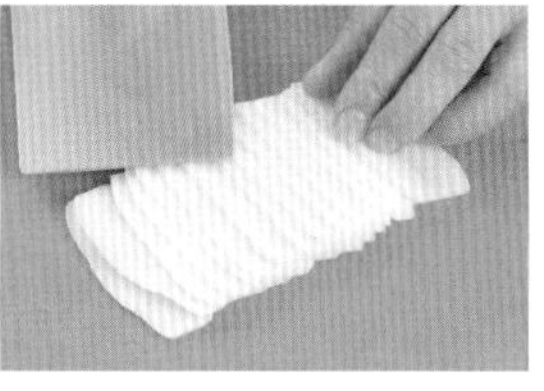	
馬鈴薯絲 完成圖	1 將馬鈴薯刮去外皮後，以片刀切除圓弧邊	2 以片刀切約0.2公分寬、長度約5~7公分的片狀，排列整齊	3 以片刀順紋切割0.2公分絲狀

刀工	過程圖示		
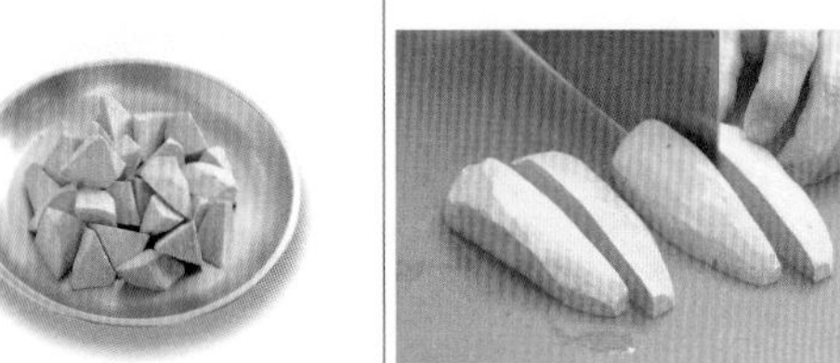			
地瓜塊完成圖	1 將地瓜去皮，以片刀取中心，1 切為 2，再將每塊 1 切為 2	2 以片刀將地瓜 1 切為 4 後，取每條切割成一口大小的滾刀塊	3 切割滾刀塊時，每切一刀，需滾一邊再切出大小適中的地瓜塊

地瓜條完成圖	1 以片刀將去皮的地瓜切割為 1 公分厚的片狀後，再 1 切為 2	2 將地瓜厚片 1 切為 2 後，再轉 90 度切割成 1 公分粗的條狀	3 分別以片刀，將每一片地瓜厚片切割成 1 公分粗的條狀，完全切好

地瓜丁完成圖	1 將去皮的地瓜切除頭尾，再切割 1 公分厚的片狀	2 將地瓜厚片 2 片合在一起，切割 1 公分粗的條狀	3 地瓜片切成 1 公分粗的條狀後，轉 90 度切割 1 公分丁狀
		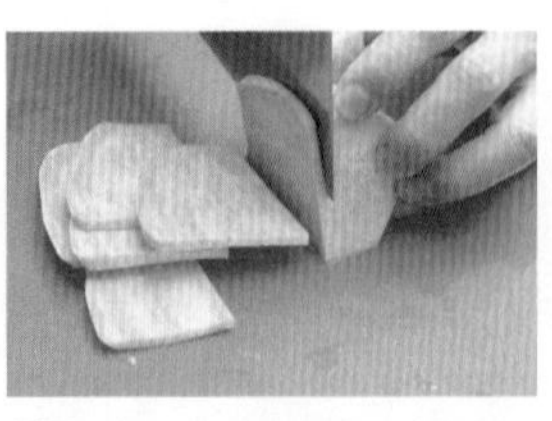	
地瓜絲完成圖	1 將去皮的地瓜切出需要的長度，再切除一端圓弧邊，朝砧板順紋切割厚 0.5 公分片狀	2 以片刀將地瓜切割厚 0.5 公分的片狀，切到最後時要特別小心	3 將每片地瓜片排成骨排形狀，再以片刀切成地瓜絲

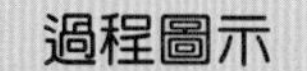

刀工	過程圖示		
 芋頭條 完成圖	 1 將芋頭去皮，以片刀切除圓弧邊，方便站立，不容易滾動	 2 將切面面向砧板，以片刀切割厚約1公分片狀，切到最後要小心切	 3 將芋頭切成厚片後，再將每片切成1公分條狀，完全切好即成
 芋頭丁 完成圖	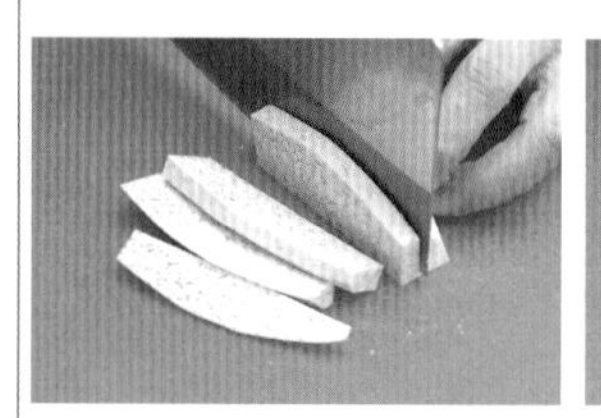 1 取芋頭，以刮皮刀刮除表皮，再以片刀直切厚約1公分的片狀	 2 以片刀將芋頭切成厚約1公分的片狀後，再將每片切割成粗約1公分的條狀	 3 將芋頭切割成粗約1公分的條狀後，再轉90度切割成1公分的丁狀即成
 山藥片 完成圖	 1 將山藥刮皮後，以片刀切平一邊、面向朝砧板擺放，再切除兩側圓弧邊	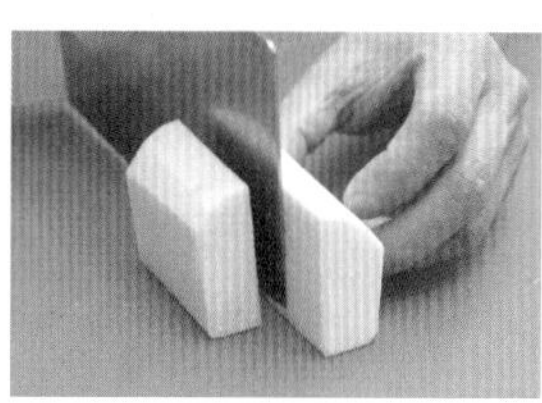 2 以片刀將兩側圓弧邊切齊後，取山藥塊中心，1切為2	 3 將山藥1切為2後，分別將山藥塊小心切成長四方片形即成
 山藥條 完成圖	 1 將山藥皮小心刮除，取片刀切除一端圓弧邊0.5公分	 2 將切除圓弧邊的切面面向砧板，以片刀直切厚片	 3 將山藥全部切成厚片後，以2片為1組切割條狀

刀工	過程圖示		
 小黃瓜菱形片完成圖	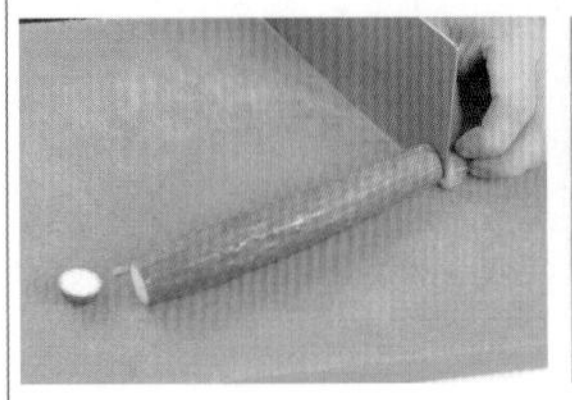 1 小黃瓜以片刀切去頭尾	 2 以片刀切約 2.5~3 公分，斜刀段	 3 將小黃瓜切面向砧板，切割 0.3 公分菱形片
 小黃瓜絲完成圖	 1 以片刀斜切小黃瓜為長圓片，每片厚約 0.3 公分	 2 將斜切片的小黃瓜排列整齊	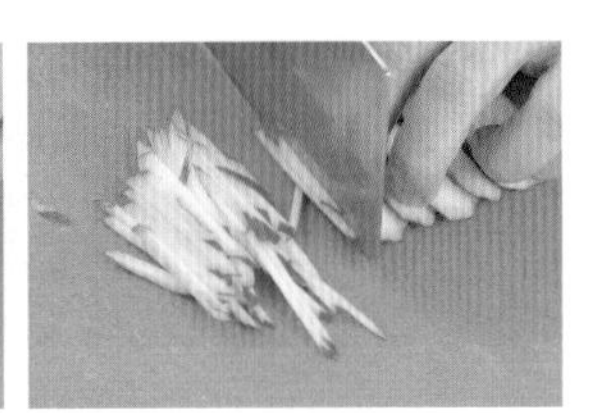 3 以片刀直切 0.3 公分的絲狀
 木耳菱形片完成圖	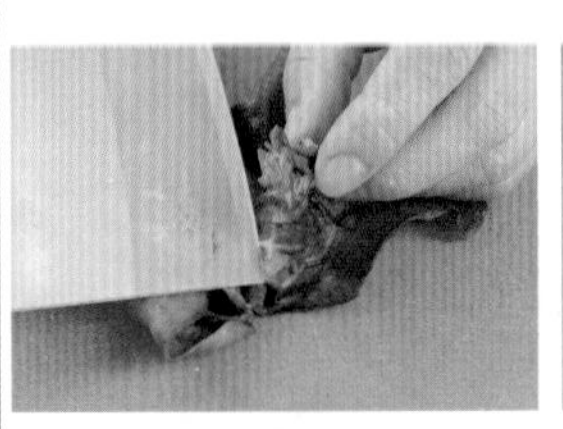 1 取漲發的木耳，以片刀切去蒂頭	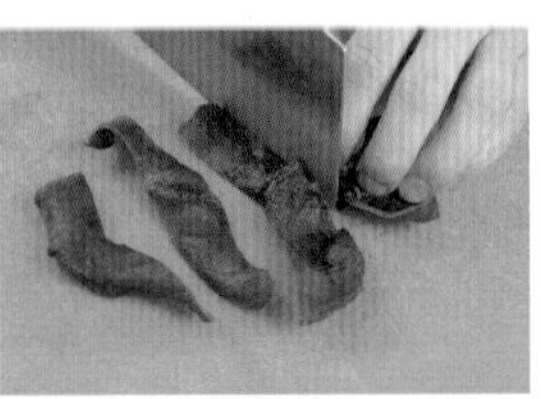 2 取木耳以片刀切長條狀，寬約 2 公分	 3 以片刀斜切菱形片狀，間隔 2 公分
 木耳絲完成圖	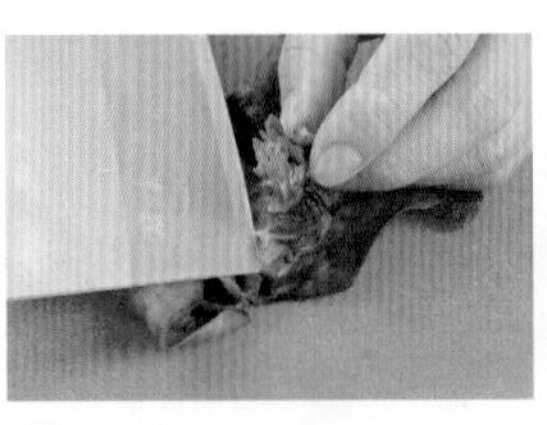 1 取漲發的木耳，以片刀切去蒂頭	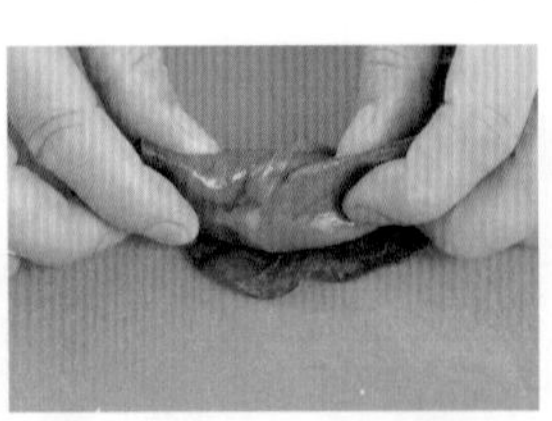 2 將漲發的木耳捲起	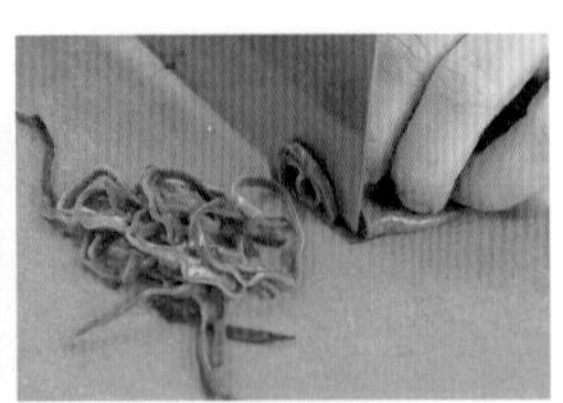 3 以片刀直刀切絲間隔 0.2 公分

<table>
<tr><th>刀工</th><th colspan="3">過程圖示</th></tr>
<tr><td>
西洋芹菱形片
完成圖</td><td>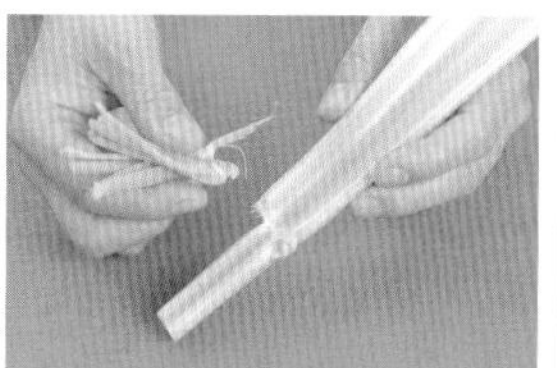
1 取西洋芹以手把除分叉的枝葉</td><td>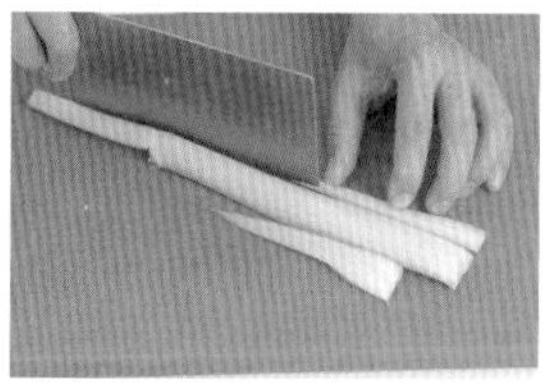
2 以片刀將刮去外皮的西芹，頭部切除兩邊</td><td>
3 以片刀斜切 45 度成菱形，間隔 2.5 公分</td></tr>
<tr><td>
西洋芹條
完成圖</td><td>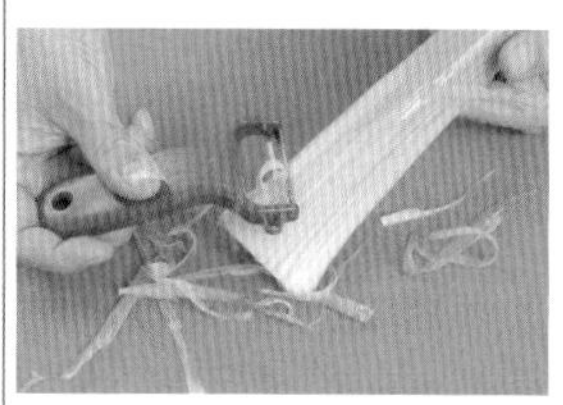
1 以刮皮刀去除西洋芹粗纖維</td><td>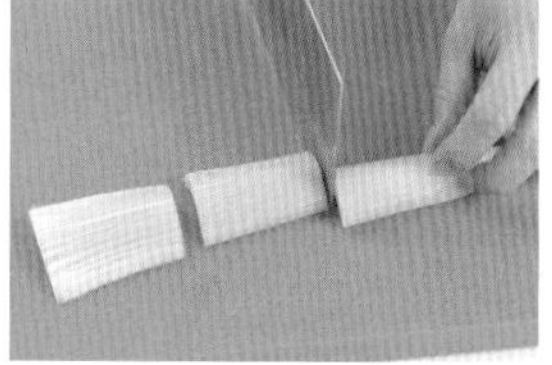
2 將西洋芹切長約 5~6 公分的段</td><td>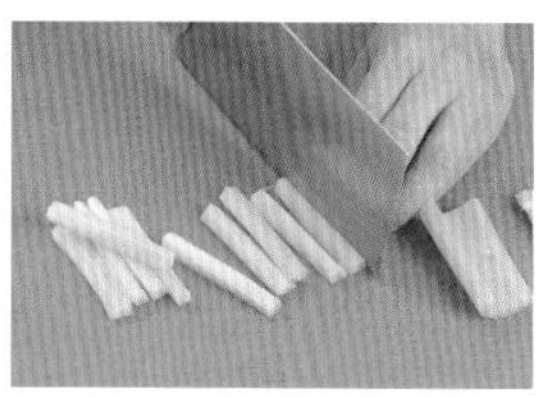
3 以片刀分別將每段西芹順紋切割 0.5 公分條狀</td></tr>
<tr><td>
西洋芹絲
完成圖</td><td>
1 將西洋芹刮除表皮纖維，以片刀切割長 5 公分段，再直切為 2</td><td>
2 取每段西芹，以片刀由中間將厚度橫切為 2</td><td>
3 以片刀直切每段西芹為絲，寬 0.2 公分</td></tr>
<tr><td>
台芹粒
完成圖</td><td>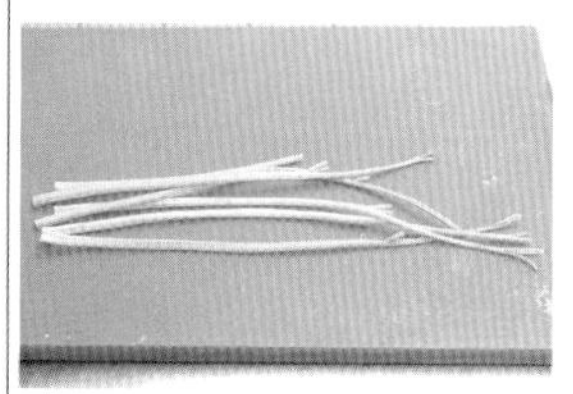
1 將台灣芹菜洗淨、去除葉子及頭部</td><td>
2 將去頭、去葉的台芹，以片刀 1 切為 2，合併擺放</td><td>
3 將合併擺放的台芹，以片刀切割成大小約 0.5 公分的蔥花狀</td></tr>
</table>

刀工	過程圖示		
 榨菜片 完成圖	 1 取榨菜，以片刀切除頭尾，取需要的長度	 2 將頭尾切除後，再切割圓弧邊，把榨菜修切成長四方塊	 3 將榨菜切成長四方塊後，轉 90 度以片刀切割薄片
 榨菜絲 完成圖	 1 將外形凹凸不平整的榨菜，以片刀圓弧切除	 2 以片刀圓弧將榨菜切成長方型長度約 6 公分	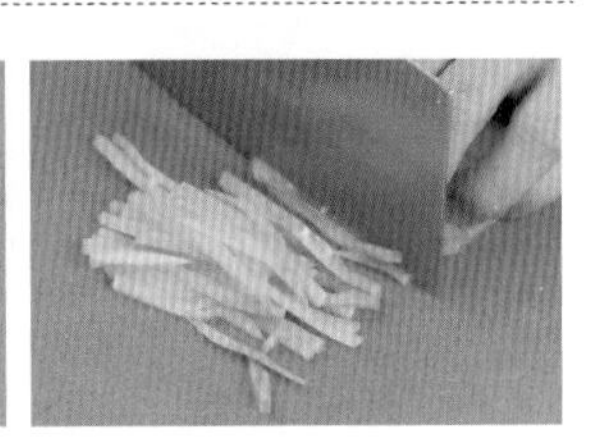 3 順紋直切片，每片厚度約 0.3 公分，排成骨牌狀，再以片刀切成寬約 0.3 公分的榨菜絲
 酸菜條	 1 將酸菜洗淨，以片刀切除酸菜蕊，再撥開每片	 2 將酸菜撥開後，以片刀將每片酸菜較厚的部分切除	 3 以片刀將酸菜較厚的部分切除，再切割成長度一致的條狀
 酸菜絲 完成圖	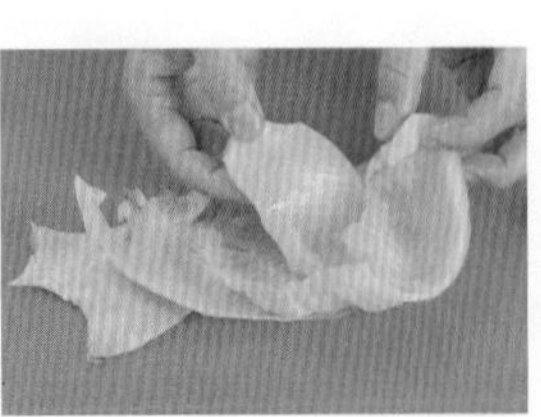 1 酸菜葉，以片刀微切除外圍葉子	 2 分別將酸菜排列整齊	 3 以片刀直切酸菜絲，0.3 公分絲狀

刀工	過程圖示		
 蒟蒻絲 完成圖	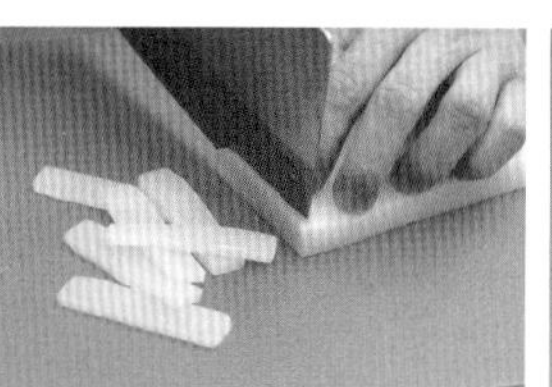 1 將蒟蒻板洗淨，以片刀直切片狀，每片 0.5 公分內	 2 以片刀將蒟蒻切片後，再將每片切成絲狀	 3 以片刀將所有蒟蒻薄片切成絲狀，撥鬆即可
 板豆腐 長方形片	 1 選取完整無破損的豆腐 3 塊	 2 將板豆腐以片刀 1 切為 2 長塊	 3 以片刀將 2 長塊再直切為 4 長塊
 豆腐絲完成圖	 1 將豆腐小心洗淨，以片刀橫切，除去上、下較厚表皮	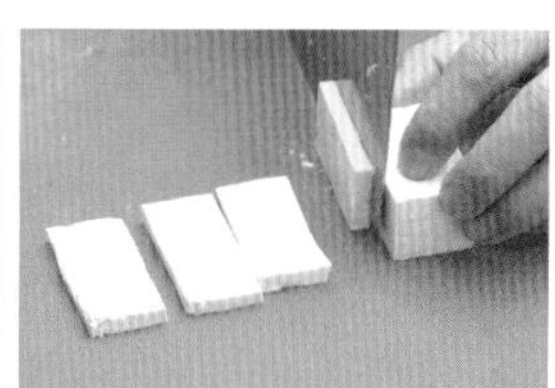 2 將片刀將上、下較厚表皮切除後，再以片刀直切 0.3 公分薄片狀	 3 以片刀將豆腐切成片狀後，再將每片切成絲狀，完全切完

刀工	過程圖示		
 豆乾片 完成圖	 1 將豆乾洗淨，以片刀斜 25 度切割豆乾片	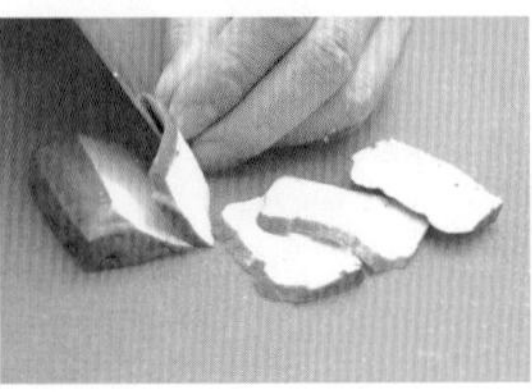 2 以片刀將豆乾切割成薄片狀，每片厚度約 0.5 公分	 3 以片刀斜 25 度切割每片 0.5 公分的豆乾片，完全切完即成
 豆乾丁 完成圖	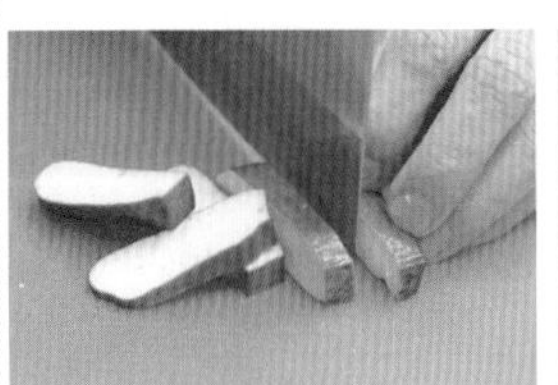 1 將豆乾洗淨，以片刀切割 1 公分粗條狀	 2 以片刀將每片豆乾切割粗條狀後，再將每條 1 切為 2	 3 將每條豆乾以片刀 1 切為 2 後，轉 90 度，再切割 1 公分的丁狀
 豆乾粒 完成圖	 1 取豆乾，以片刀橫切為 2，再取每片 1 切為 2 成 4 片	 2 將切片的豆乾片白色部分朝上，2 片一組，以片刀切絲狀	 3 以片刀將豆乾片切絲後，再轉 90 度切成豆乾粒，即成

刀工	過程圖示		
 五香大豆乾長方片 完成圖	 1 選取完整、新鮮無破損的豆乾	 2 以片刀，取中心對切為 2	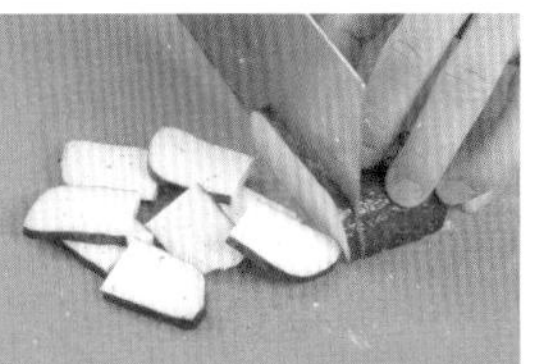 3 切開的豆乾轉 90 度，以片刀切割成寬 0.2 公分的長方片
 五香大豆乾菱形片 完成圖	 1 以片刀斜 45 度，切除豆乾頭尾	 2 片刀斜 45 度切割長 2 公分菱形塊	 3 將豆乾菱塊轉 90 度推切出 0.2 公分菱形片
 五香大豆乾丁 完成圖	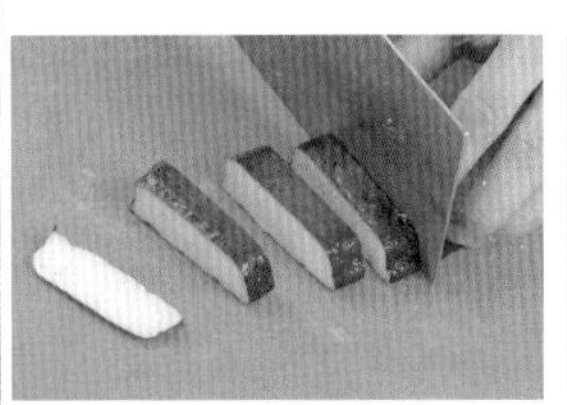 1 以片刀切除邊皮再切割約 1 公分的長條片狀	 2 將每長條再以片刀直切 1 公分條狀	 3 改刀切成 0.5 公分的豆乾丁
 五香大豆乾絲 完成圖	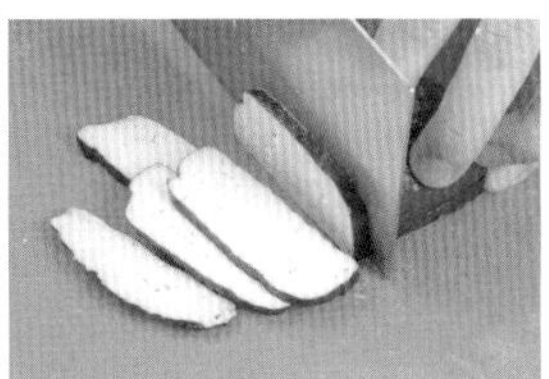 1 取豆乾以片刀推拉切割約 0.2~0.3 公分片狀	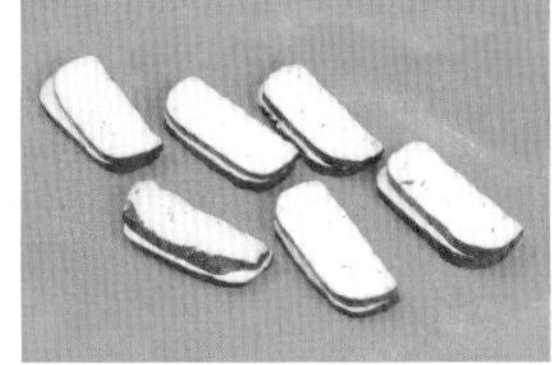 2 將 2 片豆乾片合併堆疊排列	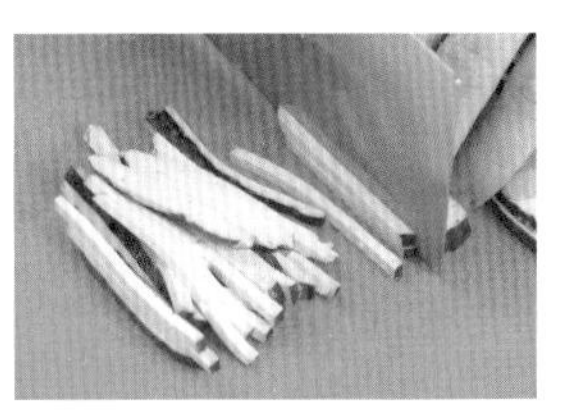 3 以片刀直切成約 0.2~0.3 公分長的絲狀

刀工	過程圖示		
 白菜膽 完成圖	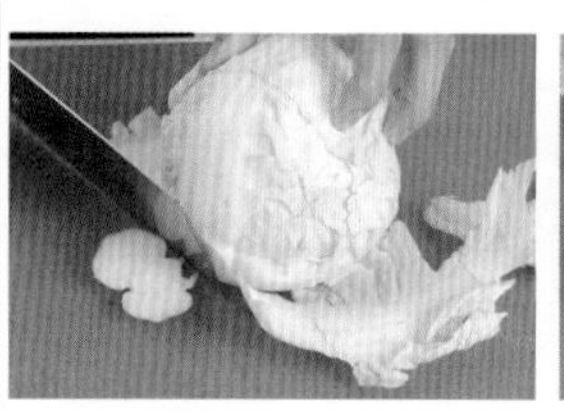 1 將白菜外圍較黃或不平整蟲蛀的菜葉去除	 2 以片刀取中心，將白菜 1 切為 2	 3 取半顆白菜，以片刀分切 3 長塊，共切 6 長塊，改刀切成白菜膽狀
 高麗菜絲 完成圖	 1 將高麗菜洗淨，以片刀切除蒂頭，再撥開菜葱	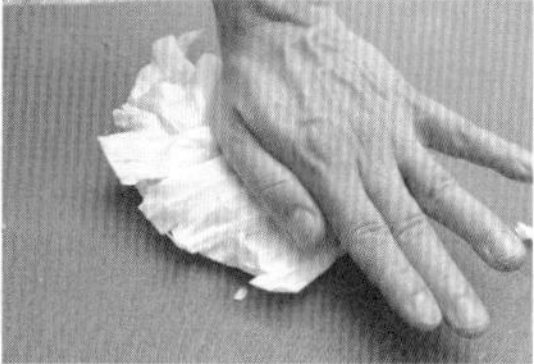 2 將高麗菜葱撥開，以手壓扁高麗菜呈扁平狀	 3 以手壓扁高麗菜後，再以片刀將高麗菜切絲
 青江菜菜心 完成圖	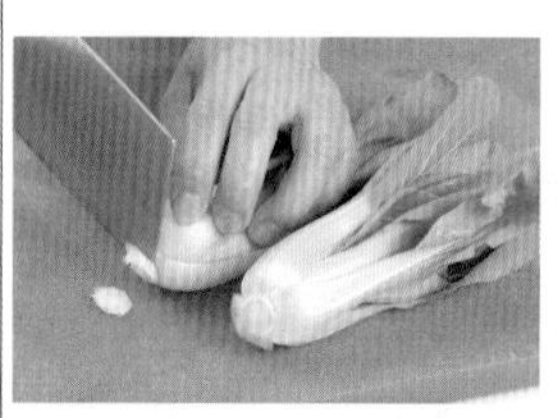 1 以片刀分別將青江菜頭部切除 0.5 公分	 2 將青江菜排列整齊，切除尾葉約 3 公分	 3 以片刀直切青江菜為 2，再對剖為 4 為菜膽（或菜心）
 青江菜末 完成圖	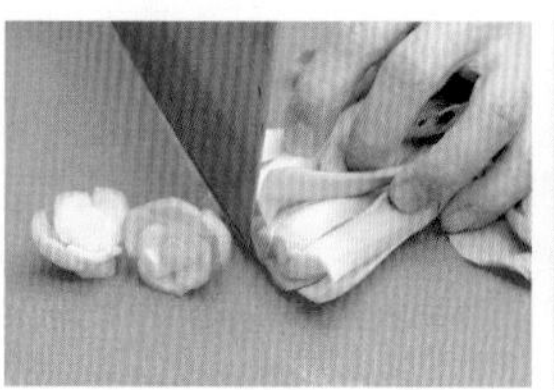 1 取青江菜洗淨，以片刀切除頭部約 1.5 公分	 2 將青江菜頭部去除，以片刀切割蔥花形狀	 3 以片刀將青江菜完全切割蔥花狀後，再剁成末

刀工	過程圖示		
 竹筍滾刀塊 完成圖	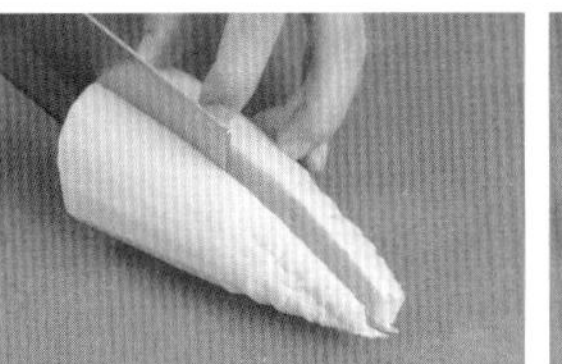 1 竹筍以片刀先直刀切成 2 塊	 2 再取一半的竹筍長條，直切為 2 長條	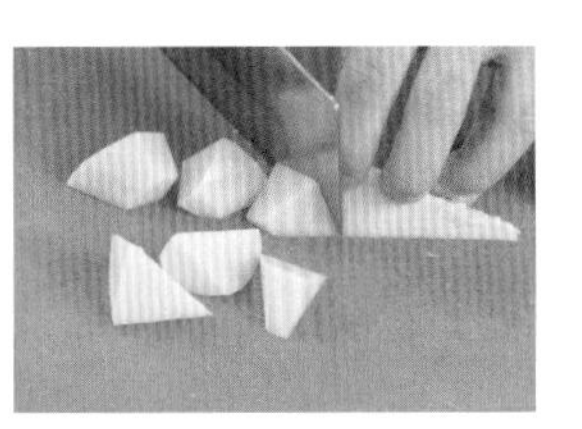 3 以片刀斜切竹筍，每塊長約 3 公分，每切一塊即轉一面，再切割，大小一口為宜
 竹筍菱形片 （指甲片） 完成圖	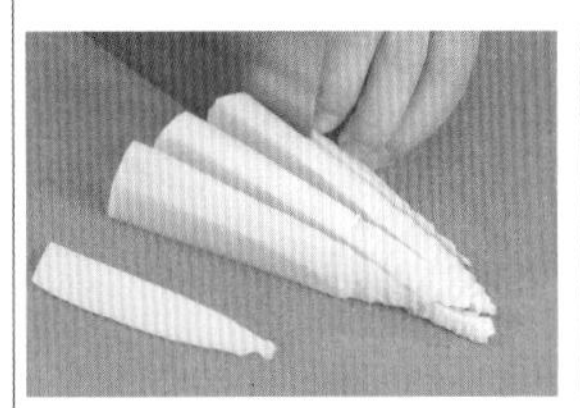 1 以片刀切割厚 1 公分寬度的筍片	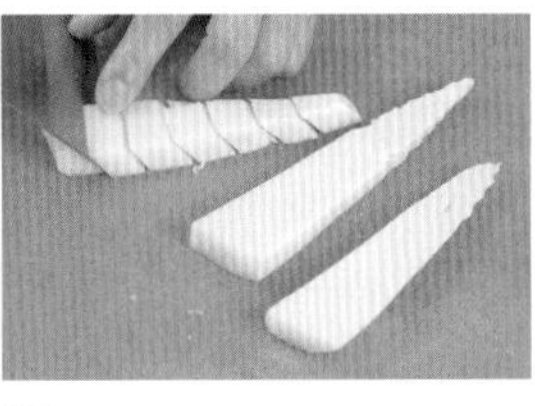 2 以片刀斜 45 度切割間隔長 2 公分的菱形塊	 3 將菱形塊轉 90 度，切 0.3~0.5 公分的菱形片
 竹筍條 完成圖	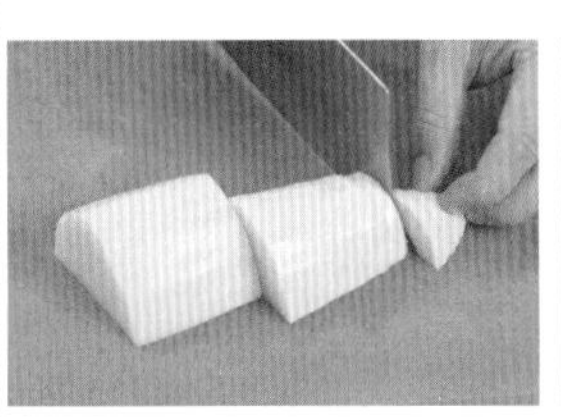 1 將竹筍以片刀直切長約 5 公分長的塊狀	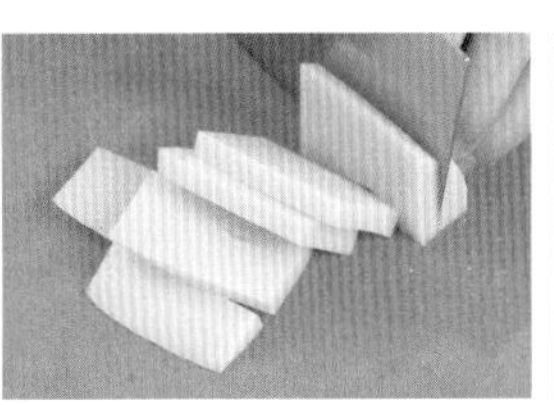 2 以片刀將竹筍順紋切割成 0.7 公分的厚片	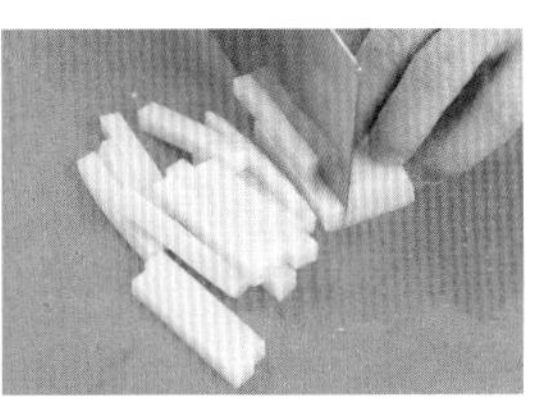 3 兩片合併再改刀切成 0.7 公分的長條狀
 竹筍絲 完成圖	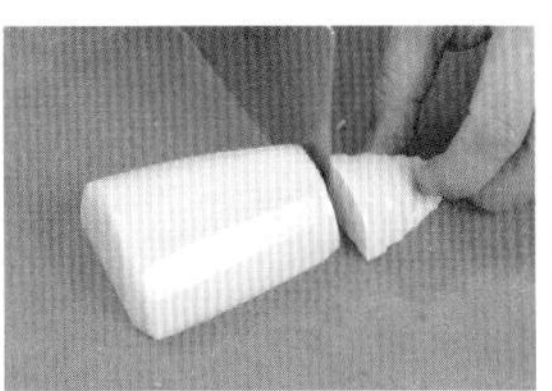 1 將竹筍以片刀切成 5~7 公分長的塊狀	 2 以片刀順紋切割 0.3 公分的薄片狀	 3 將薄片並排後，以片刀切 0.2~0.3 公分的絲狀

刀工	過程圖示		
 竹筍粒完成圖	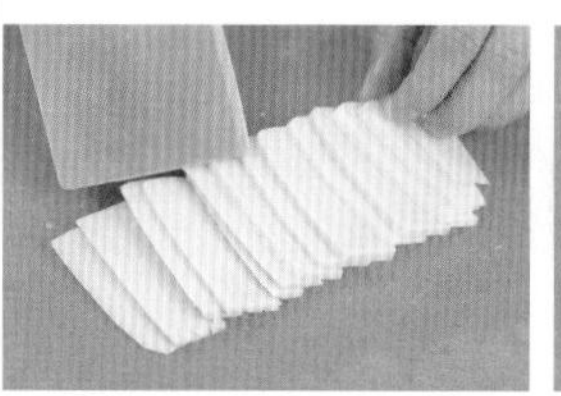 1 將竹筍以片刀切除尖端頭部，取肉長 5~7 公分順紋切割約 0.2~0.3 公分片狀	 2 將竹筍片整齊排列後，再以片刀切 0.2~0.3 公分絲狀	 3 轉 90 度，以片刀切成約 0.3 公分的竹筍粒
 竹筍骨牌片完成圖	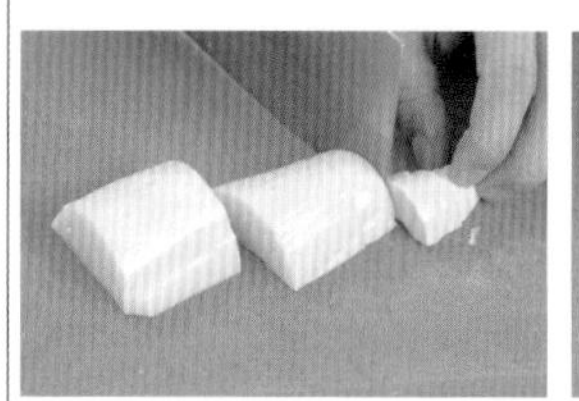 1 竹筍以片刀切出長度約 4~5 公分的塊狀	 2 再以片刀切取 1.5 公分厚塊，圓弧邊切除	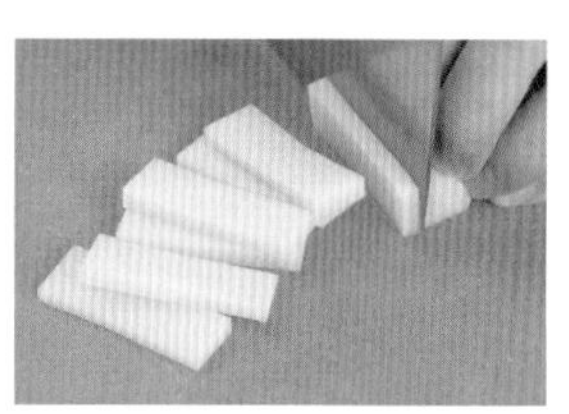 3 以片刀順紋切出每片 0.3 公分的竹筍骨牌片即成
 竹筍梳片完成圖	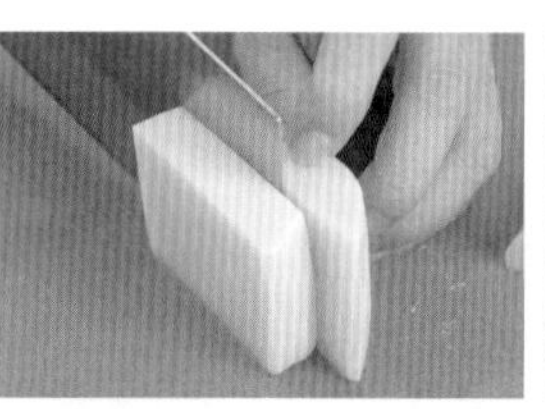 1 以片刀切除竹筍圓弧邊，再切成 1.5 公分厚片，長約 5 公分	 2 以片刀逆紋切割，間距約 0.5 公分寬，深度是竹筍厚度的 2/3	 3 將竹筍轉 90 度，以片刀直刀順紋切成 0.3~0.5 公分梳片
 豆薯粒完成圖	 1 取豆薯以刨刀刨除表皮，再切割 0.5 公分以內的薄片	 2 將豆薯片排列整齊，以片刀切 0.5 公分以內絲狀	 3 將豆薯絲轉 90 度，再切割 0.5 公分以內粒狀

刀工	過程圖示 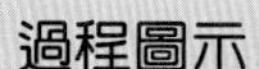		
	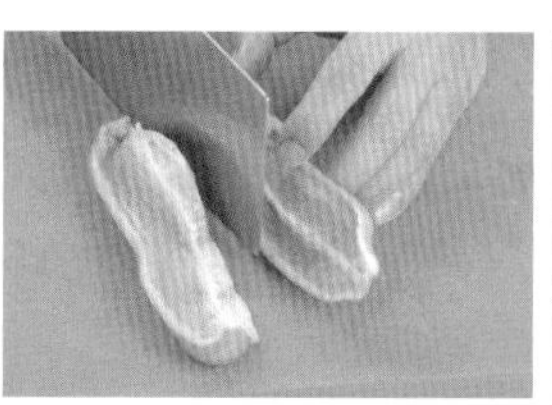	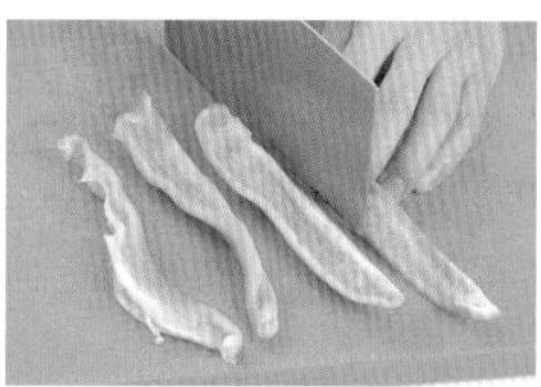	
青椒菱形片 完成圖（大）	1 將去籽洗淨的半顆青椒，以片刀直切為 2	2 以片刀將 1 切為 2 的青椒再切成長條狀，寬約 2 公分	3 取每一長條片，以片刀斜 45 度間隔 2 公分切菱形片
	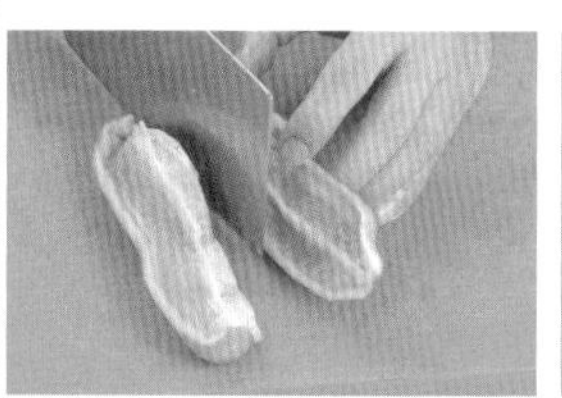	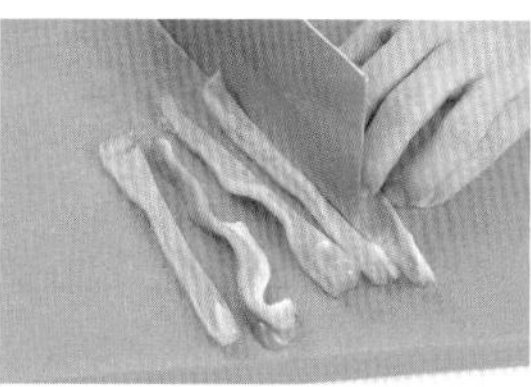	
青椒菱形片（小） 完成圖	1 將青椒去籽、去膜，以片刀 1 切 2，去除粗纖維	2 以片刀將青椒切成長條狀，寬約 1 公分	3 取每一長條片，以片刀斜 45 度、間隔 1 公分切菱形片
	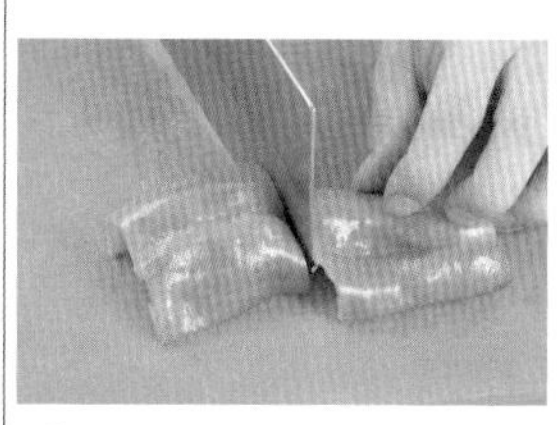	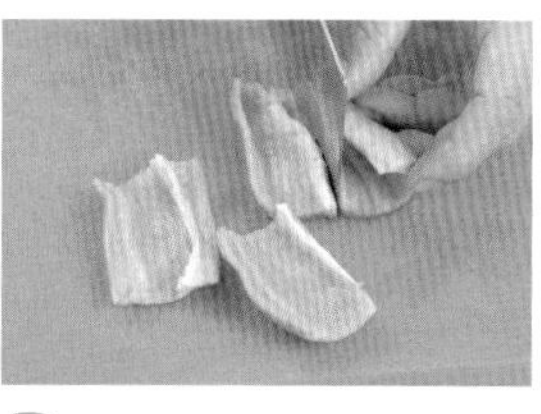	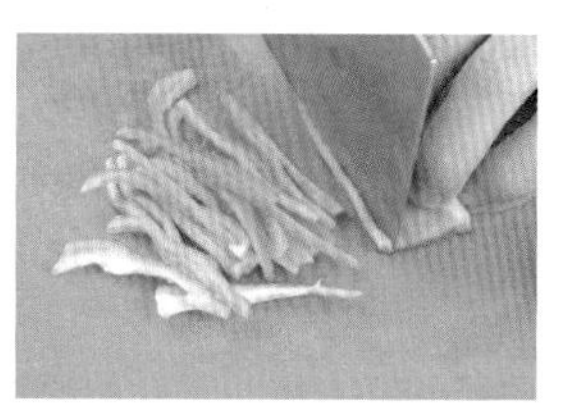
青椒絲 完成圖	1 將去籽洗淨的青椒對切半，取長 5~6 公分的塊	2 以片刀將塊狀直切為 2，避免圓弧不好切絲	3 以片刀由內面直刀順紋切割約 0.4 公分內的絲狀

刀工	過程圖示		
 黃甜椒菱形片 完成圖	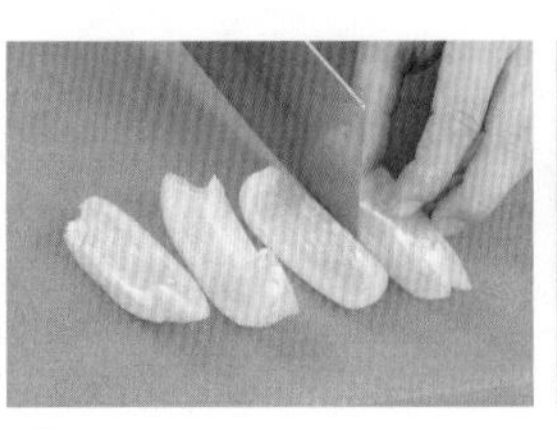 1 黃椒以片刀對切為 2，再改刀 1 切為 4 成長條狀	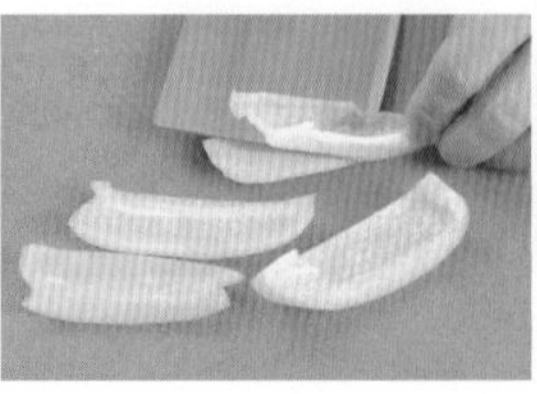 2 以片刀橫切去除內側白色筋膜	 3 再以斜度 45 度切成菱形片
 黃甜椒絲 完成圖	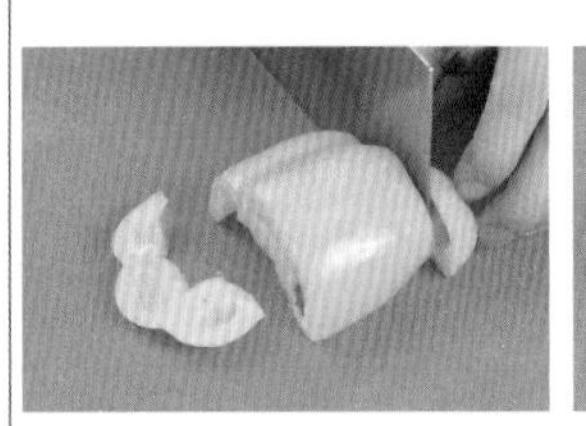 1 取半顆去籽黃甜椒，以片刀去除頭尾，取長 5~7 公分	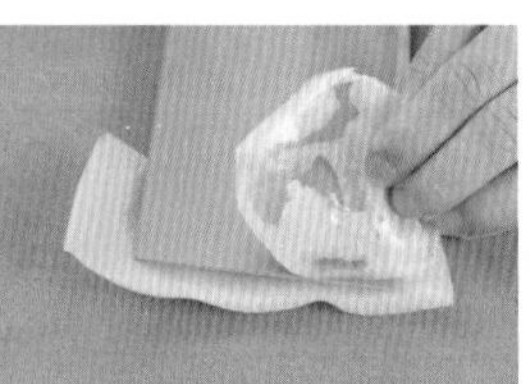 2 以片刀橫切去除內側筋膜	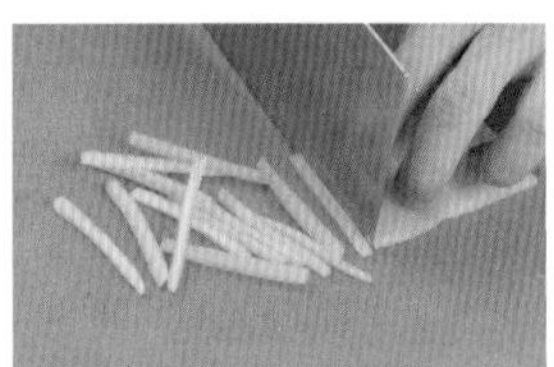 3 以片刀順紋切成絲狀
 黃甜椒末 完成圖	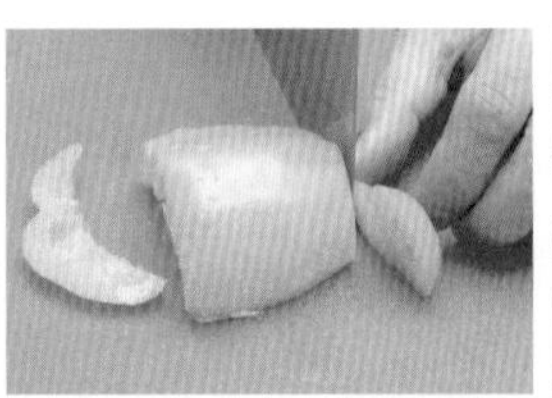 1 將黃甜椒洗淨去籽後，以片刀切除頭尾不規則處	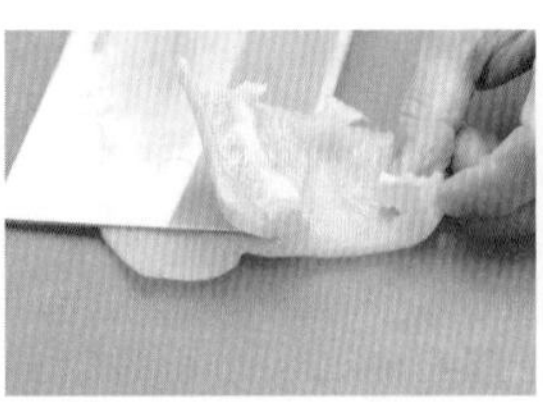 2 將黃甜椒頭尾切除後，翻面，以片刀將黃甜椒內膜片除	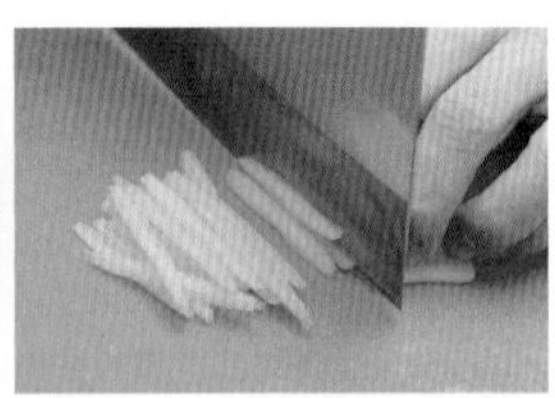 3 將黃甜椒內膜片除、再切割絲狀後，轉 90 度切成末狀

刀工	過程圖示 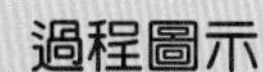		
 紅甜椒菱形片完成圖	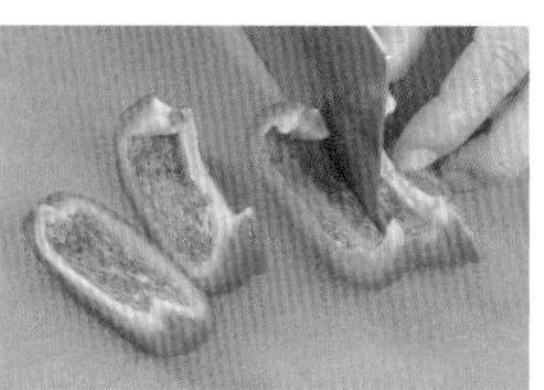 1 紅甜椒以片刀 1 切為 2，再切為 4	 2 以片刀橫切去除內側白色筋膜	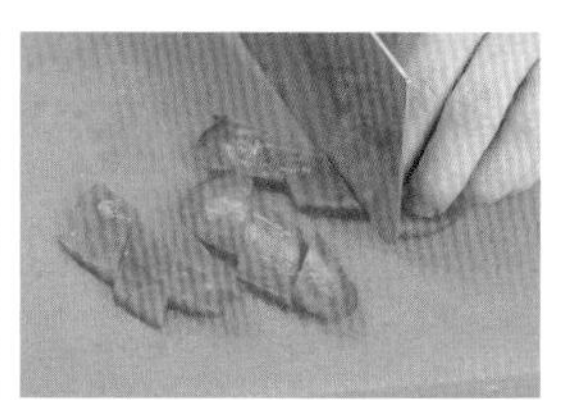 3 以片刀斜 45 度切成菱形片
 紅甜椒絲完成圖	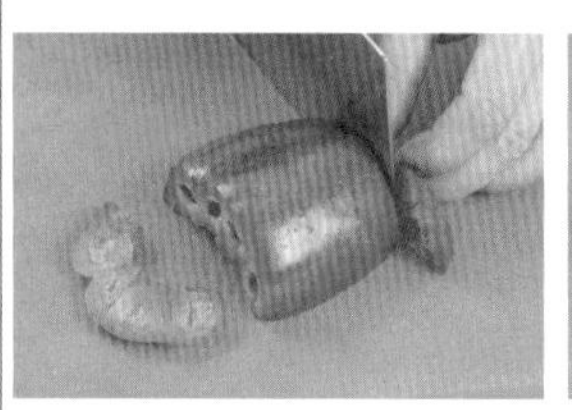 1 以片刀將紅甜椒去除頭尾，取長約 5~7 公分塊	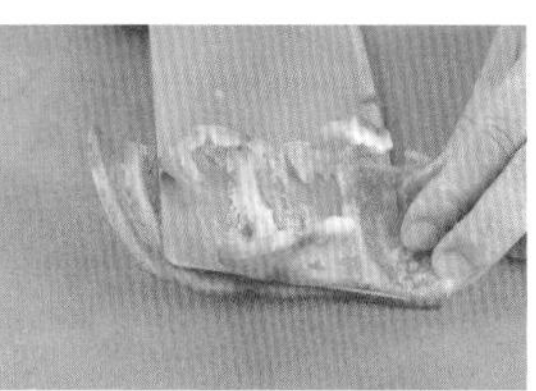 2 以片刀橫切去除內側白色筋膜	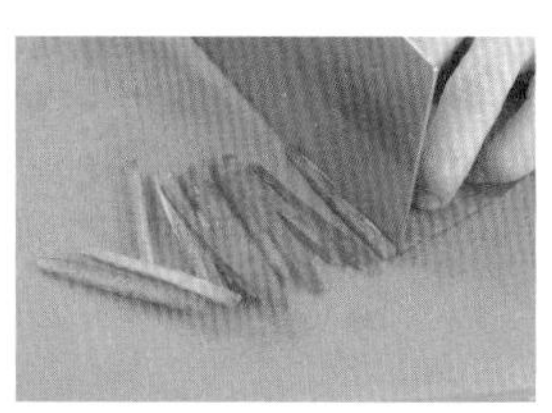 3 以片刀順紋切成絲狀
 紅甜椒末完成圖	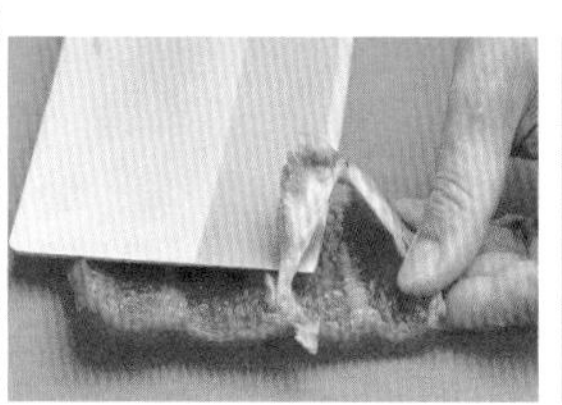 1 將紅甜椒去籽洗淨，以片刀切除頭尾，再翻面橫切內膜	 2 以片刀將紅甜椒內膜切除後，再直刀切成絲狀	 3 以片刀將紅甜椒由內面切成絲狀後，再轉 90 度切割成末
 乾辣椒丁完成圖	 1 取乾辣椒，以剪刀將每條1剪3段，完全剪完	 2 將乾辣椒 1 剪 3 段後，以雙手輕撥、去除內籽	 3 以雙手撥去內籽後，取紅色椒體，籽捨棄不要，即成

刀工	過程圖示		
 辣椒菱形片 完成（大）	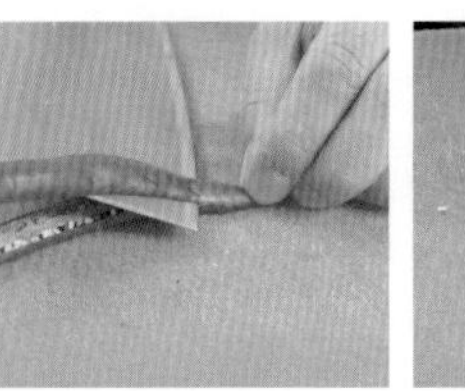 1 以片刀去除蒂頭，取中心點，以片刀對剖為 2	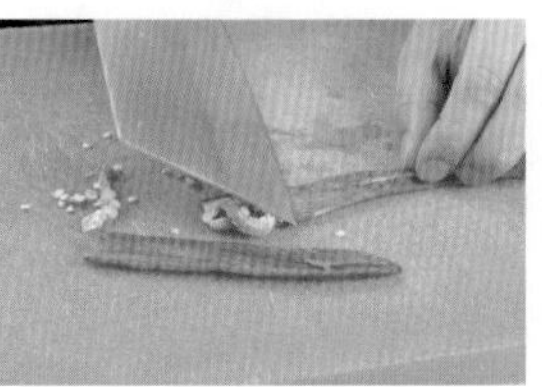 2 以刀鋒斜 45 度去籽、去內側筋膜	 3 以片刀斜 45 度、間隔 2 公分切割成菱形片
 辣椒菱形片 完成圖（小）	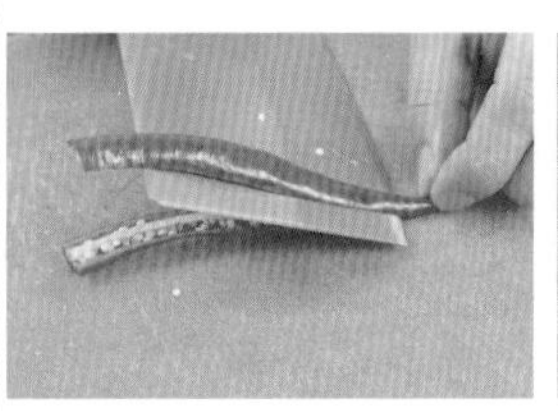 1 以片刀去除蒂頭，取中心點，以片刀對剖為 2	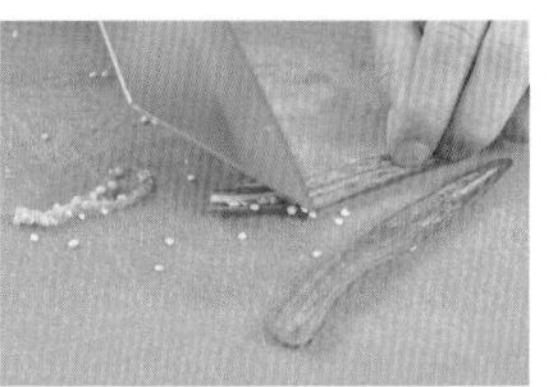 2 以刀鋒斜 45 度去籽、去內側筋膜	 3 以片刀斜 45 度、間隔 1 公分切割成菱形片
 辣椒絲 完成圖	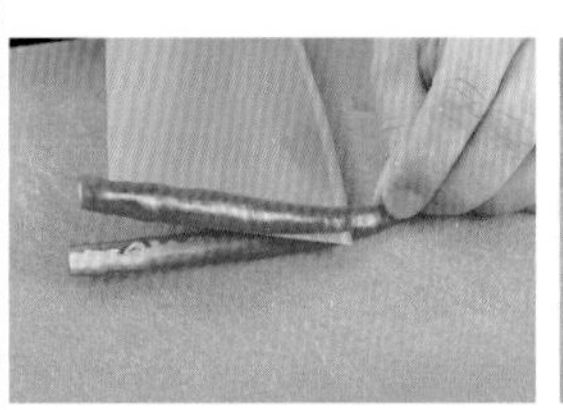 1 以片刀去除蒂頭，取中心點，以片刀對剖為 2	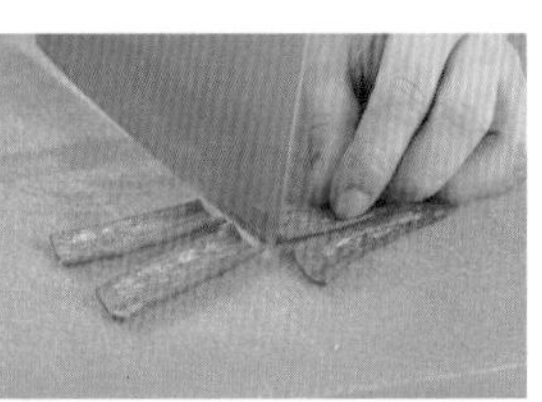 2 以片刀去除辣椒籽後，直切為 2 段	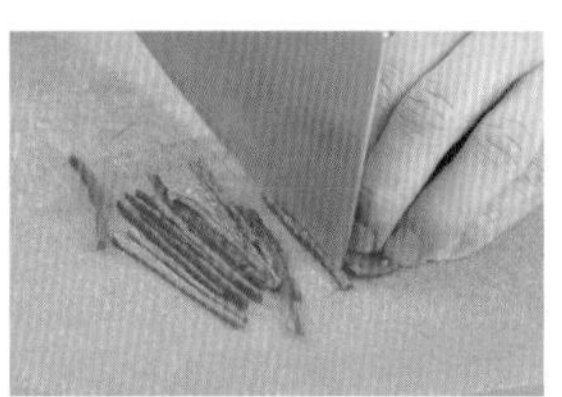 3 以片刀將去籽辣椒直切為寬約 0.2 公分絲狀
 辣椒末 完成圖	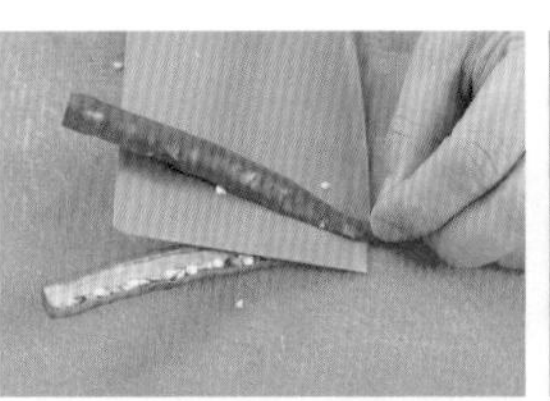 1 以片刀去除蒂頭，取中心點，以片刀對剖為 2	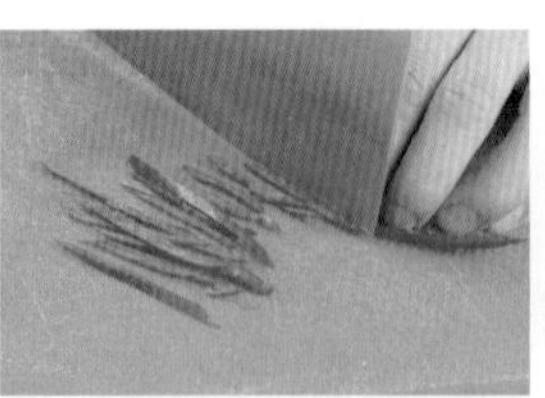 2 去除辣椒籽後以平刀直切為 2 段，再以片刀直切絲，寬約 0.2 公分	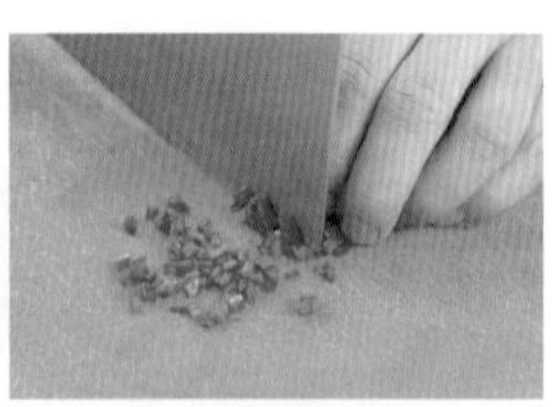 3 將切好的絲排列整齊後，轉 90 度，以片刀直切 0.2 公分的末

刀工	過程圖示		
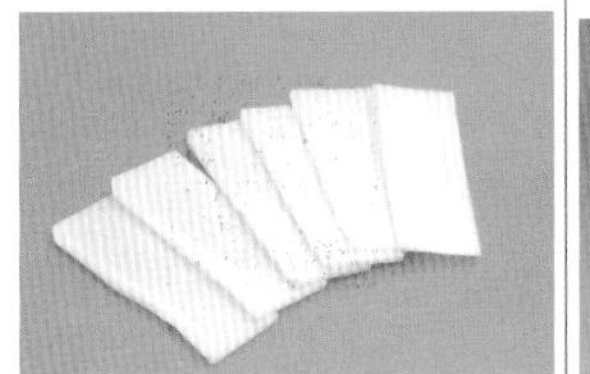 薑長方片 完成圖	 1 取新鮮的薑塊，刮除表皮，再以片刀切除頭部，留下需要的長度	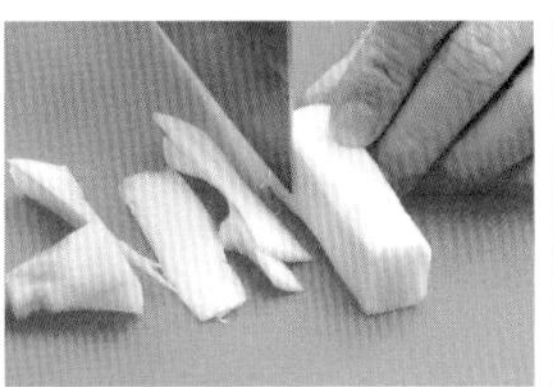 2 薑切除頭部後，再以片刀切割四邊圓弧呈長四方塊	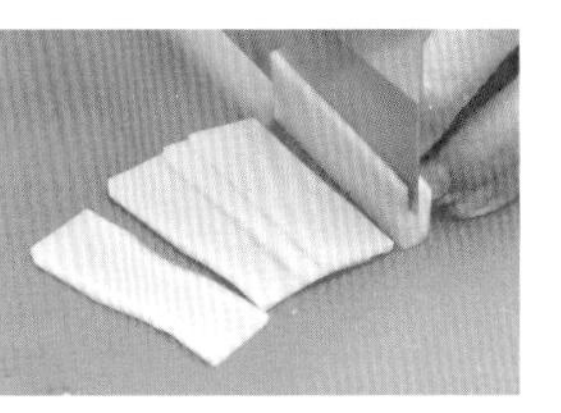 3 薑以片刀切出長四方塊後，再小心的切割成長四方薄片，共切 6 片
 薑菱形片 完成圖	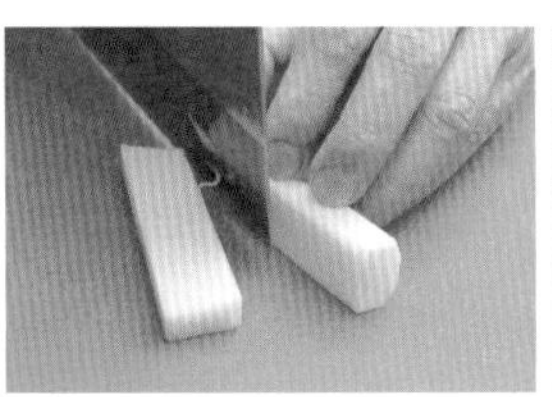 1 薑刮除表皮，四邊圓弧略切除呈四方塊，再取中心 1 切為 2	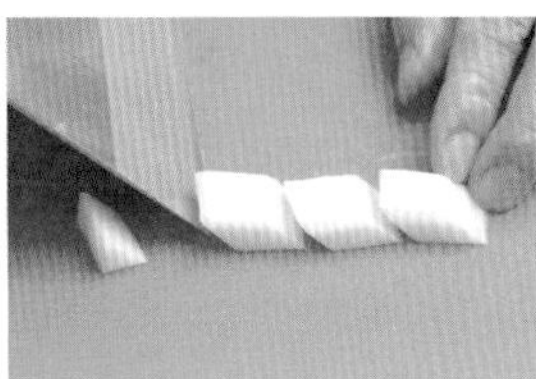 2 以片刀把薑 1 切為 2 後，取半塊薑斜 45 度、間隔 1.5 公分切割成菱形塊	 3 以片刀把薑斜切成菱形塊後，轉 90 度切割菱形片
 薑絲 完成圖	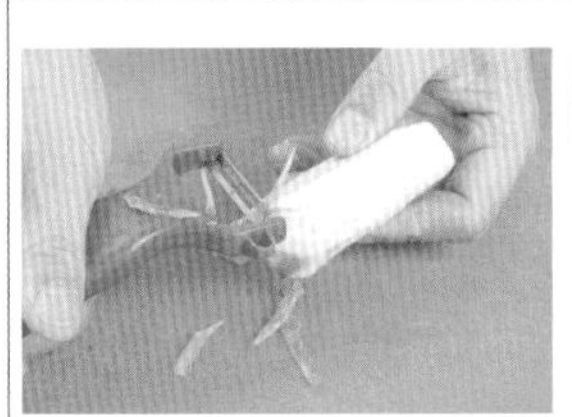 1 以削皮器將薑皮完全刮除後洗淨	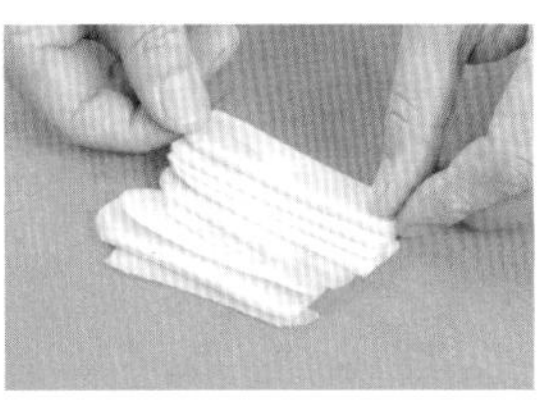 2 以片刀切除薑的圓弧邊，直切每片約 0.2 公分的薄片	 3 排列整齊後，再以片刀直切寬約 0.2 公分的薑絲
 薑末 完成圖	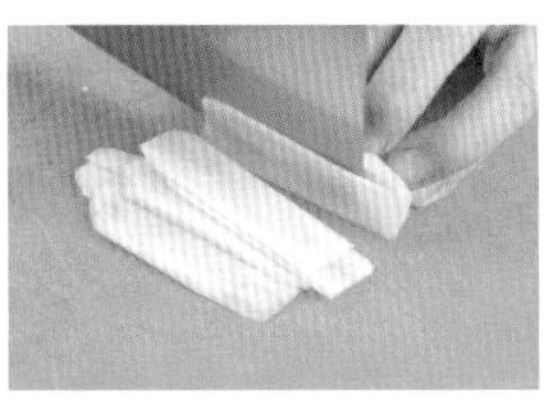 1 以片刀直切片狀，每片約 0.2 公分	 2 排列整齊後再以片刀直切 0.2 公分寬的絲狀	 3 將切好的薑絲轉 90 度，再以片刀切約 0.2 公分的薑末

附錄2 水花參考圖譜

示範刀工影片

何謂紅蘿蔔水花？是以紅蘿蔔的頭部、中段或尾端的不同大小、規格、形狀，以中式刀工切割手法，切割出平面圖形，長不超過 6 公分、寬不超過 4 公分，大致的圖形可為幾何圖形、抽象圖形、花卉、禽鳥、動物等。

切出圖形後，切割 0.3~0.5 公分片狀，以熱水燙熟、過冷殺青，泡入清水移至冰箱冷藏。烹調時取出數片，加入菜餚作配色、點綴使用，因紅蘿蔔質地溫和，沒有濃郁的味道，故加入菜餚中，不會影響主菜的味道，有畫龍點睛的功用，亦可排在盤邊作為裝飾。

一般切割水花片，以抽象、平面圖案為主，切割時握穩片刀，需注意切割時的斜度及前後對稱，最重要的是：切割時刀子不可左右翻轉，應拿穩刀子，同方向切割，將紅蘿蔔塊本身移動翻轉即可，避免左右力道不均勻及不對稱，或是下刀過深而使紅蘿蔔塊斷掉。

一般常用水花入菜的菜餚，以熱炒、涼拌、燴羹菜為主，應避免久煮而爛掉或斷裂，也要避免切割太薄而影響到口感與觀感。

※ 片刀的拿握切割範例：

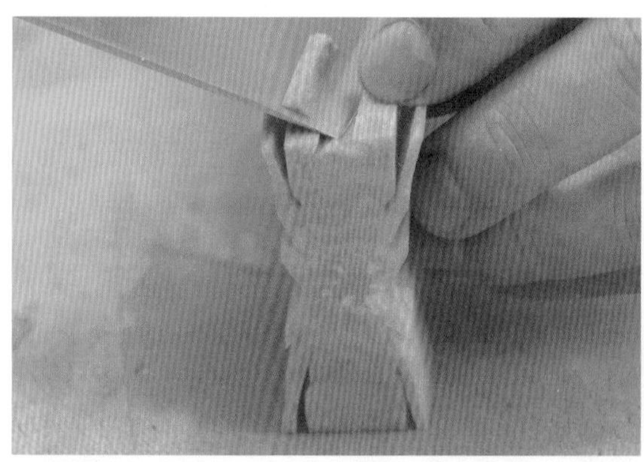
切割站立的水花，需特別小心斜刀、更斜刀、切除餘肉呈左右的鋸齒紋路

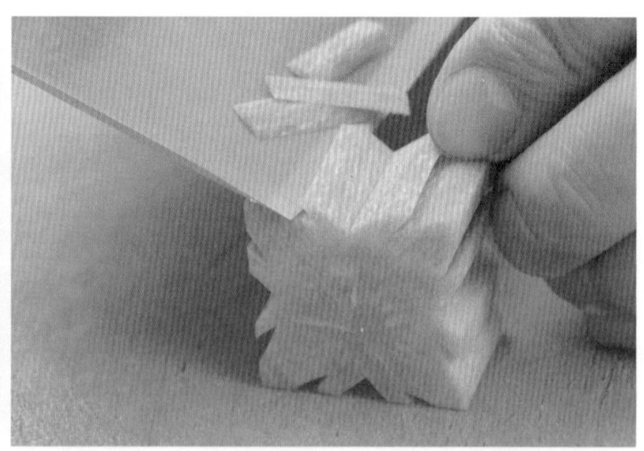
片刀拿穩，以食指擋住刀面，切割斜度凹槽，片刀同方向切割，旋轉蘿蔔切出圖形

※ 切割水花的注意事項：

1. 切割水花片時，斜度（各種角度）與深度要特別注意。
2. 切割時，大拇指、中指拿穩紅蘿蔔，食指靠在刀面切割。
3. 刀子需拿穩，避免前後切割不均，使水花有深有淺。
4. 切割時，片刀同邊、同方向，旋轉紅蘿蔔切割。

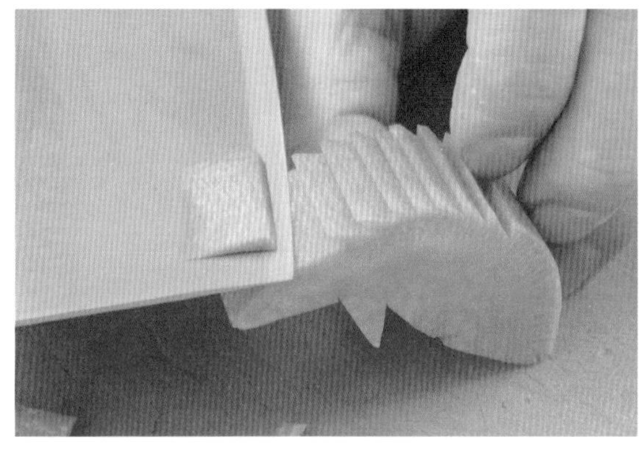

以食指擋住刀面，間隔 0.5 公分，斜刀、更斜刀去掉餘肉呈鋸齒魚背鰭狀

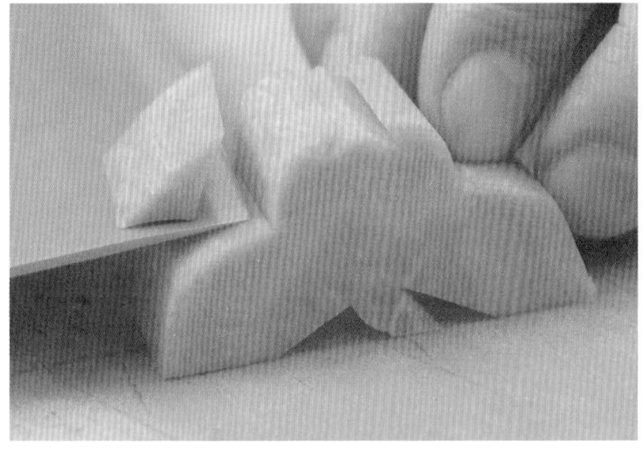

拿穩片刀，以圓弧片切方式先由上往下切到中心，再由下圓弧往上切到中心，刀痕銜接，去除餘肉

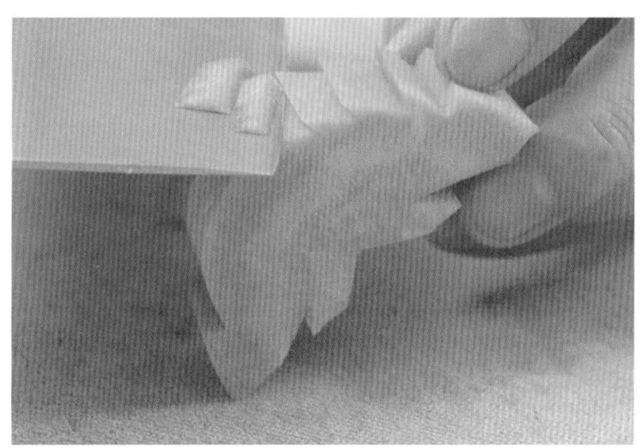

以片刀切斜圓弧邊鋸齒，須注意兩側間隔距離，及避免刀刃滑動造成危險。

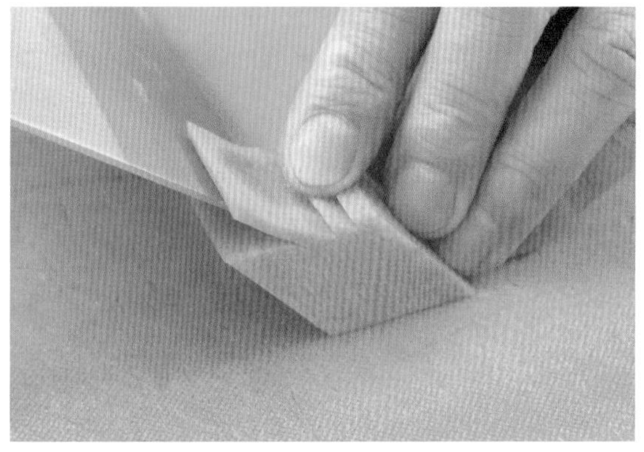

菱形一邊切割兩個小鋸齒後，平刀片切 0.2 公分片狀，須注意厚薄度，避免厚薄不勻或斷掉。

（一）半圓魚躍形

刀工	過程圖示

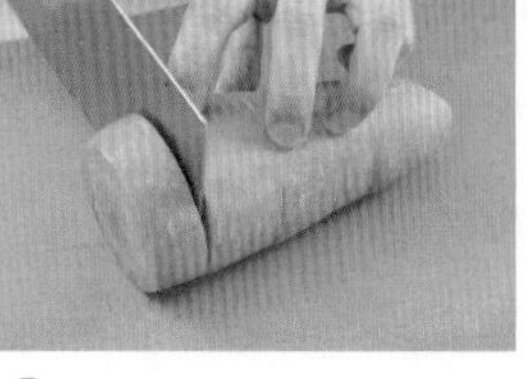
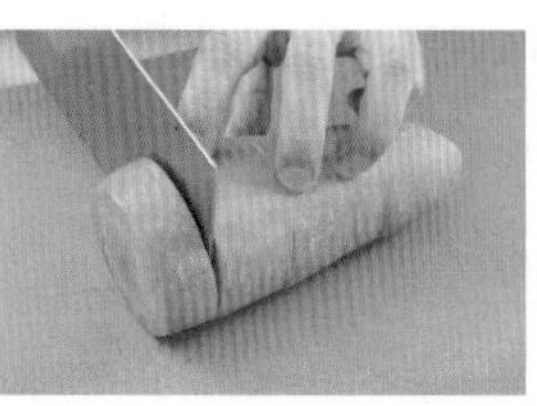

1 取紅蘿蔔一條，以片刀直切，切取頭部 1.5 公分圓厚片

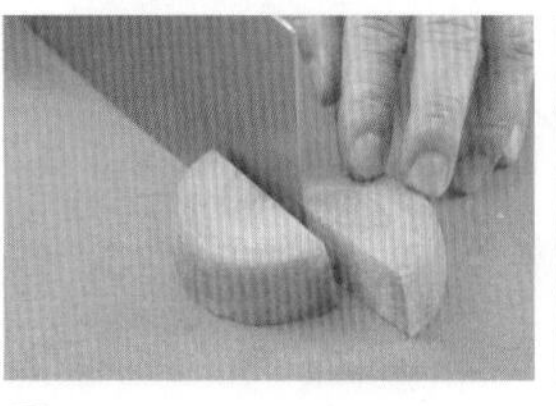

2 取圓厚片，以片刀直切中心，切為兩個半圓塊

3 以片刀由中心表皮上，圓弧片切紅蘿蔔表皮

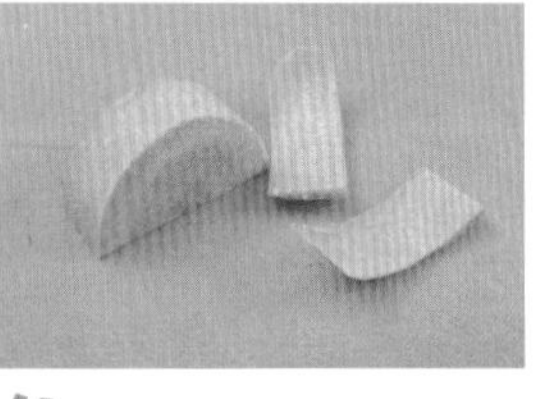

4 圓弧片切表皮，再轉面圓弧切割表皮呈半圓塊

5 以片刀斜 45 度由尾端斜切，深 1 公分，如圖

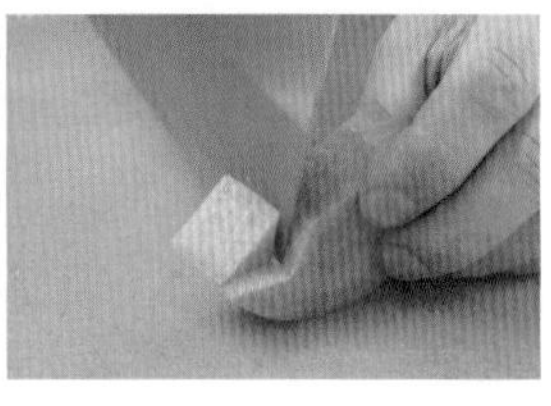

6 以片刀反刀斜切，切除三角形餘肉，呈現魚尾的輪廓

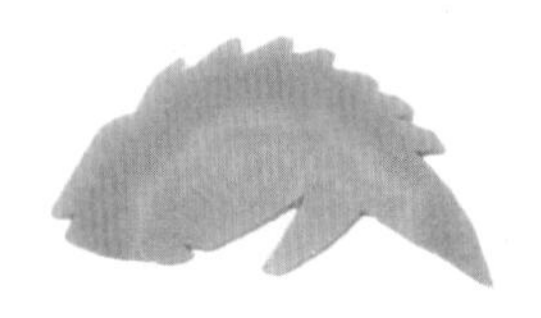

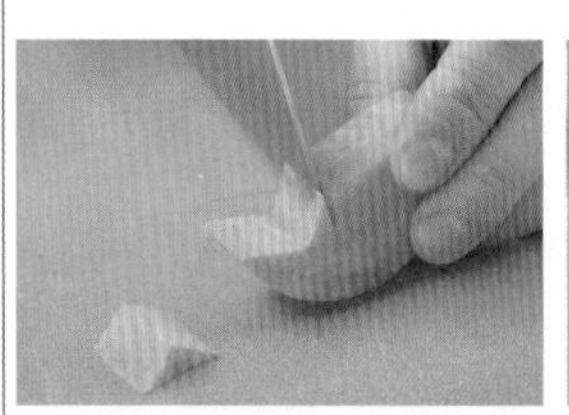

7 取片刀由魚尾前端微斜切割，深 1 公分

8 將魚形轉向 270 度，以片刀、圓弧切割出魚身及魚尾

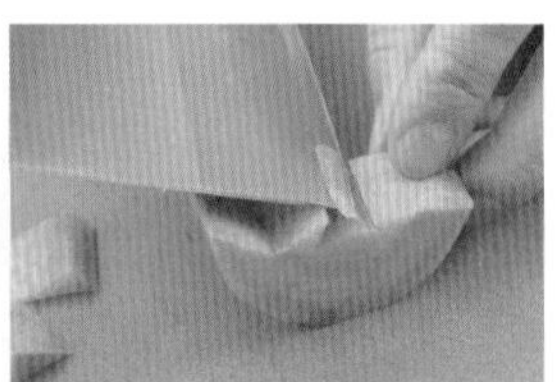

9 以片刀在魚肚上切斜刀、更斜刀，切割鋸齒形

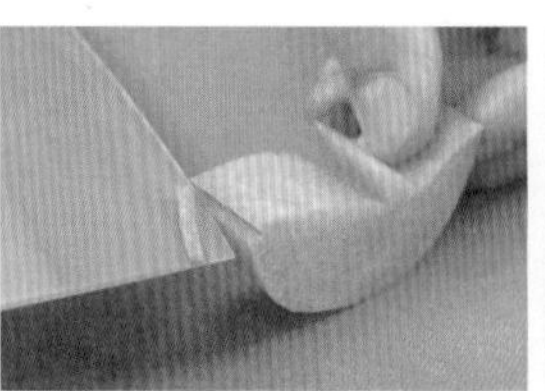

10 以片刀在魚頭端切割凹槽呈現魚嘴

11 翻面以片刀在魚背上以斜刀、更斜刀去掉餘肉呈鋸齒狀

12 切割到魚尾時，要小心，完成後轉 90 度切片，每片 0.2 公分左右

（二）半圓花卉形

刀工	過程圖示		
	 1 取紅蘿蔔以片刀切除頭部 0.5 公分，再切 2 公分圓片	 2 以片刀切取頭部一段厚約 2 公分，取中心線 1 切為 2	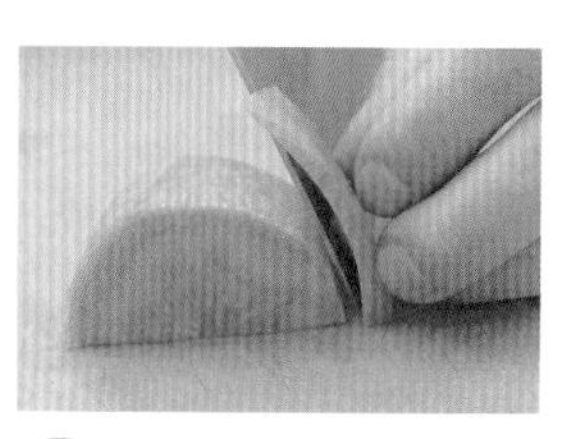 3 以片刀切取頭部一段厚約 2 公分，取中心線 1 切為 2
	4 以片刀由上方圓弧片切表皮，反面再圓弧片切表皮	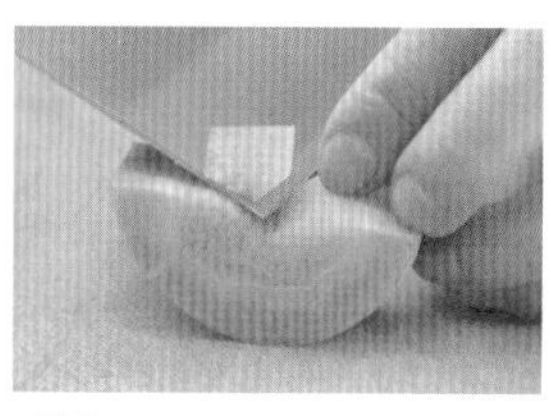 5 翻面於平的一邊取中心，以片刀左右切出一凹槽	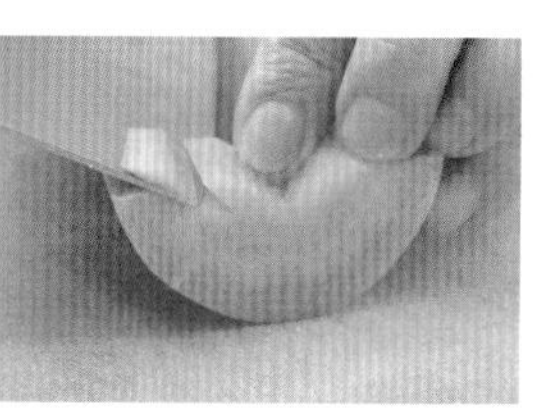 6 以片刀將凹槽切出後，以斜刀、更斜刀切出一觸角，深約 1 公分
	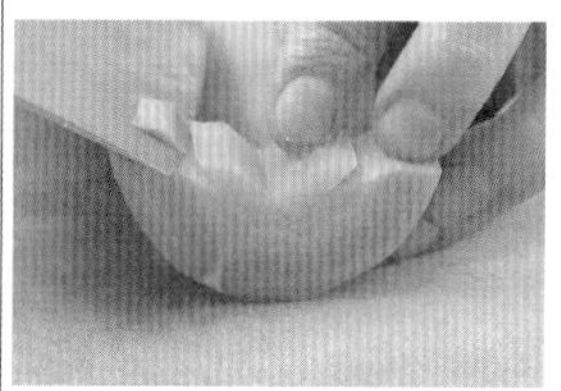 7 將一邊切出深 1 公分的觸角後轉面，同刀工切割另一邊觸角	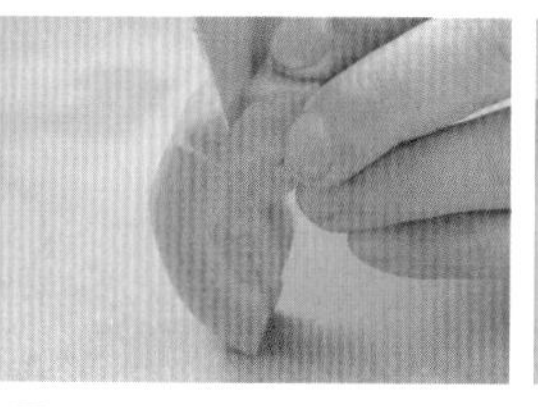 8 將紅蘿蔔站立，小心的以片刀在圓弧邊切割鋸齒	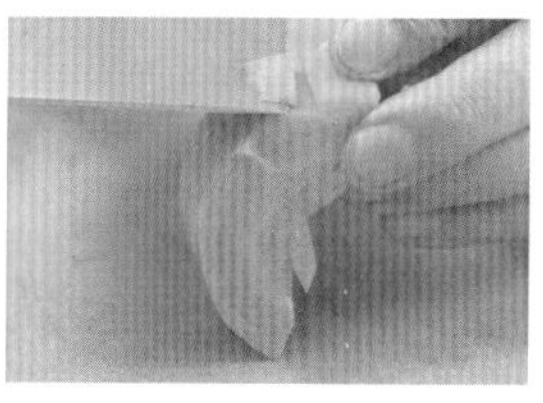 9 以片刀小心的斜刀、更斜刀切割出鋸齒紋路
	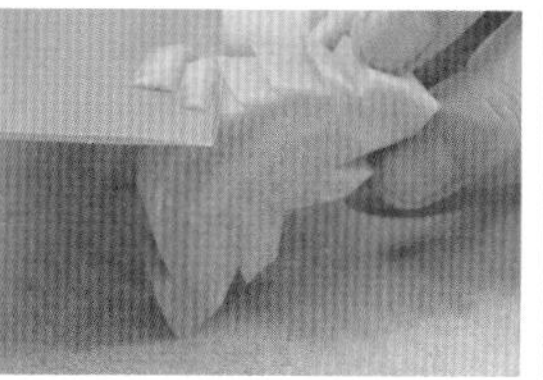 10 以片刀小心的斜刀、更斜刀切出鋸齒，間距約 1 公分	 11 以片刀從一邊切割鋸齒到中心後，轉面，同刀工切割鋸齒	 12 以片刀將兩側切出鋸齒後，轉 90 度切片，每片 0.2~0.4 公分

（三）半圓飛鳥形

刀工	過程圖示

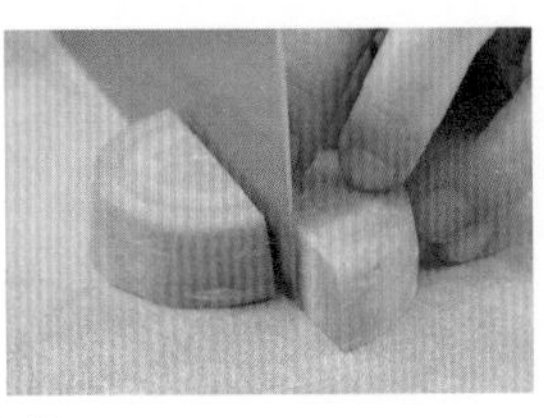

1 取紅蘿蔔以片刀切取頭部一段厚約 2 公分段，取中心 1 切為 2

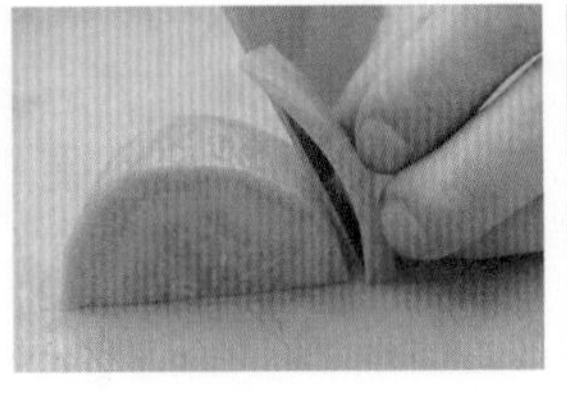

2 取半圓厚塊，以片刀由上，圓弧半圓片切表皮

3 以片刀由上方圓弧切表皮，反面再圓弧片切表皮

4 取紅蘿蔔平的切面，先斜刀、再更斜刀切出鳥的嘴形

5 以片刀切出鳥的嘴形，再圓弧切割鳥的頭部下刀深約 1 公分

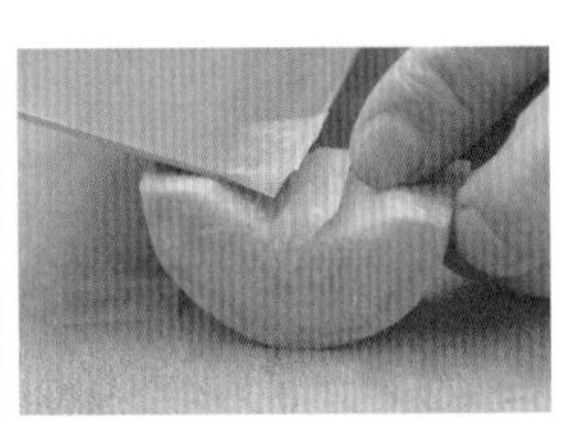

6 以片刀圓弧切割鳥的頭部後，轉面斜切去除餘肉

7 將鳥頭與翅膀切出後，翻面取中心線，左右切出凹槽鋸齒

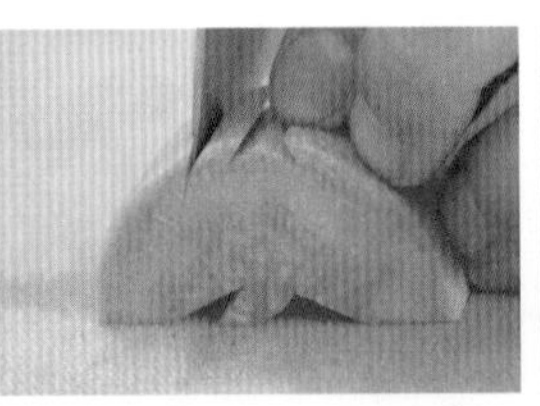

8 以片刀小心的順著切出的斜鋸齒圓弧切割，深 1 公分

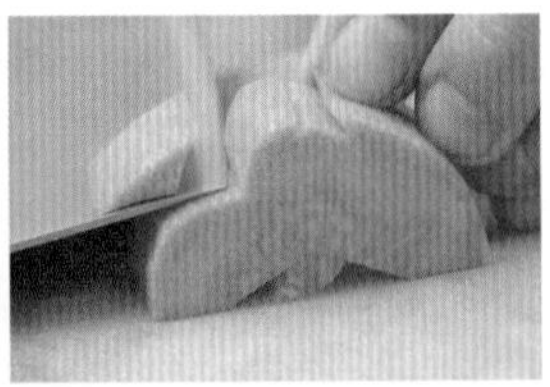

9 以片刀圓弧切割深 1 公分後，圓弧平刀切割去除餘肉

10 轉面以同方法圓弧切除餘肉，呈小鳥展翅狀

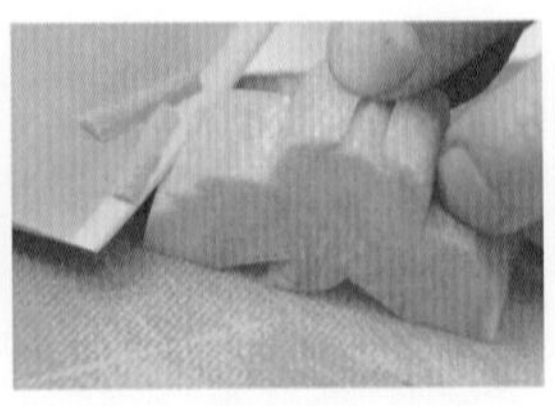

11 切出小鳥展翅狀後，再以片刀於翅膀處切割鋸齒

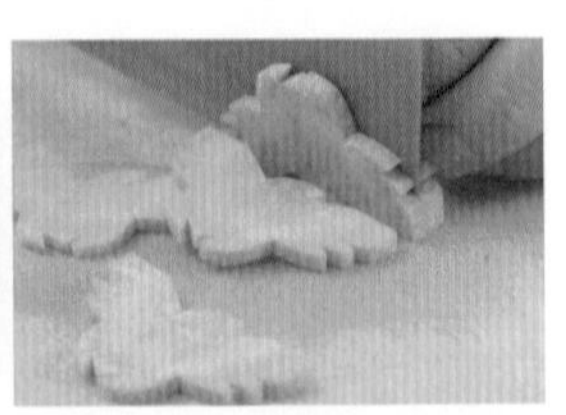

12 分別將兩側翅膀切割鋸齒後，再切割 0.2~0.4 公分的片狀

（四）長四方蝴蝶形

刀工	過程圖示

刀工

過程圖示

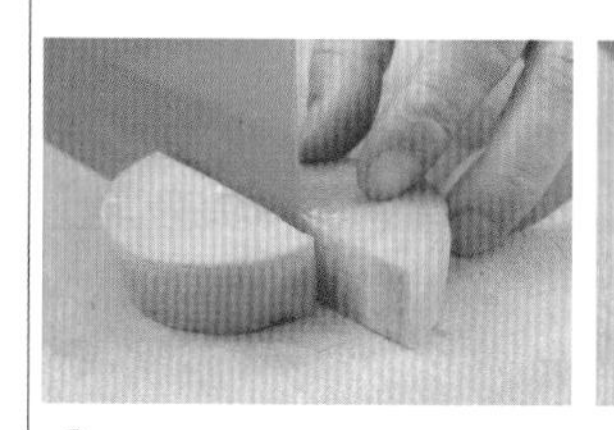

1 取紅蘿蔔以片刀切取頭部，厚約 2 公分，再 1 切為 2

2 取 1 切為 2 的半圓紅蘿蔔塊，於圓弧頂端切除 0.5 公分

3 將紅蘿蔔站立，以片刀反刀圓弧切割兩邊

4 以片刀將紅蘿蔔圓弧切割呈長四方塊

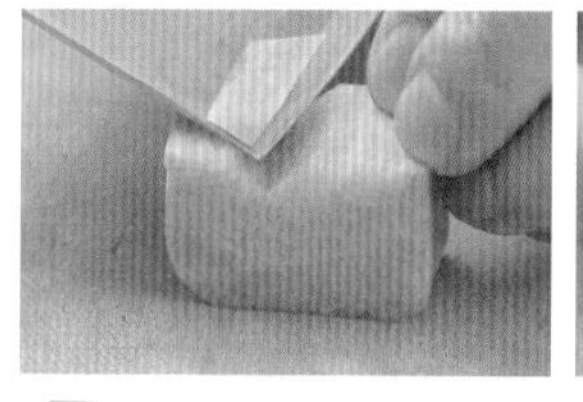

5 將紅蘿蔔圓弧邊朝下，以片刀於表面一端切出凹槽

6 將一端凹槽切出後，以片刀於凹槽內面斜切，如圖所示

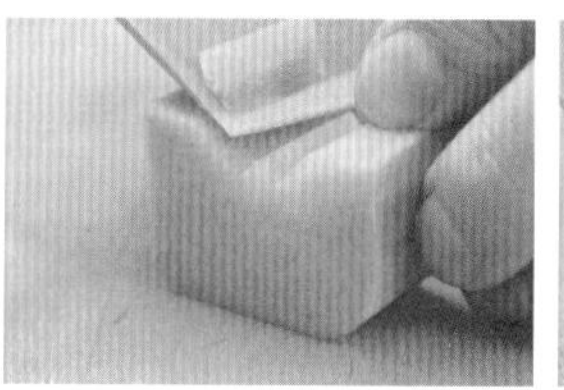

7 以片刀於凹槽斜切後，將紅蘿蔔轉面斜切，去除餘肉

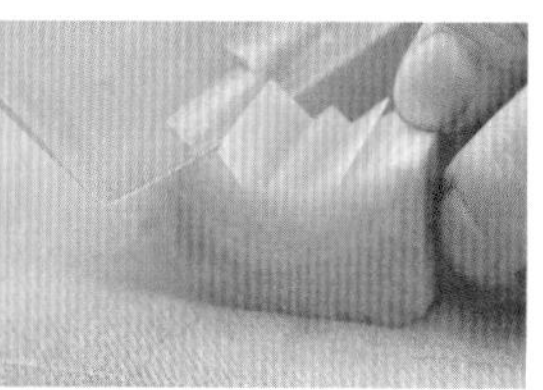

8 以片刀分別於兩側以斜、更斜去掉餘肉切出蝴蝶觸鬚

9 將蝴蝶觸鬚切好後，翻面取中心線切割

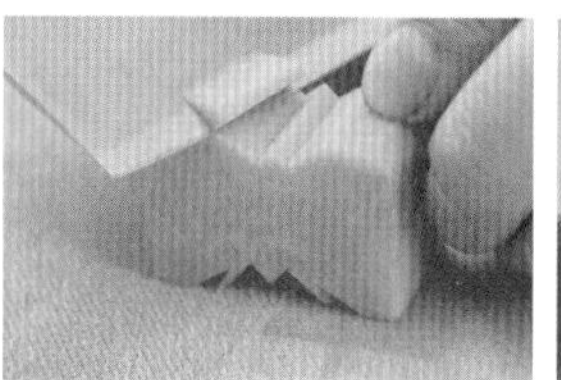

10 以片刀切割左右凹槽，呈現身體與翅膀狀

11 小心的拿穩切割的蝴蝶形紅蘿蔔，以片刀上下斜刀切割出蝴蝶翅膀

12 將蝴蝶翅膀兩側切好，再切 0.2~0.4 公分片狀

（五）正四方左右斜切形

刀工	過程圖示		
	 1 取紅蘿蔔，以片刀直切，取一段厚約 2 公分	 2 取紅蘿蔔以片刀，再切除四邊呈正四方形	 3 以片刀取中心線旁斜刀、更斜，去除餘肉共切四邊
 （必考）	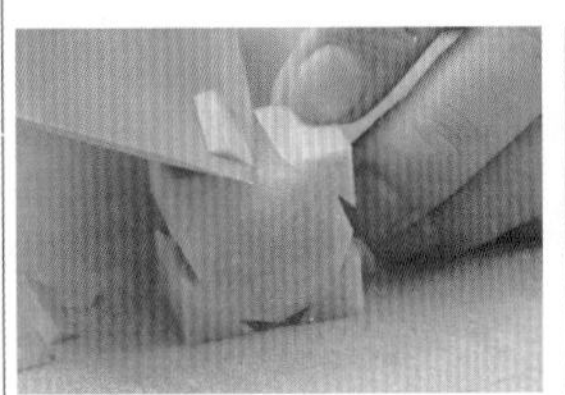 4 以片刀於四方塊另一邊小心斜刀、更斜刀去掉餘肉	 5 將左右共八邊切割鋸齒後，於四邊的中心切割凹槽	 6 將四邊切割凹槽，以片刀切片，每片厚約 0.2~0.4 公分

（六）正四方蝶片形

刀工	過程圖示		
 	 1 取紅蘿蔔，以片刀直切取一段厚約 2 公分	 2 以片刀再切除四邊呈正四方形	 3 以片刀於四方塊劃分十字形，再左右斜切，去掉餘肉
 （必考）	 4 四邊切出凹槽後，以片刀斜刀、更斜刀切割左右邊觸角	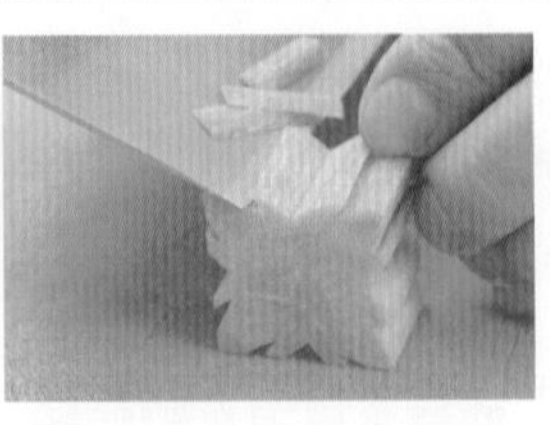 5 分別將四邊左右觸角切出後，再轉 90 度，切片	 6 將四邊觸角切出後，切片，每片約 0.2~0.4 公分

（七）菱形鋸齒片形

刀工	過程圖示		
	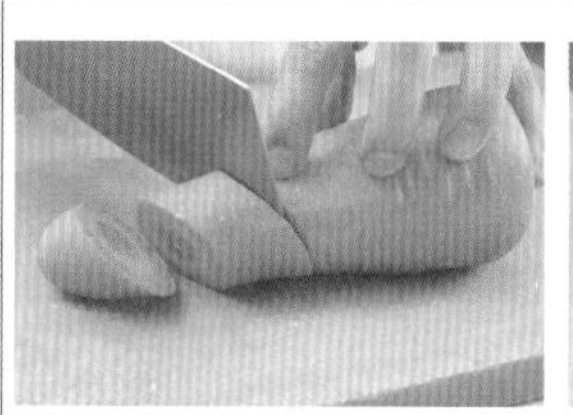 1 取紅蘿蔔，以片刀斜切尾端再切菱形塊，厚約 3 公分	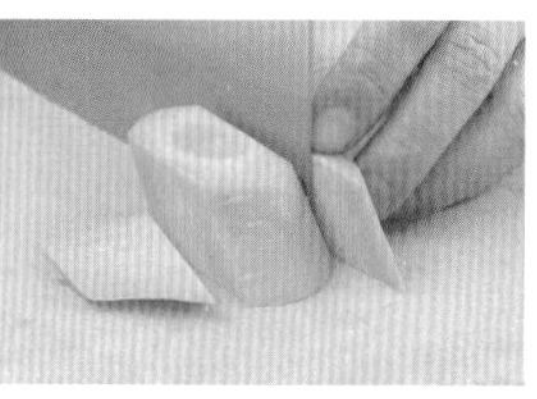 2 以片刀斜切菱形段。切面朝砧板，切除左右圓弧邊	 3 以片刀再以斜度 45 度，切除前後端呈菱形塊
 （必考）	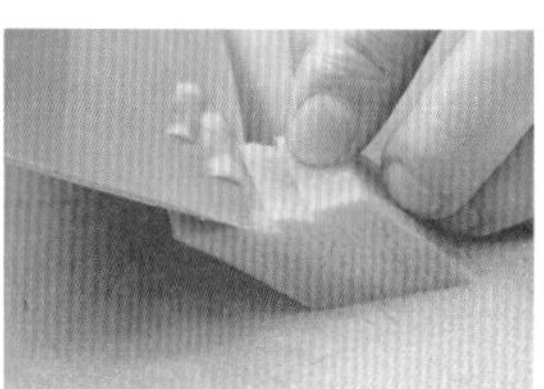 4 將菱形塊切出後，在每一面以斜刀、更斜刀切除餘肉	 5 將每面切割兩個鋸齒，共切割四邊	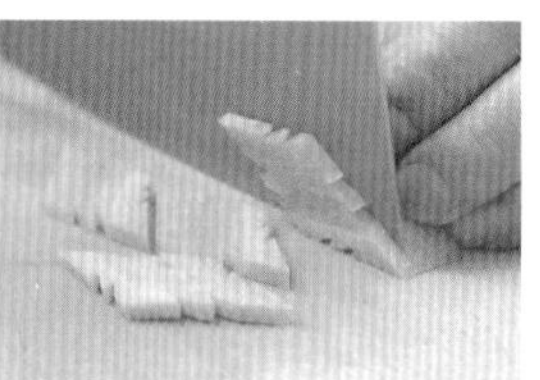 6 將水花塊轉 90 度，以片刀切割每片 0.2~0.4 公分片狀即成

（八）長四方壽字形 (1)

刀工	過程圖示		
	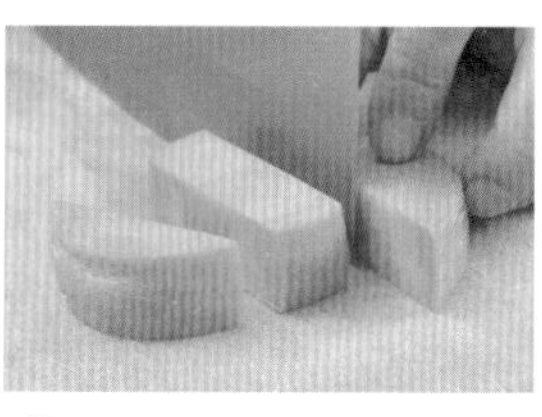 1 紅蘿蔔頭部切厚片 2~2.5 公分，取中間 2 公分，切除左右邊	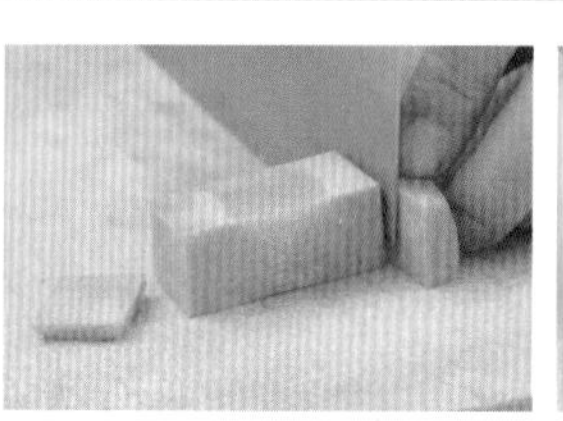 2 將中間約 2.5 公分長四方塊切除前後圓弧邊	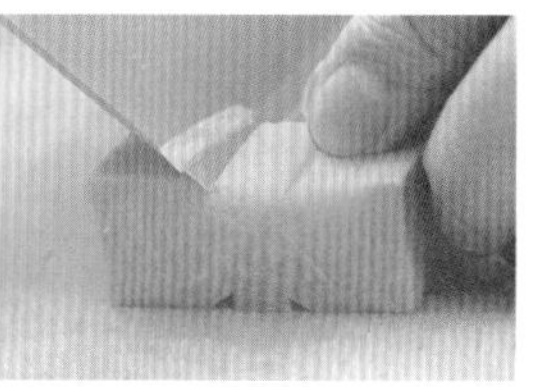 3 切除前後表皮，取中心 0.5 公分，左右直刀、斜刀切出凹槽
	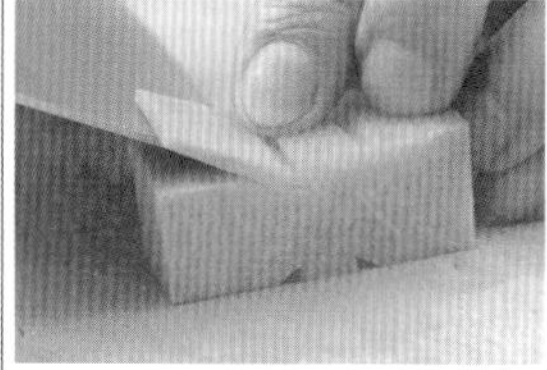 4 再以片刀平刀片切一端表皮 0.2 公分	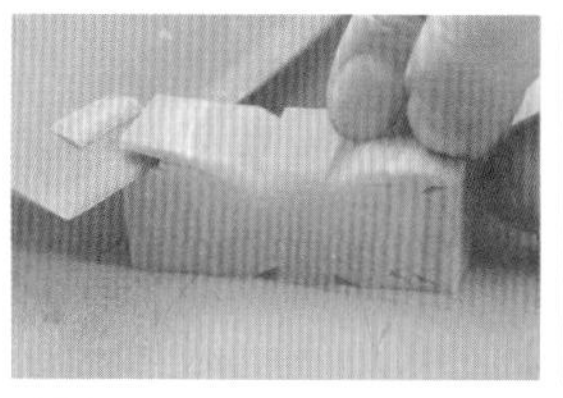 5 於四邊切表皮，刀刃往後退 0.2 公分微斜切出餘肉	 6 將紅蘿蔔壽字形切好後，再轉向切 0.2~0.4 公分片狀

（九）長四方壽字形 (2)

刀工	過程圖示		
 	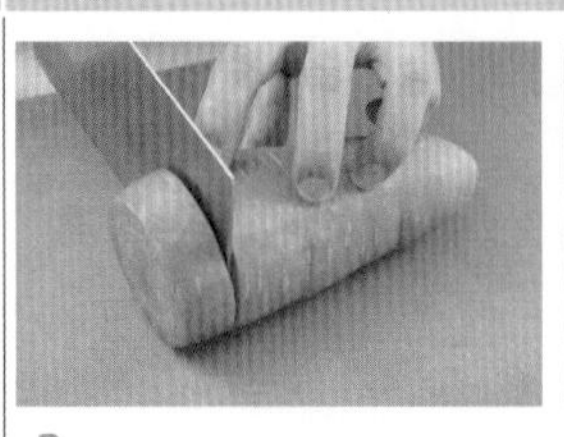 1 以片刀切取紅蘿蔔頭部圓段厚約 2~2.5 公分	 2 以片刀切取，厚 2~2.5 公分，取中間約 2 公分切除左右邊	 3 將中間約 2 公分長四方塊切除前後圓弧邊
	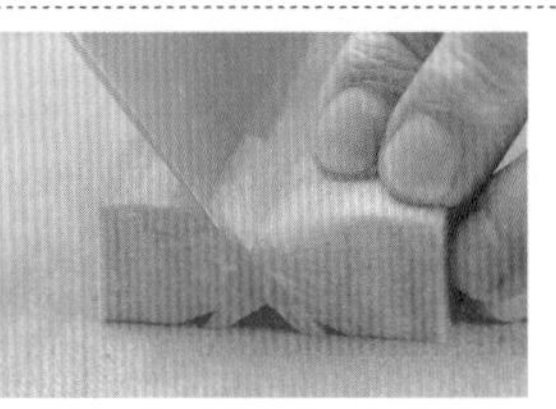 4 將長四方塊，以片刀切除前後表皮，再略劃中心線，斜 45 度左右切到中心，去除餘肉	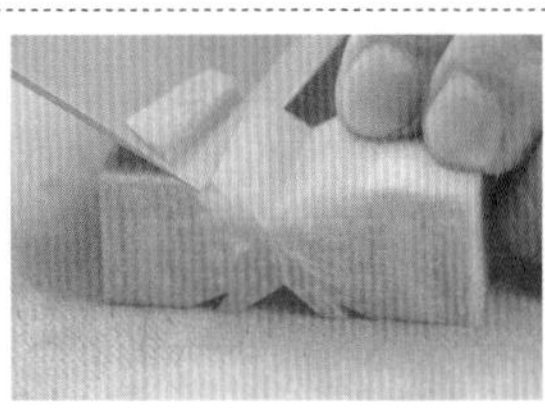 5 以片刀取中心線切出凹槽後，翻面以同方法再切割出凹槽	6 以片刀於上、下凹槽旁，斜刀、更斜刀切除餘肉，分別將四邊切出
	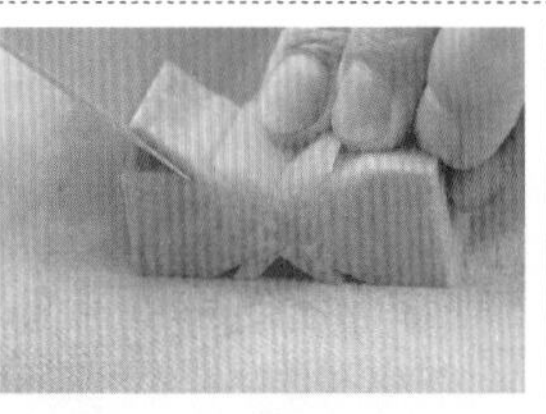 7 以片刀切出四邊觸角後，平刀由外往內切表皮 0.2 公分	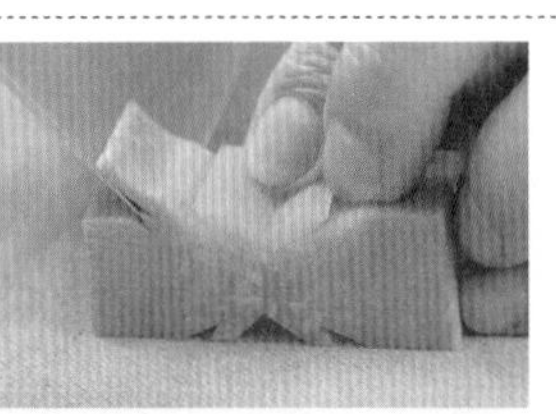 8 以片刀平刀由外往內片切表皮到觸角處，略往下切	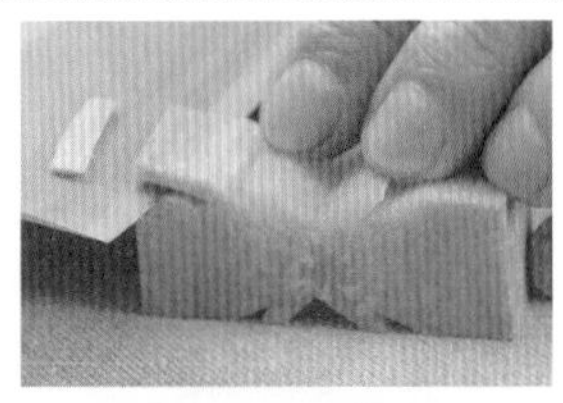 9 以片刀由外往內片切表皮到觸角處後，刀刃略往後退 0.2 公分，再往前斜切，除去餘肉
	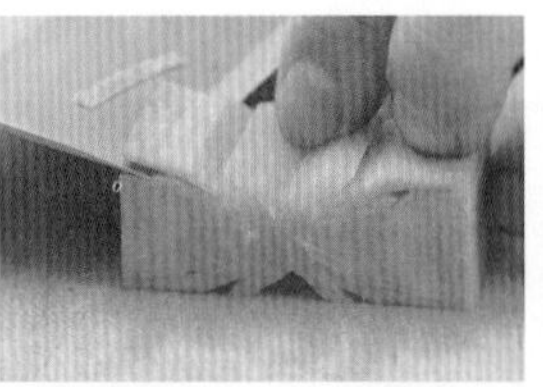 10 分別以片刀，同刀法將四邊由外往內切割	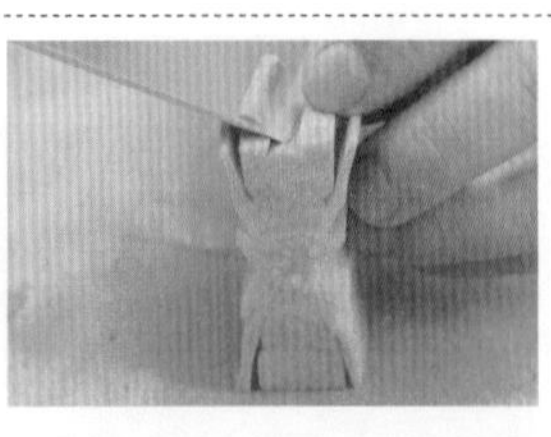 11 四邊切好後，將紅蘿蔔站立，小心的以片刀由內往外切割鋸齒	 12 分別將紅蘿蔔上、下以片刀小心切出左右鋸齒後，切片 0.2~0.4 公分

（十）長四方、左右斜切形

刀工	過程圖示		
 	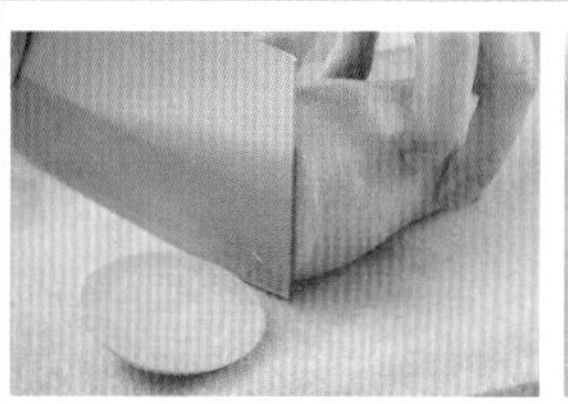 1 取紅蘿蔔以片刀切除蒂頭 0.5 公分	 2 將蒂頭切除後，續切圓弧頭一段，厚約 2 公分	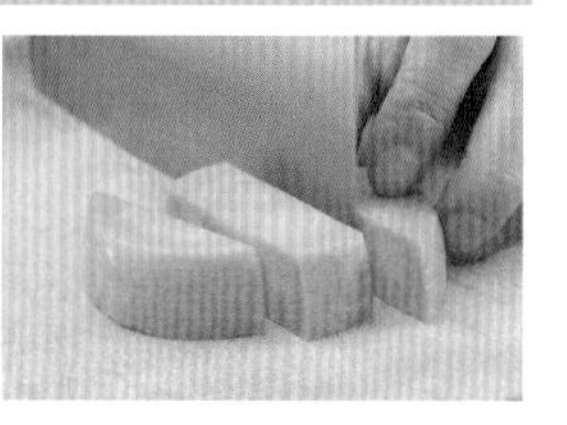 3 取紅蘿蔔頭部，取中間 2 公分長四方塊，以片刀切除左右圓弧邊
	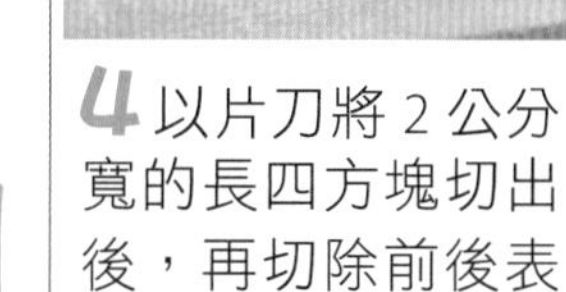 4 以片刀將 2 公分寬的長四方塊切出後，再切除前後表皮圓弧處	 5 取紅蘿蔔四方塊，略劃出中心線，再以片刀斜、更斜切出鋸齒	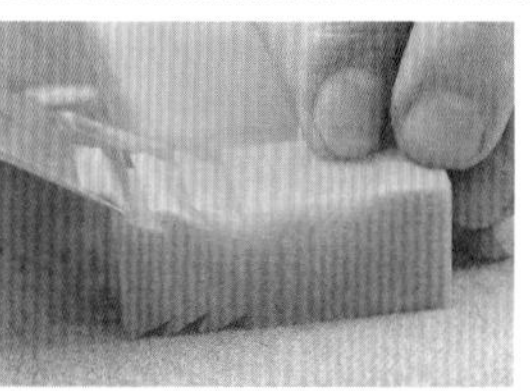 6 以片刀將一端切割出三個鋸齒線條後，翻面以同方法續切割
	7 以片刀分別將四邊間隔切割出鋸齒紋路	 8 分別以片刀將四邊切出鋸齒後，再轉 90 度切片，每片 0.2~0.4 公分	 9 將紅蘿蔔水花片切割 0.2~0.4 公分，共 6 片

（十一）菱形、斜切片

刀工	過程圖示

刀工

（必考）

過程圖示

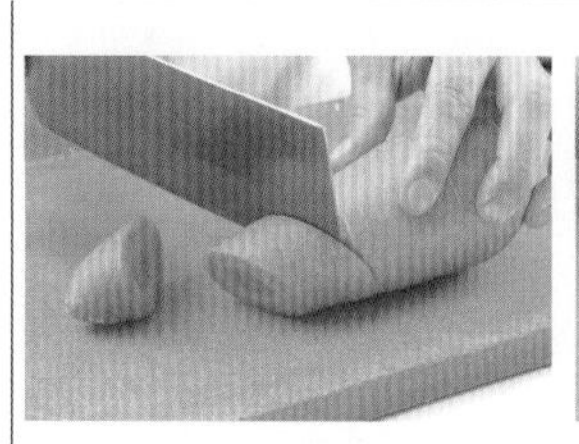

1 取紅蘿蔔一條，以片刀於中段處斜切菱形段，厚約 3 公分，切面朝砧板，再切除左右圓弧邊

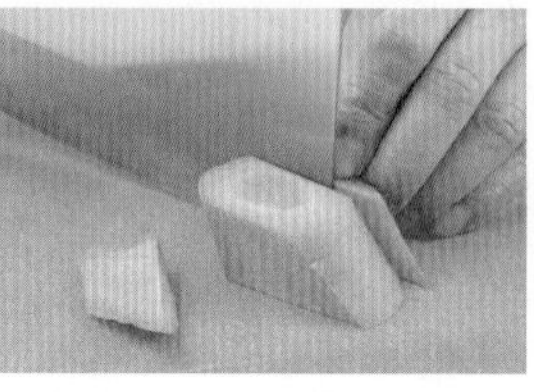

2 以片刀將左右圓弧邊切除後，再以斜度 45 度切除前後端，呈菱形塊

3 以片刀斜度 45 度切除前後端圓弧邊呈菱形

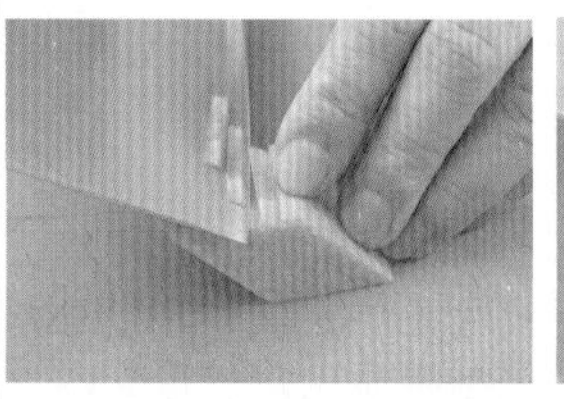

4 將菱形塊切出後，於一端切割兩個鋸齒紋路，如圖

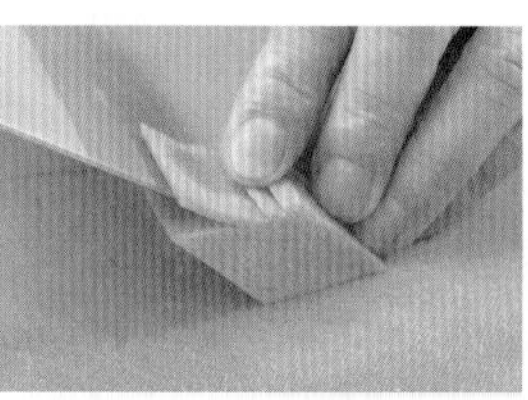

5 將鋸齒切出後，以片刀於後方，平刀直切 0.2 公分表皮，如圖

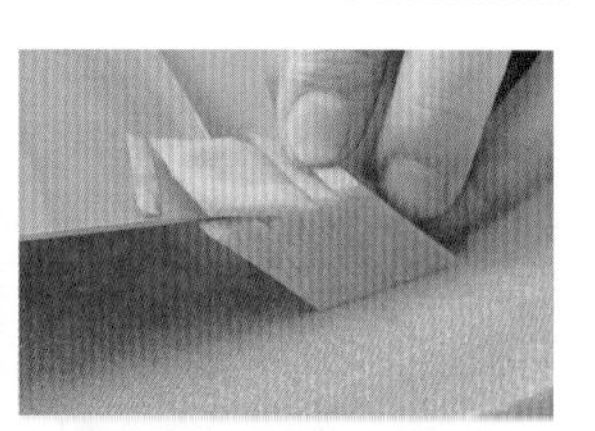

6 以片刀於後方平刀片切 0.2 公分表皮後，刀刃往後退 0.2 公分，微斜、再切割，去除餘肉，呈內面一凹槽

7 切好一面後，翻面，同方法以片刀小心切割，如圖所示

8 上下切紋路後，再以片刀直刀、橫刀，片除餘肉，同方法切割上下端

9 以片刀將紅蘿蔔直刀、橫刀切割後，轉 90 度切片，每片 0.2~0.4 公分即成

（十二）長三角葉片形 (1)

刀工	過程圖示
 	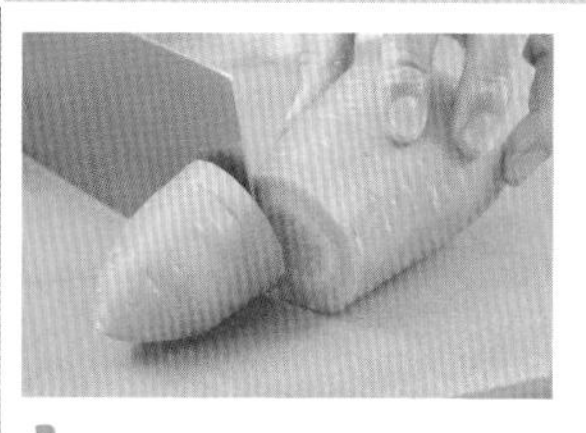 1 取紅蘿蔔以片刀於尾端切割長約 6 公分段  2 切取的尾端以片刀取中心線 1 切為 2 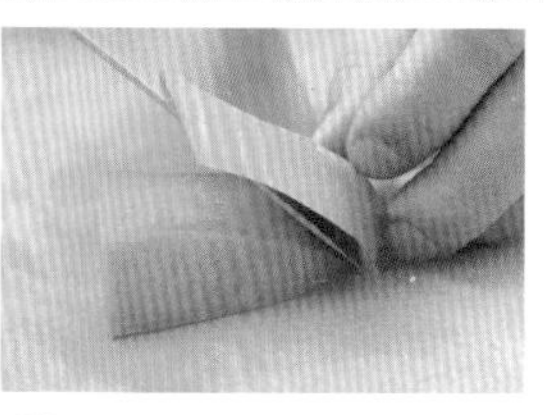 3 取紅蘿蔔以片刀於尾端切割長約 6 公分段後，1 切為 2 再由頭部圓弧片切表皮 4 以片刀圓弧片切表皮後，再切除左右圓弧邊 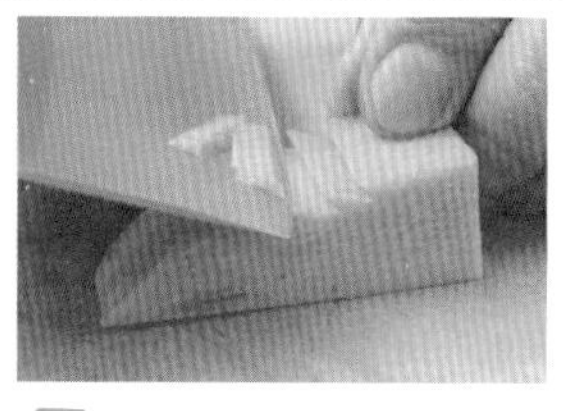 5 以片刀於頭部後方 1.5 公分處，以斜刀 45 度、更斜分 25 度切除餘肉，呈鋸齒狀 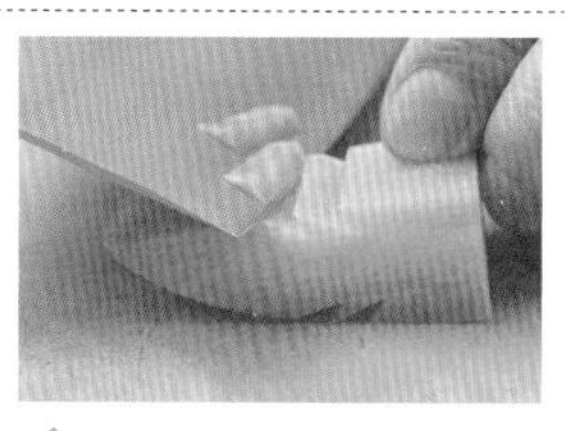 6 將上方切割鋸齒狀後，翻面略對齊，同方法切割鋸齒狀 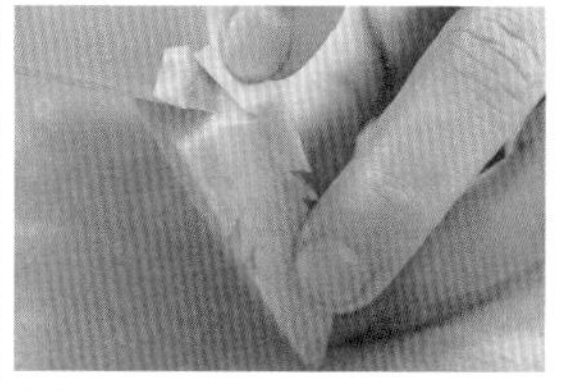 7 將上下切割鋸齒狀的紅蘿蔔站立拿穩，以片刀切割鋸齒 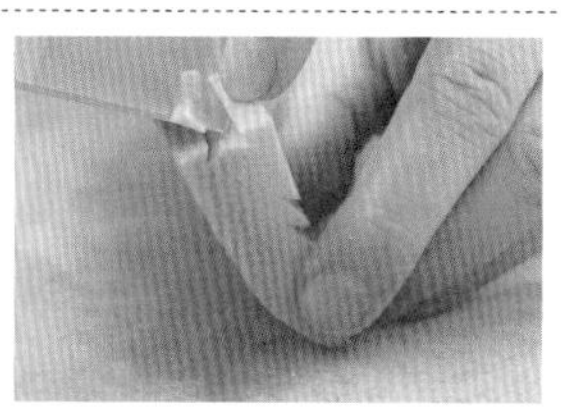 8 將站立的紅蘿蔔小心的切割鋸齒後，翻面再切割鋸齒，如圖 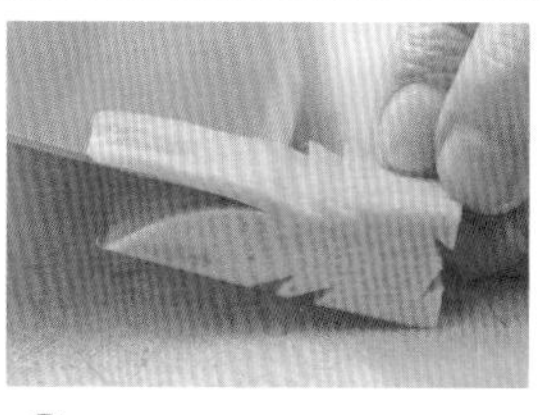 9 以片刀小心的由尾端切割 0.2 公分表皮到鋸齒處 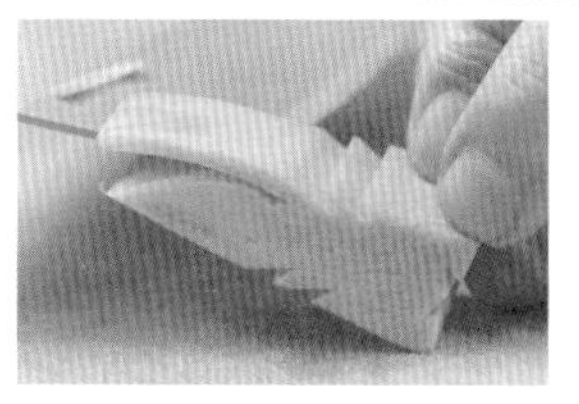 10 以片刀小心由尾端切割 0.2 公分表皮到鋸齒處後，略退出刀刃，再往前切除一小塊餘肉 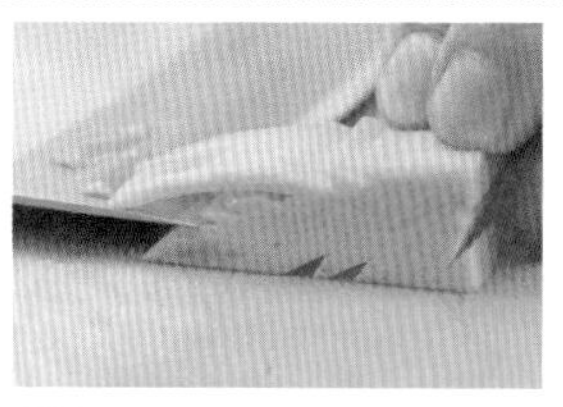 11 以片刀在圓弧表皮下方小心的一刀斜、一刀更斜切出鋸齒 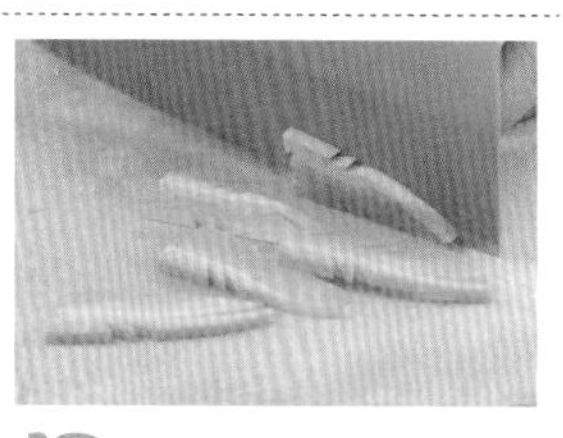 12 將圓弧表皮下方切割鋸齒後，轉 90 度切片，每片 0.2~0.4 公分

（十三）長三角葉片形 (2)

刀工	過程圖示

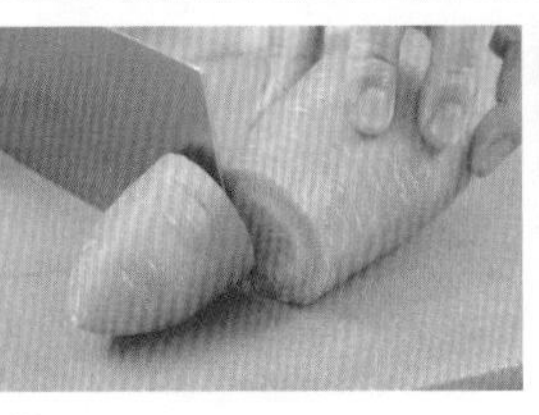

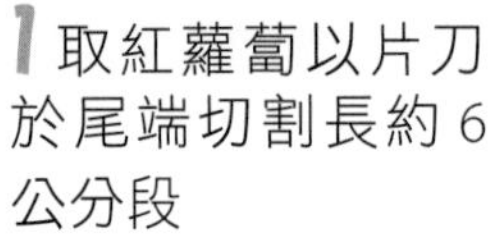

1 取紅蘿蔔以片刀於尾端切割長約 6 公分段

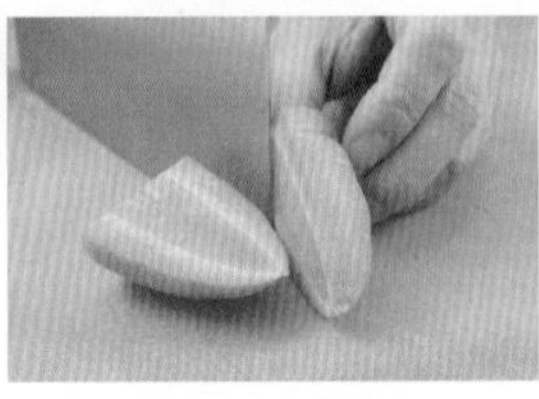

2 切取的尾端，以片刀取中心線 1 切為 2

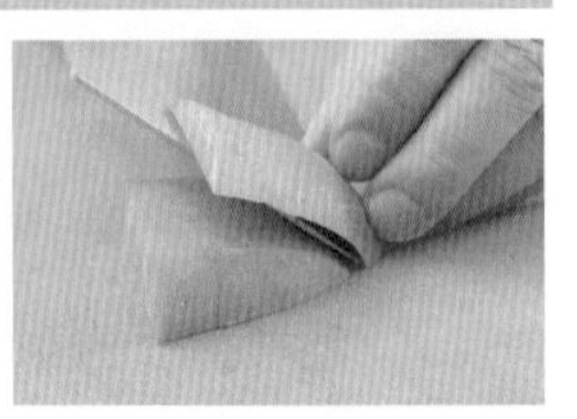

3 取半片尾端，切面朝砧板，以片刀由頭部圓弧片切表皮到底

4 以片刀圓弧片切表皮後，再切除左右圓弧邊

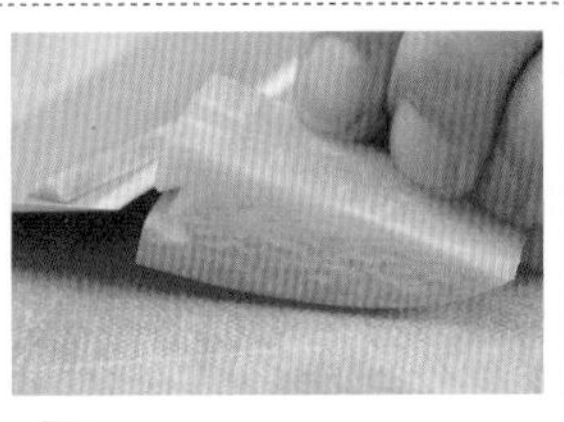

5 以片刀斜、更斜刀切割鋸齒，翻面再切割鋸齒

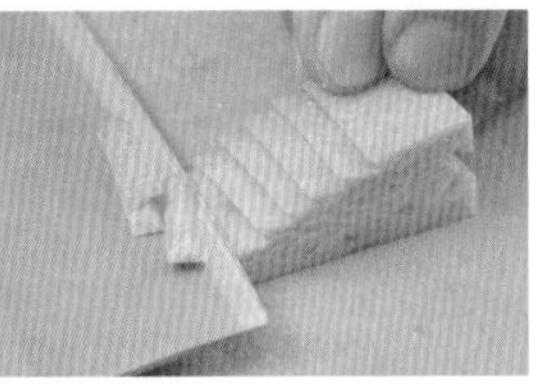

6 以片刀於頭部一刀斜 45 度，一刀斜 25 度、深 0.3 公分切割鋸齒

7 將圓弧邊的鋸齒切出後翻面，以同方法再切出鋸齒，間隔 0.5 公分

8 將上、下的鋸齒線條切出後，轉 180 度，切割片狀，每片約 0.2~0.4 公分

9 完成圖：切好的紅蘿蔔水花要放在配菜盤內

（十四）長三角葉片形 (3)

刀工	過程圖示		
  （必考）	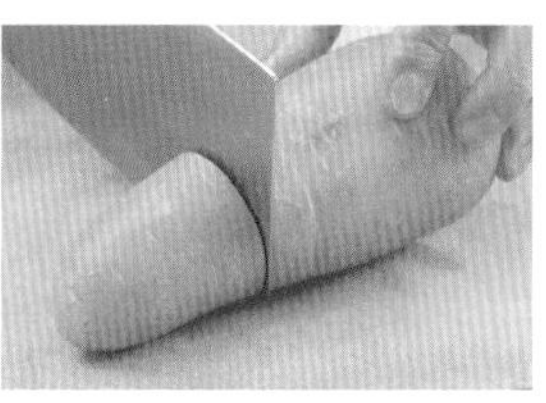 1 取紅蘿蔔以片刀於尾端切割長約 6 公分段	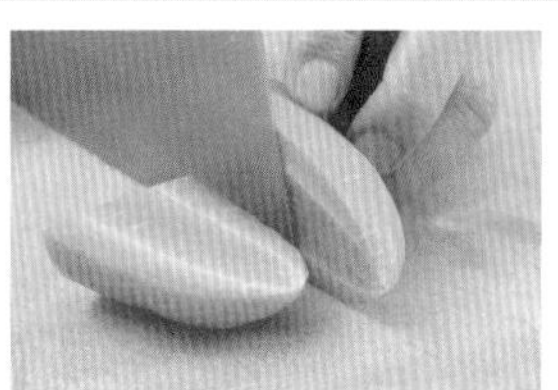 2 切取的尾端以片刀取中心線，1 切為 2，如圖	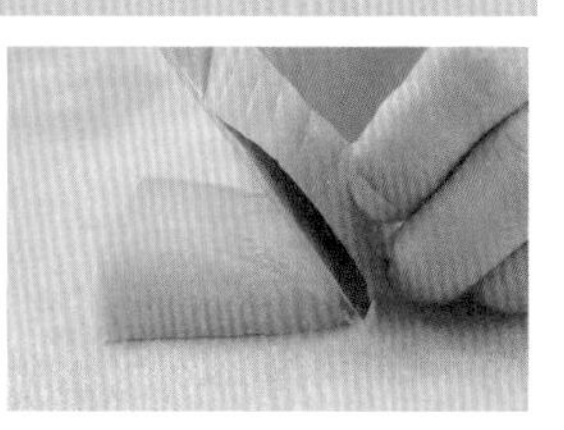 3 取半片尾端，切面朝砧板，以片刀由頭部圓弧片切表皮到底
	 4 以片刀圓弧片切表皮後，再切除左右圓弧邊	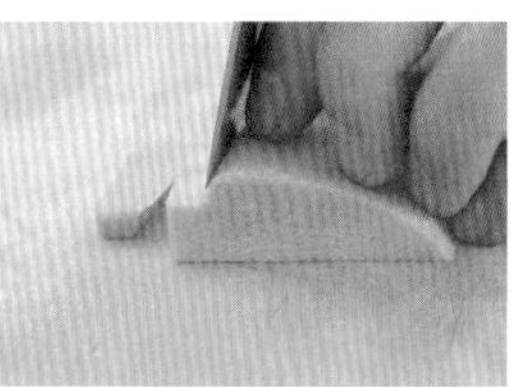 5 以片刀於頭部上方 0.5 公分直刀切入，深 0.5 公分	6 以片刀於頭部直切 0.5 公分，再橫切 0.5 公分去除餘肉
	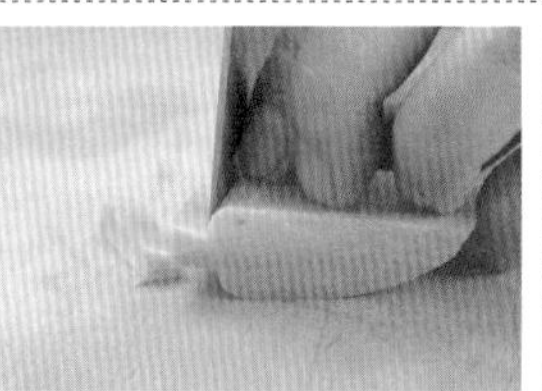 7 將切好一邊的頭部翻面，同方法直刀、橫刀 0.5 公分切除餘肉，呈葉梗狀	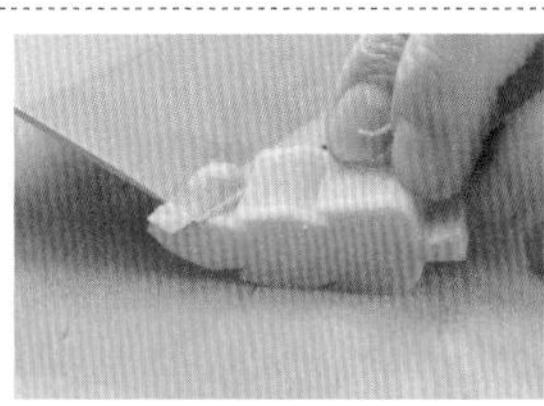 8 將葉梗切出後，轉向以片刀斜刀、更斜刀，去掉餘肉呈鋸齒狀	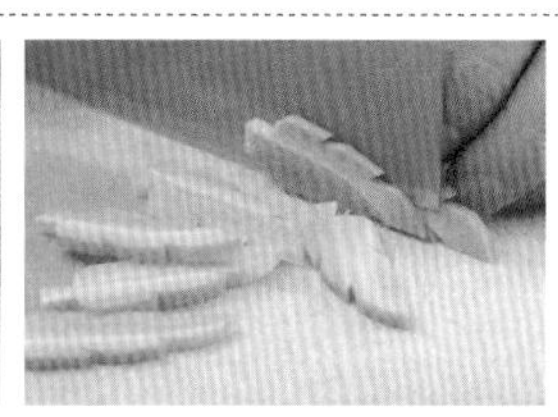 9 切出鋸齒狀後翻面，同刀工切出鋸齒狀，再切割 0.2~0.5 公分片即成

（十五）長三角聖誕樹

刀工	過程圖示

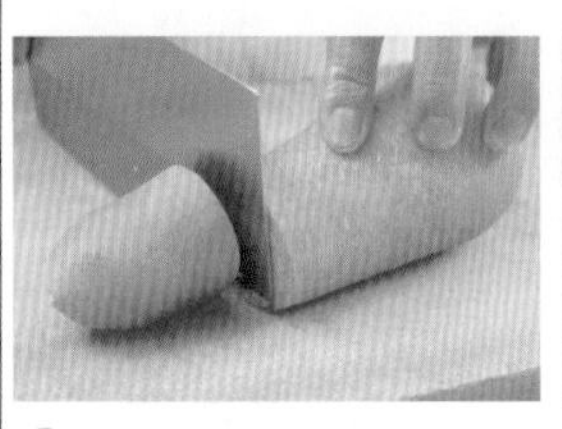

1 取紅蘿蔔尾端，以片刀直切長約 6 公分段

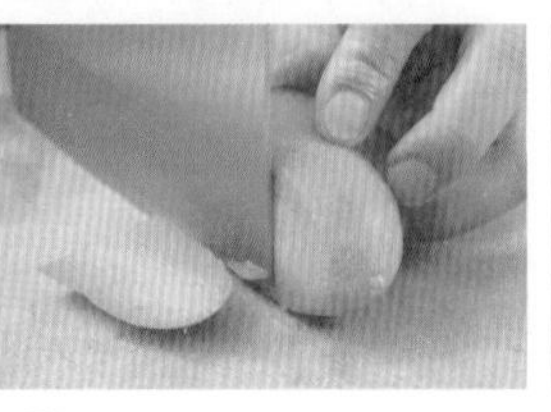

2 以片刀小心切割圓弧邊約 1 公分塊

3 切割 1 公分的切片，朝砧板以片刀左右切割呈長角尖形

4 將三角長尖形切割後，側倒切除上方的圓弧，如圖

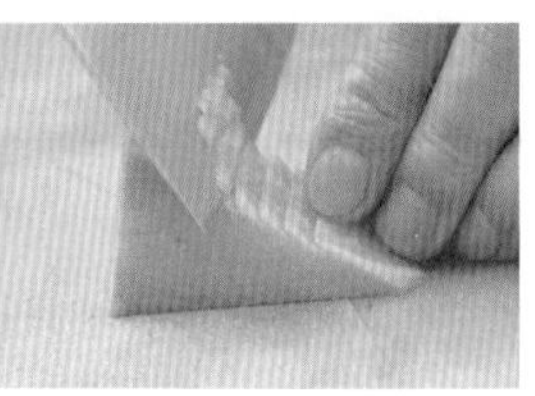

5 將三角長尖形切出後，以片刀由尖端切割鋸齒，間隔 0.5 公分

6 以片刀由尖形頭部後方斜 45 度、再斜 25 度切除餘肉，呈鋸齒狀

7 以片刀由尖端一刀斜、一刀更斜切除餘肉到底部

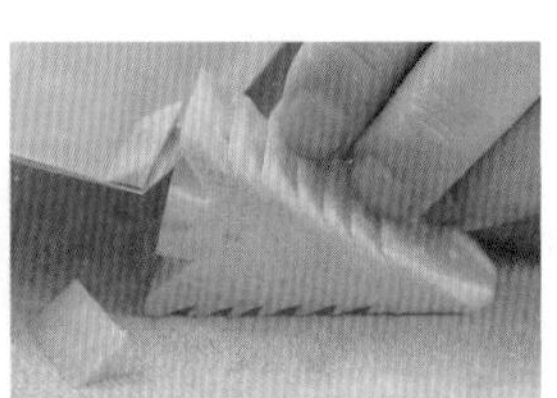

8 切割斜鋸齒狀到底部後，取底部直切，呈樹梗狀

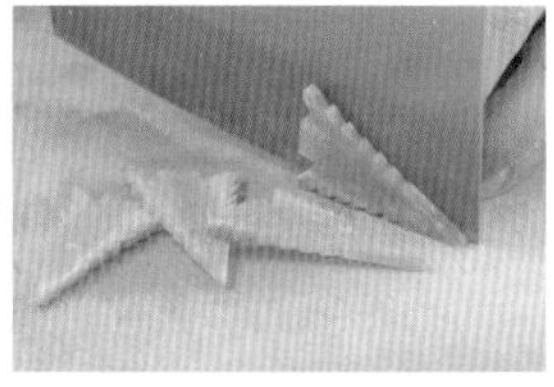

9 轉面以同方法，以片刀切割斜鋸齒線條後，轉 90 度切割 0.2~0.4 公分片狀

（十六）正三角葉片形

刀工	過程圖示

（必考）

1 將紅蘿蔔蒂頭切除 0.5 公分後，續切圓弧頭部一段，厚約 2 公分

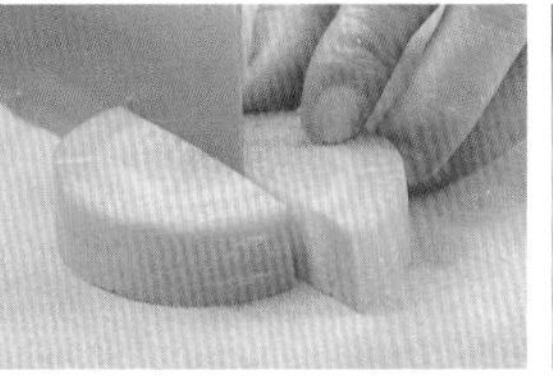

2 取頭部圓厚段，以片刀取中心，1 切為 2

3 將紅蘿蔔 1 切 2 後，再轉向，1 切為 4

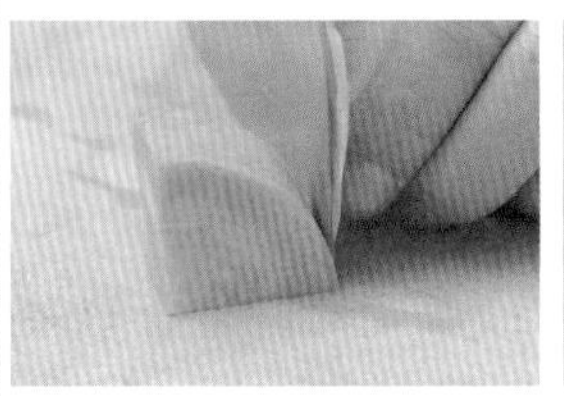

4 取 1/4 塊紅蘿蔔，以片刀圓弧片切表皮到底

5 片切表皮後，三角尖端朝砧板以直刀、橫刀，去掉餘肉如圖

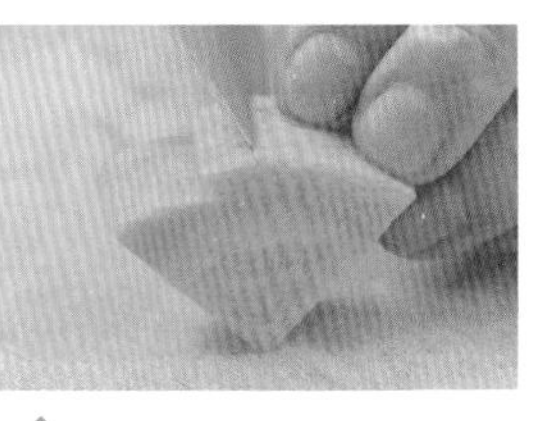

6 以直刀、橫刀去掉餘肉後，再以片刀於中心線 0.5 公分處直刀切入

7 以片刀於中心線直刀切後，將紅蘿蔔轉向圓弧切除餘肉

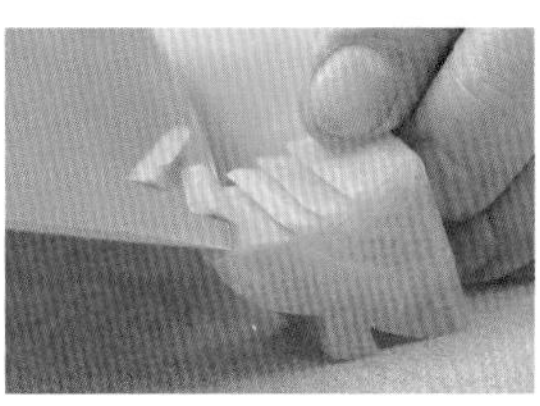

8 將切好的葉梗朝砧板，以刀於左側切割出鋸齒形紋路

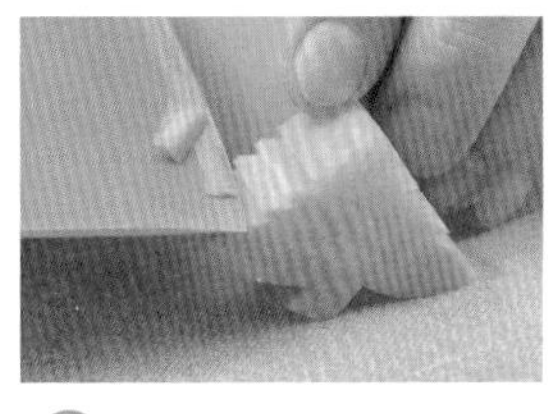

9 以片刀將左側切出鋸齒後，轉向再切割右側鋸齒，之後切成厚 0.2~0.4 公分片狀即成

（十七）薑蝴蝶水花片

刀工	過程圖示

（必考）

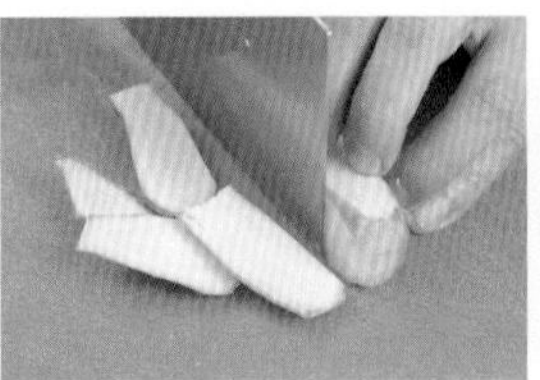

1 取薑塊，以片刀先切頭尾後，再切割四邊圓弧邊，約切 0.5 公分

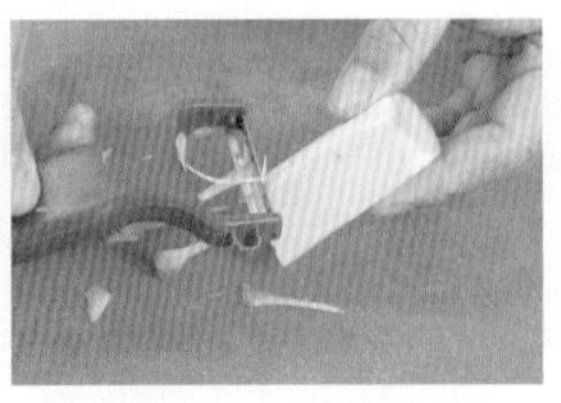

2 切除圓弧邊的薑塊尚有一些薑皮，以刮皮刀刮除乾淨

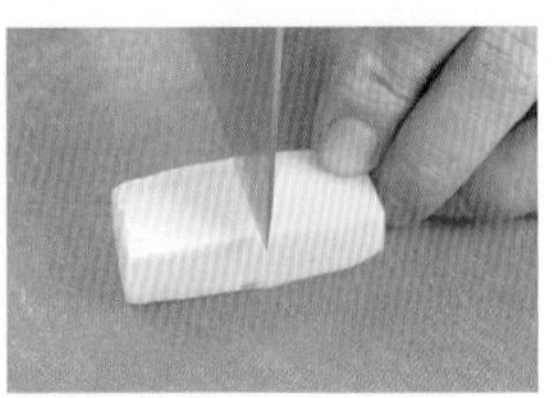

3 切割成長四方塊形，長約 5~6 公分，高約 1.5 公分，寬視薑的大小而定

4 以片刀在薑的長度中心略劃線，斜 25 度切到中心線

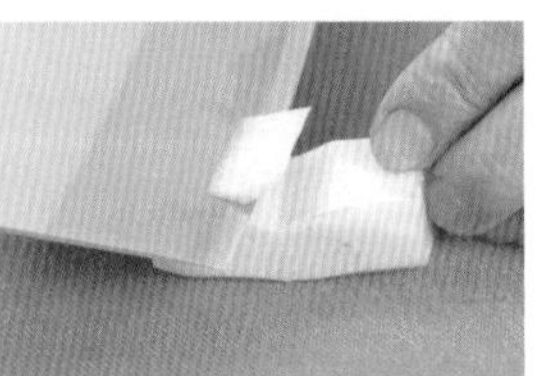

5 將斜切 25 度的薑轉面，同斜度切割，去除餘肉呈凹槽狀

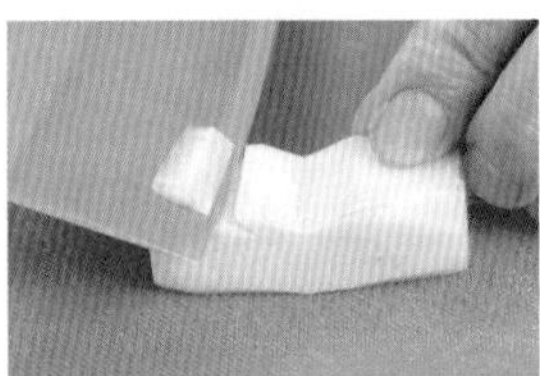

6 以片刀在凹槽旁，第一刀斜 45 度、第二刀斜 25 度去除餘肉

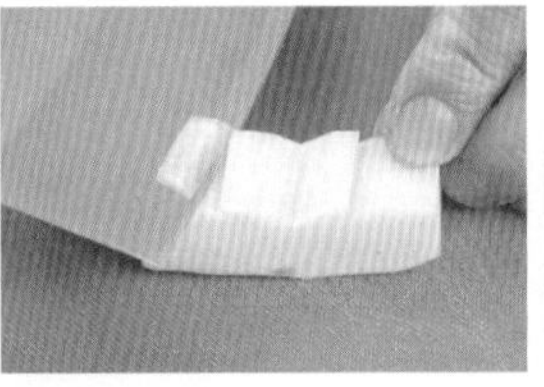

7 轉面，以第一刀斜 45 度、第二刀斜 25 度，切出鋸齒狀

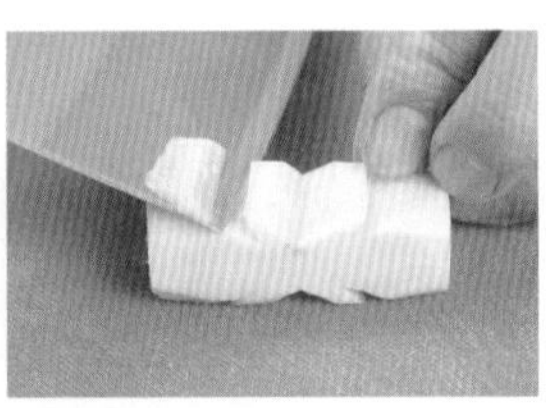

8 將薑翻面，以上述同刀法切割另一面，呈對稱狀

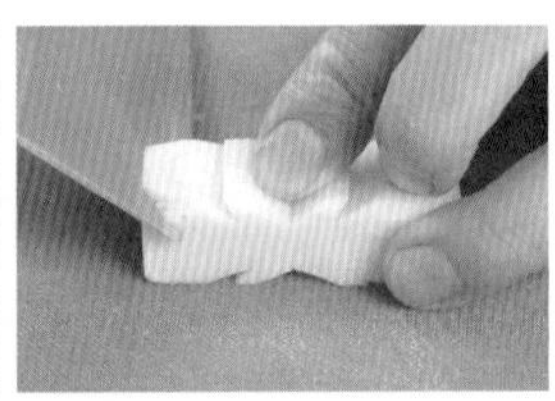

9 將上下兩邊切好後，以片刀於薑的側邊斜 45 度切割到薑的一半

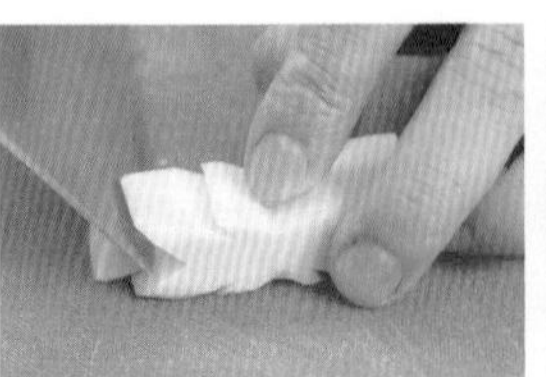

10 翻面，一樣以片刀於側邊斜 45 度切割到一半，去除三角餘肉

11 分別將前後端切除三角餘肉後，轉向再切割 0.2 公分的薑片即成

12 將薑水花片切片後放入配菜盤，需排整齊，不可雜亂

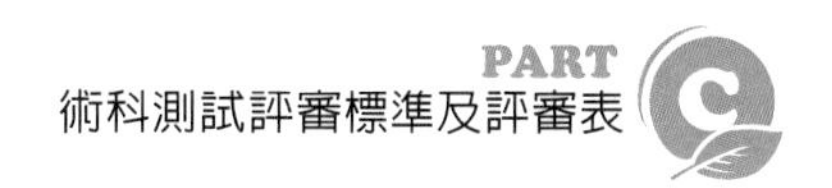

（十八）水花彙整

半圓形水花變化

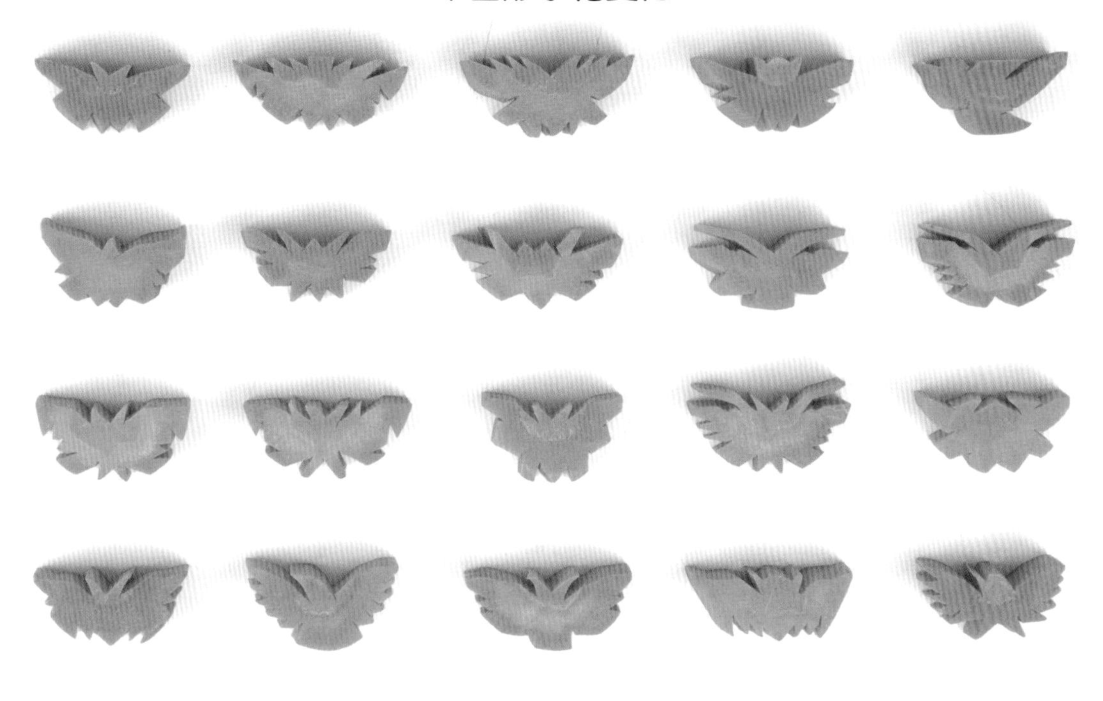

梯形水花變化

菱形水花變化

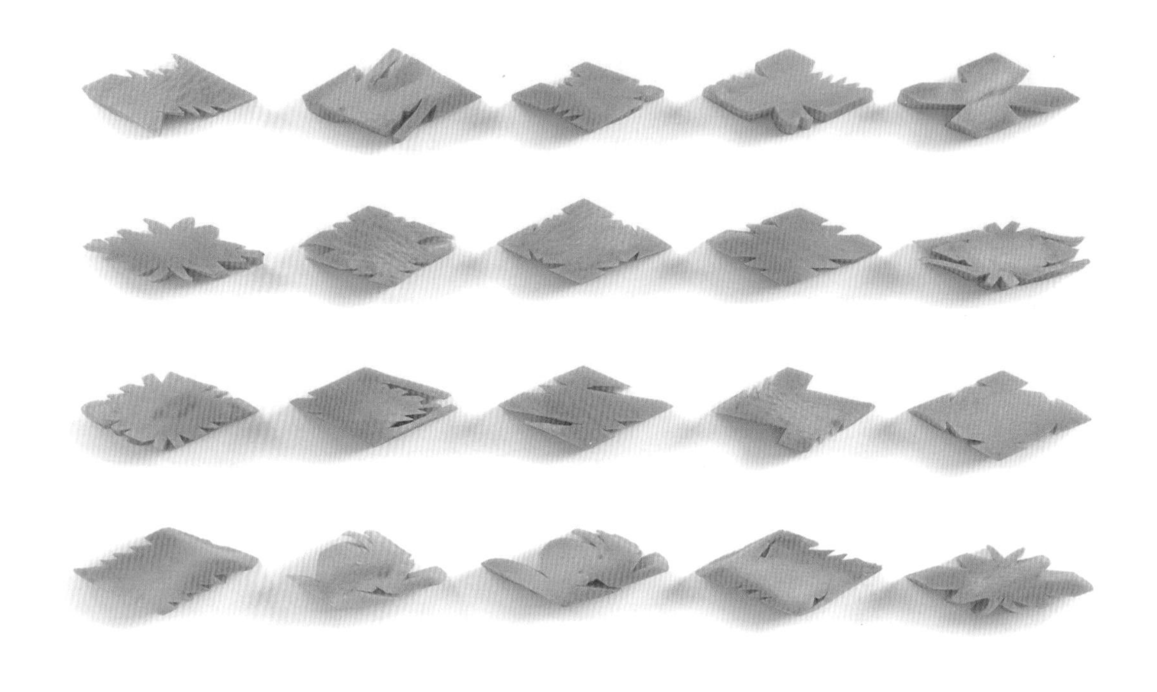

長三角形水花變化

正四方形水花變化

長四方形水花變化

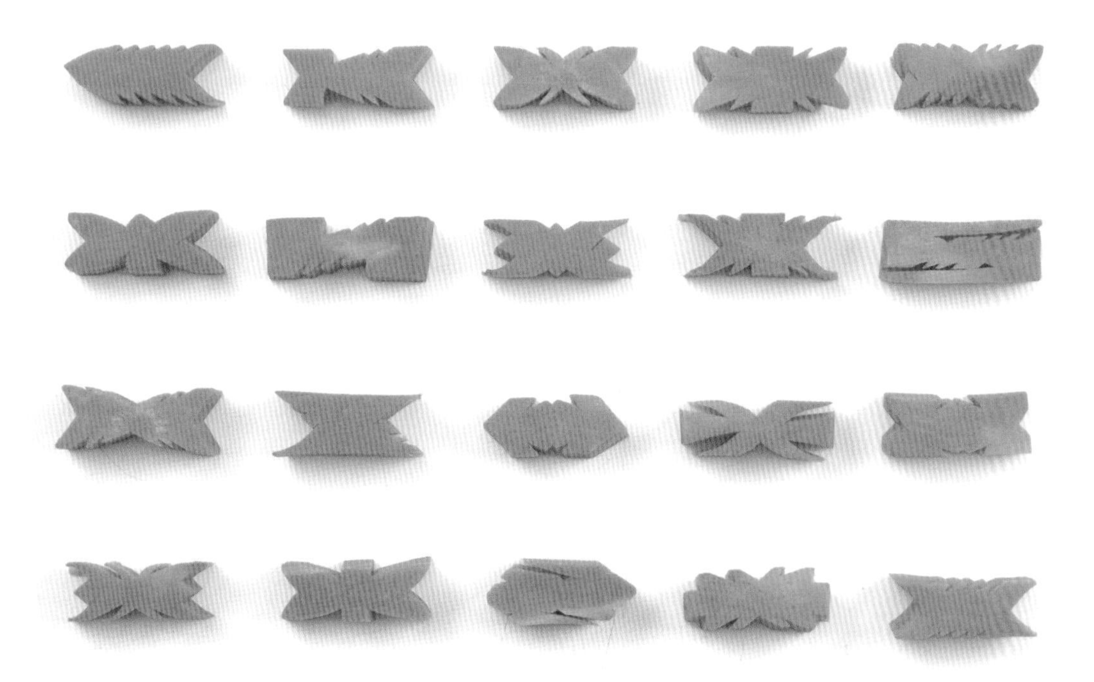

三角形水花變化

長四方形薑水花變化

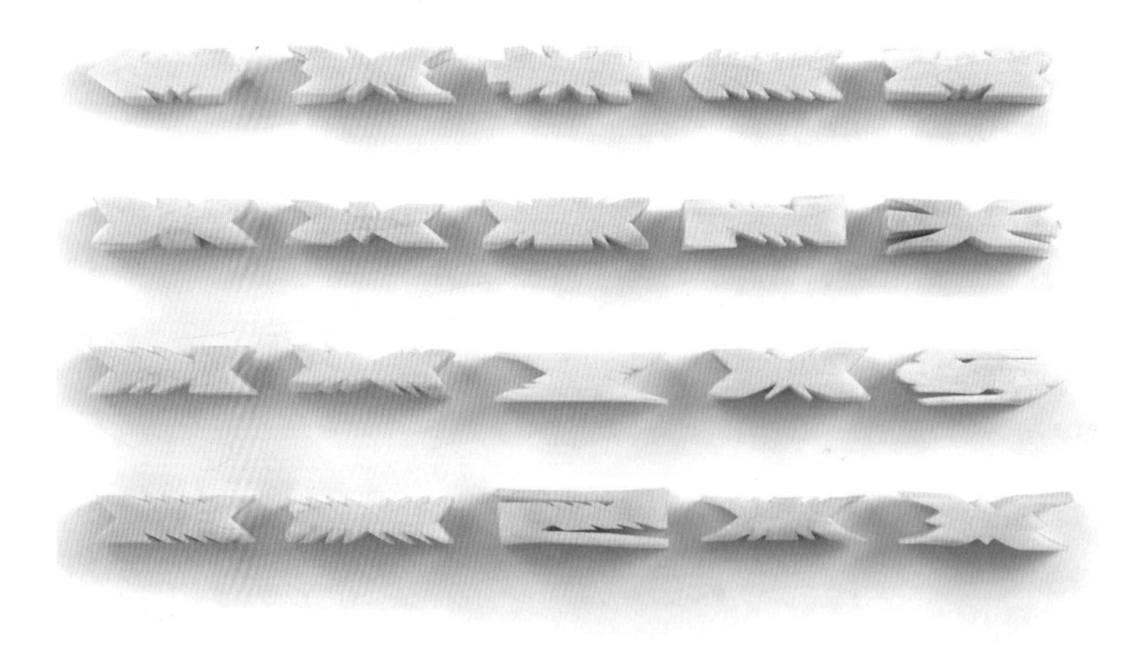

附錄3 盤飾參考圖譜

排盤裝飾是中餐烹調色香味中「色」的一環，也是刀工的一環，具有畫龍點睛的效果。不同顏色的蔬果經切割後，作為排盤裝飾，既能美化菜餚，又可促進食慾，透過烹調者的巧思排列與菜餚結合，不只顯現出價值感，且賣相極佳，也可帶動客人的食慾，兼顧了餐飲菜餚的藝術性與實務性。

蝴蝶結排列

刀工	過程圖示		
	1 以片刀切取一段小黃瓜段，長約 5 公分	2 取小黃瓜，略分出 3 等分後，再以片刀直切半圓長塊，分別切出 2 塊，中間籽的部分不要	3 取半圓長塊，以片刀切除圓弧邊約 0.5 公分
	4 以片刀切除圓弧邊後，前端預留 1 公分，以刀尖切割 0.1~0.2 公分薄片，不可切斷	5 分別以片刀將 4 塊半圓小黃瓜扇形片切出	6 將切好的小黃瓜以片刀、手指，依左右不同方向壓開呈扇形，搭配辣椒即成

蝴蝶結排列

刀工	過程圖示

1 取一條新鮮翠綠的小黃瓜，以片刀切除頭部約 1 公分

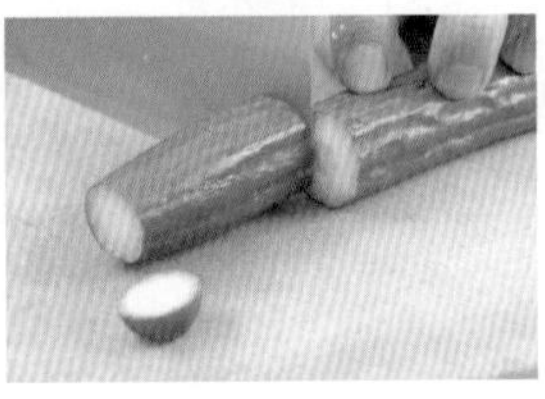

2 再以片刀切取一段小黃瓜，每段約 5 公分

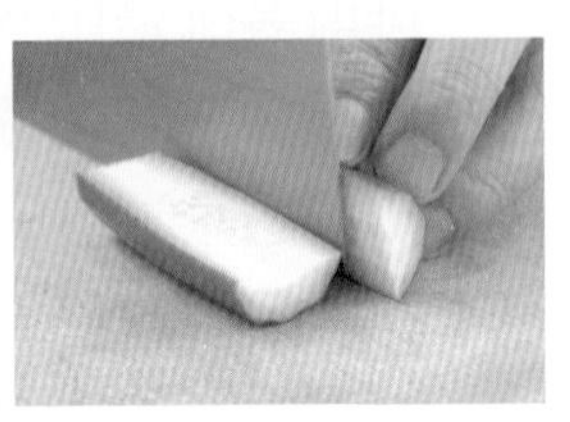

3 取小黃瓜段，略分出 3 等分後，以片刀直切出半圓長塊，共切兩塊，中間有籽部分不要

4 取半圓長塊，以片刀切除圓弧塊，如圖所示

5 切除圓弧後，以刀尖切割薄片，前端需留 1 公分

6 以刀尖切割每塊小黃瓜，前端需預留 1 公分不可切斷

7 以片刀分別將每片小黃瓜切出扇形片後，以手輕壓固定成扇形

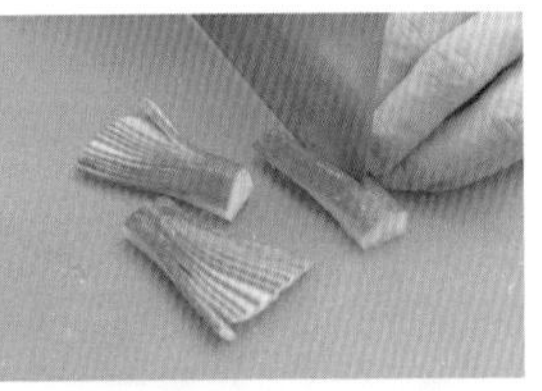

8 將小黃瓜切出扇形片共 4 組，每組約 8~10 片

9 分別以片刀將小黃瓜片切出扇形後，以 2 片為一組，不同方向壓開，排列於盤內

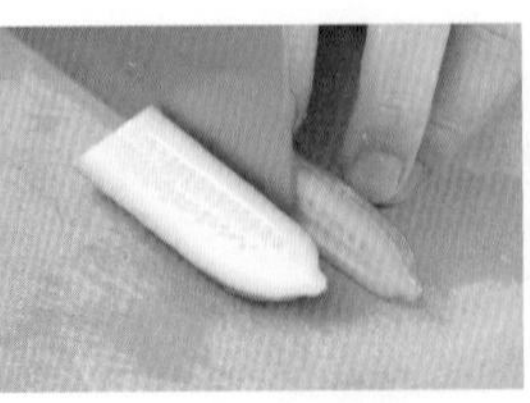

10 另取小黃瓜半條，以片刀直切為 2 個半圓長條塊

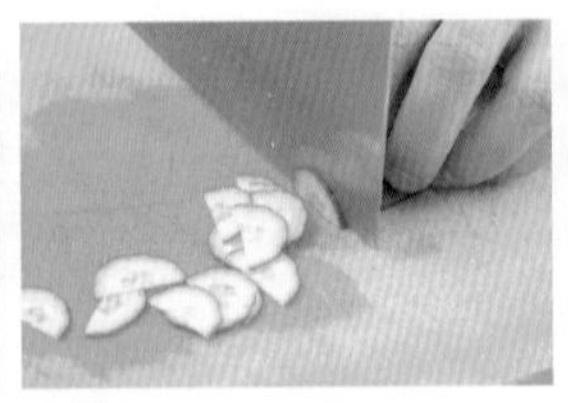

11 取切開的半圓塊，逆紋切割 0.1~0.2 公分的半圓薄片排盤

12 另取紅辣椒以片刀切割 0.2 公分的圓片，搭配在扇形中間及黃瓜片旁即成

扇片形排列

刀工	過程圖示		
	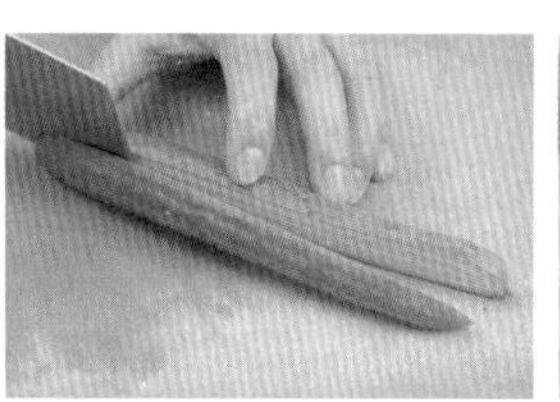 1 選取筆直的小黃瓜以片刀直刀接切為 2 長條	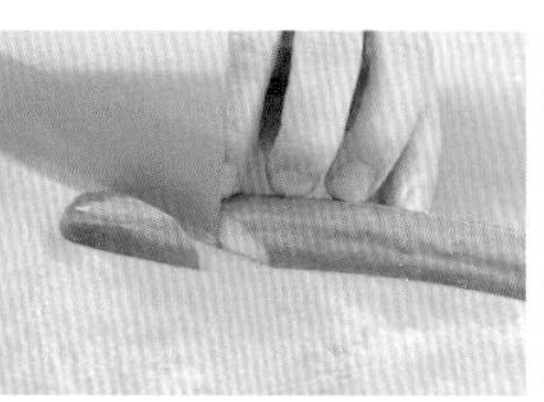 2 取小黃瓜半條，以片刀直切為半圓長條，再以片刀斜 45 度長約 4 公分切除頭部	 3 以片刀斜 45 度、前端預留 0.5 公分不切斷，切割 8~10 片，共切 3 組
	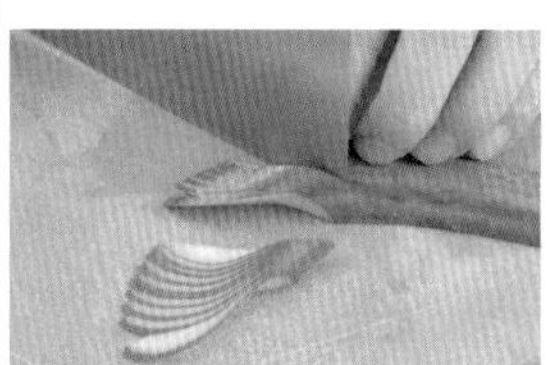 4 以片刀利用刀尖斜切薄片，前端需預留 0.5 公分不切斷，每組以 8~10 片為基本數量	 5 分別以刀斜 45 度、長約 4 公分切出 3 個有 8~10 片的黃瓜扇，再以手壓開呈扇排盤	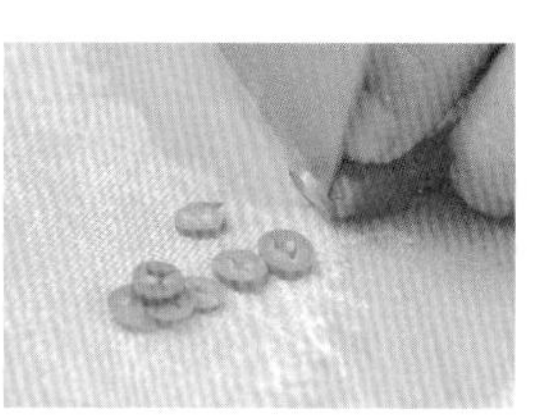 6 另取紅辣椒，以片刀切割 0.2 公分厚的圓片，搭配在扇形黃瓜旁即成

山嶽形排列

刀工	過程圖示		
	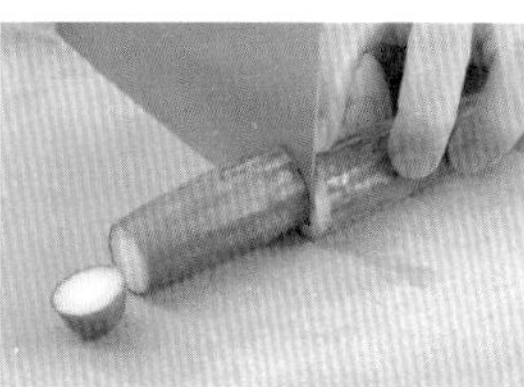 1 選取筆直的小黃瓜以片刀切除頭部 1 公分，再切一段約 5~6 公分	 2 以片刀直切 1 為 2 長條備用	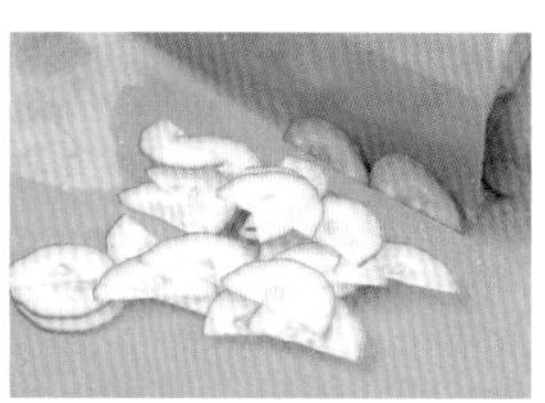 3 將 1 切為 2 的小黃瓜，再以片刀切割 0.1~0.2 公分的半圓片，以 6 片為一組，由外往內排

圓邊形排列

刀工	過程圖示		
	 1 取一段大黃瓜以片刀由切面 1 切為 2	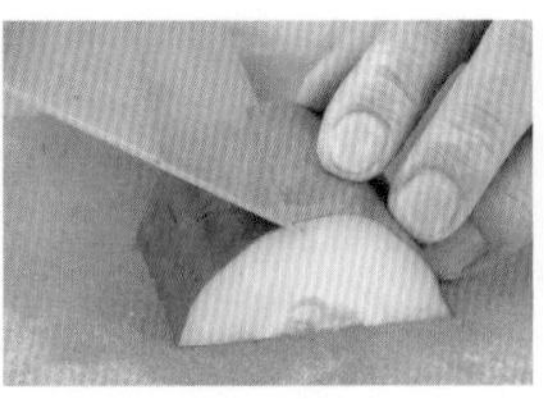 2 取一半圓塊，於表皮中間斜切一缺口深 0.5 公分	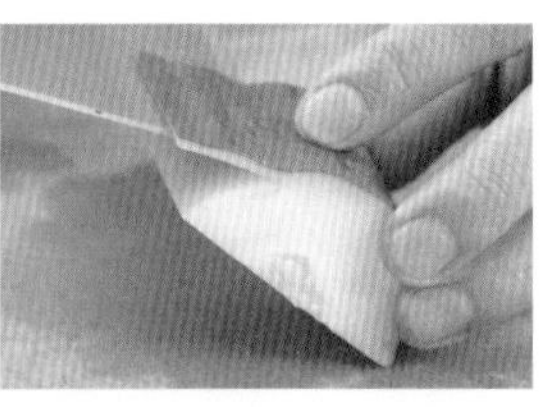 3 將大黃瓜表皮切一缺口後站立黃瓜，以片刀由底部小心的片切表皮 0.3 公分
	 4 以片刀由底部小心的片切表皮到中間的刀痕缺口，切斷表皮	 5 將切好的黃瓜塊轉向，以片刀切割 0.1~0.2 公分的薄片，於盤邊圓弧排列即成	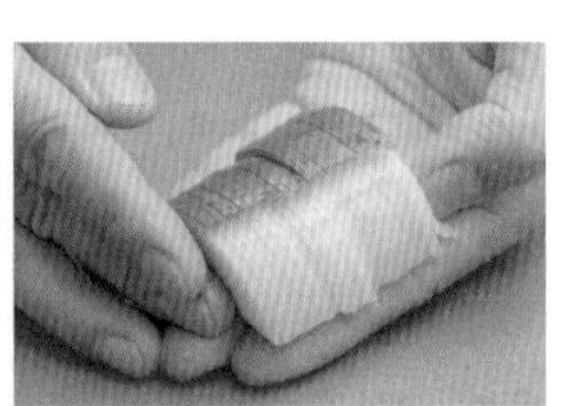 6 將切好的大黃瓜片，在手上排列整齊，以表皮在前面，順時鐘排入盤內呈圓形

花卉形排列

刀工	過程圖示		
	 1 取小黃瓜以片刀先切除頭部 1 公分後，再切一段約 5 公分	 2 取小黃瓜一段，以片刀直切 1 為 2 長條備用	 3 將 1 切 2 的小黃瓜，以片刀切割 0.1~0.2 公分的半圓片，取半圓片，順著盤邊排列

愛心形排列

刀工	過程圖示

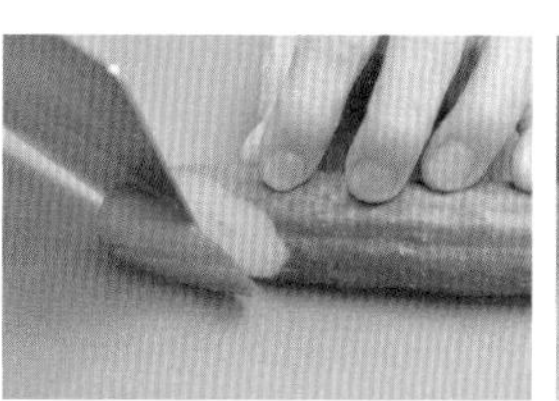

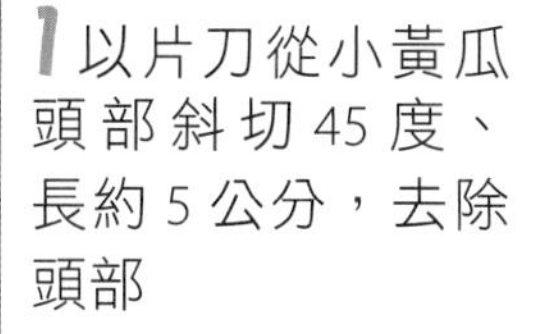

1 以片刀從小黃瓜頭部斜切 45 度、長約 5 公分，去除頭部

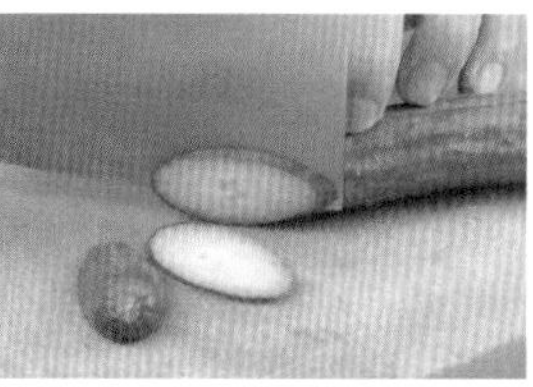

2 小黃瓜以片刀斜切頭部 45 度、長 5 公分後，切割斜薄片

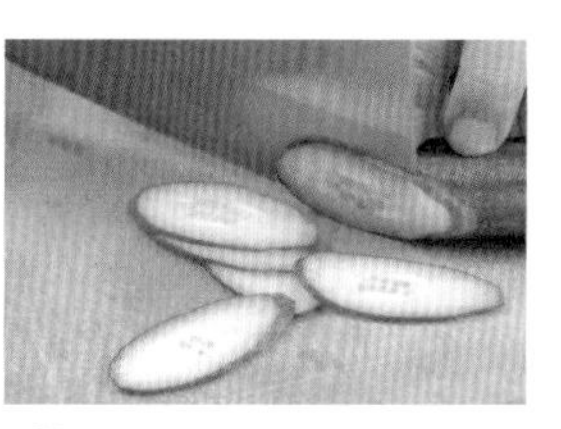

3 以片刀斜切長約 5 公分、厚約 0.3 公分的斜片 6 片

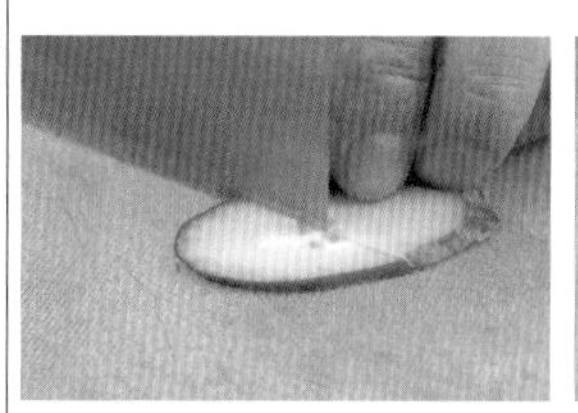

4 取小黃瓜斜片，以片刀於內面中間斜 45 度切割

5 取每片小黃瓜，以片刀切割，如圖所示

6 將每片 1 切為 2 的小黃瓜，翻轉一片合拼成心形，均勻排列於盤緣六處即成

花朵形排列

刀工	過程圖示

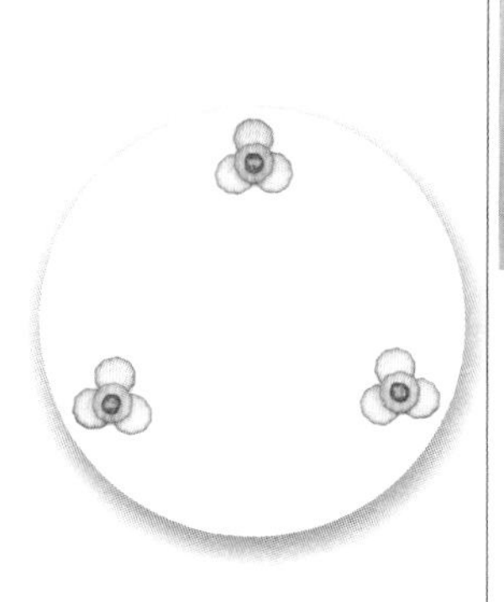

1 選取筆直小黃瓜以片刀切除頭部 1 公分再切一段長約 6 公分段

2 取小黃瓜一段，以片刀逆紋切割圓片，每片約 0.1~0.2 公分

3 紅辣椒以片刀切割圓片約 0.2 公分厚，取小黃瓜片，以 4 片為一組，搭配辣椒呈花形排列即成

荷花形排列

刀工	過程圖示		
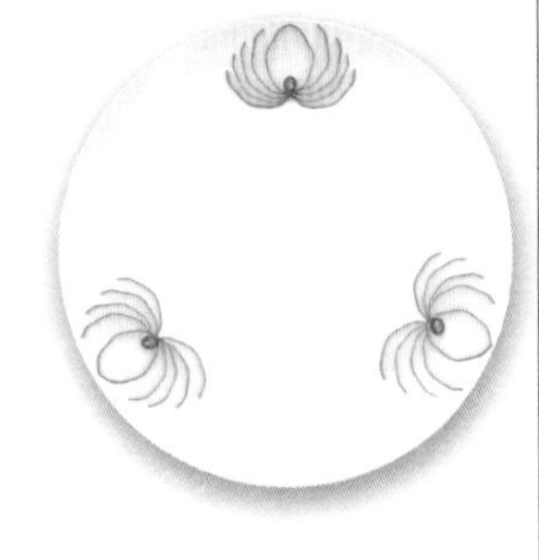	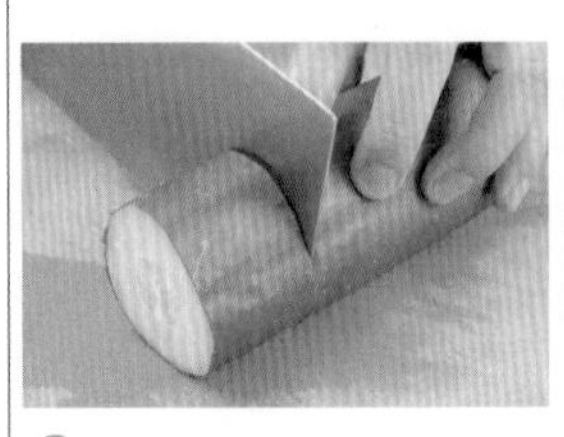 1 取大黃瓜一段，以片刀切取圓厚段約 4 公分	 2 取大黃瓜，以片刀於圓弧表皮邊切割長半圓，厚度約 1 公分	 3 將長半圓塊切出後，以片刀切薄片 0.1~0.2 公分
	 4 另取紅辣椒切 0.2 公分圓片，再取大黃瓜片，分別排入盤內邊緣呈荷花狀，中間兩片合併，搭配辣椒	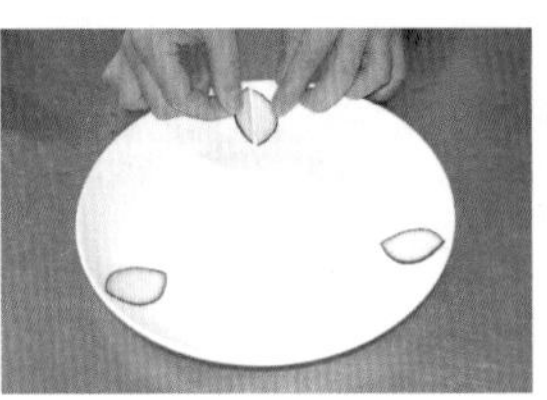 5 將切片的黃瓜片分別 2 片併連排在盤中三邊	 6 另以黃瓜片，4 片為一組、分左右排列三邊，中間搭配紅辣椒

太陽形排列

刀工	過程圖示		
	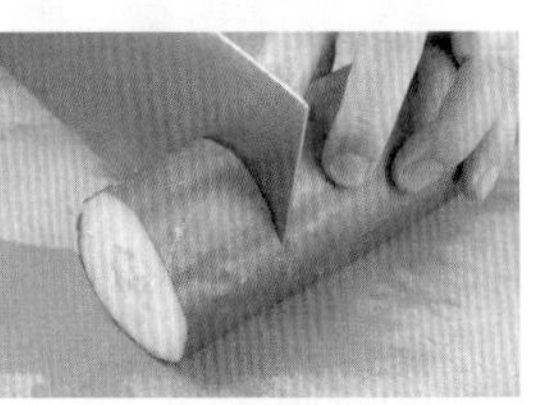 1 取大黃瓜一段，以片刀切取圓厚段約 4 公分	 2 取大黃瓜圓段，切面朝砧板，以片刀由中心 1 切為 2	 3 將大黃瓜 1 切為 2 後，再轉向切割 0.1~0.2 公分的薄片，表皮朝內，順著盤邊排列

點綴形排列

刀工	過程圖示		
	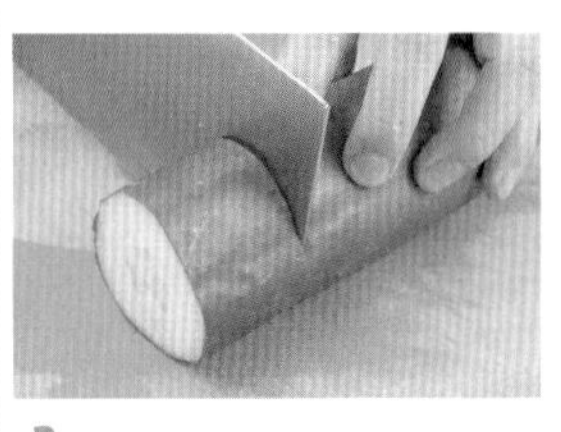 1 取大黃瓜一段，以片刀切取圓厚段，約 4 公分	 2 取大黃瓜半圓無籽部分以片刀直切	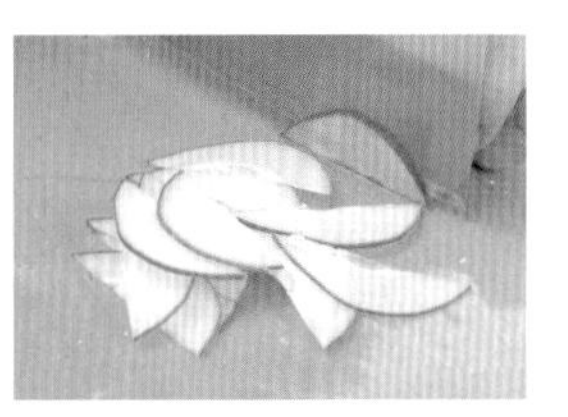 3 取大黃瓜半圓無籽部分，再以片刀逆紋切割半圓薄片， 每片 0.1~0.2 公分厚
	 4 取一段紅蘿蔔，以片刀切取菱形塊後，再轉向切割薄片 0.2~0.3 公分	 5 另取一塊大黃瓜，以片刀小心的由底部片切表皮約 0.2 公分	 6 將片出的大黃瓜表皮，以片刀切割出菱形片，需小於紅蘿蔔菱形片，再將兩片重疊，與半圓大黃瓜一起點綴盤子三邊即成

扇子形排列

刀工	過程圖示		
	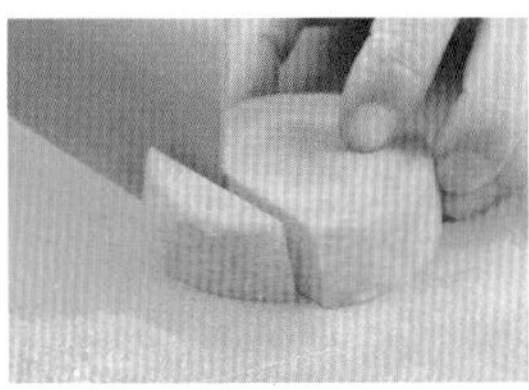 1 取紅蘿蔔頭部約 3 公分，再以片刀切割圓弧邊約 1 公分	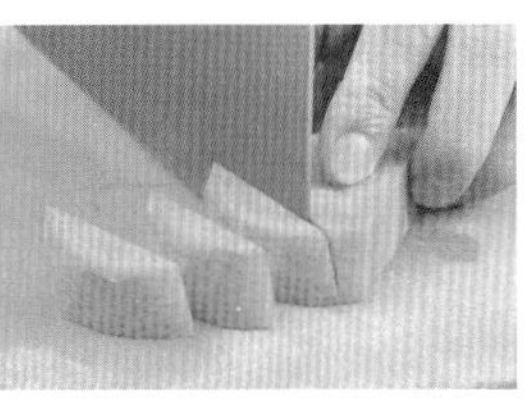 2 分別以片刀切取數個長半圓塊，如圖	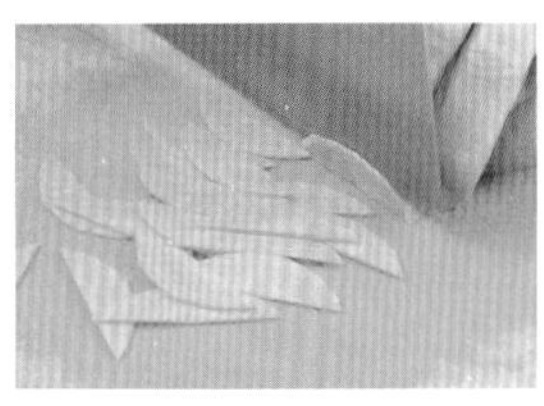 3 再以片刀逆紋切割 0.1~0.2 公分薄片，7 片為一組排盤

放射形排列

刀工	過程圖示		
	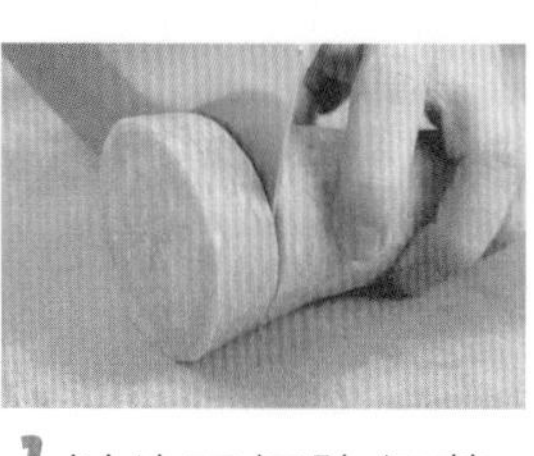	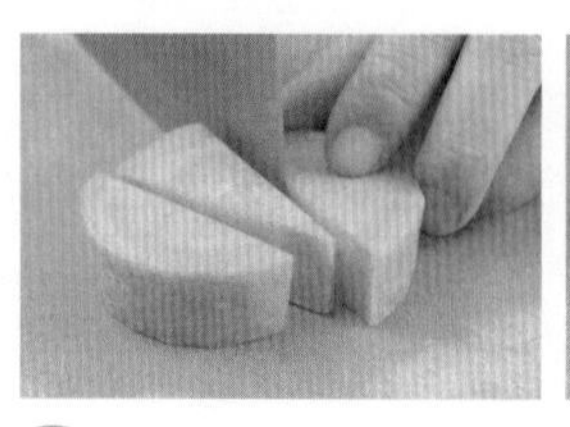	
	1 以片刀切除紅蘿蔔頭部後，再直切圓厚片 3 公分	2 取紅蘿蔔頭部約 3 公分，再以片刀切割中間，呈底部約 1.5 公分的長尖形	3 將長尖形切出後，以片刀切平底部後，再轉向切割 0.1~0.2 公分薄片排盤

蝴蝶形排列

刀工	過程圖示		
	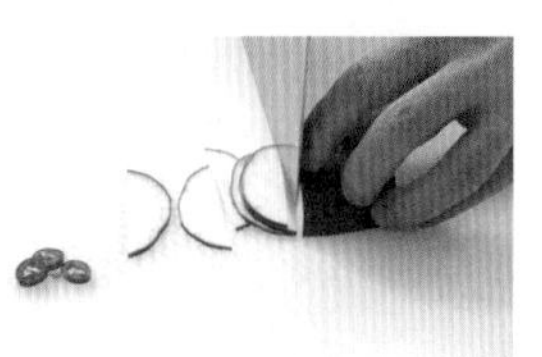		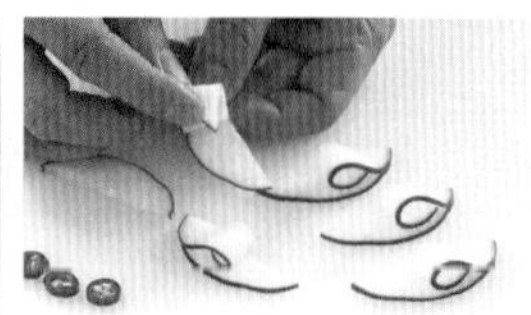
	1 取大黃瓜一塊，以片刀於圓弧表皮邊切割長半圓塊，厚度約 1 公分，再切 6 片排盤	2 將長半圓塊切出後，再以片刀切割薄片 0.1~0.2 公分，兩片併黏的片狀	3 切出併黏的蝴蝶片共 6 個，分別左右方向各摺三個排盤，搭配辣椒圓片

重疊形排列

刀工	過程圖示		
	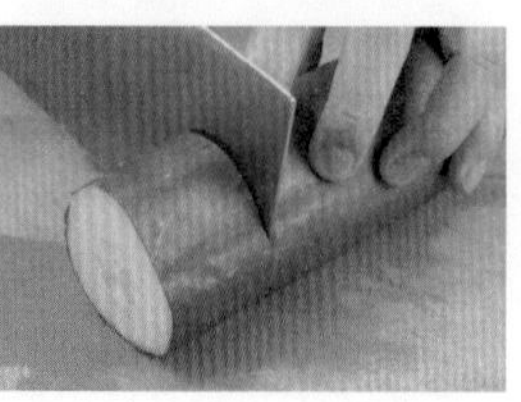		
	1 取大黃瓜一段以片刀切取厚度約 4 公分	2 取大黃瓜一塊，以片刀於圓弧表皮邊切割長半圓塊，厚度約 1 公分	3 將長半圓塊切出後，再以片刀切割 0.1~0.2 公分薄片，繞著盤邊排列即成

葉子形排列

刀工	過程圖示 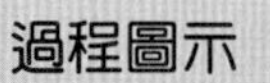		
	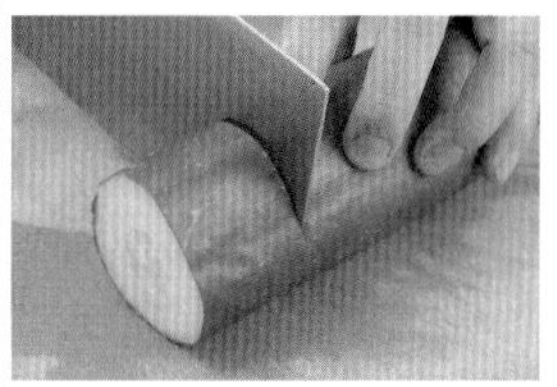 1 取大黃瓜一塊，以片刀切取圓厚段約 4 公分	 2 取大黃瓜一塊，以片刀於圓弧表皮邊切割長半圓，厚度約 1 公分	 3 將長半圓塊切出後，再以片刀切割薄片 0.1~0.2 公分，2 片合拼成葉形，3 個一組排盤

小黃瓜排盤裝飾

圓片狀變化	半圓片變化	1/4 三角片變化
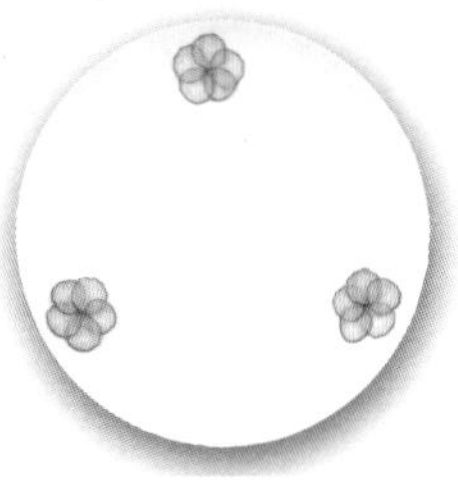 梅花形	 蕾絲形	 井字形
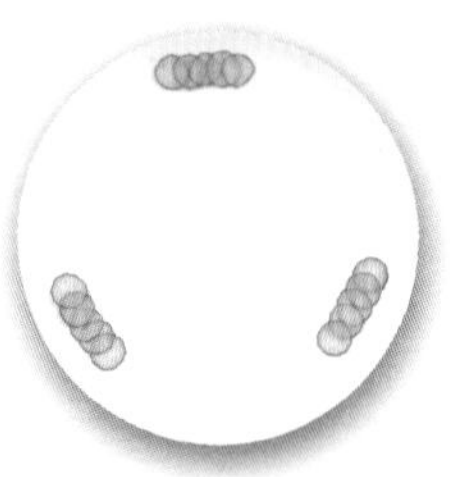 連環形	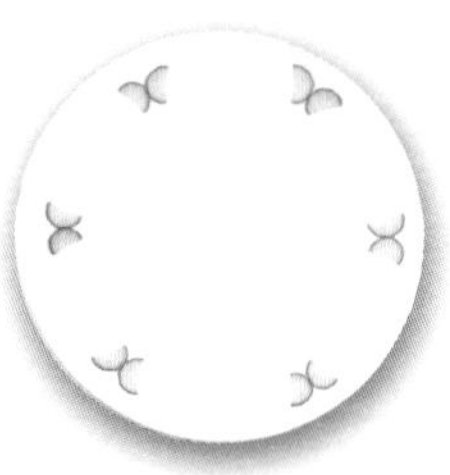 蝴蝶形	 六邊形
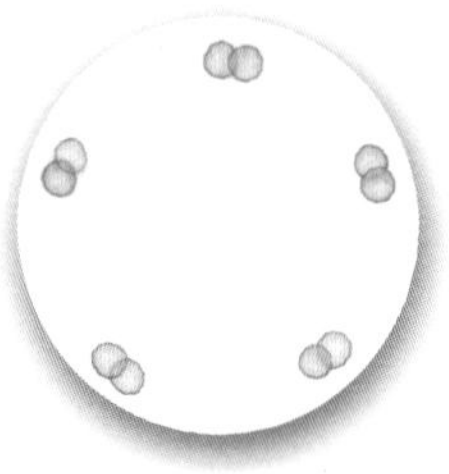 雙疊形	 櫻花形	 蝴蝶形
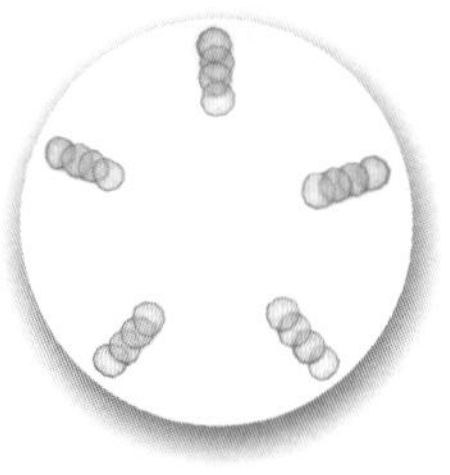 放射形	 菱角形	 重疊形

大黃瓜排盤裝飾

半圓片變化	1/4 長半圓變化	半圓片變化
 波浪形	 蕾絲形	 蝴蝶形
 花卉形	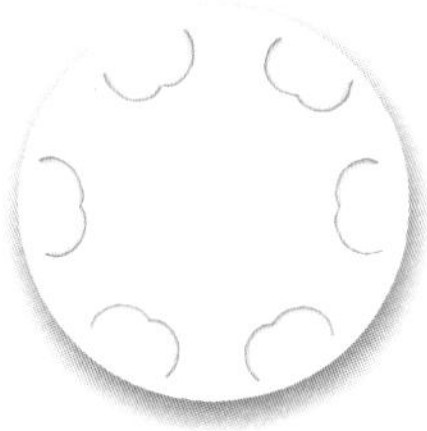 開叉形	 重疊形
 花卉形	 花卉形	 扇子形
 山嶽形	 重疊形	 荷花形

紅蘿蔔排盤裝飾

半圓片變化	1/4 三角片變化	1/4 長半圓變化
 三邊形	 雙峰形	 重疊形
 蝴蝶形	 三峰形	 菱角形
 扇片形	 六邊形	 重疊形
 山嶽形	 太陽形	 飛鏢形

創意搭配排盤裝飾 -1

以兩種食材－小黃瓜、紅蘿蔔半圓薄片，搭配出色彩豔麗的各種盤飾，一同變化使用。

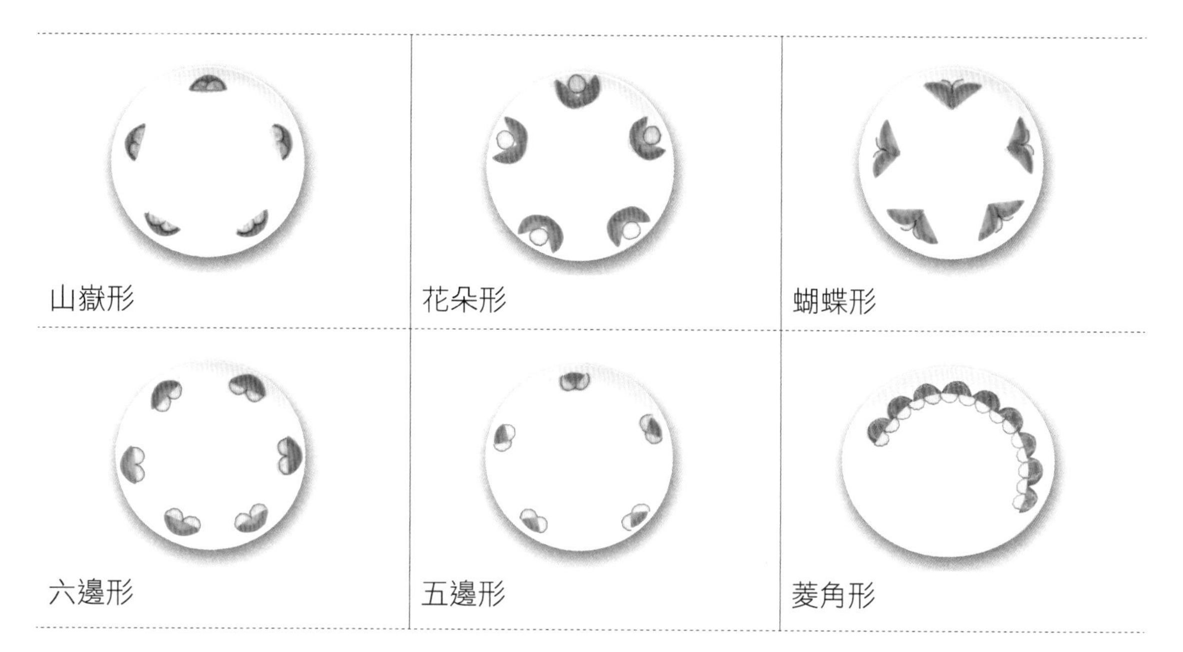

創意搭配排盤裝飾 -2

以兩種食材－大黃瓜、紅蘿蔔片，搭配排列出鮮豔的盤飾，讓整盤菜餚更顯質感。

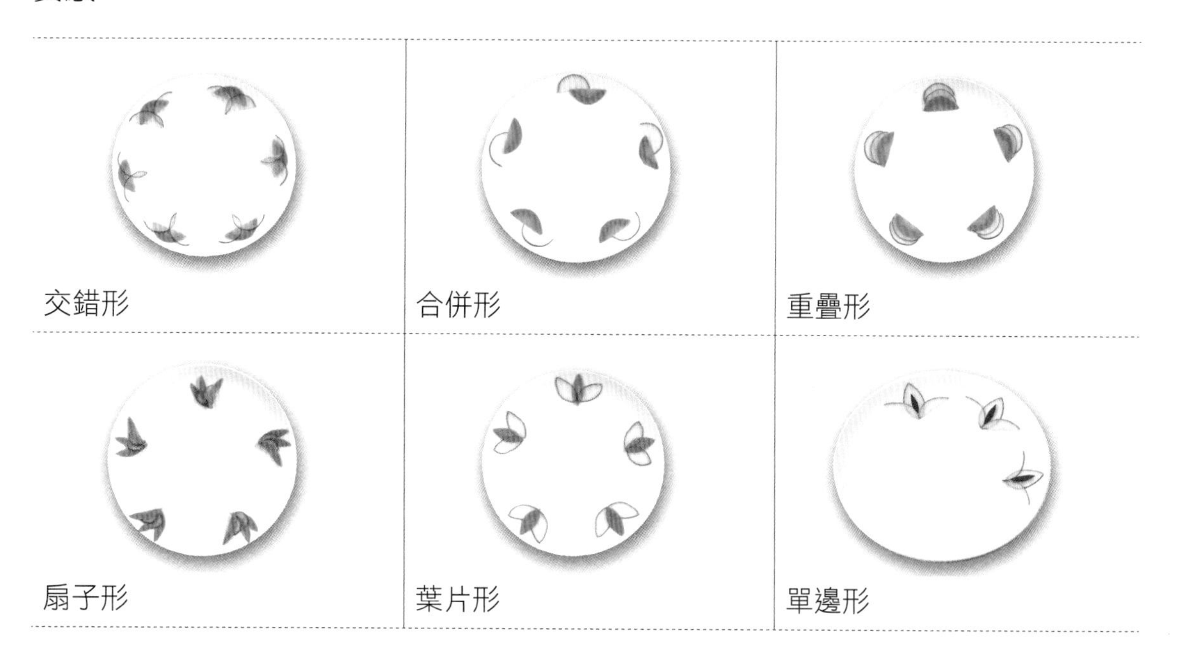

附錄4 烹調法定義及食材處理手法釋義

（一）烹調法定義

1. 炒：乾鍋少油加熱入料（通常為輕薄小型易熟、經前處理或不需前處理的料），在持續的火力中（火力的大小依食材性質、烹調目的、手法運用及動作快慢作適當的調整）將材料翻拌均匀熟化，保持菜餚細嫩質感與亮麗觀感而起鍋。運用熟鐵鍋做以上操作，可以得到良好的鑊氣。

   典型的炒是由生炒到熟，亦稱生炒。本試題使用烹調法有清炒、熟炒、合炒、爆炒、滑炒、拌炒等。各類炒法分述如下：

   (1) 熟炒：將主要的材料（易熟材料及香辛料可除外）皆處理熟或將熟後（部分可以改刀），合併入鍋以炒的烹調法完成之，所需的烹調時間可能較一般的生炒法短。

   (2) 爆炒：將主要的材料（易熟材料及香辛料可除外）皆處理熟或將熟後（部分可以改刀），合併且瀝去水分，入鍋以炒的烹調法完成之，是炒的烹調法中最快速者。熟炒、合炒、滑炒只要處理手法更細緻、精準且瀝去水分，調味手法更快速，皆是爆炒的實踐。

   (3) 清炒：只有主料，或加上爆香料作炒的烹調法。

   (4) 合炒：將各種已經處理好的食材合在一起炒的烹調法。

   (5) 滑炒：將食材作上漿處理進行過油或汆燙的初熟處理後，再以炒、爆炒、合炒等烹調法完成之，主材料具有滑順的口感與透明亮麗的外觀，但並不具備汁液。滑，並沒有被定義為烹調法，只有滑炒、滑溜，所以一般菜名為滑的菜如滑豬肉片，做成滑溜或滑炒皆可，為了凸顯菜餚難度，一般會做成滑溜，而滑蛋則為炒法，業界多用多量油來炒，有滑油的感覺。

2. 煸（火邊）：將食材放入少許油鍋中慢火持續翻炒，至水分逸去將乾呈稍皺縮狀而收斂，入調味醬汁，再翻炒至汁收味入，費時甚久，成品軟硬之間帶有彈性，甘香柔韌。另一快速作法，將食材以熱油過油至水分多數散發外表稍皺縮而收斂，入調味醬汁，再翻炒至汁收味入，成品亦軟硬之間帶有彈性，甘香柔韌。若硬要分出兩者口感的差別，則古法軟中帶有硬韌，而新法軟裡有著脆韌，而古法香中更具甘濃。

3. 燴：食材經煎、或過油、或蒸、或燙、或煮、或前處理、或只洗淨後，入鍋或拌炒、或不拌炒，加適量湯汁，通常與料平齊或滿過料，加熱後融合各種材料味與形之美，起鍋前以澱粉（太白粉）水勾芡，湯汁呈現半流動狀態而稍稀，濃度可因烹調者目的需求而增減，作品外觀通常是菜餚周邊環繞一圈燴汁，菜餚端出立刻品評時，表面呈現亮麗光澤。若有特殊烹調目的時，燴汁圍繞在食材周邊可能僅有少許，類似於滑溜菜。

燴法一般分為清燴、雜燴、紅燴、素燴，技法都一致，僅添加的材料與調味配料不同。各類燴法分述如下：

(1) 清燴：未添加強烈色系的材料，成品醬汁呈清新透明或乳白或灰白色澤。

(2) 雜燴：亦稱大燴，添加多種屬性的食材，如禽、畜、蛋、水產類等，予人材料豐富觀感，成品醬汁呈灰白、乳白或茶黃色，加醬油較多者可成紅燴。

(3) 紅燴：以番茄配司或醬油、番茄醬、紅麴、紅糟、紅谷米等上色而成紅燴。

(4) 黃燴：添加黃色系材料或調味料形成黃色的燴菜。

(5) 素燴：只取素料不加葷料的燴菜。

4. 燜：食材經煎，或過油，或蒸，或燙，或煮，或前處理，或只洗淨後，入鍋（可拌炒或不拌炒）加適量湯汁，與料平齊或滿過料或更多，依烹調目的需求而增減，大火煮滾後改小火上蓋續煮，至質軟或爛，汁收而濃，花費時間依食材性質而定，以達到烹調目的，通常不勾芡。燜菜起鍋前勾芡，有認為是炆的烹調法。燜有適量的燜汁。

一般分原燜（紅燜、黃燜）與油燜。油燜是特指食材以過油或油炒的手法處理後續煮的燜法。

燜與燒烹調手法類似，因兩者成品外觀相似，同是稍具醬汁，有紅有白（黃），判定的關鍵應是，燒菜具有質地柔韌（Q或閩南語的脉）的口感，而燜菜則有綿細而軟爛的口感。各類燜法分述如下：

(1) 紅燜：原燜是依原定義而行，紅燜主要是以醬油、糖來調味著色的燜法，當然用其他紅系列材料醬料亦可，使菜餚呈茶紅色。

(2) 黃燜：黃燜的調味，一般未加醬油，或只加少許醬油，再以鹽補足味道，使呈現淡黃色澤。

(3) 燜煮：煮而加蓋為燜煮，如煮飯。

5. 溜：將食材掛糊或沾粉（或不掛糊不沾粉）以熱油處理至酥黃或焦黃上色，或上漿後過油或汆燙，或不上漿不掛糊沾粉直接蒸或煮或燜，與勾了各種不同濃度不同風味的醬芡汁拌合或澆淋之，形成醬汁含量不同、濃度不同具亮麗外觀的烹調法。

   溜的烹調法以操作手法與芡汁濃度分有脆溜、焦溜、滑溜、淋溜、軟溜。以調味內涵而言，除了糖醋味、甜鹹味、酸辣味、麻辣味、茄汁味、水果味等，被特別提出的有醋溜、糟溜等。各類溜法分述如下：

   (1) 脆溜：將食材掛糊或沾粉以熱油過油至酥黃上色，入鍋與最濃的調味芡汁（包芡）拌合即起，芡汁皆裹在食材表面而不留芡汁於盤底，最具亮麗外觀的賣相，具有既香酥且滑軟的口感。不可拌太久而掉了外層粉皮，由於汁濃，不可留太多汁而致黏糊無光。

   (2) 滑溜：將食材（醃漬）上漿過油或汆燙後，入鍋與濃的調味芡汁（濃度介於包芡與琉璃芡之間，具半流動狀態而稍濃的濃度）拌合即起，裝盤時只有少許芡汁附著在菜餚與盤底接觸的周邊，並不流出太多反而成為燴菜，具有簡潔、收斂、清亮之美。

   (3) 焦溜：食材不掛糊或不沾粉以熱油過油至焦黃上色，入鍋與最濃或次濃（包芡或滑溜芡）的調味芡汁拌合即起。

   (4) 淋溜：將食材掛糊或沾粉（或不掛糊不沾粉）以熱油過油至酥黃上色，將製備好的琉璃芡汁澆淋其上，使具備亮麗且似慢慢流下的觀感（半流動狀態），到餐桌上剛好流到盤底。

6. 煮：將食材置於冷水、熱水或沸水中加熱成熟的烹調法，依食材性質與烹調目的取水或高湯，控制火力，將材料煮至脫生而脆、嫩、軟、硬、柔韌、透、爛、酥，調味而起。

7. 炸：依食材性質與烹調目的，運用不同油溫與火力控制，將食材投入大量油中加熱成熟的烹調法。一般炸的烹調目的是令成品具有熟、香、酥、鬆、脆的特性，多數是金黃上色的，少數可能要求有軟、滑的口感。

   炸的分類一般有清炸（生炸）浸炸、淋炸（油淋、油潑）乾炸、軟炸（含脆炸）酥炸、鬆炸（高麗炸）西炸（吉利炸）包捲炸、紙包炸。

8. 軟炸：將食材掛糊（水粉糊、蛋麵糊、脆漿等）入熱油（約 160~180℃），小火慢炸（量少且不易熟者）至金黃香脆或鬆軟而供餐的烹調法，通常掛上任何種類的糊來炸的即稱為軟炸。油溫太低易致脫糊脫水；油溫太高或火力太大可能提早上色致無法熟透。

9. 拌：將一種以上食材處理熟，或將熟的或洗淨減菌不烹煮的，拌合多種調味料調製的烹調法。依熟度區分有生拌、熟拌、生熟拌；依拌時的溫度區分有涼拌、溫拌、熱拌。

10. 涼拌：將生食減菌或熟食冷卻後，拌合多種調味料調製的烹調法。

11. 羹：將食材置於水或高湯中，加熱調味勾芡，使湯汁濃稠，是為羹的烹調法，羹的濃度通常依烹調者的供餐理念而有不同，故不宜硬性界定其濃稠度，即從半流動狀態而稍濃的滑溜芡至半流動狀態而稍稀的燴芡皆適宜，只要不濃得像包芡或稀得像米湯芡即可。燴菜物多汁稍少，羹菜汁多料稍少，汁與料之比例端看供餐需求，需要強調的，較濃的羹久置後，常在表層形成凝結的狀態，這並沒有錯，因為菜餚是要趁熱吃的，不可誤判以為羹汁過濃。

12. 煎：將生的或處理過（醃漬、蒸煮熟、沾粉、糊、漿、包捲）的食材，以少量的油作單平面的加熱，運用鍋溫與油溫讓食材熟化，或依次將食材表面皆均勻加熱，達到外部香酥上色，內部柔嫩的烹調目的。有生煎、熟煎、乾煎的分類，乾煎通常會沾粉煎，但也有不沾粉而只令食材表面盡量保持乾的狀態而下鍋煎的，也叫乾煎。

13. 蒸：運用蒸氣加熱於食材，使成品達到鮮嫩、香濃、軟爛、酥化的烹調目的。一般蒸的菜色會運用中大火，本試題中的蒸蛋，以大、中、小火蒸的都有，亦有大小火力交替運用的。

14. 燒：將煎或炸（熱油過油）或燙或蒸或煮過的食材，或將食材直接拌炒過，以適量的醬汁煮至汁收、味入、色上、濃香而口感柔韌的烹調法。為增黏濃質感，行業中常見起鍋前以勾芡完成之，更添亮麗質感，具適量醬汁。常見燒的烹調法有紅燒、白（黃）燒、軟燒、蔥燒、糟燒、乾燒（含川菜的調味法）。

15. 紅燒：將煎或炸（熱油過油）過的食材，以適量的醬汁煮至汁收、味入、色上、濃香而口感柔韌的烹調法。為增黏濃質感，行業中常見起鍋前以勾芡完成之，更添亮麗質感，具適量醬汁。主要的調味料是醬油及糖，伴隨的可加具有紅色系的調味料，更增色澤。

16. 軟燒：將燙或蒸或煮過的食材，或將食材直接拌炒過，以適量的醬汁煮至汁收、味入、色上、濃香而口感柔韌的烹調法。為增黏濃質感，行業中常見起鍋前以勾芡完成之，更添亮麗質感，具適量醬汁。家常作法的紅燒，也常用軟燒法，取其少用油的優點，其中若有經燙或蒸或煮過的前處理，或將食材直接拌炒過，再進行燒的動作，即是不錯的軟燒法，如開陽白菜、鮑菇燒白菜即是。
17. 烹：將食材經熱油煎或炸（過油）至金黃上色而外酥脆內軟嫩，倒出油入醬料拌合食材大火速收醬汁即起的烹調法，成品得到濃香酥嫩的效果。可分類為掛糊的炸烹，不掛糊的清烹，急速快炒生蔬的炒烹。
18. 扒：食材經煎、過油、蒸、燙、煮、前處理或洗淨後，整齊的排列於鍋內，賦予適量的醬汁，加熱至熟稔，施予濃稠適宜的芡汁，整齊成型，通常味濃質爛，汁液淳濃，亦為半流動狀態（或稍稀）的醬汁，期間可以翻鍋後繼續烹調，烹調結束時將菜餚平移滑至平盤上，最後將菜餚稍做整型，這整個過程是為扒菜。扒菜的意義不大，因為其外觀就是燒、燴菜，而客人又看不到扒的過程，只看到整齊排列的特色，因此強調溫度高又排列整齊就是扒的特色。在考試而言，這溫度高的特色並不具備。

（二）食材處理手法釋義

1. 醃漬：食材之預先入味。尺寸較粗之食材，快速烹調完成後，菜餚之調味較難透入食材內而覺得咀嚼較無味道，故將食材預先調味，置放些時以入味，再作後續處理。
2. 上漿：食材以適量蛋白及太白粉或單獨使用太白粉拌合，以求加熱後外觀透明、口感滑順，並得保持材料之柔嫩，防止並延緩直接受熱之質地快速硬化。
3. 拍粉：也稱沾粉，將待炸食材潤濕後，沾上乾粉（麵粉、澱粉或其他粉料或其混合物）的操作。
4. 掛糊：將有助於炸食外層呈現酥黃香脆或酥軟特質的材料（例如蛋、麵粉、澱粉、糯米粉、黃豆粉、發粉、油脂、醋等）加上適量的水分，形成足以裹住食材的裹衣，亦稱「著衣」。
5. 過油：用油來作食材熟化處理有兩大分類：一類是過油，屬於烹調的前處理，即處理後還有後續烹調，因食材屬性與烹調目的而有低油溫過油、中油溫過油與高油溫過油，中、低油溫的過油亦有稱為拉油、滑油；高油溫過油一般通俗的講法即被稱為炸，因其處理過後的半成品與烹調法的炸所處理過後的成品，外觀與質地是相同的；一類是油炸，屬於烹調法，即處理後馬上出菜供人享用，炸亦有低油溫油炸、中油溫油炸與高油溫油炸，端看食材屬性與烹調目的而決定油溫。

6. 汆燙：狹義的汆燙是以沸水作食材熟化的前處理。廣義的汆燙是以水加熱（水鍋或焯水）處理食材以備後續烹調使用。

7. 改刀：加熱處理後，個體較大，不符合烹調目的需求時，所施予的切割處理，以適合該烹調作業的刀工需求的操作。

8. 脫生：加熱處理後，除去食物原有的不良氣味且已達到或越過成熟的臨界點。

9. 爆香：強化菜餚風味的處理手法，為使菜餚成品更具香氣與良好風味，以香辛料在烹調用的鍋內做慢火熬煸的加熱處理，使香辛料的成分萃取出來，融入菜餚中的操作，爆香後的香料可依烹調需求，留下或撈棄。

10. 勾芡：為增菜餚的濃度，以各種澱粉（勾芡用即稱太白粉）加水拌勻，分散淋入菜餚中拌勻加熱糊化，益增其濃稠度。

    烹調後芡汁分類：

    (1) 包芡：最濃的烹調後調味芡汁。與食材拌合即起，芡汁皆裹在食材表面而不留芡汁於盤底。

    (2) 滑溜芡：介於包芡與琉璃芡之間的濃度，或可形容為半流動狀態而稍濃的芡汁，裝盤時只有少許芡汁附著環繞在菜餚與盤底接觸的一小圈，並不流出太多，濃度可依烹調者的目的需求而定。

    (3) 羹芡：可為半流動狀態的湯芡汁，濃度可介於滑溜芡與燴芡之間，端看烹調者的目的需求而定，只是做成羹菜，汁量較燴菜多（詳看羹的烹調法）。

    (4) 琉璃芡：半流動狀態的芡汁，芡汁淋到食材上具有亮麗且似慢慢流下的觀感，到餐桌上剛好流到盤底，濃度可依烹調者的目的需求而定。

    (5) 燴芡：湯汁呈現半流動狀態而稍稀的芡汁，濃度可因烹調者目的需求而增減，作品外觀通常是菜餚周邊環繞一圈燴汁。

    薄芡、水晶芡、米湯芡、玻璃芡、流芡（以上諸名詞皆可為同一濃度）：是最薄的芡汁，濃度似米湯的濃度，因烹調目的需求，濃度略可增減。

11. 整形，意指將菜餚盤面理至齊清爽不凌亂之另外也是烹調手法的整形，意指將菜餚盤面理至齊清爽不凌亂之另外也是烹調手法的手工菜製作。

附錄5 術科測試抽籤暨領用卡單簽名表

中餐烹調丙級技術士技能檢定術科測試抽籤暨領用卡單簽名表						301 □	
材料清點卡、測試過程刀工作品規格卡、測試過程烹調指引卡						302 □	
准考證編號	術科測試爐檯崗位	測試題組	應檢人簽名（每一位）	抽題者簽名（編號最小者）	監評長簽名	場地代表簽名	備註
	1						
	2						
	3						
	4						
	5						
	6						
	7						
	8						
	9						
	10						
	11						
	12						
場次	上午□　下午□			日期	年　月　日		

1. 請術科測試編號最小者之應檢人，將所抽得題組之號碼，填入其術科測試編號列之測試題組欄內，並完成簽名手續。
2. 次由工作人員在抽題者之測試題組欄以下，依序填入每位應檢人對應之題組號碼，並再三核對。
3. 再請其他應檢人核對其測試題組，核對無誤後，完成每一位應檢人簽名手續。
4. 於簽名同時依序完成並確認三卡之核發。

PART D

術科試題組合菜單

Chinese Vegetarian Foods Cooking

題組			
301-1 題組	 榨菜炒筍絲 p.115	 麒麟豆腐片 p.117	 三絲淋素蛋餃 p.119
301-2 題組	 紅燒烤麩塊 p.122	 炸蔬菜山藥條 p.124	 蘿蔔三絲捲 p.126
301-3 題組	 乾煸杏鮑菇 p.129	 酸辣筍絲羹 p.131	 三色煎蛋 p.133
301-4 題組	 素燴杏菇捲 p.136	 燜燒辣味茄條 p.138	 炸海苔芋絲 p.140
301-5 題組	 鹽酥香菇塊 p.143	 銀芽炒雙絲 p.145	 茄汁豆包捲 p.147
301-6 題組	 三珍鑲冬瓜 p.150	 炒竹筍梳片 p.152	 炸素菜春捲 p.154

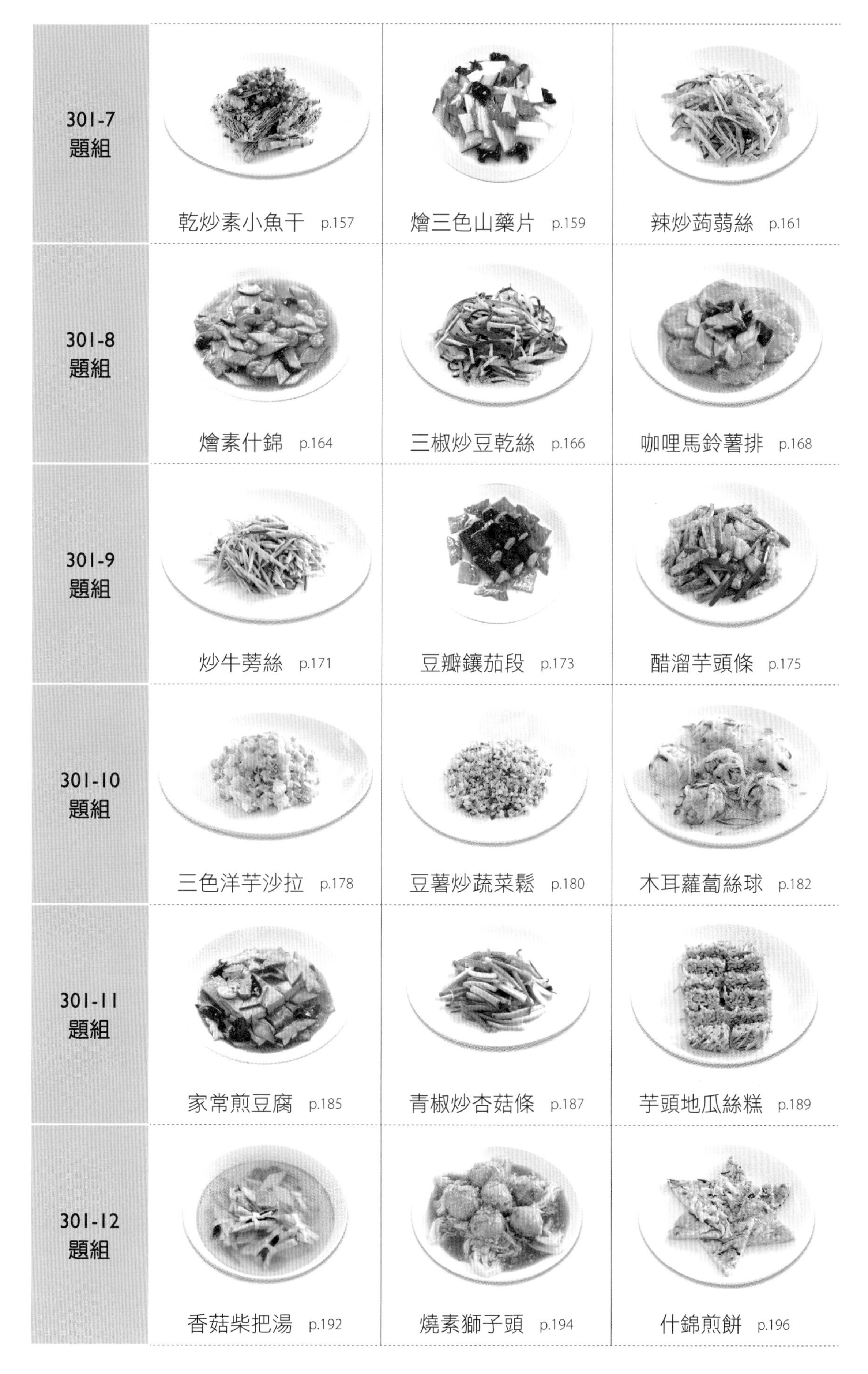
301-7
題組
乾炒素小魚干 p.157
燴三色山藥片 p.159
辣炒蒟蒻絲 p.161
301-8
題組
燴素什錦 p.164
三椒炒豆乾絲 p.166
咖哩馬鈴薯排 p.168
301-9
題組
炒牛蒡絲 p.171
豆瓣鑲茄段 p.173
醋溜芋頭條 p.175
301-10
題組
三色洋芋沙拉 p.178
豆薯炒蔬菜鬆 p.180
木耳蘿蔔絲球 p.182
301-11
題組
家常煎豆腐 p.185
青椒炒杏菇條 p.187
芋頭地瓜絲糕 p.189
301-12
題組
香菇柴把湯 p.192
燒素獅子頭 p.194
什錦煎餅 p.196

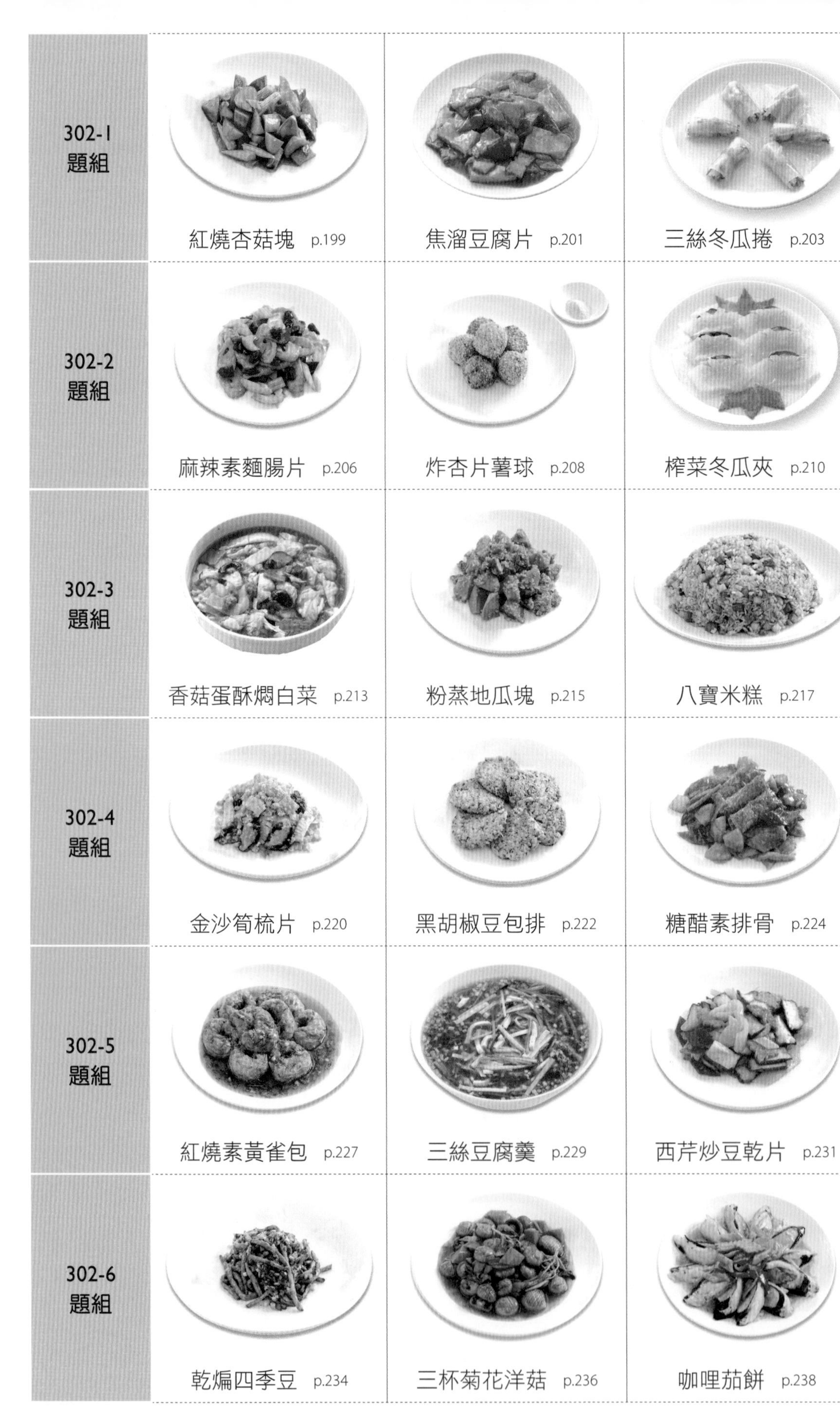

題組			
302-1 題組	紅燒杏菇塊 p.199	焦溜豆腐片 p.201	三絲冬瓜捲 p.203
302-2 題組	麻辣素麵腸片 p.206	炸杏片薯球 p.208	榨菜冬瓜夾 p.210
302-3 題組	香菇蛋酥燜白菜 p.213	粉蒸地瓜塊 p.215	八寶米糕 p.217
302-4 題組	金沙筍梳片 p.220	黑胡椒豆包排 p.222	糖醋素排骨 p.224
302-5 題組	紅燒素黃雀包 p.227	三絲豆腐羹 p.229	西芹炒豆乾片 p.231
302-6 題組	乾煸四季豆 p.234	三杯菊花洋菇 p.236	咖哩茄餅 p.238

302-7
題組
烤麩麻油飯 p.241
什錦高麗菜捲 p.243
脆鱔香菇條 p.245
302-8
題組
茄汁燒芋頭丸 p.248
素魚香茄段 p.250
黃豆醬滷苦瓜 p.252
302-9
題組
梅粉地瓜條 p.255
什錦鑲豆腐 p.257
香菇炒馬鈴薯片 p.259
302-10
題組
三絲淋蒸蛋 p.262
三色鮑菇捲 p.264
椒鹽牛蒡片 p.266
302-11
題組
五絲豆包素魚 p.269
乾燒金菇柴把 p.271
竹筍香菇湯 p.273
302-12
題組
沙茶香菇腰花 p.276
麵包地瓜餅 p.278
五彩拌西芹 p.280

301-1組

1. 榨菜炒筍絲　　**2. 麒麟豆腐片**　　**3. 三絲淋素蛋餃**

材料明細

1. 乾香菇5朵→3朵切片、2朵切末
2. 乾木耳1大片→切絲
3. 榨菜200克/1顆→切絲
4. 生豆包1塊→切粒
5. 板豆腐400克/3塊→1塊切4片
6. 桶筍100克→一半切絲、一半切粒
7. 青椒60克→切絲
8. 紅辣椒1條→切絲、切圓片
9. 小黃瓜1條→切絲、切圓片盤飾
10. 大黃瓜1截→切半圓盤飾
11. 芹菜80克→切末
12. 紅蘿蔔300克→切水花片、切絲
13. 中薑100克→切絲、切水花片、切末
14. 雞蛋4顆→煎蛋皮

受評刀工（公分）

1. 中薑水花（6片以上）
   長2~3，寬1~2，厚0.2~0.4
2. 木耳絲（20克以上）
   寬0.2~0.4，長4~6
3. 香菇末（20克以上）
   直徑0.3以下

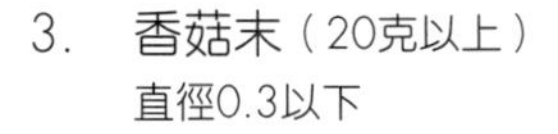

4. 榨菜絲（150克以上）
   寬、高0.2~0.4，長4~6

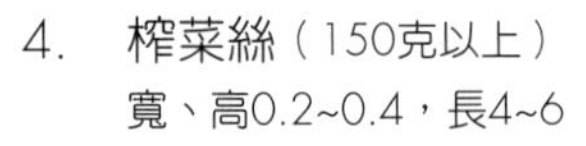

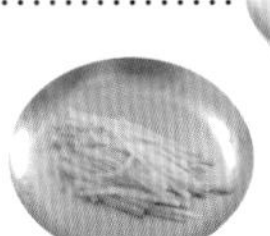

5. 豆腐片（12片）
   長4~6，寬2~4，
   厚0.8~1.5

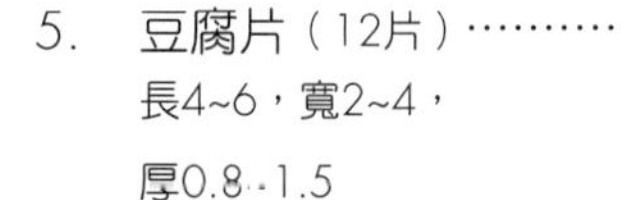

6. 筍絲（60克以上）
   寬、高0.2~0.4，長4~6
7. 青椒絲（40克以上）
   寬、高0.2~0.4，長4~6

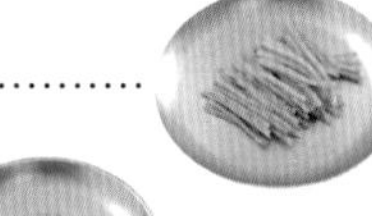

8. 紅蘿蔔絲（25克以上）
   寬、高0.2~0.4，長4~6

9. 中薑絲（10克以上）
   寬、高0.3以下，長4~6

指定水花（3選1）

1 BEST!

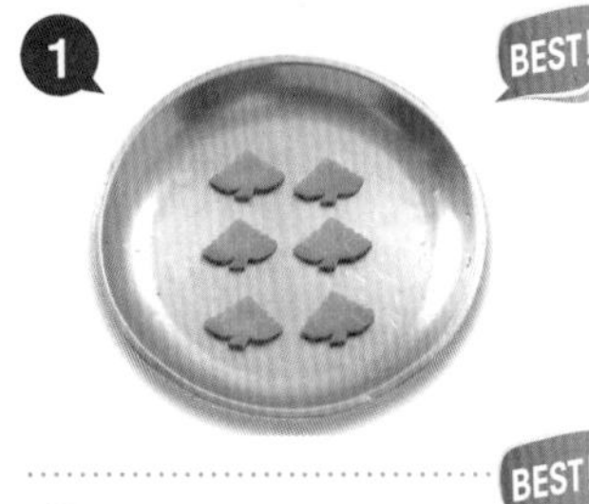

2

3

指定盤飾（3選2）

1 BEST!

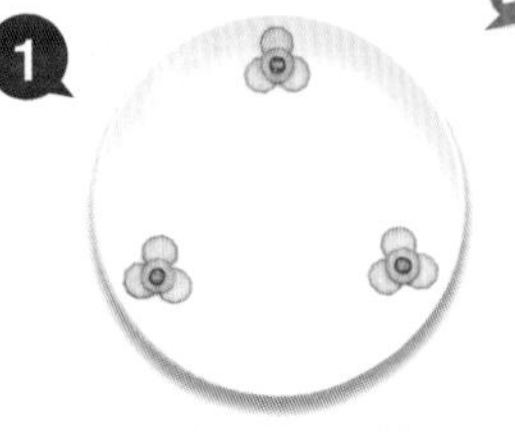

(1) 小黃瓜、紅辣椒

2 BEST!

(2) 大黃瓜、小黃瓜、紅辣椒

3 BEST!

(3) 大黃瓜

301-1 組 1　榨菜炒筍絲

材　料　榨菜200克、桶筍60克、青椒40克、紅辣椒1條、中薑10克

調味料　沙拉油2大匙、砂糖1茶匙、米酒1大匙、香油1茶匙、水1/4杯

製作過程　炒

1. 取榨菜，將外圍凹凸的表皮以片刀切除頭尾，再切除四邊不規則狀的表皮後，切割 0.4 公分以內片狀，兩片合在一起切絲、切完。
2. 分別以片刀，將青椒、紅辣椒、桶筍、中薑切絲。
3. 取鍋子加入清水，待沸，放入榨菜絲燙煮 5 分鐘後，撈出。
4. 另取鍋子加入清水，待沸，放入桶筍絲燙煮 3 分鐘，去除酸味。
5. 取鍋子加入沙拉油，放入薑絲爆香後，將所有調味料及所有材料放入混合炒熟，以漏勺撈出濾乾水分，盛盤即成。

重點步驟

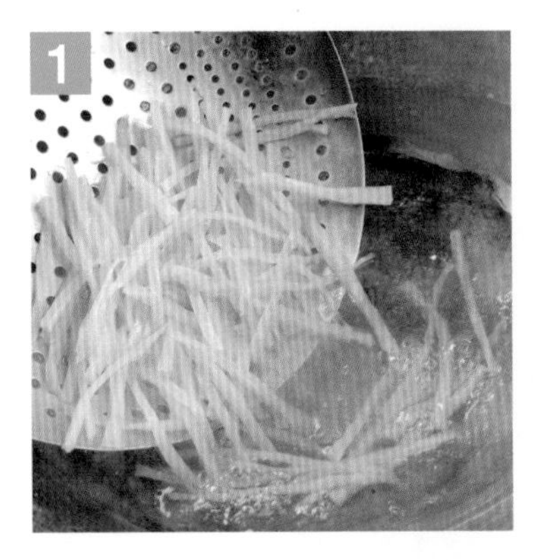

取鍋子加入清水，待沸，將榨菜絲放入，燙煮 5 分鐘。

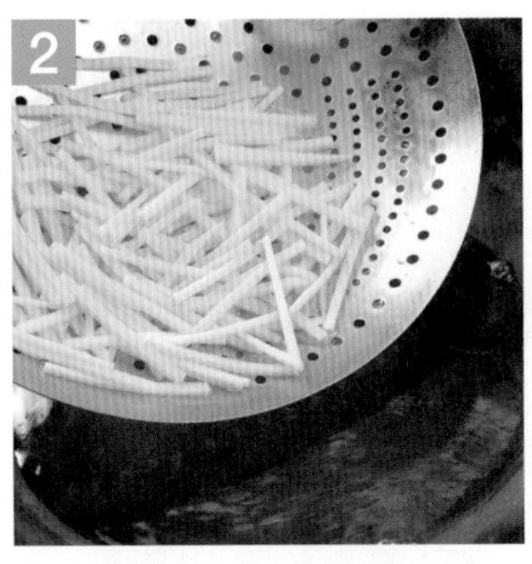

以中大火將榨菜絲燙煮 5 分鐘，去除鹹味後撈出。

另取鍋子加入清水，待沸，放入桶筍絲，燙煮 3 分鐘，去除酸味後撈出。

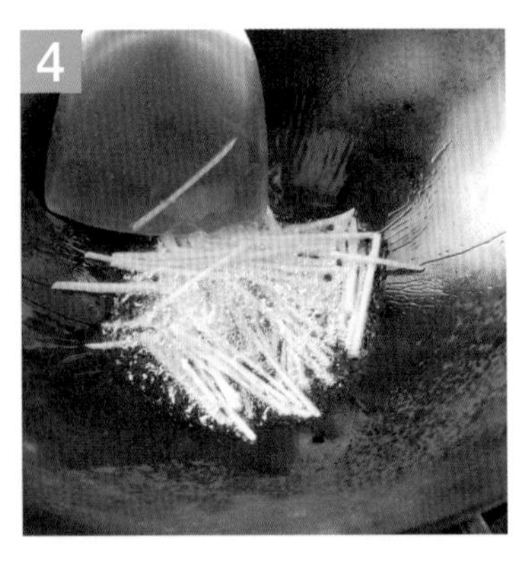

另取鍋子加入沙拉油，以中小火爆香中薑絲。

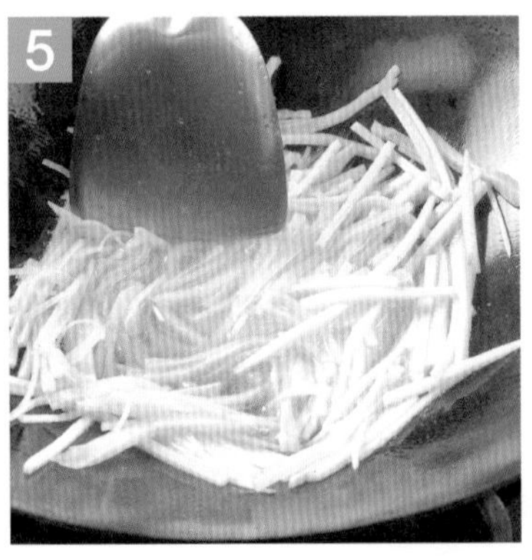

將中薑絲爆香後，加入榨菜絲、桶筍及調味料。

以中大火將榨菜、桶筍略炒後，加入青椒、紅辣椒，拌炒至熟即成。

注意事項

1. 切割榨菜外圍的凹凸表皮時，要完全切除，避免切絲有長有短。
2. 榨菜切絲後，需以開水燙煮約 5 分鐘，以去除鹹味，評分標準中，過鹹也會扣分。
3. 桶筍絲也要以開水燙煮約 3 分鐘，去除鹹味及酸味。
4. 起鍋之前再將青椒絲、紅辣椒絲放入炒熟即可，避免太早放入而過熱變黃。
5. 盤飾可排可不排，若要排入，需燙熟，有加分的效果。

301-1 組 2　麒麟豆腐片

※ 薑水花片、紅蘿蔔水花片亦可各切割一式 6 片互疊排盤

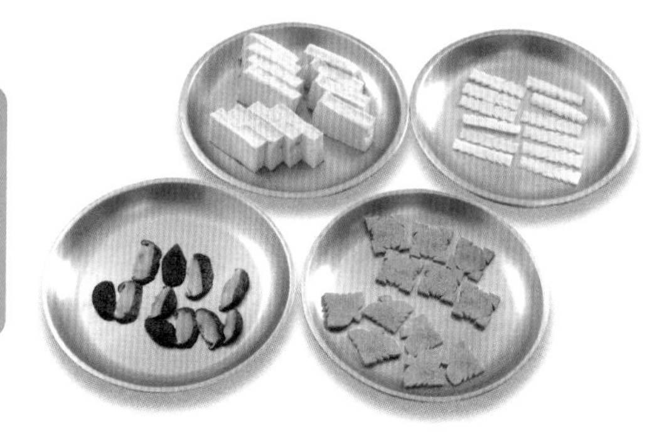

材　料　乾香菇3朵、板豆腐3塊、紅蘿蔔水花片1式、中薑水花片1式

調味料　水1杯、鹽1/2茶匙、砂糖1茶匙、香油1大匙

芡　汁　太白粉1茶匙、水2茶匙

製作過程　蒸

1. 鍋中放入乾香菇，加水淹過香菇，開火燙熟、撈出過冷後，去蒂斜切薄片，1 朵切 4 片。
2. 中薑切長塊再切水花薄片，另取鍋子加入油炸油，分別將香菇、薑片炸香後撈出。
3. 取板豆腐 1 塊，切成四長方片備用。
4. 分別將豆腐、香菇、薑片、紅蘿蔔水花片互疊整齊、排入盤內成骨排狀，再入蒸籠以中大火蒸 8 分鐘。
5. 將蒸熟的麒麟豆腐取出，另取鍋子加入調味料，待沸，以太白粉水勾芡，淋上豆腐即成。

重點步驟

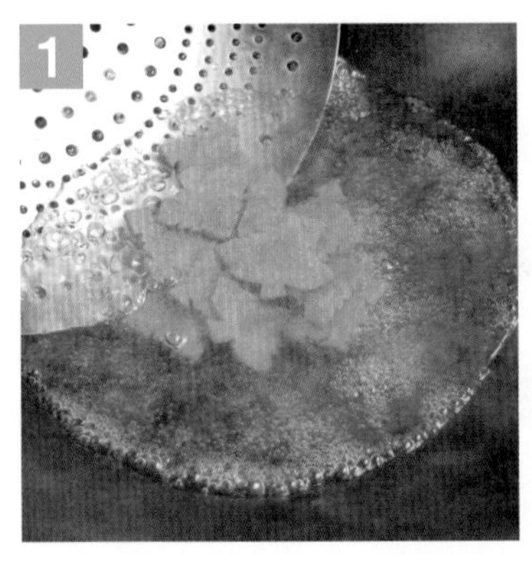

取鍋子加入 2 杯水，待沸，放入紅蘿蔔水花片，略燙半熟撈出。

將斜切片的乾香菇片以紙巾擦乾水分，待炸。

取鍋子，加入 1/4 鍋油炸油，待油溫 180 度，放入薑片及香菇片。

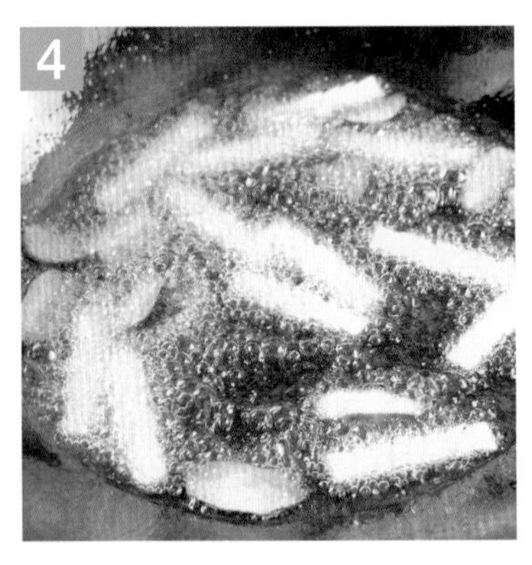

以中小火，將香菇、薑片炸至金黃色撈出。

分別將紅蘿蔔、香菇、薑片、豆腐，互疊排列於盤內成兩排，入蒸籠鍋，以中大火蒸 8 分鐘。

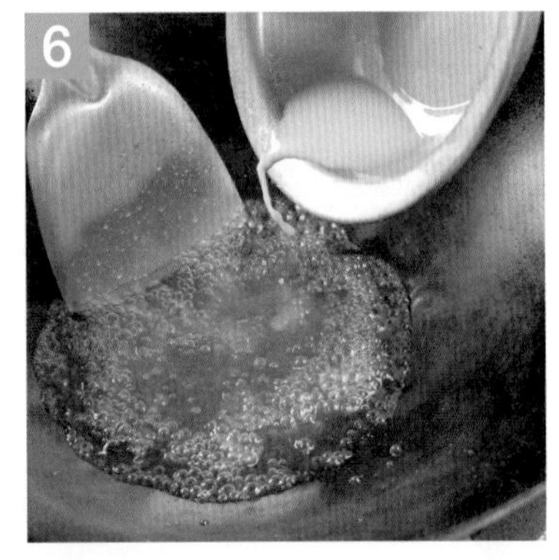

取鍋子，加入所有調味料，待沸，改中小火以太白粉水勾薄芡，淋上豆腐片即成。

注意事項

1. 切割豆腐片，需以推拉切方式切割，避免直接壓切而破裂。
2. 香菇以紙巾擦乾後，可較快炸成金黃。
3. 規定的所有材料都一定要夾入，不得短少。
4. 盤飾可排可不排，若要排入菜餚，需燙熟，有加分的效果。
5. 調製芡汁時，以中小火慢慢勾芡，避免太黏稠而影響觀感。

三絲淋素蛋餃

絲、末

材　料　乾香菇2朵、乾木耳1大片、生豆包1塊、桶筍40克、小黃瓜1/2條、芹菜40克、中薑10克、紅蘿蔔25克、雞蛋4顆

調味料　水1杯、鹽1/2茶匙、砂糖1茶匙、香油1大匙

芡　汁　太白粉1茶匙、水2茶匙

製作過程　淋、溜

1. 香菇燙軟、去蒂切末，生豆包、中薑、芹菜一律切末，鍋中加入 1 大匙沙拉油，將上述材料略炒混合成餡料。
2. 乾木耳、桶筍、紅蘿蔔、小黃瓜一律切絲備用。
3. 將雞蛋以三段式打蛋法打出，另取鐵碗，加入 1 大匙太白粉及 1 大匙水，溶解後倒入蛋液打散，再分成 6 碗。
4. 取鍋子，燒鍋 1 分鐘、回溫 20 秒後，以紙巾沾油擦拭鍋子，小火將蛋液煎成蛋皮，包入步驟 1. 的切末餡料，入蒸籠蒸 6 分鐘。
5. 另取鍋子，加入調味料、放入三絲，待沸，以太白粉水勾薄芡，淋上蛋餃即成。

重點步驟

取鍋子，加入1大匙沙拉油，以中小火混合炒香豆包、芹菜、香菇末成餡料。

將雞蛋以三段式打蛋法打出，取鐵碗，加入1大匙太白粉及1大匙水溶解後，倒入蛋液以生食筷子打均勻。

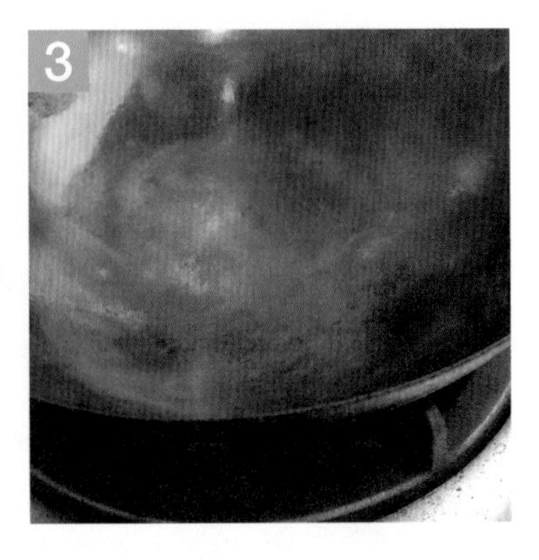

取鍋子，以中大火燒鍋1分鐘、回溫20秒，準備煎蛋皮。

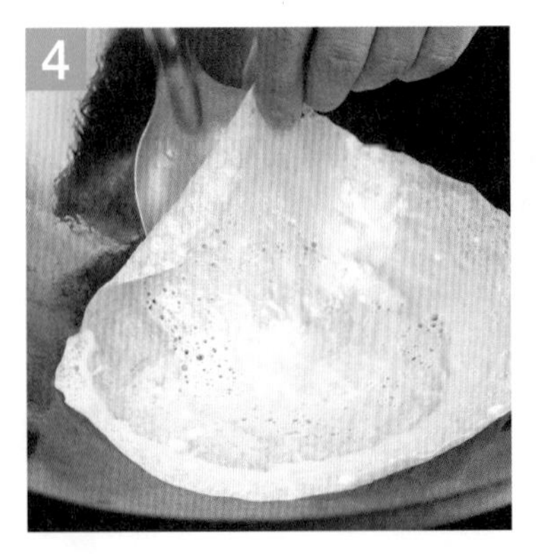

取紙巾，沾上沙拉油擦拭鍋子，將蛋液分成6等分，以小火煎成蛋皮。

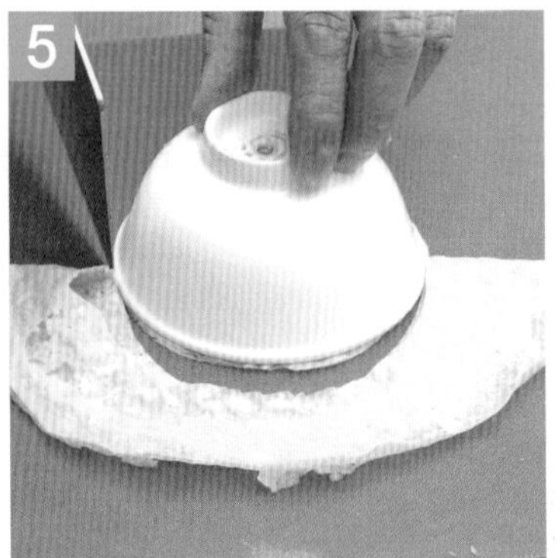

將蛋皮煎好後，加入餡料、對折，以瓷湯碗蓋住蛋餃一半，再以刀子切割，共製作6片，排列於盤內蒸6分鐘後取出。

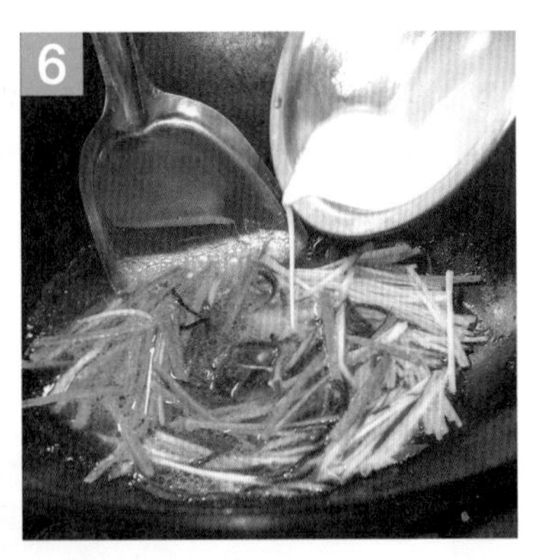

取鍋子，加入調味料及三絲料，待沸煮熟，以太白粉水勾芡，淋在蛋餃上即成。

注意事項

1. 煎蛋皮前加入太白粉水，蛋皮比較好煎，不容易煎破。
2. 每煎一片蛋皮，需再混合蛋液，因為太白粉會沉澱。
3. 每煎一片蛋皮，需以紙巾擦一次油，避免蛋液黏鍋。
4. 製作蛋餃，蛋皮較不漂亮的一面朝上，包在內面，觀感較佳。
5. 最後的三絲芡汁，勾芡勿太濃稠以免結塊，而影響美感。

1. 紅燒烤麩塊

2.炸蔬菜山藥條

3. 蘿蔔三絲捲

材料明細

1. 乾香菇3朵→切片
2. 乾木耳1大片→切絲
3. 五香大豆乾1塊→切絲
4. 烤麩180克→切4塊
5. 桶筍120克→切滾刀塊
6. 紅甜椒70克→切末
7. 紅辣椒1條→切圓片盤飾
8. 小黃瓜2條→切滾刀塊、切盤飾
9. 大黃瓜1截→切盤飾
10. 青江菜60克→去頭切末
11. 芹菜120克→去葉備用
12. 紅蘿蔔300克→切水花片、切滾刀塊、切絲
13. 中薑80克→切片、切末、切絲
14. 白山藥300克→切條
15. 白蘿蔔500克→切長四方薄片6片

受評刀工（公分）

1. 木耳絲（20克以上）……………… 寬0.2~0.4，長4~6
2. 紅甜椒末（50克以上） 直徑0.3以下

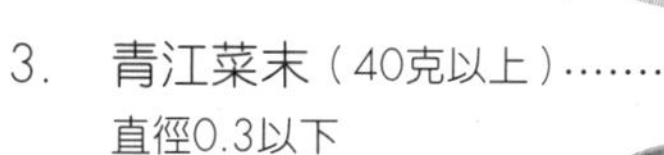

3. 青江菜末（40克以上）……………… 直徑0.3以下

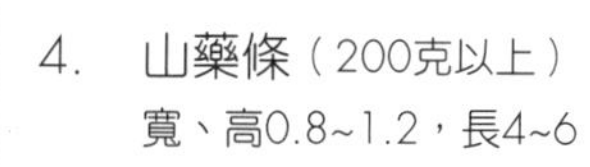

4. 山藥條（200克以上） 寬、高0.8~1.2，長4~6

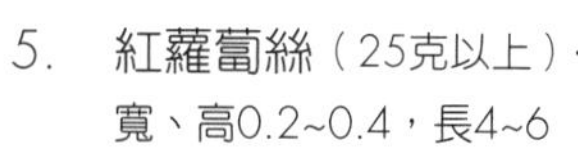

5. 紅蘿蔔絲（25克以上）……………… 寬、高0.2~0.4，長4~6

6. 白蘿蔔薄片（6片）…… 長12以上，寬4以下，厚0.3以上

7. 中薑絲（10克以上）……………… 寬、高0.3，長4~6

8. 中薑末（10克以上）… 直徑0.3以下

指定水花（3選1）

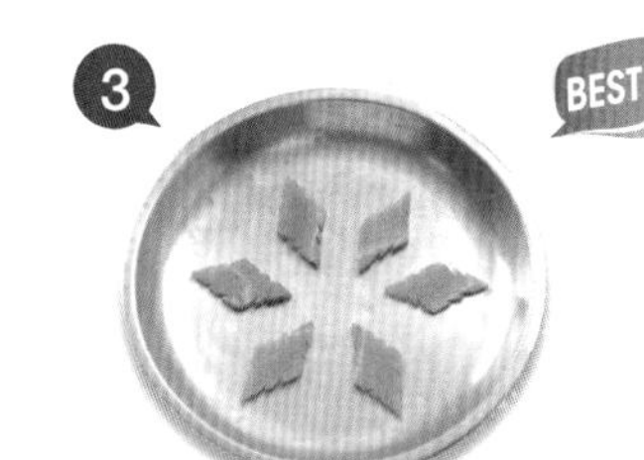

指定盤飾（3選2）

(1) 小黃瓜

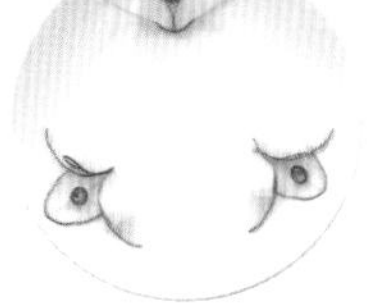

(2) 大黃瓜、紅辣椒

(3) 大黃瓜、小黃瓜、紅辣椒

301-2 組 1　紅燒烤麩塊

塊

材　料　乾香菇3朵、烤麩180克、桶筍100克、小黃瓜1條、紅蘿蔔80克、中薑20克

調味料　沙拉油1大匙、水1/2杯、醬油3大匙、砂糖2茶匙、白胡椒粉1/4茶匙、香油1大匙

芡　汁　太白粉1茶匙、水2茶匙

製作過程　紅燒

1. 將每顆烤麩 1 切 4，乾香菇燙熟去蒂切斜片，紅蘿蔔、桶筍切塊，中薑切片，小黃瓜切滾刀塊，備用。
2. 取鍋子，加入油炸油 1/4 鍋，待油溫 180 度，分別將烤麩、香菇、紅蘿蔔、桶筍炸成金黃色後撈出。
3. 取鍋子加入沙拉油，爆香中薑片後，將所有炸成金黃色的材料與調味料混合烹煮。
4. 將所有材料混合烹煮約 3 分鐘後，加入小黃瓜塊續煮。
5. 待小黃瓜塊煮熟後，以太白粉水勾芡，待醬汁收汁入味，即可盛盤。

重點步驟

取鍋子，加入 1/4 鍋油炸油，待油溫 180 度，分別將紅蘿蔔、香菇、竹筍炸至金黃後撈出。

續以 180 度油溫、中大火，將烤麩炸至金黃酥脆後撈出，濾乾油分。

取鍋子加入沙拉油，爆香中薑片後，放入所有材料及調味料燒煮。

將所有調味料及材料混合燒煮 3 分鐘。

將烤麩以中小火燒煮 3 分鐘後，加入小黃瓜塊，繼續燒煮至熟。

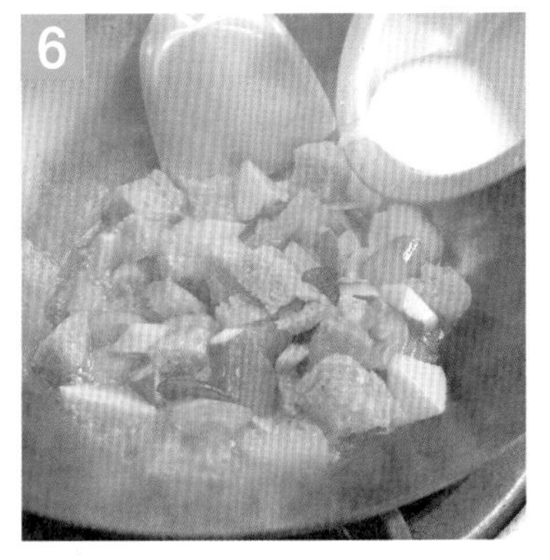

將小黃瓜燒煮熟透後，以太白粉水微勾薄芡，煮至收汁、入味即成。

注意事項

1. 切割滾刀塊勿太大塊，以一口大小為主。
2. 以中薑爆香，火勿太大，容易燒焦。
3. 燒煮烤麩需燒透入味，醬汁需略收避免太多。
4. 需先配菜後再烹煮，規定的所有材料不可以少放或短少。
5. 最後加入太白粉水勾芡時，勿太黏稠而影響觀感。

301-2 組 2　炸蔬菜山藥條

條、末

材　料　紅甜椒50克、青江菜40克、中薑10克、白山藥200克

麵糊料　中筋麵粉2/3杯、太白粉1/3杯、泡打粉1茶匙、水1/2杯、沙拉油1大匙

調味料　鹽1/2匙、砂糖1匙、白胡椒粉1/2匙

製作過程　酥炸

1. 山藥去皮切條，紅甜椒切末，青江菜切除頭部後以片刀切末，中薑切末。
2. 取一容器將麵糊混合後，再加入紅甜椒末、青江菜末、薑末拌勻，醒 10 分鐘備用。
3. 取一瓷湯碗，將調味料混合成胡椒鹽，裝入小碟子內。
4. 取鍋子，加入 1/3 鍋油炸油，待油溫 180 度，將山藥條沾上麵糊，一條、一條放入鍋內酥炸。
5. 將一條、一條放入的山藥條以中大火炸 3 分鐘，炸熟、炸酥後，撈出即成。

重點步驟

取容器，加入麵糊料混合成麵糊後，加入青江菜末及紅甜椒末。

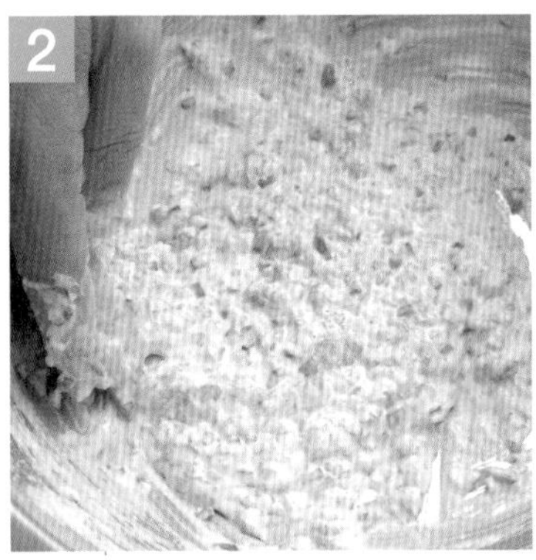

將青江菜末及紅甜椒末混合麵糊後，加入 1 大匙沙拉油，醒 10 分鐘。

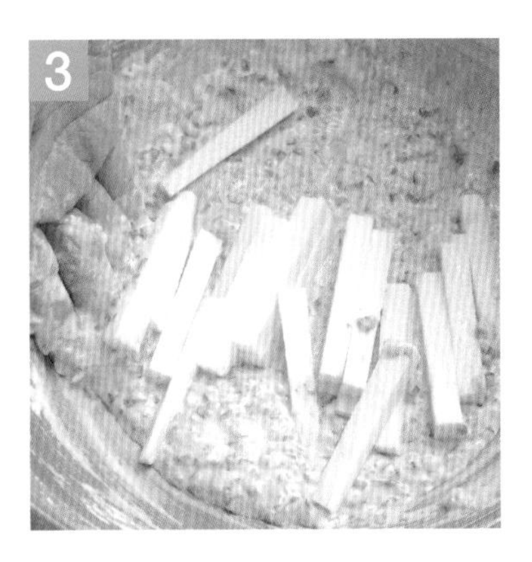

待麵糊醒 10 分鐘後，加入山藥條混合拌勻。

取鍋子，加入 1/3 鍋油炸油，待油溫 180 度，改小火，將山藥條沾麵糊，快速的一條、一條放入酥炸。

待所有山藥條都放入後，改中大火炸約 3 分鐘至熟後，撈出排盤。

取一瓷湯碗加入調味料，混合拌勻成胡椒鹽，再裝入小碟子內，放置菜餚旁邊即成。

注意事項

1. 麵糊調均勻後，需醒 10 分鐘，山藥條沾麵糊炸，才會膨鬆酥脆。
2. 山藥條需沾上蔬菜麵糊酥炸，麵糊需事先加入青江菜末及紅甜椒末。
3. 酥炸山藥條，可先撈出一條檢查，確定是否炸熟，避免夾生。
4. 需將山藥條炸至金黃酥脆，不可炸至過黑、炸焦。
5. 調製胡椒鹽，需以瓷湯碗調製，不可以生食鐵碗調製。

301-2 組 3　蘿蔔三絲捲

片、絲

材　料　乾木耳1大片、五香大豆乾1塊、芹菜100克、紅蘿蔔25克、紅蘿蔔水花片2式、中薑10克、白蘿蔔500克

調味料　水1杯、鹽1/2茶匙、砂糖1茶匙、香油1大匙

芡　汁　太白粉1茶匙、水2茶匙

製作過程　蒸

1. 白蘿蔔去皮，以片刀切割四邊圓弧成長四方塊，再橫切薄片 0.2~0.4 公分共切 6 片。
2. 分別將大豆乾、紅蘿蔔、乾木耳（需燙熟）全部切絲。
3. 中薑去皮切絲，芹菜去葉備用。
4. 取鍋子，加入 3 杯水，待沸，放入白蘿蔔片略燙 10 秒至軟，撈出後放入三絲（大豆乾、紅蘿蔔、木耳）略燙熟後撈出；分別取適量的三絲，以白蘿蔔片包捲，放入盤內，旁邊排放紅蘿蔔水花片各 3 片，入蒸籠蒸 8 分鐘後取出。
5. 取鍋子，加入所有調味料，待沸，以太白粉水勾薄芡，淋在三絲捲上即成。

重點步驟

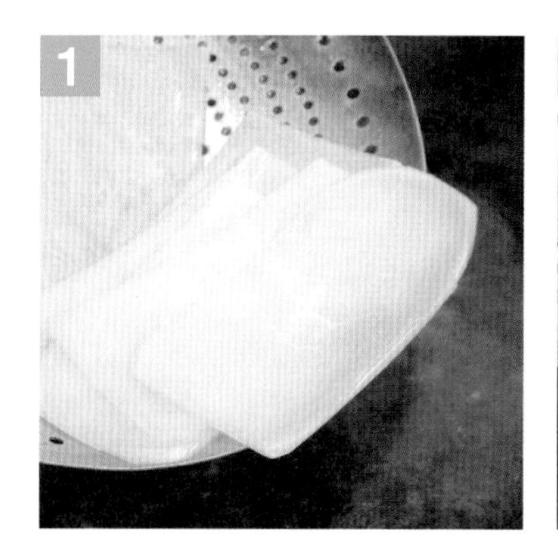

取鍋子加入 3 杯水，待沸，放入白蘿蔔片燙約 1 分鐘後撈出。

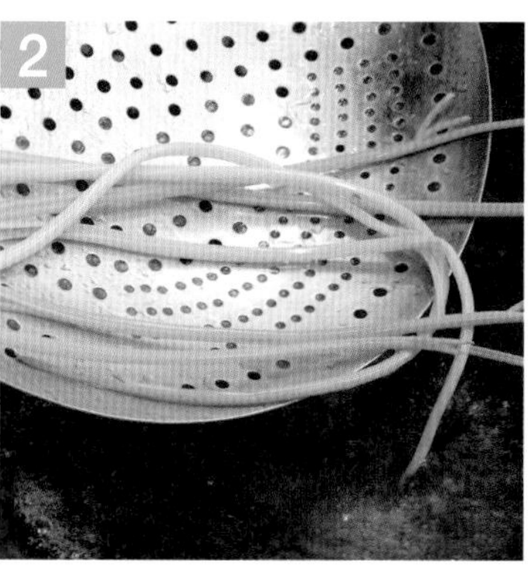

將芹菜整條去葉，以開水燙熟，撈出過冷。

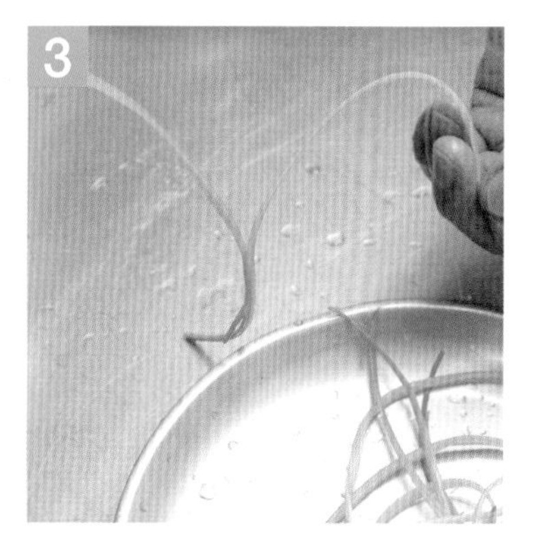

將芹菜燙熟過冷後，以手將每支芹菜撕開成細絲狀。

將燙軟的白蘿蔔片攤平在砧板上，排入燙熟的三絲。

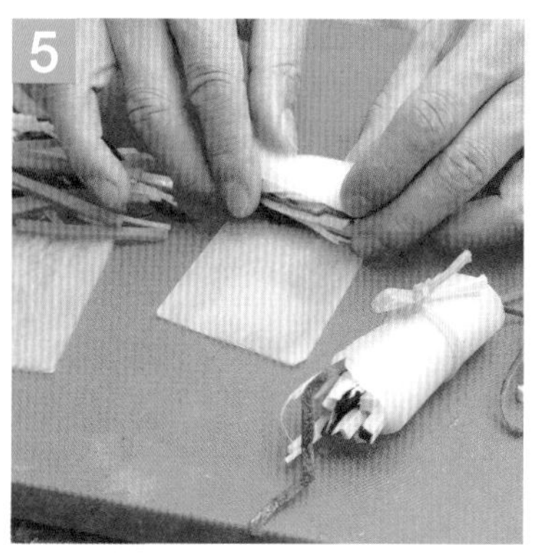

將三絲均勻的放在白蘿蔔片上包捲起來，再以芹菜綑綁。

將 6 捲三絲捲以芹菜綑綁後，再以片刀將過長的三絲切除，放入盤內蒸 5 分鐘至熟。

注意事項

1. 白蘿蔔以開水燙煮熟透、軟化後，比較好包入三絲。
2. 燙熟的台灣芹菜，需用手將每支芹菜撕成 3~4 條細絲狀。
3. 排入的三絲料需平均，避免包捲後有大有小，影響觀感。
4. 捲好後的三絲捲以芹菜綑綁，勿太用力而斷掉。
5. 所有規定的材料都一定要放入，包含紅蘿蔔水花片，材料不可短少。

301-3組

1. 乾煸杏鮑菇

2. 酸辣筍絲羹

3. 三色煎蛋

材料明細

1. 乾木耳1大片→切絲
2. 冬菜5克→切末
3. 板豆腐100克→切絲
4. 桶筍120克以上→切絲
5. 玉米筍2支→切小丁
6. 杏鮑菇100克以上/2支→切片
7. 紅辣椒2條→切末、切盤飾
8. 小黃瓜2條→切絲、切盤飾
9. 大黃瓜1截→切盤飾
10. 四季豆2支→切小丁
11. 芹菜90克→切粒
12. 紅蘿蔔300克→切水花片、切絲、切指甲片
13. 中薑70克→切末、切絲
14. 雞蛋5顆

受評刀工（公分）

1. 木耳絲（20克以上）
   寬0.2~0.4，長4~6
2. 冬菜末（5克以上）
   直徑0.3以下
3. 豆腐絲（80克以上）
   寬、高0.2~0.4，長4~6
4. 筍絲（100克以上）
   寬、高0.2~0.4，長4~6

5. 杏鮑菇片（180克以上）
   寬2~4、高0.4~0.6，長4~6

6. 小黃瓜絲（30克以上）
   寬、高0.2~0.4，長4~6

7. 中薑末（10克以上）
   直徑0.3以下
8. 紅蘿蔔絲（30克以上）
   寬、高0.2~0.4，長4~6

9. 紅蘿蔔指甲片（15克以上）
   長、寬1~1.5，高0.3

指定水花（3選1）

指定盤飾（3選2）

(1) 小黃瓜

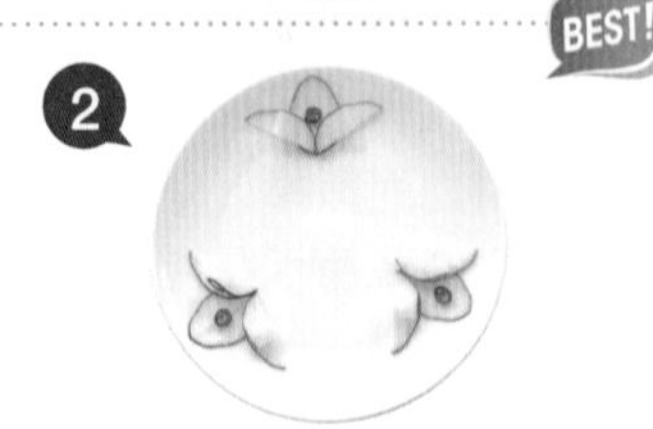

(2) 大黃瓜、紅辣椒

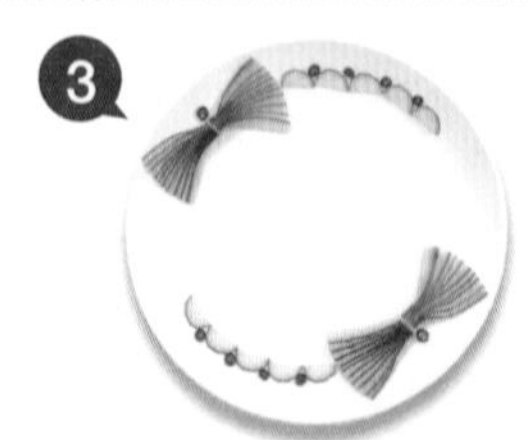

(3) 小黃瓜、大黃瓜、紅辣椒

301-3 組 1　乾煸杏鮑菇

片、末

材　料　冬菜5克、杏鮑菇180克、紅辣椒1條、芹菜40克、紅蘿蔔水花2式、中薑10克

調味料　沙拉油2大匙、醬油2大匙、砂糖1茶匙、米酒2大匙、香油1大匙

製作過程　　煸

1. 將杏鮑菇切割成長 4~6 公分，寬 2~4 公分、高 0.4~0.6 公分的條狀。
2. 中薑切末，芹菜去葉切蔥花狀，紅辣椒去籽、切絲再切末，冬菜切末。
3. 取鍋子，加入 1/3 鍋炸油，待油溫 180 度後轉成小火。
4. 油溫 180 度轉小火後，放入杏鮑菇條，以中大火炸至金黃色，撈出濾油。
5. 另取鍋子加入沙拉油，爆香薑末、冬菜末，加入所有調味料，再放入炸杏鮑菇條，以中小火炒至乾煸，加入芹菜粒略拌即成。

重點步驟

油溫 180 度，將杏鮑菇片放在漏勺內，再倒入油鍋炸。

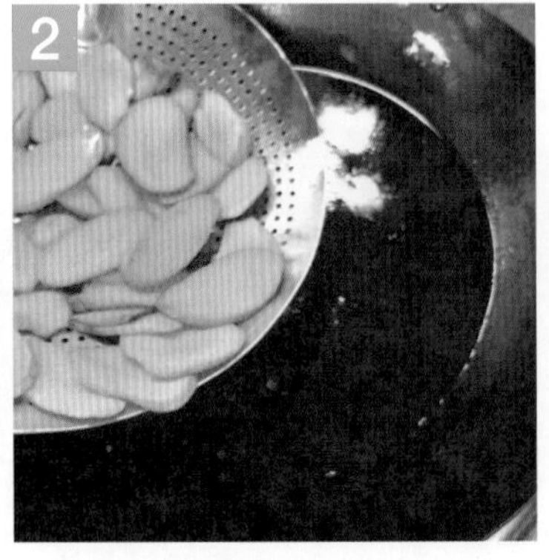

油溫 180 度，以中大火將杏鮑菇片炸至金黃色，撈出濾油。

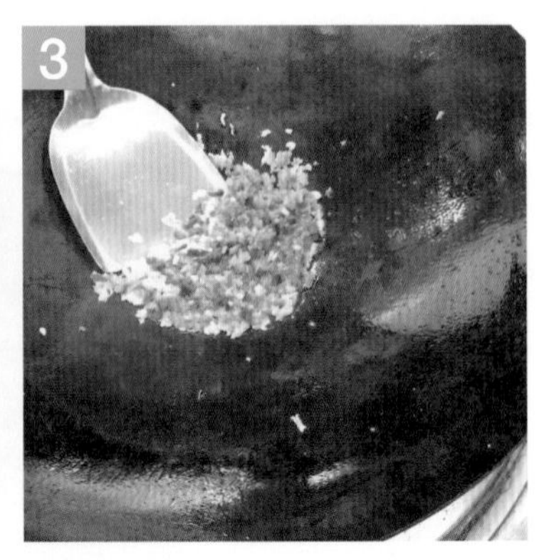

取鍋子加入沙拉油，以中小火爆香辛香料。

以中小火爆香辛香料後，加入紅蘿蔔水花拌炒後加入調味料。

將所有調味料加入後續加入杏鮑菇片，以中小火拌炒均匀。

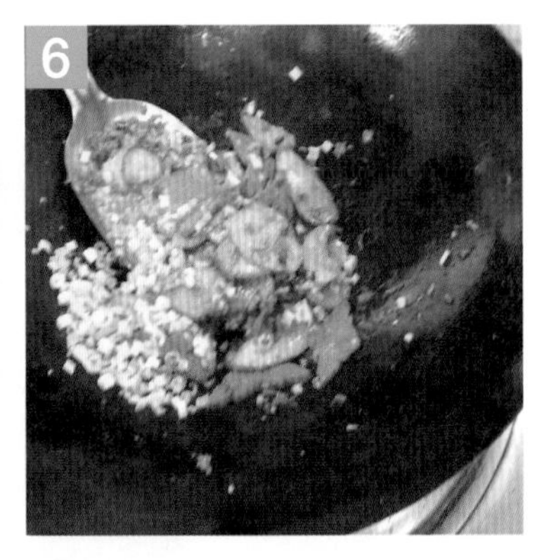

將調味料、杏鮑菇片拌炒均匀後，加入芹菜粒，炒熟即成。

注意事項

1. 切割杏鮑菇片，力求刀工厚薄度一致。
2. 油溫控制要特別小心，避免將杏鮑菇炸焦黑。
3. 芹菜粒需最後再放入拌炒，避免過熟變黃。
4. 炒好的乾煸杏鮑菇，裝在盤內不得出油。
5. 所有規定的材料都需加入，不得短少。

301-3 組 2　酸辣筍絲羹

絲

材　料　乾木耳1大片、板豆腐100克、桶筍120克、小黃瓜1/2條、紅蘿蔔30克、中薑20克

調味料　水8分瓷湯碗、醬油1大匙、鹽1茶匙、砂糖2茶匙、白胡椒粉1/4茶匙、米酒2大匙、香油2大匙、烏醋1大匙

芡　汁　太白粉2大匙、水4大匙

製作過程

羹

1. 將板豆腐切割成寬 0.2~0.4 公分、長 4~6 公分的絲狀。
2. 桶筍切絲，紅蘿蔔切絲，木耳燙軟切絲，薑切絲，小黃瓜斜切片狀再切絲。
3. 取鍋子加入 2 杯水，燙煮桶筍絲 3 分鐘，去除酸味。
4. 取鍋子加入 8 分瓷湯碗的水後，再將所有材料及調味料加入。
5. 待湯汁沸騰，以中小火小心勾芡成羹狀後，再加入豆腐絲略拌即成。

重點步驟

取鍋子加入清水，待沸，加入切好的桶筍絲，燙除酸味後撈出。

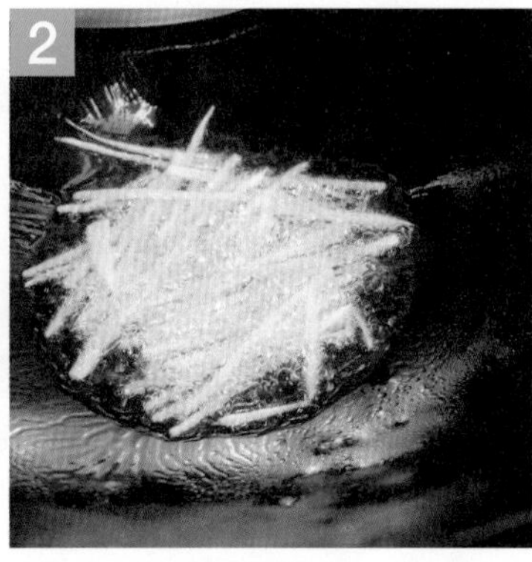

取鍋子加入沙拉油，以中小火爆香薑絲。

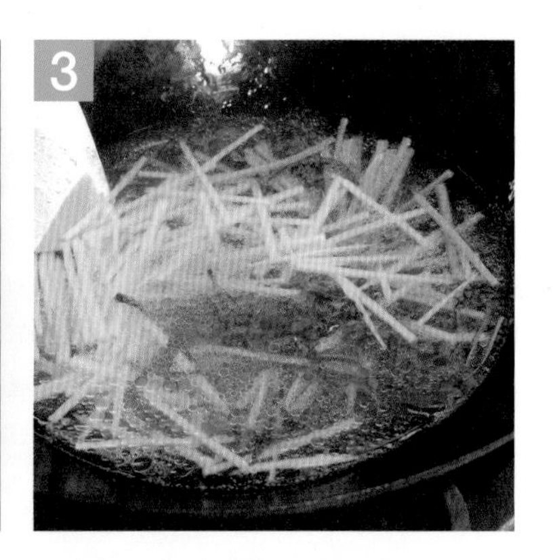

薑絲爆香後，加入 8 分瓷湯碗的清水及所有材料。

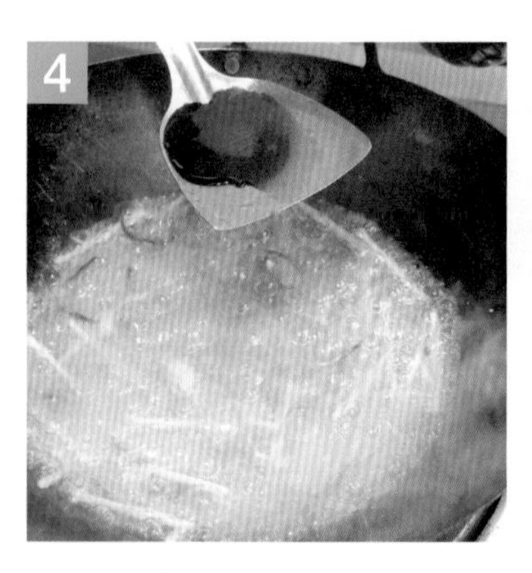

將所有材料放入後，再放入所有調味料。

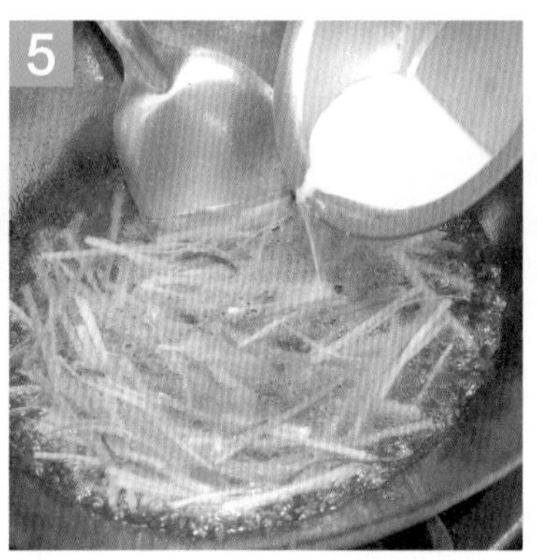

將所有材料及調味料混合拌勻，待沸轉中小火，加入太白粉水勾芡。

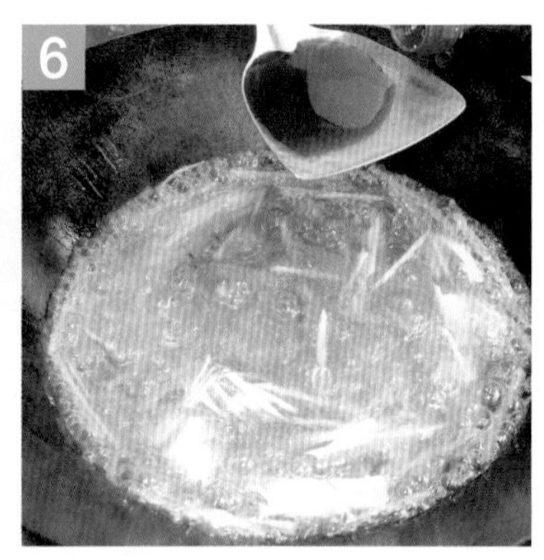

以太白粉水勾芡後，再加入香油即成。

注意事項

1. 桶筍絲切割，力求刀工粗細均勻，且需燙除酸味。
2. 爆香薑絲火候勿太大，避免薑絲燒焦而扣分。
3. 烹煮加入調味料時，須注意菜式完成後酸辣口味需明顯。
4. 所有規定的材料都需加入，不得短少。
5. 以太白粉水勾芡，火候勿太大，避免結塊及過度黏稠。

301-3 組 3　三色煎蛋

片

材　料　玉米筍2支、四季豆2支、紅蘿蔔15克、芹菜40克、雞蛋5顆

調味料　沙拉油4大匙、鹽1/2茶匙、白胡椒粉1/4茶匙

製作過程　煎

1. 分別將四季豆切 0.2 公分丁狀、紅蘿蔔切指甲片、玉米筍切丁狀、芹菜切蔥花狀。
2. 取鍋子加入 2 杯水，待沸，燙熟四季豆丁、紅蘿蔔丁、玉米筍丁。
3. 取容器，以三段式打蛋法打出雞蛋，放入燙熟的三色丁及調味料，攪拌均勻後分成 2 碗，分 2 次煎。
4. 取鍋子，燒鍋 1 分鐘、回溫 20 秒後，加入 2 大匙沙拉油，一次放入 1 碗蛋液，以中小火略炒至蛋液凝固，再煎成煎蛋。
5. 將煎好的煎蛋放在白色熟食砧板，以片刀切割 6 片排盤。

重點步驟

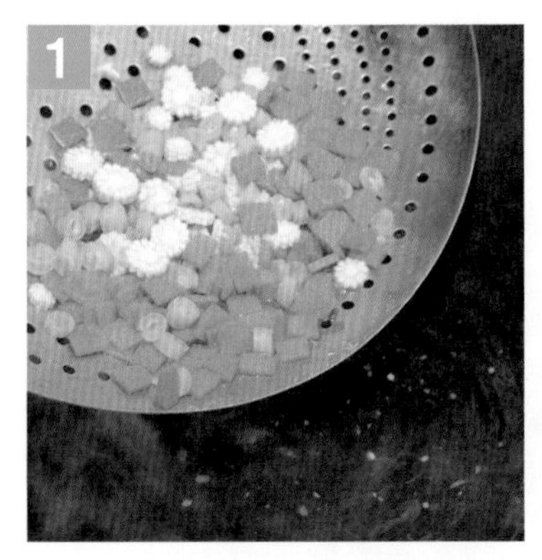

取鍋子加入清水，待沸，將三色丁狀材料放入，燙熟撈出。

將三色丁燙熟、撈出，混合蛋液，以生食筷子拌打均勻。

將三色丁與蛋液混合後，分成 2 碗，分 2 次煎製。

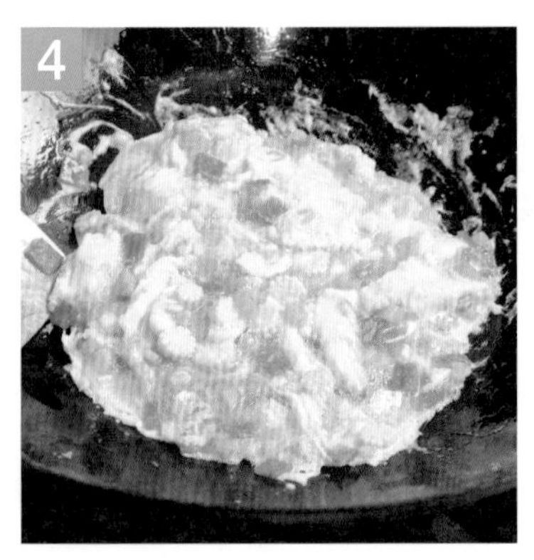

將蛋液倒入鍋中，以中小火用炒鏟略炒後，攤開煎蛋成完整片狀。

將煎蛋以中小火煎熟一面，倒進漏勺再倒回鍋內，續煎另一面。

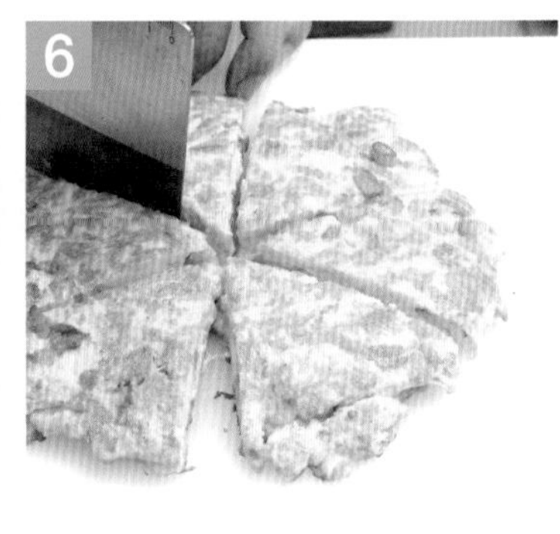

將三色煎蛋兩面煎至金黃酥香，以白色熟食砧板切割成 6 片。

注意事項

1. 切好的三色丁需先燙熟，再混合蛋液煎蛋。
2. 煎蛋前加入調味料時，勿加入砂糖，以免容易煎焦。
3. 煎蛋前需先燒鍋 1 分鐘、回溫 20 秒，再加油煎製，避免黏鍋。
4. 煎蛋要分兩次煎，有兩次的機會，避免一次煎時量太多，而容易失敗。
5. 切割煎蛋需以熟食砧板切割，以 6 片為主。

1. 素燴杏菇捲

2. 燜燒辣味茄條

3. 炸海苔芋絲

材料明細

1. 乾香菇5朵→切絲、切末
2. 海苔片2張→切絲
3. 桶筍120克以上→切菱形片
4. 杏鮑菇2支→切交叉花刀
5. 小黃瓜2條→切菱形片、切盤飾
6. 大黃瓜1截→切盤飾
7. 茄子2條→切條
8. 紅辣椒1條→切末
9. 芹菜70克→切粒
10. 芋頭120克→切絲
11. 紅蘿蔔300克→切水花片、切絲
12. 中薑70克→切菱形片

受評刀工（公分）

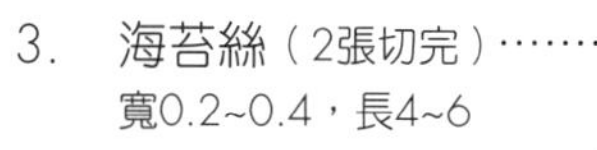

1. 香菇絲（2朵）
寬、高0.2~0.4

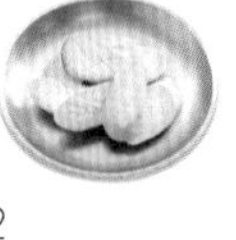

2. 香菇末（1朵）
直徑0.3以下

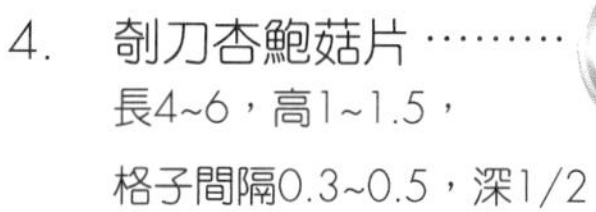

3. 海苔絲（2張切完）
寬0.2~0.4，長4~6

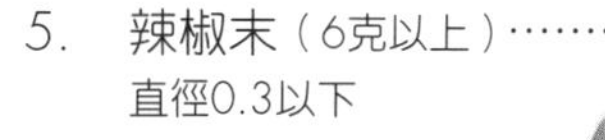

4. 剞刀杏鮑菇片
長4~6，高1~1.5，
格子間隔0.3~0.5，深1/2

5. 辣椒末（6克以上）
直徑0.3以下

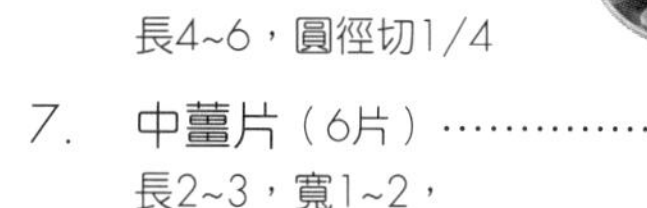

6. 茄條（290克以上）
長4~6，圓徑切1/4

7. 中薑片（6片）
長2~3，寬1~2，
高0.2~0.4

8. 芋頭絲（50克以上）
寬、高0.2~0.4，長4~6

9. 紅蘿蔔絲（30克以上）
寬、高0.2~0.4，長4~6

指定水花（3選1）

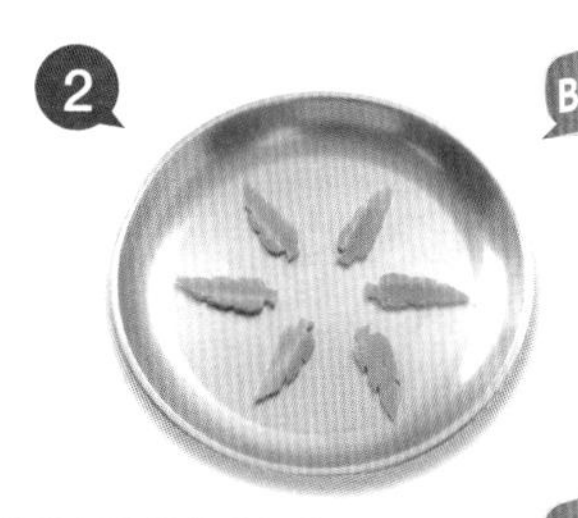

指定盤飾（3選2）

(1) 大黃瓜、紅蘿蔔

(2) 大黃瓜、小黃瓜、紅辣椒

(3) 小黃瓜

301-4 組 1　素燴杏菇捲

剞刀厚片

材　料　桶筍80克、杏鮑菇2支、小黃瓜1/2條、紅蘿蔔水花片2式、中薑20克

調味料　沙拉油2大匙、醬油2大匙、砂糖1茶匙、白胡椒粉1/4茶匙、香油1大匙、水1杯

芡　汁　大白粉2茶匙、水4茶匙

製作過程　燴

1. 將杏鮑菇以片刀斜切 0.5 公分厚片狀後，在切面切割格子花刀，下刀深度 2/3。
2. 桶筍切片，小黃瓜切菱形塊、再切成菱形片，中薑切小菱形片。
3. 取鍋子加入 2 杯水，待沸，放入杏鮑菇片燙熟撈出。
4. 將杏鮑菇片以紙巾吸乾水分，撒上 1 大匙中筋麵粉捲成捲（格子花刀在外側），再以牙籤固定。
5. 取鍋子，加 1/4 鍋油炸油，油溫 180 度後，放入杏鮑菇捲炸至定形撈出，另取鍋子，加入沙拉油，爆香薑片後，將所有材料及調味料放入，待沸，再以太白粉水勾芡即成。

重點步驟

將杏鮑菇片切割交叉花刀，燙熟後擦乾水分，再加入乾中筋麵粉，沾裹兩面。

以中筋麵粉沾裹杏鮑菇兩面後，捲成捲狀，以牙籤串插固定，交叉花刀紋路需在外面。

取油鍋，待油溫 180 度，以中大火將杏鮑菇捲炸至上色定形，撈出。

另取鍋子加入清水，待沸，放入桶筍片燙除酸味。

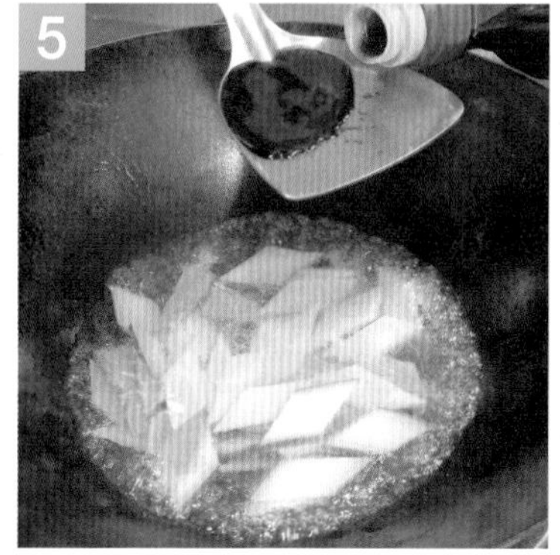

取鍋子加入沙拉油，爆香薑片後，加入所有材料及調味料。

將所有材料及調味料混合煮熟，以中小火，加入太白粉水勾薄芡即成。

注意事項

1. 杏鮑菇片需先燙熟、擦乾水分，加入中筋麵粉後再捲，並以牙籤串插固定，才不易散開。
2. 杏鮑菇以中大火炸至定形、呈金黃色後，再拔除牙籤。
3. 小黃瓜片勿煮太久而變黃，以免影響觀感。
4. 所有規定的材料都需加入，不得短少。
5. 最後以太白粉水勾芡，火勿太大，以免太過黏稠而結塊。

301-4 組 2　燜燒辣味茄條

條、末

材　料　乾香菇2朵、茄子2條、紅辣椒1條、芹菜70克

調味料　沙拉油1大匙、醬油2大匙、辣椒醬1大匙、砂糖1茶匙、米酒1大匙、水1/2杯、香油1大匙

芡　汁　太白粉1茶匙、水2茶匙

製作過程　燒

1. 茄子以片刀切 4~6 公分長段，再將每個圓段 1 切為 4 長條。
2. 乾香菇燙熟切末，紅辣椒去籽切末，芹菜切粒狀。
3. 取鍋子，加入 1/3 鍋油炸油，待油溫 180 度（以芹菜粒測試）。
4. 油溫 180 度後，放入茄子條以大火炸 15 秒，撈出濾油。
5. 以鍋中餘油爆香香菇，加入調味料及炸茄子略燒 2 分鐘，再以太白粉水勾薄芡，待醬汁收汁後，撒上芹菜粒略拌即成。

重點步驟

取油鍋加入炸油，待油溫 180 度，以中大火油炸茄條。

待茄條炸至呈鮮紫色定色時，以漏勺撈出濾油。

另取鍋子加入沙油，以中小火爆香辛香料。

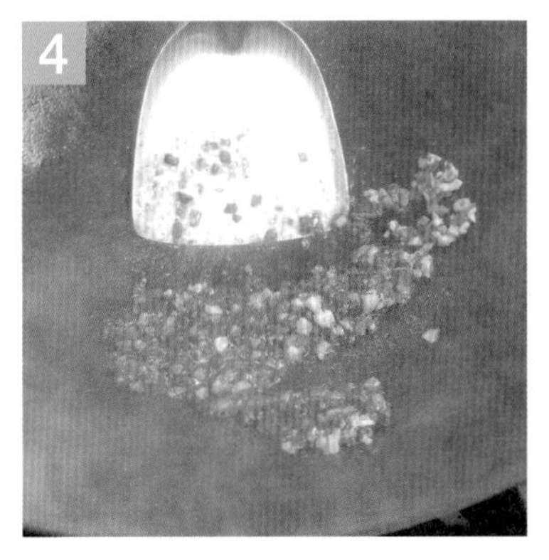

將辛香料以中小火爆香後，續加入辣椒醬，略炒出香氣。

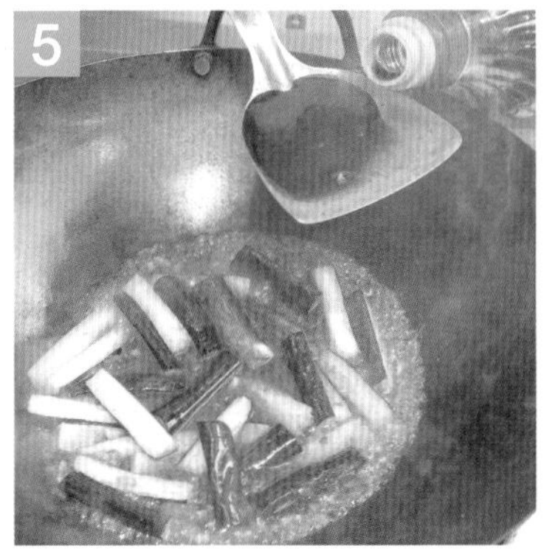

炒香辣椒醬後，將茄條放入、所有調味料放入調味。

將所有調味料與茄條略燒後，以太白粉水勾薄芡，再加入芹菜粒，煮熟即成。

注意事項

1. 炸茄條前，需確定茄條及配菜盤沒有水分，避免油爆。
2. 油溫需保持高溫，油炸茄條才能炸出鮮紫色定色。
3. 烹煮好的辣味茄條，盛裝後應避免出油，而影響觀感。
4. 所有規定材料及辣椒醬都需加入，不得短少。
5. 最後以太白粉水微勾薄芡，注意勿太濃稠而結塊。

301-4 組 3　炸海苔芋絲

絲

材　料　乾香菇3朵、海苔片2張、芋頭50克、紅蘿蔔30克

調味料　鹽1/2茶匙、砂糖1茶匙、白胡椒粉1/2茶匙

其他材料　中筋麵粉1/2杯

製作過程　酥炸

1. 將海苔片以剪刀剪出寬 0.2~0.4 公分、長 4~6 公分條狀。
2. 芋頭、紅蘿蔔切割寬、高 0.2~0.4 公分、長 4~6 公分絲狀，香菇燙軟後去蒂切絲。
3. 取鍋子，加入 1/3 鍋油炸油，待油溫 180 度，放入海苔條炸 4 秒、收縮變酥後，撈出濾油。
4. 將海苔條撈出備用，取容器放入芋頭絲、紅蘿蔔絲、香菇絲，再加入 1/2 杯中筋麵粉拌均勻，入油鍋以中小火炸約 3 分鐘熟透。
5. 將油鍋濾乾洗淨，炸酥的芋頭絲、紅蘿蔔絲、香菇絲等放入鍋中，不開火，撒上調味料拌均勻後裝盤，盤邊再搭配炸海苔絲即成。

重點步驟

取油鍋，待油溫 180 度，放入紫菜條快速略炸，撈出濾油。

取容器，加入芋頭絲、紅蘿蔔絲，與中筋麵粉略拌均勻。

取油鍋，待油溫 180 度，放入芋頭絲及紅蘿蔔絲炸酥。

將芋頭絲及地瓜絲，以油溫 180 度炸至酥脆，撈出濾油。

另取香菇絲，擦乾水分後沾上麵粉，入鍋中炸酥撈出。

將所有炸酥的絲放入瓷碗內，以胡椒鹽調味拌勻，盛盤即成。

注意事項

1. 酥炸紫菜條需快速，避免吸油而不酥脆。
2. 切割芋頭絲及紅蘿蔔絲，刀工力求粗細一致，才會美觀。
3. 酥炸芋頭絲及紅蘿蔔絲，需沾上麵粉，避免結塊或黏在一起。
4. 油溫控制需特別小心，避免溫度太高炸成焦黑或溫度過低而吸油。
5. 胡椒鹽調味需在瓷湯碗內拌勻，避免在鍋內拌，因有餘熱，胡椒粉易變黑。

301-5組

1. 鹽酥香菇塊

2. 銀芽炒雙絲

3. 茄汁豆包捲

材料明細

1. 生豆包3塊→1切2
2. 五香大豆乾1塊→切絲
3. 鮮香菇10朵→1切4
4. 紅辣椒2條→一條切末、一條切絲
5. 青椒1/2顆60克→切絲
6. 小黃瓜1條→切菱形片、切盤飾
7. 大黃瓜1截→切盤飾
8. 黃甜椒1/2顆/70克→切菱形片
9. 綠豆芽150克
10. 芹菜70克→切粒
11. 中薑80克→切末、切絲
12. 紅蘿蔔300克→切水花片、切條
13. 芋頭150克→切條

受評刀工（公分）

1. 大豆乾絲（25克以上）
   寬、高0.2~0.4，長4~6

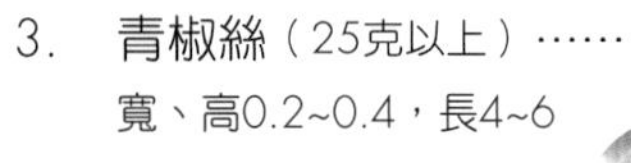

2. 紅辣椒絲（5克以上）
   寬、高0.3，長4~6

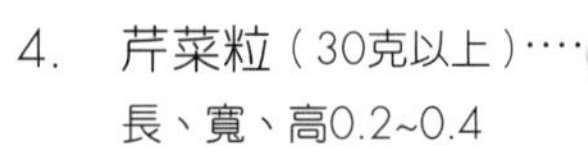

3. 青椒絲（25克以上）
   寬、高0.2~0.4，長4~6

4. 芹菜粒（30克以上）
   長、寬、高0.2~0.4

5. 紅蘿蔔條（6條以上）
   寬、高0.5~1，長4~6

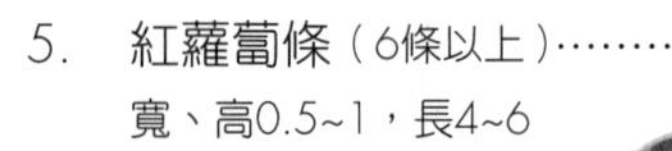

6. 中薑末（10克以上）
   直徑0.3以下

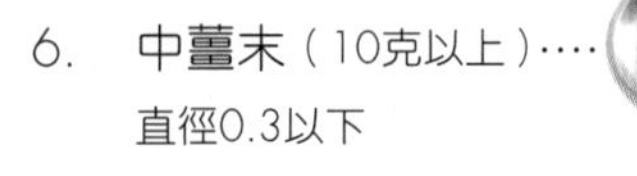

7. 中薑絲（10克以上）
   寬、高0.3，長4~6

8. 芋頭條（80克以上）
   寬、高0.5~1，長4~6

指定盤飾（3選2）

(1) 小黃瓜

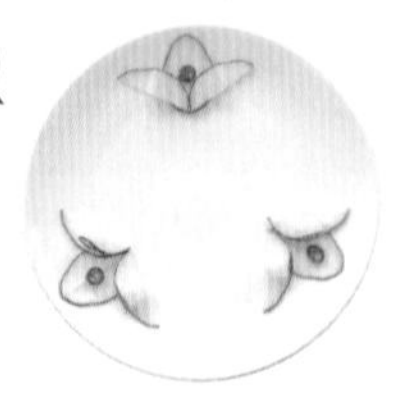

(2) 大黃瓜、紅辣椒

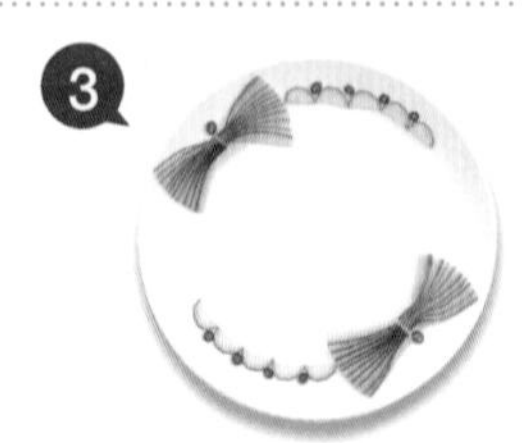

(3) 大黃瓜、小黃瓜、紅辣椒

301-5 組 1　鹽酥香菇塊

材　料　鮮香菇10朵、紅辣椒1條、芹菜70克、中薑10克

酥炸粉　中筋麵粉2/3杯、太白粉1/3杯、泡打粉1茶匙、水1/2杯、沙拉油1大匙

調味料　鹽1/2茶匙、砂糖1茶匙、白胡椒粉1/2茶匙

製作過程　　酥炸

1. 鮮香菇以剪刀剪除蒂頭，再以片刀 1 切為 4。
2. 中薑去皮切末，芹菜去葉切粒，紅辣椒去籽切末。
3. 取一容器，加入酥炸粉混合成麵糊，醒 10 分鐘。
4. 取鍋子加入 1/3 鍋炸油，待油溫 180 度，放入沾上麵糊的香菇，以中大火炸熟。
5. 將炸油倒出，以鍋中餘油爆香薑末、紅辣椒末後關火，放入炸熟的香菇，撒上調味料，加入芹菜粒拌勻即成。

重點步驟

取容器，加入所有麵糊料混合拌至黏稠，加入沙拉油 1 大匙再次拌勻後，醒10分鐘。

取鍋子加入油炸油，待油溫 180 度，改小火，放入沾麵糊的香菇塊後，再開中大火炸。

以中大火將香菇塊炸酥、炸熟至上色後，撈出濾油。

另取鍋子加入沙拉油，以中小火爆香薑末。

薑末爆香後，加入炸香菇及芹菜粒，改小火拌均勻。

待芹菜熟透，關火，加入混合的胡椒鹽快速拌炒均勻，即成。

注意事項

1. 調製麵糊時，最後加入沙拉油，可使炸出的香菇塊定形及更酥脆。
2. 油溫 180 度後需改小火，快速放入香菇塊後，再改中大火炸。
3. 油炸油需較多，沾麵粉的香菇塊才有空間膨脹。
4. 爆香薑末需特別注意，火勿太大，避免燒焦。
5. 炸出的香菇塊需呈香酥狀，不得含油，規定材料都需加入。

301-5 組 2 銀芽炒雙絲

絲

材　料　五香大豆乾1塊、青椒1/2顆、紅辣椒1條、綠豆芽150g、中薑10克

調味料　沙拉油2大匙、鹽1/2茶匙、砂糖1茶匙、香油1大匙、水1/2杯

芡　汁　太白粉1茶匙、水2茶匙

製作過程　炒

1. 將綠豆芽洗淨，再以手摘除頭尾，即是銀芽。
2. 大豆乾切片、再切絲，青椒去籽切絲，薑去皮切絲，紅辣椒去籽切絲。
3. 取鍋子加入沙拉油，爆香中薑絲及紅辣椒絲。
4. 將中薑絲、紅辣椒絲爆香後，加入所有材料及調味料。
5. 待所有材料炒熟，以太白粉水勾薄芡，再以漏杓撈出濾乾湯汁，裝盤即成。

重點步驟

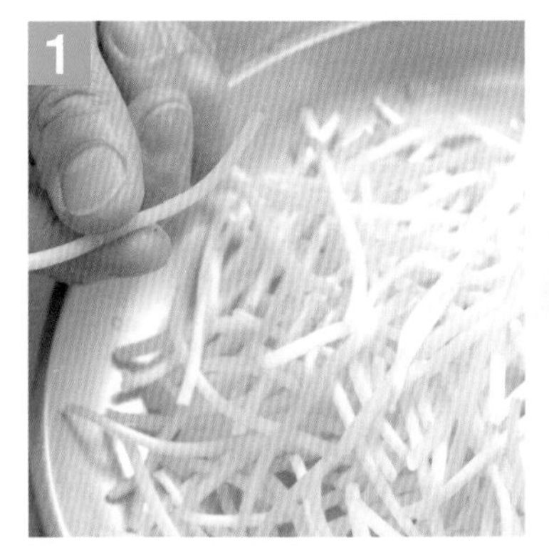

1 將豆芽菜洗淨，以手摘除頭尾，呈銀芽狀。

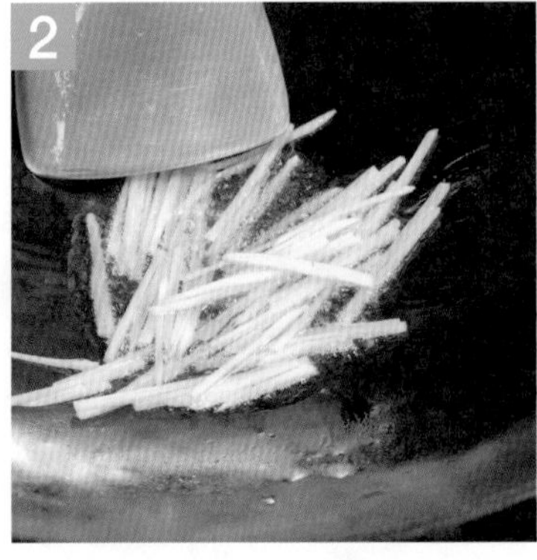

2 取鍋子加入沙拉油，以中小火爆香薑絲。

3 薑爆香後，加入銀芽、青椒及紅辣椒，略炒半熟。

4 將銀芽、青椒、紅辣椒略炒後，加入調味料及大豆乾絲，混合拌炒。

5 將所有材料及調味料混合拌炒至熟。

6 將所有材料炒熟後，以太白粉水微勾薄芡，盛盤即成。

注意事項

1. 需將每一根豆芽菜摘除頭尾，才叫銀芽，才符合題意。
2. 炒銀芽雙絲，需注意銀芽及青椒必須煮熟，避免夾生。
3. 最後放入豆乾絲時，需小心拌炒，避免豆乾絲斷掉。
4. 最後以太白粉水勾芡，勿太黏稠，亦可不勾芡。
5. 規定的所有主副材料都需加入，不得短少。

茄汁豆包捲

條

材　料　生豆包3塊、小黃瓜1/2條、黃甜椒1/2顆、紅蘿蔔60克及紅蘿蔔水花片2式、芋頭80克

麵糊料　中筋麵粉1/2杯、水1/4杯

調味料　沙拉油1大匙、番茄醬3大匙、砂糖2茶匙、白醋2大匙、水1/2杯

芡　汁　太白粉1茶匙、水2茶匙

製作過程　滑溜

1. 取生豆包以片刀直切為 2，芋頭切粗條 6 條，小黃瓜切菱形片，黃甜椒切片，紅蘿蔔切 6 條。
2. 取容器，以 1/2 杯中筋麵粉、1/4 杯水調成麵糊。
3. 取鍋子，加入 1/3 鍋炸油，待油溫 180 度，放入芋頭條及紅蘿蔔條炸熟。
4. 將芋頭條、紅蘿蔔條炸熟後撈出，包入生豆包內，以牙籤固定、再沾上麵糊，中大火炸 15 秒後撈出。
5. 將炸油倒出，加入材料及調味料燒煮，最後以太白粉水勾薄芡後撈出，拔除牙籤即成。

重點步驟

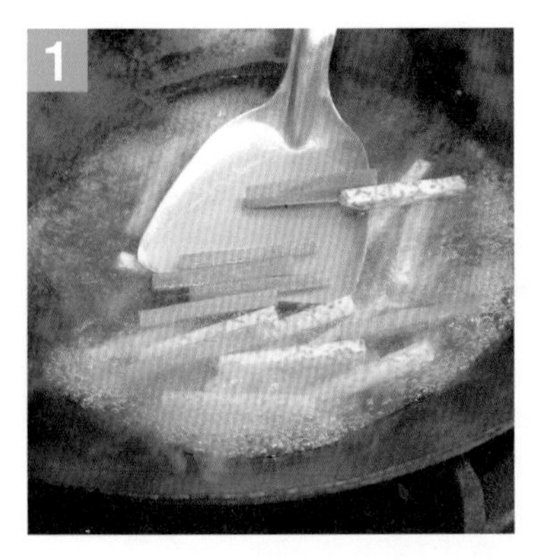

取鍋子加入清水，待沸，加入芋頭條及紅蘿蔔條燙熟後，撈出。

將 1 切為 2 的豆包攤平在砧板上，加入芋頭條、紅蘿蔔條後包捲起來。

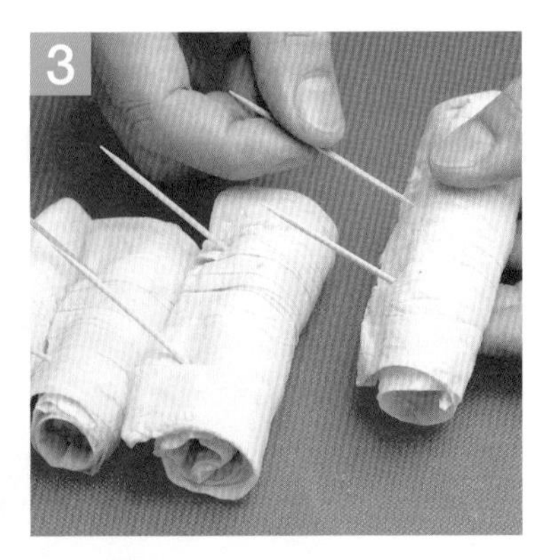

將芋頭條、紅蘿蔔條以豆包包捲後，再以牙籤串插固定，如圖。

取鍋子加入油炸油，待油溫 180 度，將豆包捲沾上麵糊，放入油炸定形後，撈出濾油。

另取鍋子，加入調味料煮沸，再加入所有材料混合。

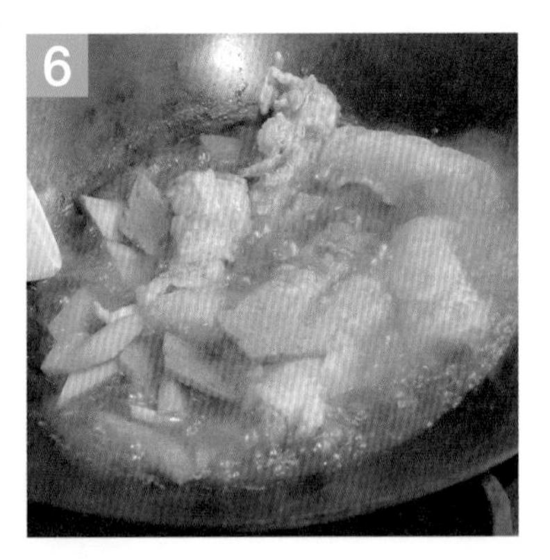

將所有材料及調味料混合烹煮後，以太白粉水微勾薄芡即成。

注意事項

1. 包捲豆包捲需緊一點，再以牙籤固定，炸至定形後，再拔出牙籤。
2. 油炸豆包捲時，需注意火候，油溫不可過低而吸油。
3. 燒煮豆包捲勿太久，易使豆包捲鬆脫或爆開不成形。
4. 小黃瓜片最後再加入一同烹煮，避免太早加入而變黃、變爛。
5. 指定的主副材料、紅蘿蔔水花片都需加入，不可短少。

301-6組

1. 三珍鑲冬瓜

2. 炒竹筍梳片

3. 炸素菜春捲

材料明細

1. 冬菜5克→切末
2. 乾香菇6朵→1朵切末、2朵切絲、3朵切片
3. 桶筍300克→切絲、切梳子片
4. 五香大豆乾1塊→切絲
5. 生豆包1塊→切末
6. 春捲皮8張
7. 紅蘿蔔300克→切水花片、切絲
8. 中薑80克→切末→切片
9. 高麗菜120克→切絲
10. 冬瓜500克→切長四方塊
11. 青江菜3棵→1切2
12. 芹菜80克→切粒
13. 大黃瓜1截→切盤飾
14. 小黃瓜1條→切菱形片、切盤飾

受評刀工（公分）

1. 香菇絲（2朵）
   寬、高0.2~0.4

2. 香菇末（1朵）
   直徑0.3以下

3. 冬菜末（5克以上）
   直徑0.3以下

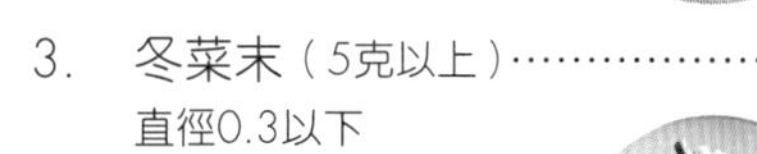

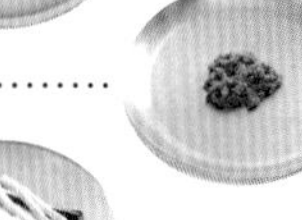

4. 豆乾絲（25克以上）
   寬、高0.2~0.4，長4~6

5. 筍絲（40克以上）
   寬、高0.2~0.4，長4~6

6. 竹筍梳子片（200克以上）
   長4~6，寬2~4，高0.2~0.4
   間隔0.5
7. 小黃瓜片（6片）
   長4~6，寬2~4，高0.2~0.4
   可切菱形片
8. 中薑末（10克以上）
   直徑0.3以下

9. 紅蘿蔔絲（25克以上）
   寬、高0.2~0.4，長4~6

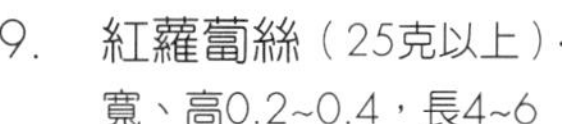

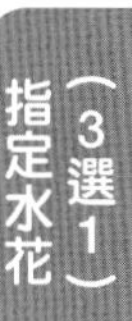

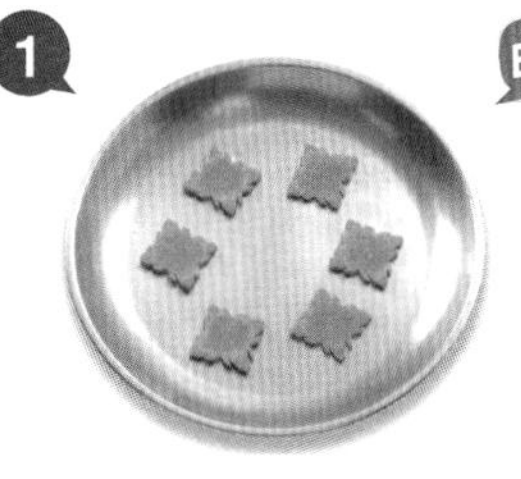

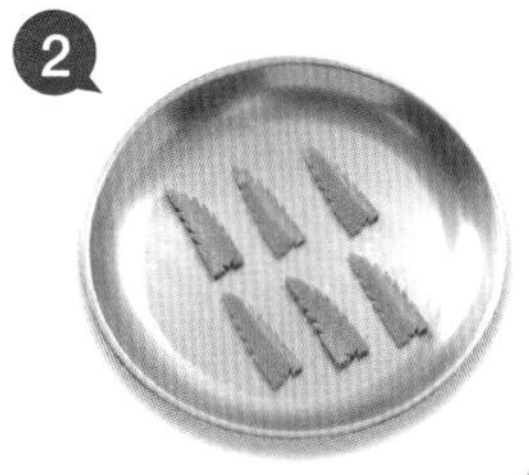

指定盤飾（3選2）

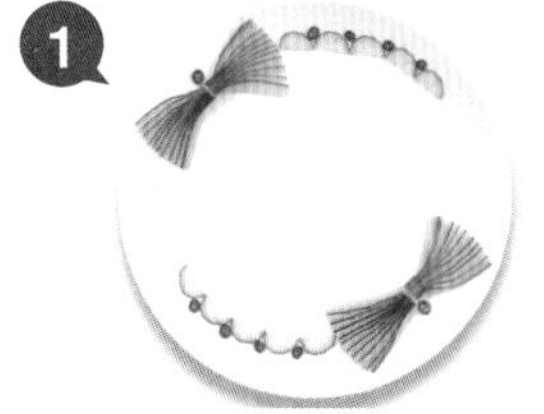

(1) 大黃瓜、小黃瓜、紅辣椒

(2) 大黃瓜

(3) 小黃瓜

301-6 組 1　三珍鑲冬瓜

長方塊、末

材　料　乾香菇1朵、冬菜5克、生豆包1塊、冬瓜500克、青江菜3棵、紅蘿蔔20克、中薑10克

調味料　**1** 沙拉油1大匙、鹽1/2茶匙、砂糖1茶匙、水3大匙 **2** 鹽1/2茶、砂糖1茶匙、水1/2杯、香油1大匙

芡　汁　太白粉1茶匙、水2茶匙

製作過程　蒸

1. 乾香菇燙軟切末，生豆包、冬菜、紅蘿蔔、中薑一律切末，青江菜 1 切為 2。
2. 冬瓜以片刀去皮，再切割長、寬各約 4~6 公分長方塊體，以鐵湯匙挖空冬瓜塊，呈凹形，放入盤內乾蒸至熟或燙熟。
3. 取鍋子，加入沙拉油爆香薑末、香菇末，再加入冬菜末、生豆包末、紅蘿蔔末及調味料 **1** 炒熟成餡。
4. 取炒熟的三珍末餡料鑲入蒸熟的冬瓜凹槽內，再放入蒸籠蒸 5 分鐘後取出。
5. 取鍋子加水，燙熟青江菜圍邊，另取鍋子加入調味料 **2** 待沸，以太白粉水勾芡，淋上鑲冬瓜即成。

重點步驟

取鍋子加入沙拉油，爆香薑末後，加入香菇末、豆包末、紅蘿蔔末炒香。

將三種末炒熟後，加入調味料 1 ，再以太白粉水勾芡成餡料。

另取鍋子加入清水，待沸，放入挖好凹槽的冬瓜塊燙熟。

將燙熟的冬瓜塊撈出放在盤內，以紙巾擦乾凹槽。

取炒熟、勾芡好的餡料，鑲入挖空的冬瓜塊，如圖。

分別將 6 個冬瓜塊全都鑲入餡料，入蒸籠蒸 5 分鐘至熟，取出淋上煮沸的調味料 2 芡汁即成。

注意事項

1. 拌炒三種粒末材料成餡料，勾芡時需注意避免結塊。
2. 冬瓜塊需先以開水燙熟，避免夾生不熟。
3. 以鐵湯匙小柄挖取凹槽，需小心避免挖破冬瓜塊。
4. 此菜餚規定的所有材料都需加入，不可少放或短少。
5. 最後燙煮青江菜圍邊，需徹底燙熟，避免夾生不熟。

301-6 組 2　炒竹筍梳片

梳子片

材　料　乾香菇3朵、桶筍1/2支、小黃瓜1/2條、紅蘿蔔水花片2式、中薑20克

調味料　沙拉油2大匙、醬油2大匙、砂糖1茶匙、水1/2杯、白胡椒粉1/4茶匙、香油1茶匙

芡　汁　太白粉1茶匙、水2茶匙

製作過程　炒

1. 桶筍切割為長 3~6 公分、寬 2~4 公分、厚 0.4 公分的梳片。
2. 乾香菇燙軟、去蒂斜切片狀，中薑切菱形片或水花片，小黃瓜切菱形片或長四方片亦可切梳子片。
3. 取鍋子加入 4 杯水，待沸，放入桶筍片燙 3 分鐘後撈出，去除酸味。
4. 另取鍋子加入沙拉油，爆香薑片、香菇片，再將所有材料放入、加入調味料拌炒。
5. 將所有材料混合調味料煮熟，再以太白粉水勾薄芡，收汁後，以漏勺濾乾水分即成。

重點步驟

取鍋子加入清水，放入桶筍梳片燙除酸味後，撈出濾乾水分。

另取鍋子加入油炸油，待油溫 180 度，將燙過的桶筍梳片放入油炸。

以油溫 180 度、中大火將梳片略炸上色後，撈出濾油。

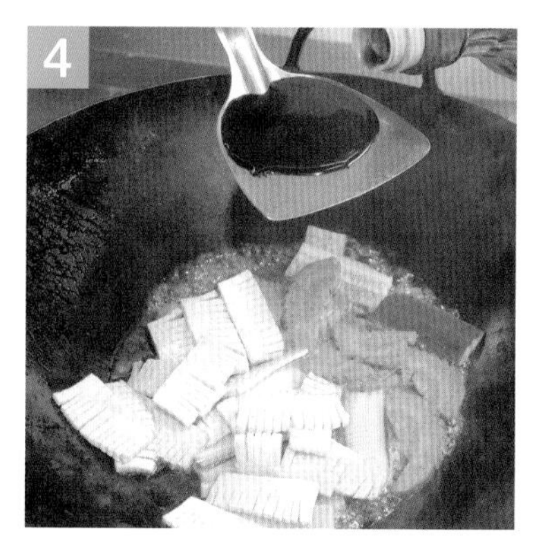

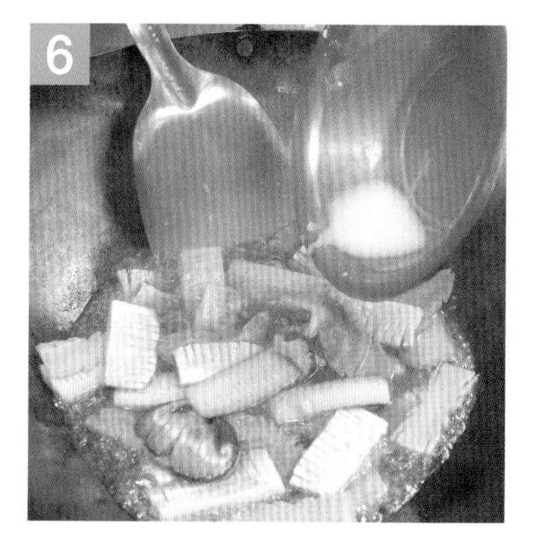

另取鍋子加入沙拉油，爆香薑片、香菇片後，加入桶筍梳片、紅蘿蔔水花片及調味料。

將調味料完全加入、略炒後，續加入小黃瓜片炒熟。

將所有材料炒熟後，以太白粉水微勾薄芡，略炒即成。

注意事項

1. 桶筍梳片燙除酸味後，亦可直接烹煮，無需過油炸。
2. 烹炒過程需小心，避免把桶筍梳片炒斷掉。
3. 小黃瓜最後再放入，避免太早加入烹煮過久而變黃。
4. 此道菜餚的烹飪方式為「炒」，應避免盛盤後嚴重出油，而影響觀感。
5. 規定的所有主副材料都需加入，包括紅蘿蔔水花片，不可短少。

301-6 組 3　炸素菜春捲

絲

材　料　乾香菇2朵、五香大豆乾1塊、春捲皮8張、桶筍40克、芹菜80克、高麗菜120克、紅蘿蔔40克

麵糊料　中筋麵粉1/4杯、水2大匙

芡　汁　沙拉油2大匙、鹽1/2茶匙、砂糖1茶匙、水1/2杯、香油1茶匙

製作過程　炸

1. 分別將乾香菇燙軟、去蒂切絲，紅蘿蔔去皮切絲，芹菜去葉切絲，大豆乾切絲，高麗菜切絲。
2. 取鍋子加入 4 杯水，待沸，放入紅蘿蔔絲、高麗菜絲，燙熟後撈出。
3. 取鍋子，加入沙拉油，爆香香菇、芹菜，再將所有材料及調味料混合炒熟，撈出後濾乾水分。
4. 取春捲皮，加入素絲料包捲成長條狀，再以調製的麵糊封口。
5. 取鍋子，加入 1/3 鍋油炸油，待油溫 180 度，以中小火炸酥春捲，炸至呈金黃色後，撈出濾油即成。

重點步驟

取鍋子加入沙拉油，爆香芹菜、香菇，再加入所有材料及調味料。

以中大火將所有材料及調味料混合炒熟，以漏勺撈出、濾乾水分成餡料。

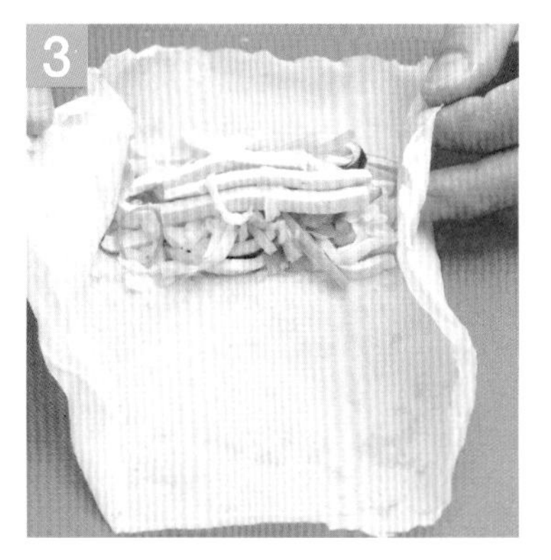

取春捲皮加入高麗菜絲餡料，將春捲皮左右往內摺。

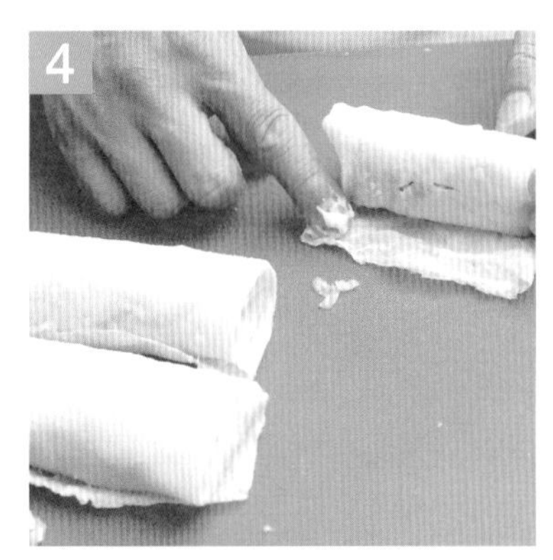

將春捲皮左右往內摺後，再由後方往前捲摺成長筒狀，以麵糊封口，共包 6 捲。

取鍋子加入油炸油，待油溫 180 度，以中大火將春捲放入酥炸。

以 180 度油溫、中大火將春捲炸至金黃酥脆，撈出濾油，盛盤即成。

注意事項

1. 炒熟的高麗菜絲餡料，需濾乾水分，避免太濕而使春捲破掉。
2. 春捲皮以塑膠袋封好，要包時再拿出，避免變硬而在包捲時破掉。
3. 包捲春捲時，加入的餡料勿太多，需捲緊，避免破損。
4. 油炸溫度需控制好，避免油溫太低而吸油。
5. 此道菜所有規定的材料都需加入，不可短少任一種。

301-7組

1. 乾炒素小魚干

2. 燴三色山藥片

3. 辣炒蒟蒻絲

材料明細

1. 乾木耳1大片→切片
2. 乾香菇3朵→切絲
3. 海苔片6張
4. 千張豆皮6張
5. 白蒟蒻1塊→切絲
6. 桶筍100克→切絲
7. 小黃瓜1條→切菱形片、切盤飾
8. 大黃瓜1截→切盤飾
9. 紅辣椒2條→1條切末、1條切絲
10. 青椒60克→切絲
11. 芹菜90克→切粒
12. 紅蘿蔔300克→切水花片
13. 中薑150克→切末、切水花片，切絲
14. 白山藥300克→切片

受評刀工（公分）

1. 中薑水花（6片）
2. 香菇絲（3朵）
寬、高0.2~0.4

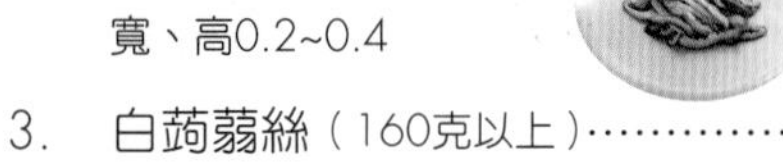

3. 白蒟蒻絲（160克以上）
寬、高0.2~0.4，長4~6

4. 筍絲（80克以上）
寬、高0.2~0.4，長4~6

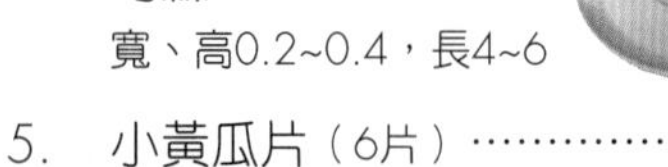

5. 小黃瓜片（6片）
長4~6，寬2~4，高0.2~0.4
6. 紅辣椒絲（10克以上）
寬、高0.3，長4~6

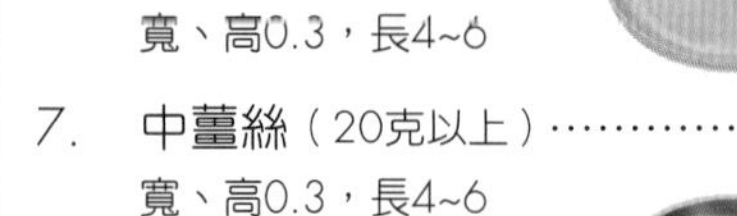

7. 中薑絲（20克以上）
寬、高0.3，長4~6
8. 中薑末（20克以上）
直徑0.3以下

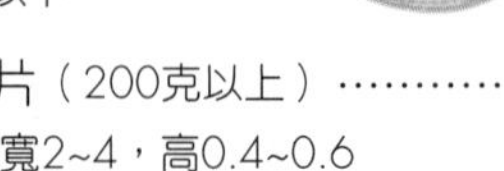

9. 白山藥片（200克以上）
長4~6，寬2~4，高0.4~0.6

指定水花（3選1）

指定盤飾（3選2）

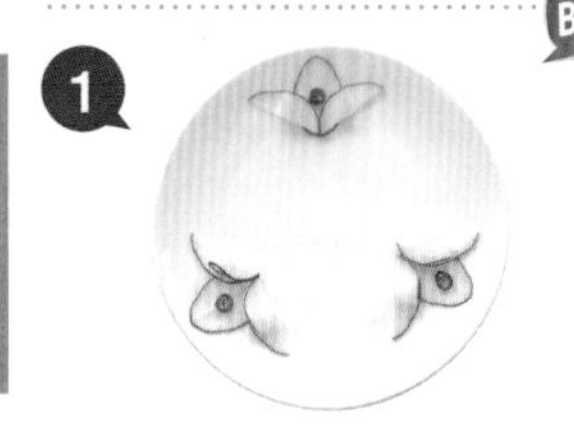

(1) 大黃瓜、紅辣椒

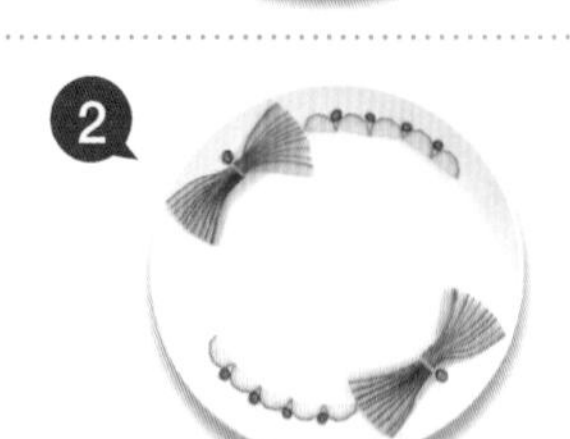

(2) 大黃瓜、小黃瓜、紅辣椒

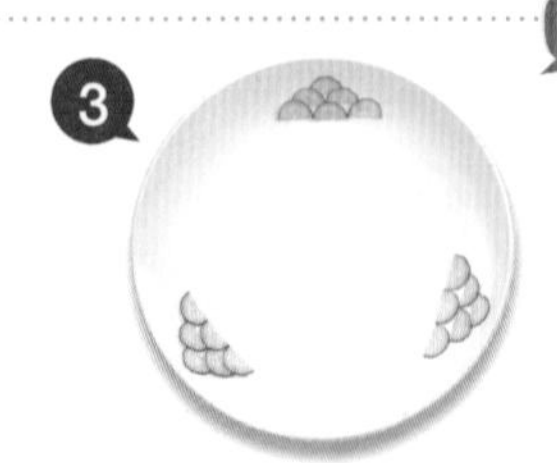

(3) 小黃瓜

301-7 組 1　乾炒素小魚干

條

材　料　海苔片6張、千張豆皮6張、紅辣椒1條、芹菜90克、中薑20克

麵糊料　中筋麵粉1/2杯、水1/4杯

調味料　鹽1/2茶匙、砂糖1茶匙、白胡椒粉1/2茶匙

製作過程　炸、炒

1. 分別將紅辣椒去籽切末、中薑去皮切末、芹菜去葉切粒，備用。
2. 取容器放入麵糊材料，調成稠狀的麵糊。
3. 將 3 張豆皮和 3 張海苔，一層一層塗上麵糊後貼緊，做成兩個厚片，再以片刀切割寬 0.6~1 公分、長 4~6 公分條狀。
4. 取鍋子，加入 1/3 鍋油炸油，待油溫 180 度，放入素小魚干以中大火炸酥，約炸 2 分鐘後撈出濾油。
5. 將鍋中炸油倒出，以鍋中餘油爆香紅辣椒末、薑末、芹菜粒，加入小魚干後關火，再用鍋中餘溫將所有材料與調味料混合均勻即成。

重點步驟

分別將一張海苔、一張豆皮塗上麵糊，貼緊成三層。

取海苔片，以調製好的麵糊一層、一層貼上 4 張豆皮，再以片刀切除多餘海苔。

將疊好的海苔豆皮，以片刀取中心 1 切為 2。

將一層層海苔豆皮切割為 2 後，再轉 90 度切割條狀。

取鍋子加入油炸油，待油溫 180 度，以中大火將素小魚干炸酥，撈出濾油。

另取鍋子加入沙拉油，爆香薑末、紅辣椒末、芹菜粒，再加入炸酥的素小魚干，最後放入胡椒鹽拌炒均勻即成。

注意事項

1. 調製麵糊勿太稀，以免海苔與豆皮無法黏貼緊實。
2. 酥炸素小魚干時，需小心控制油溫，避免溫度過高易焦、過低易吸油。
3. 以片刀切割素小魚干，需以壓切方式，避免推拉切而滑掉。
4. 此道菜為香酥乾爽的菜餚，不可加料酒，以免不酥脆。
5. 規定的材料都需放入，不可短少。

燴三色山藥片

片

材　料　乾木耳1大片、小黃瓜1/2條、白山藥300克、紅蘿蔔水花片1式、中薑水花片1式

調味料　沙拉油2大匙、鹽1/2茶匙、砂糖1茶匙、水1杯、香油1大匙

芡　汁　太白粉1茶匙、水2茶匙

製作過程　燴

1. 白山藥去皮切片，乾木耳燙至漲發、去頭切片，小黃瓜切菱形片，中薑切水花片。
2. 取鍋子加入 3 杯水，待沸，放入山藥汆燙 3 分鐘後撈出。
3. 取鍋子加入沙拉油，以中小火爆香薑片、芹菜。
4. 薑片爆香後，將所有材料及調味料放入烹煮。
5. 待所有材料完全煮熟，以太白粉水微勾薄芡，裝盤即成。

重點步驟

取去皮的山藥片，以片刀切割成長方塊，再切割長方片。

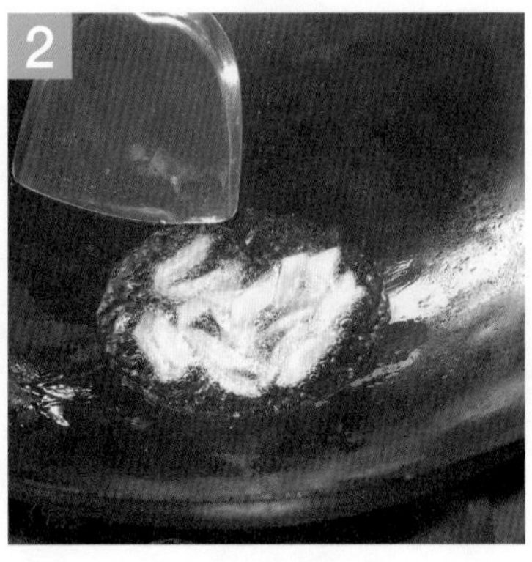

取鍋子加入沙拉油，以中小火爆香薑水花片。

薑水花片爆香後，加入山藥片、紅蘿蔔水花片、木耳略炒。

山藥片略炒後，加入所有材料及水混合略炒。

將所有材料放入後，再將所有調味料加入，混合燒煮。

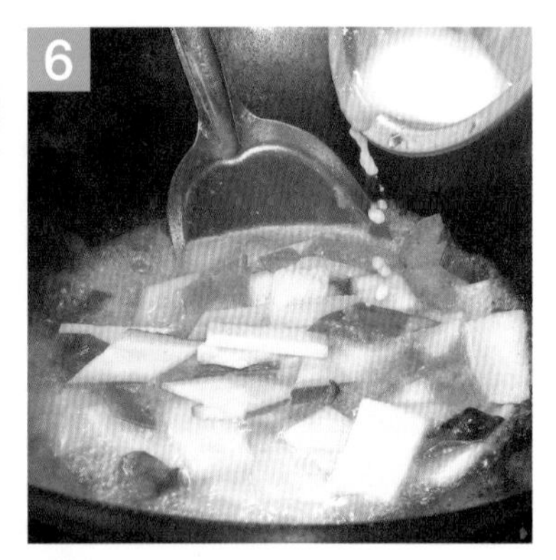

將所有材料燒煮熟透後，以太白粉水微勾薄芡，即成。

注意事項

1. 山藥本身有黏性，切割時要小心滑刀，避免危險。
2. 小黃瓜片需最後放入煮熟，避免太早加入而變黃。
3. 用太白粉水勾芡，火候勿太大，以免容易黏稠結塊。
4. 此道菜為燴菜，菜餚需勾芡，呈現燴汁。
5. 規定的主副材料都需加入，含紅蘿蔔水花片，不可短少。

301-7 組 3　辣炒蒟蒻絲

絲

材　料　乾香菇3朵、桶筍100克、白蒟蒻1塊、紅辣椒1條、青椒1/2顆、中薑20克

調味料　辣椒油2大匙、鹽1/2茶匙、砂糖1茶匙、水1/3杯、香油1大匙

製作過程　　炒

1. 將白蒟蒻板洗淨，以片刀直切厚 0.4 公分以內、長 4~6 公分片狀，再切成寬 0.4 公分絲狀。
2. 紅辣椒去籽切絲，乾香菇燙軟、去蒂切絲，桶筍切絲，青椒去籽切絲，中薑切絲。
3. 取鍋子加水，分別將蒟蒻絲燙除鹼味、桶筍絲燙除酸味後撈出。
4. 取鍋子加入辣椒油，以中小火爆香薑絲、香菇絲。
5. 將薑絲、香菇絲爆香後，放入所有材料及調味料，以中大火混合均勻、炒熟即成。

重點步驟

取鍋子加入清水，待沸，放入蒟蒻絲燙煮，去除鹼味。

另取鍋子加水，待沸，放入桶筍絲燙煮，去除酸味。

取鍋子加入沙拉油，以中小火爆香薑絲。

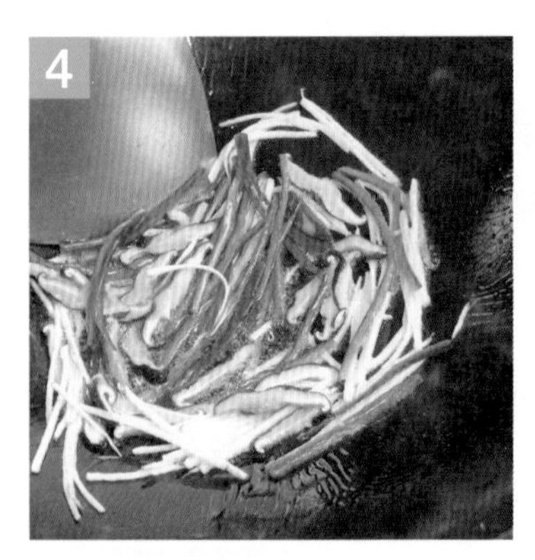

薑絲略爆香後，續加入香菇絲及紅辣椒絲爆炒。

將香菇絲、紅辣椒絲爆炒後，將所有材料及調味料加入，混合拌炒。

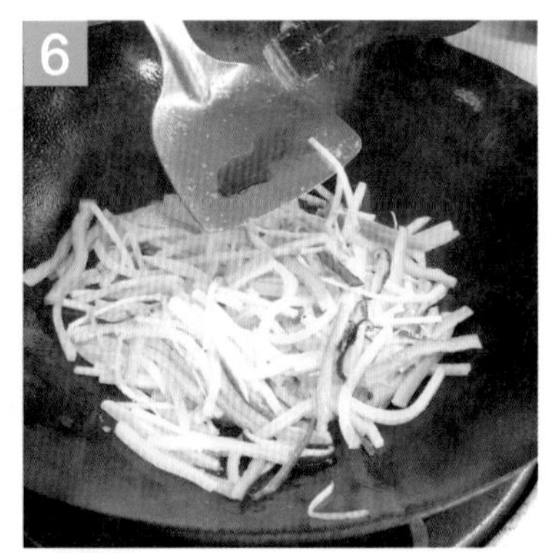

將所有材料及調味料混合炒熟後，加入紅辣椒油，略拌即成。

注意事項

1. 切割蒟蒻絲及桶筍絲，需力求刀工粗細一致。
2. 爆炒薑絲時，火候勿太大，避免燒焦。
3. 此道菜為辣炒，需加入紅辣椒絲及紅辣椒油拌炒。
4. 青椒絲最後再加入拌炒，注意一定要熟透，避免夾生。
5. 此道菜規定的所有材料及調味料都需加入，不可短少。

1. 燴素什錦

2. 三椒炒豆乾絲

3. 咖哩馬鈴薯排

材料明細

1. 麵筋泡8顆
2. 乾香菇3朵→切片
3. 乾木耳2大片→切絲、切片
4. 桶筍150克→切片
5. 五香大豆乾1塊→切絲
6. 小黃瓜2條→切菱形片、切盤飾
7. 大黃瓜1截→切盤飾
8. 青椒1/2顆→切絲
9. 黃甜椒1/2顆→切絲
10. 紅甜椒1/2顆→切絲
11. 芹菜40克→切末
12. 馬鈴薯300克→切片蒸熟
13. 紅蘿蔔300克→切水花片（2道菜用）
14. 中薑80克→切片、切絲

受評刀工（公分）

1. 木耳絲（20克以上）………………… 寬0.2~0.4，長4~6

2. 豆乾絲（30克以上）…. 寬、高0.2~0.4，長4~6

3. 青椒絲（50克以上）……………… 寬、高0.2~0.4，長4~6

4. 黃甜椒絲（50克以上） 寬、高0.2~0.4，長4~6

5. 紅甜椒絲（50克以上）……………… 寬、高0.2~0.4，長4~6

6. 芹菜末（20克以上）… 直徑0.3以下

7. 中薑絲（10克以上）………………… 寬、高0.3，長4~6

8. 中薑片（40克以上）‥ 長2~3，寬1~2，高0.2~0.4

指定水花（3選1）

1

2

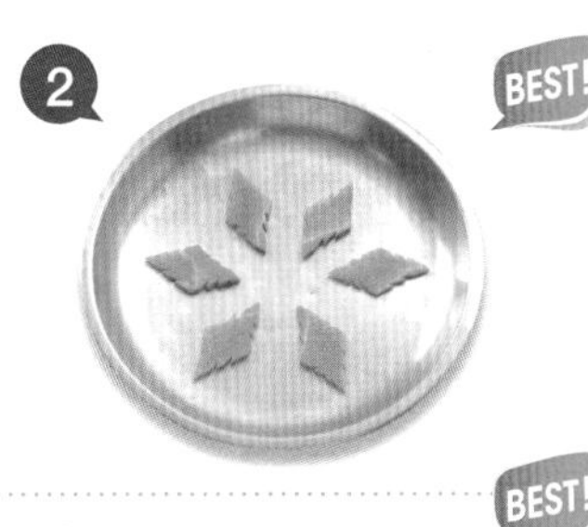

3

指定盤飾（3選2）

1

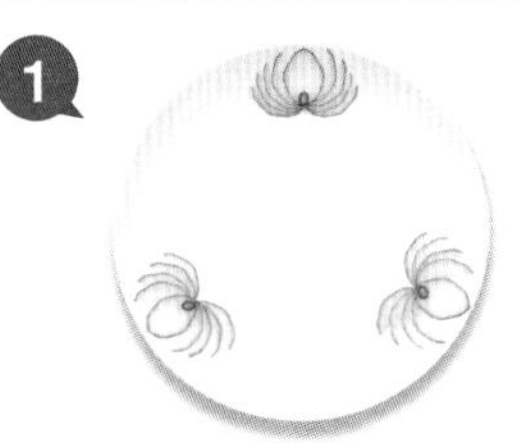

(1) 大黃瓜、紅辣椒

2

(2) 大黃瓜、紅辣椒

3

(3) 小黃瓜

301-8 組 1　燴素什錦

片

材　料　乾香菇3朵、桶筍150克、麵筋泡8顆、小黃瓜1/2條、紅蘿蔔水花片2式、中薑20克

調味料　沙拉油2大匙、醬油3大匙、砂糖1茶匙、水1杯、香油1大匙

芡　汁　太白粉2茶匙、水4茶匙

製作過程　燴

1. 乾香菇燙軟、去蒂斜切片狀，桶筍切片，麵筋泡洗淨，中薑切菱形片。
2. 取鍋子加入 2 杯水，待沸，燙煮桶筍片去除酸味。
3. 取鍋子加入沙拉油，以中小火爆香薑片。
4. 爆香薑片後，將所有材料及調味料放入烹煮。
5. 待所有材料煮熟，以太白粉水微勾薄芡即成。

重點步驟

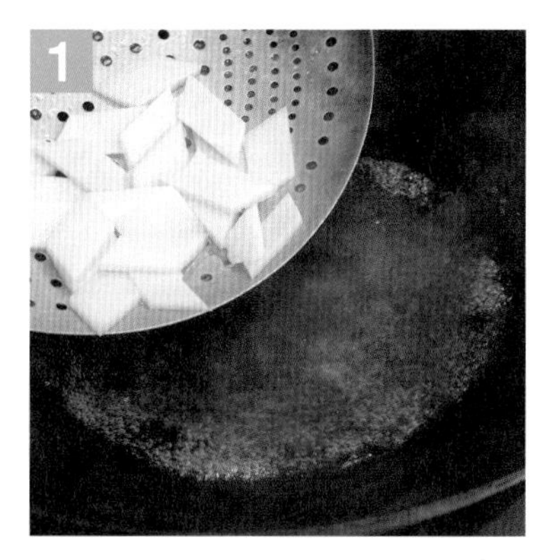

取鍋子加水，待沸，加入桶筍片燙煮，去除酸味。

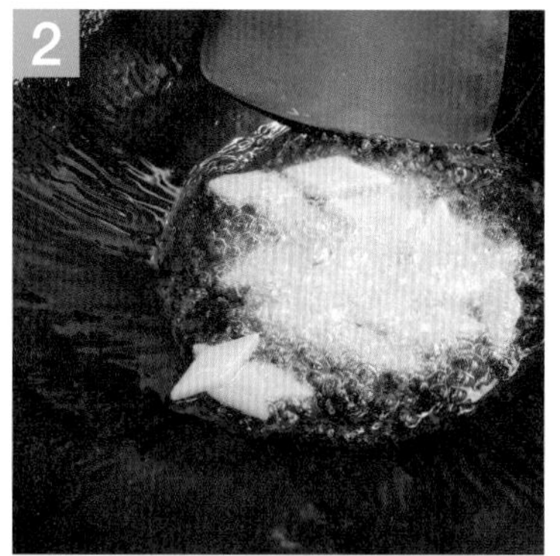

另取鍋子加入沙拉油，以中小火爆香薑片。

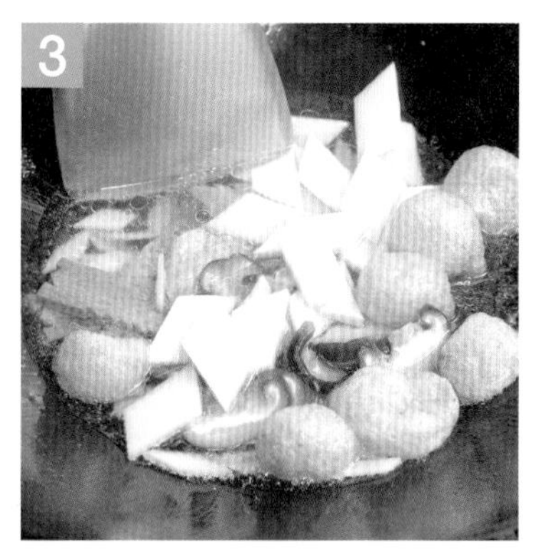

薑片爆香後，將所有材料放入鍋中略炒。

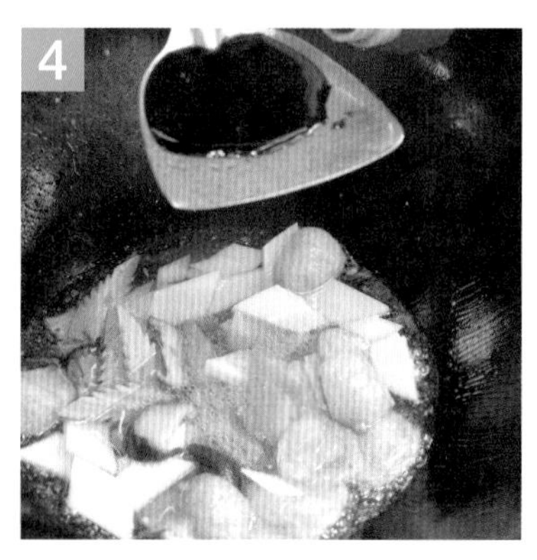

將所有材料放入鍋中後，續加入所有調味料。

將材料與調味料混合煮熟後，加入荷蘭豆續煮。

將所有材料完全煮熟後，以太白粉水勾芡即成。

注意事項

1. 桶筍菱形片需以熱水燙除酸味，口感、香氣較佳。
2. 爆香薑片需以中小火爆出香氣，避免火太大而焦黑。
3. 小黃瓜最後再加入烹煮，避免太早加入而煮久變黃。
4. 太白粉水勾芡需用中小火，避免勾芡太濃及結塊。
5. 所有規定的主副材料都需加入，含紅蘿蔔水花片，不可短少。

301-8 組 2　三椒炒豆乾絲

絲

材　料　乾木耳1大片、五香大豆乾1塊、紅甜椒1/2顆、黃甜椒1/2顆、青椒1/2顆、中薑10克

調味料　沙拉油2大匙、鹽1/2茶匙、砂糖1茶匙、水1/3杯、香油1大匙

芡　汁　太白粉1茶匙、水2茶匙

製作過程　熟炒

1. 分別將紅甜椒去籽、黃甜椒去籽、青椒去籽、大豆乾及中薑切絲。
2. 取鍋子，加入乾木耳及 2 杯水燙煮漲發，過冷後，去蒂切絲。
3. 取鍋子，加入沙拉油以中小火爆香薑絲。
4. 爆香薑絲後，將所有材料及調味料放入鍋內。
5. 將所有材料煮熟，再以太白粉水，微勾薄芡收汁即成。

重點步驟

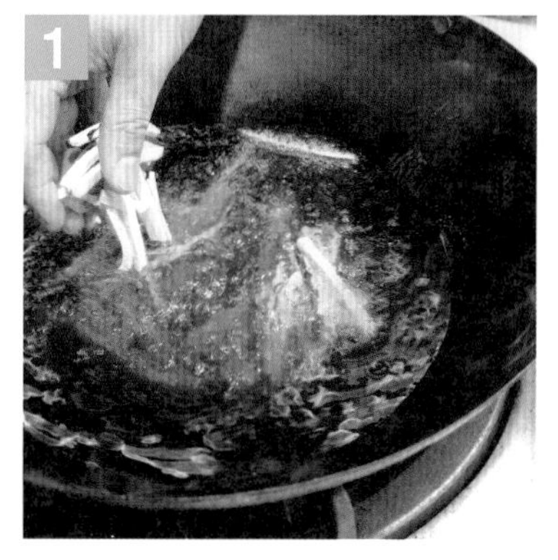

取鍋子加入油炸油，待油溫 180 度，小心的將豆乾絲放入。

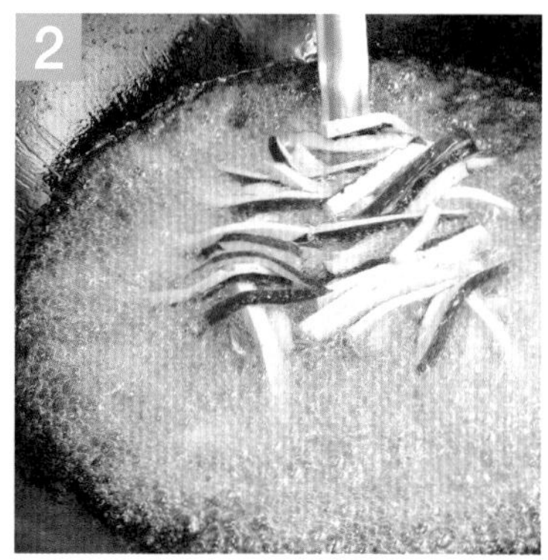

以油溫 180 度、中大火，將所有豆乾絲炸至上色。

將豆乾絲完全炸至上色後，以漏勺撈出濾乾油分。

另取鍋子加入沙拉油，以中小火爆香薑絲。

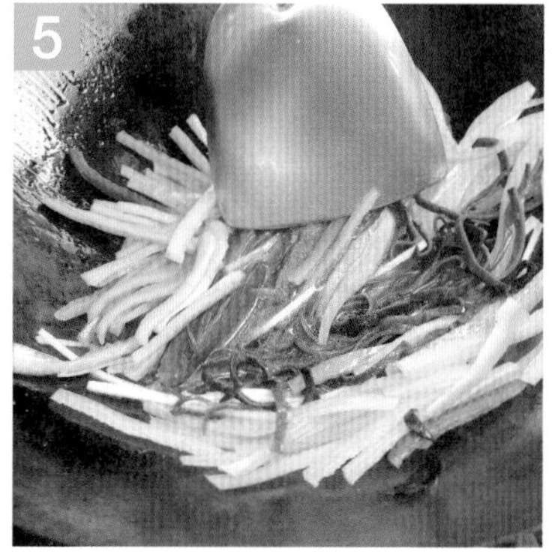

薑絲爆香後，加入三椒絲及木耳絲拌炒。

加入三椒絲及木耳絲拌炒後，加入所有調味料混合、拌炒均勻，再以太白粉水微勾薄芡，即成。

注意事項

1. 切割豆乾絲，需以推拉切刀工，避免用壓切而使豆乾絲斷掉。
2. 豆乾絲需炸至金黃上色，炒時才不容易斷掉。
3. 爆香薑絲需以中小火小心爆香，避免火太大而燒焦。
4. 炒三彩椒需炒熟，避免半熟、夾生而扣分。
5. 最後以太白粉水勾芡時，勿太黏稠，避免絲狀黏在一起。

301-8 組 3　咖哩馬鈴薯排

泥、片

材　料　乾木耳1大片、小黃瓜1/2條、芹菜40克、馬鈴薯300克、中薑20克、紅蘿蔔水花片2式

調味料　1 鹽1/2茶匙、砂糖1/2茶匙 2 沙拉油2大匙、咖哩粉1茶匙、鹽1/4茶匙、砂糖1茶匙、水1杯、香油1大匙

芡　汁　太白粉1茶匙、水2茶匙

製作過程　炸、淋

1. 馬鈴薯去皮切片、放入蒸籠蒸 12 分鐘至熟，中薑切片，芹菜切粒，乾木耳燙至漲發切片，小黃瓜切菱形片。
2. 取容器，加入蒸熟的馬鈴薯，再加入芹菜粒及調味料 1 混合。
3. 將馬鈴薯混合後，做成大小一致的球狀、再壓成餅排狀，沾上太白粉待炸。
4. 取鍋子，加入 1/3 鍋油炸油，待油溫 180 度，放入馬鈴薯排以中大火炸酥，約炸 2 分半鐘後撈出。
5. 另取鍋子加入沙拉油，爆香薑片後，再將所有材料及調味料 2 放入煮沸，以太白粉勾薄芡，再放入薯排，略煮即成。

重點步驟

馬鈴薯去皮切薄片，放入配菜盤蒸熟，以筷子串插確認是否熟透。

蒸熟的馬鈴薯片放入瓷湯碗，加入西芹粒、調味料1混合壓成泥。

將壓成泥的馬鈴薯分成6等分，做成球狀，沾上乾粉。

分別將每個馬鈴薯球沾上粉後，壓扁塑形成餅狀。

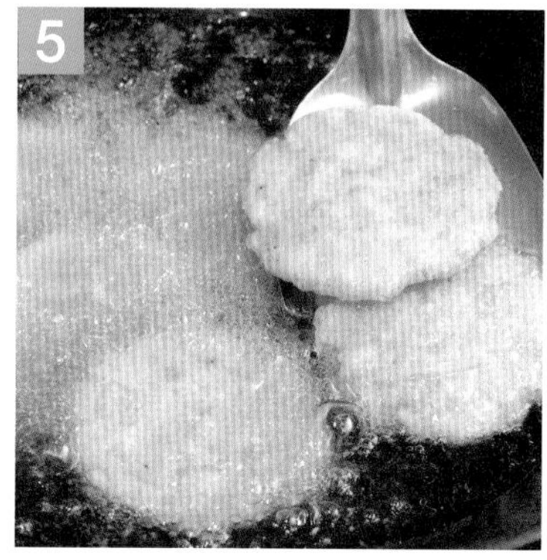

取鍋子加入油炸油，待油溫180度，將馬鈴薯餅放入，油炸上色後撈出。

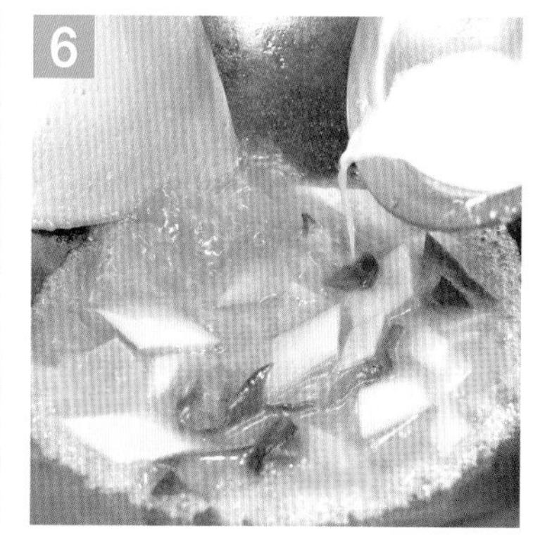

另取鍋子加入沙拉油，爆香薑片，再將所有材料及調味料2混合煮熟、勾薄芡，放入薯餅混合，盛盤即成。

注意事項

1. 檢查馬鈴薯是否蒸熟，若筷子能輕易串插穿透，代表已經蒸熟。
2. 做出的馬鈴薯餅大小需一致，不可有大有小。
3. 做好的薯餅沾粉，須以高溫油炸，避免油溫太低含油而鬆散不成形。
4. 最後醬汁勾芡後，加入炸薯餅，需小心混合再盛盤，避免破碎。
5. 此道菜規定的材料都需加入，含紅蘿蔔水花片，不得短少。

301-9組

1. 炒牛蒡絲　**2. 豆瓣鑲茄段**　**3. 醋溜芋頭條**

材料明細

1. 乾香菇2朵→切絲
2. 鳳梨片2片→1切6
3. 板豆腐1/2塊
4. 青椒1/2顆→切條
5. 紅甜椒1/2顆→切條
6. 紅辣椒2條→切絲、切盤飾
7. 小黃瓜1條→切盤飾
8. 大黃瓜1截→切盤飾
9. 茄子2條→切段挖空
10. 芹菜80克→切粒
11. 紅蘿蔔300克→切水花片
12. 芋頭200克→切條
13. 豆薯50克→切末
14. 牛蒡250克→切絲
15. 中薑80克→切絲、切末

受評刀工（公分）

1. 香菇絲（2朵）
   寬、高0.2~0.4

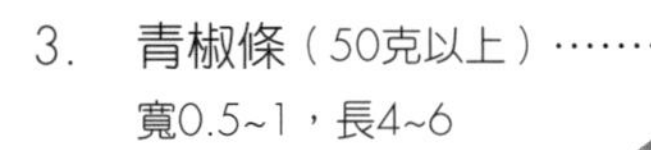

2. 紅辣椒絲（10克以上）
   寬、高0.3，長4~6

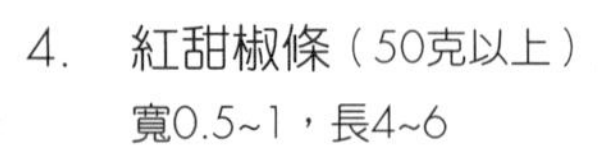
3. 青椒條（50克以上）
   寬0.5~1，長4~6

4. 紅甜椒條（50克以上）
   寬0.5~1，長4~6

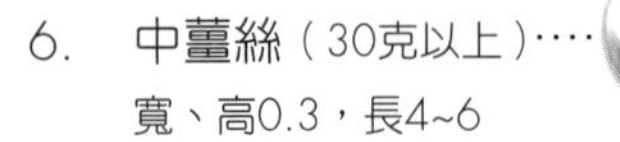
5. 牛蒡絲（200克以上）
   寬、高0.2~0.4，長4~6

6. 中薑絲（30克以上）
   寬、高0.3，長4~6

7. 芋頭條（150克以上）
   寬、高0.5~1，長4~6

8. 豆薯末（30克以上）
   直徑0.3以下

指定水花（3選1）

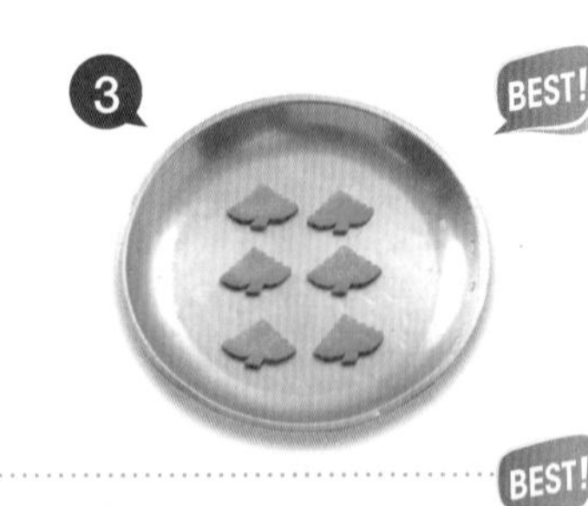

指定盤飾（3選2）

(1) 大黃瓜

(2) 大黃瓜、小黃瓜、紅辣椒

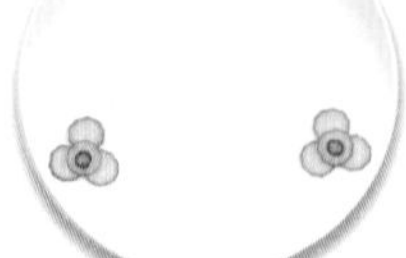
(3) 小黃瓜、紅辣椒

301-9 組 1　炒牛蒡絲

絲

材　料　乾香菇2朵、紅辣椒1條、芹菜40克、中薑60克、牛蒡250克

調味料　沙拉油2大匙、鹽1/2茶匙、砂糖1茶匙、水1/3杯、香油1大匙

製作過程　炒

1. 牛蒡以刮皮刀去皮、再以片刀斜切薄片、續切絲狀，紅辣椒去籽切絲，芹菜去葉切粒。
2. 取鍋子加入 2 杯水，放入香菇燙煮至熟，去蒂切絲。
3. 取鍋子加入 3 杯水，待沸放入牛蒡絲，燙熟撈出。
4. 另取鍋子，加入沙拉油，爆香薑絲及香菇絲。
5. 爆香薑絲及香菇絲後，加入所有材料及調味料以中大火炒熟，再用漏勺撈出，濾乾水分即成。

重點步驟

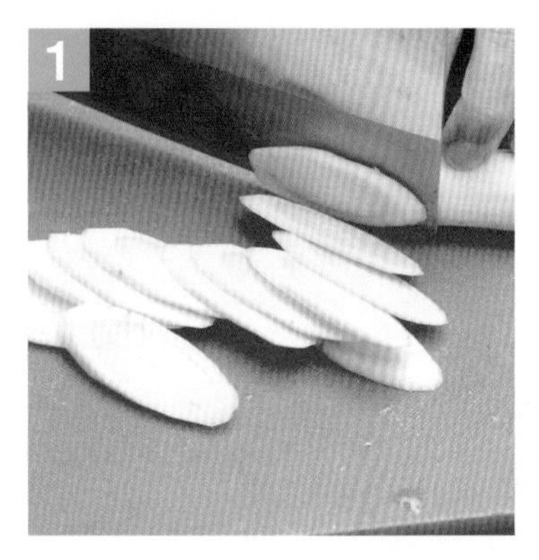

牛蒡刮除表皮，以片刀斜切 0.5 公分內的斜薄片，長 4~6 公分。

將牛蒡片排整齊再切成絲，以清水略泡。

取鍋子加入清水，待沸，加入泡過水的牛蒡絲燙熟，撈出。

另取鍋子加入沙拉油，爆香薑絲、香菇絲。

爆香薑絲、香菇絲後，加入牛蒡絲及所有調味料，混合拌炒。

將牛蒡絲充分混合拌炒，最後加入芹菜絲及紅辣椒絲炒熟即成。

注意事項

1. 切割好的牛蒡絲需泡入清水中，避免氧化變黑而影響觀感。
2. 燙煮牛蒡絲時，水中亦可加入 1 大匙白醋，炒出的牛蒡絲較為雪白。
3. 爆香薑絲、香菇絲，火候勿太大，而容易燒焦變黑。
4. 芹菜絲與紅辣椒絲需最後加入拌炒至熟，芹菜才不會黃掉。
5. 此道菜所規定的材料都需加入，不可短少。

301-9 組 2　豆瓣鑲茄段

材　料　板豆腐1/2塊、茄子2條、芹菜40克、中薑10克、豆薯50克、紅蘿蔔水花片2式

麵糊料　中筋麵粉1/4杯、水2大匙

調味料　沙拉油1大匙、辣豆瓣醬1大匙、醬油2大匙、水1杯、砂糖1茶匙、香油1大匙

芡　汁　太白粉1茶匙、水2茶匙

製作過程　炸、燒

1. 取茄子，以片刀切割 4~6 公分段，再以鐵湯匙小柄挖空茄肉。
2. 中薑切末、芹菜切粒、豆薯切粒，與豆腐一同放入容器中捏碎混合成餡料。
3. 將混合的餡料塞入挖空的茄子裡，兩端以麵糊封口。
4. 取鍋子，加入 1/3 鍋油炸油，待油溫 180 度，以中大火放入茄段，炸約 1 分鐘定色後撈出。
5. 另取鍋子加入沙拉油，炒香辣豆瓣醬，再將所有材料及調味料加入混合烹煮，以太白粉水勾薄芡，略燒收汁即成。

重點步驟

將茄子切塊，以鐵湯匙的小柄挖空茄肉。

取鍋子爆香薑末，再放入豆薯末、芹菜粒，炒熟後撈出，放入容器中，加入豆腐捏碎，混合成餡。

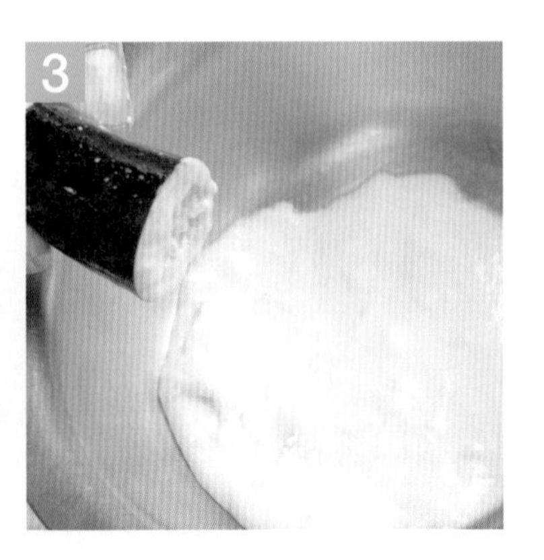

將混合均勻的餡料塞入茄塊內壓緊，兩端以麵糊封口。

取鍋子加入油炸油，待油溫180度，將茄段放入炸至定色，撈出濾油。

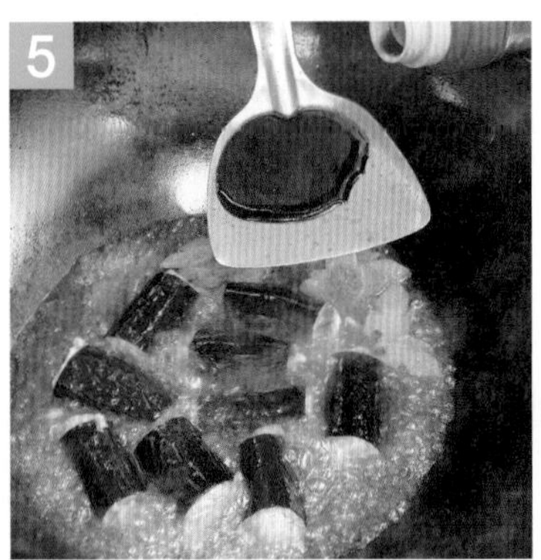

另取鍋子炒香辣豆瓣醬，再加入茄段及所有調味料。

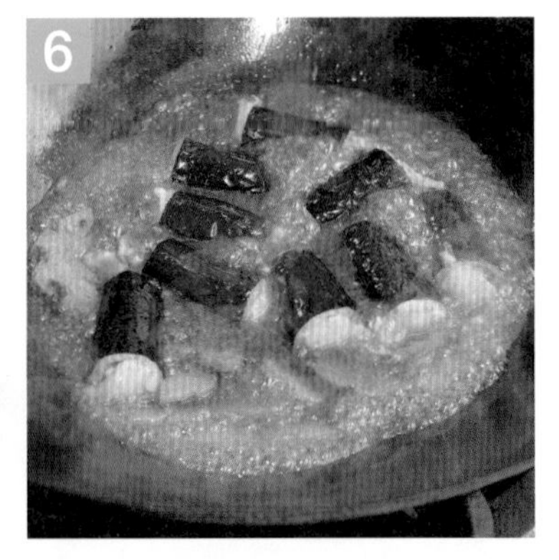

將所有材料及調味料加入後，略燒，以太白粉水微勾薄芡即成。

注意事項

1. 挖空茄段內側茄肉時，需以鐵湯匙的小柄挖，避免挖破而無法鑲內餡。
2. 爆香薑末時，火候勿太大，避免燒焦變黑，而影響觀感。
3. 茄子鑲入內餡，需兩頭壓緊，再以麵糊封口。
4. 醬汁調製好後，加入炸茄段、勿燒煮太久，茄段兩側麵糊容易爆餡。
5. 此道菜餚，規定的材料及辣豆瓣醬都需加入，含紅蘿蔔水花片，不得短少。

301-9 組 3　醋溜芋頭條

材　料　鳳梨片2片、青椒1/2顆、紅甜椒1/2顆、中薑10克、芋頭200克

麵糊料　中筋麵粉1杯、水1/2杯

調味料　沙拉油1大匙、番茄醬2大匙、白醋2大匙、砂糖2茶匙、水1/2杯、香油1大匙

芡　汁　太白粉1茶匙、水2茶匙

製作過程　滑、溜

1. 芋頭去皮切割粗條狀，青椒、紅甜椒去籽切條，中薑去皮切絲、鳳梨片 1 切 6 等分。
2. 取容器加入麵糊料，調成稠狀的麵糊後，放入芋頭條略拌均勻。
3. 取鍋子，加入 1/3 鍋油炸油，待油溫 180 度時轉小火，將芋頭一條、一條依次放入，再以中小火炸 2 分半鐘至熟。
4. 將所有芋頭條炸熟撈出、濾乾油分，另取鍋子加入沙拉油，爆香中薑絲。
5. 中薑絲爆香後，加入所有材料及調味料混合炒熟，再以太白粉水勾芡略燒即成。

重點步驟

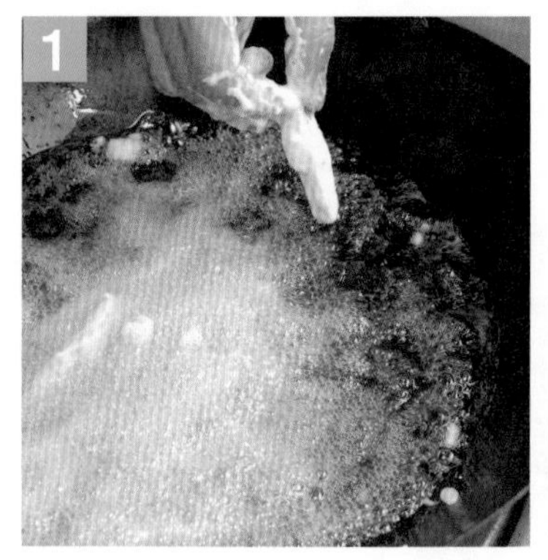

取鍋子加入油炸油，待油溫180度，將芋頭條沾上麵糊，一條、一條放入鍋中炸。

將芋頭條炸熟後，以漏勺撈出濾乾油分。

另取鍋子加入沙拉油，爆香薑絲後，加入所有副材料及調味料。

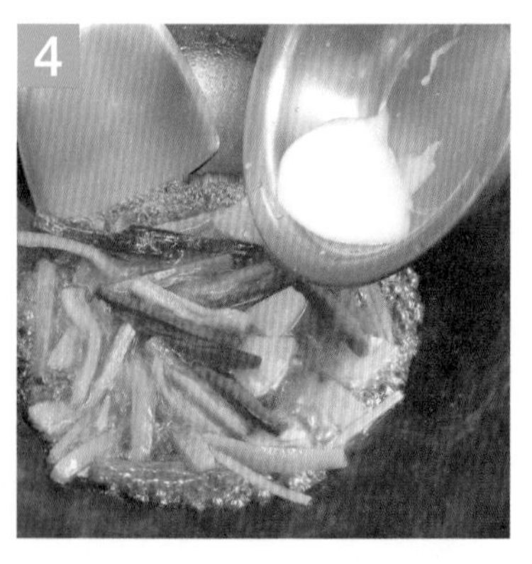

將副材料的紅甜椒條與調味料混合，再以太白粉水微勾薄芡。

以太白粉水微勾薄芡後，加入烏醋提香。

將烏醋加入後，再加入炸芋頭條，以中大火拌炒均勻即成。

注意事項

1. 切割芋頭條，力求刀工、粗細一致，避免不均勻。
2. 芋頭條沾上麵糊入鍋油炸，需炸熟，可先取一條剪開測試。
3. 此道菜以滑溜烹調法呈現，需以太白粉水勾芡，才符合主題。
4. 所有材料拌炒勿太久，避免青椒變黃、變軟。
5. 此道菜餚規定的主副材料都需加入，不得短少。

301-10組

1. 三色洋芋沙拉　　2. 豆薯炒蔬菜鬆　　3. 木耳蘿蔔絲球

材料明細

1. 乾香菇2朵→切粒
2. 乾木耳2大片→切絲
3. 玉米粒50克
4. 生豆包1塊→切粒
5. 沙拉醬100克以上
6. 紅甜椒50克→切粒
7. 西芹1單支→切粒
8. 四季豆3支→切粒
9. 小黃瓜1條→切絲、切盤飾
10. 大黃瓜1截→切盤飾
11. 芹菜100克→切粒
12. 中薑80克→切末、切絲
13. 紅蘿蔔300克→切粒、切絲、切水花片
14. 白蘿蔔200克→切絲
15. 豆薯180克→切粒（鬆）
16. 馬鈴薯200克→切粒

受評刀工（公分）

1. 西芹粒（40克以上）
   長、寬、高0.4~0.8
2. 小黃瓜絲（25克以上）
   寬、高0.2~0.4，長4~6
3. 馬鈴薯粒（170克以上）
   長、寬、高0.4~0.8
4. 紅蘿蔔粒（40克以上）
   長、寬、高0.4~0.8

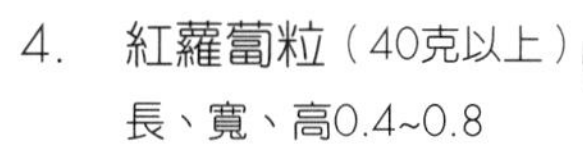

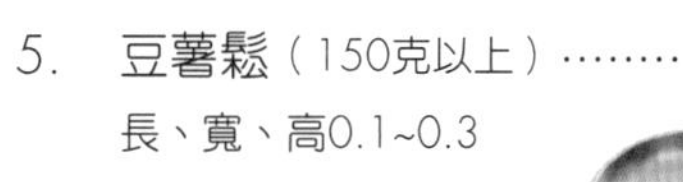

5. 豆薯鬆（150克以上）
   長、寬、高0.1~0.3
6. 中薑末（10克以上）
   直徑0.3以下

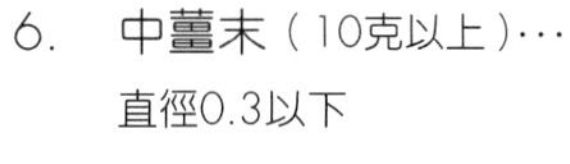

7. 白蘿蔔絲（170克以上）
   寬、高0.2~0.4，長4~6
8. 紅蘿蔔絲（50克以上）
   寬、高0.2~0.4，長4~6

指定水花（3選1）

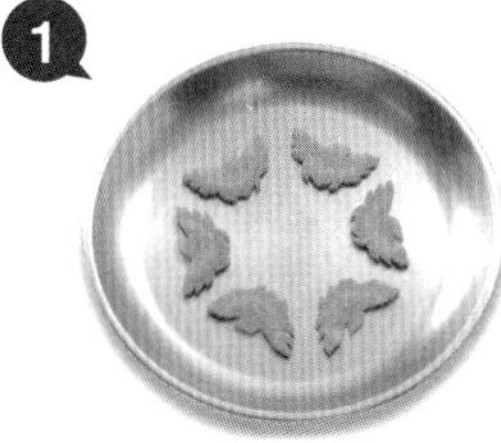

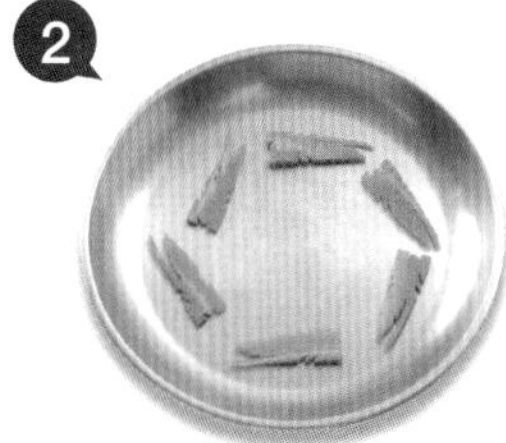

1 　2 　3 BEST!

指定盤飾（3選2）

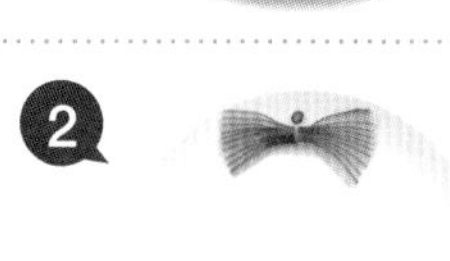

(1) 大黃瓜、紅辣椒　(2) 大黃瓜、紅辣椒 BEST!　(3) 小黃瓜 BEST!

301-10 組 1　三色洋芋沙拉

粒

材　料　玉米粒50克、沙拉醬100克、四季豆3支、西芹1單支、紅蘿蔔30克、馬鈴薯170克

調味料　沙拉醬3大匙、砂糖1大匙

製作過程　涼拌

1. 馬鈴薯去皮切丁，四季豆去頭尾及筋絲、切丁，西芹刮去粗皮、切丁，紅蘿蔔去皮切丁。
2. 將馬鈴薯放在瓷湯碗中，撒上砂糖，放入蒸籠蒸 12 分鐘至熟，取出待冷。
3. 取鍋子加入 3 杯水，待沸，放入紅蘿蔔丁燙熟，撈出過冷。
4. 續放入西芹丁及四季豆丁，最後放入玉米粒，再一同撈出過冷，濾乾水分。
5. 取瓷湯碗，加入所有沙拉丁料，再加入沙拉醬拌勻即成。

重點步驟

馬鈴薯去皮，以片刀切 1 公分厚片、再切條，轉 90 度切成 1 公分小丁。

紅蘿蔔去皮，以片刀切厚片、再切條，轉 90 度切成 1 公分小丁。

將馬鈴薯丁、紅蘿蔔丁放在配菜盤，加入砂糖乾蒸至熟。

取鍋子加入清水，待沸，放入切丁的四季豆燙熟。

將四季豆丁燙熟後，再加入玉米粒略燙，一同以漏勺撈出。

取一瓷湯碗，加入蒸熟的馬鈴薯丁及紅蘿蔔丁，再混合燙熟的四季豆、玉米粒，以沙拉醬混合拌勻即成。

注意事項

1. 所有切丁的材料，力求刀工、丁狀大小一致。
2. 馬鈴薯丁、紅蘿蔔丁可用蒸的，亦可用水煮熟。
3. 燙熟的四季豆丁，撈出後應以礦泉水過冷，才不會變黃。
4. 所有規定的材料都必須煮熟，避免夾生。
5. 混合沙拉醬，需注意生熟食的衛生操作手法。

301-10 組 2 豆薯炒蔬菜鬆

鬆

材　料　乾香菇2朵、生豆包1塊、紅甜椒50克、芹菜100克、中薑10克、豆薯180克

調味料　沙拉油2大匙、鹽1/2茶匙、砂糖1茶匙、水1/3杯、香油1大匙

製作過程　炒

1. 豆薯去皮切粒，芹菜去葉切粒，紅甜椒去籽切粒，中薑切末。
2. 取鍋子加水，燙煮香菇至軟、去蒂切小粒狀；生豆包切成小粒狀。
3. 取鍋子，加入 1/3 鍋油炸油，待油溫 180 度，將生豆包粒放入炸酥，撈出濾乾油分。
4. 取鍋子加入沙拉油，以中小火爆香中薑末、香菇末。
5. 爆香後，將所有材料及調味料放入混合均勻，以中小火炒熟即成。

重點步驟

將燙熟、漲發的香菇去蒂，以片刀切絲後，再轉 90 度切成末。

豆包洗淨，以片刀切絲，再轉 90 度切成米粒狀。

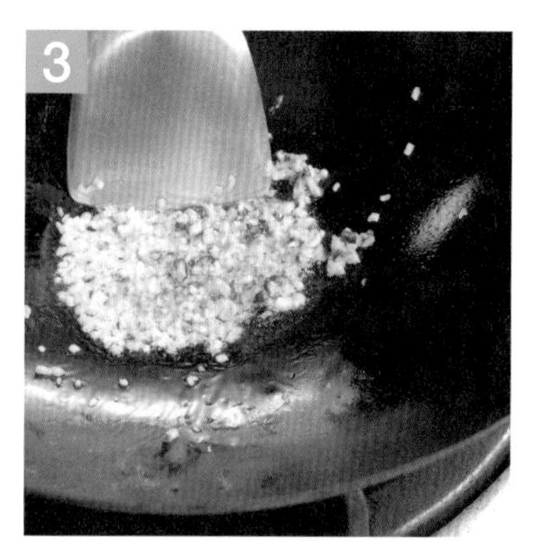

取鍋子加入沙拉油，以中小火，爆香薑末、香菇末。

薑末爆香後，續加入豆薯略炒。

續加入所有材料及所有調味料，混合炒勻。

分別將材料及調味料混合拌炒均勻，完全炒熟即成。

注意事項

1. 切割所有的粒末，力求刀工一致，避免有大有小。
2. 爆香薑末、香菇末，需以中小火慢慢爆香，避免火太大而燒焦。
3. 烹煮的過程中，拌炒以中小火為宜，避免火太大而焦黃。
4. 此道菜為乾炒，菜餚成品不得出油及帶有湯汁。
5. 此道菜餚規定的材料都需加入，不得短少，避免缺任何一種。

301-10 組 3　木耳蘿蔔絲球

絲

材　料　乾木耳1大片、小黃瓜1條、白蘿蔔200克、紅蘿蔔50克、中薑20克

調味料　沙拉油2大匙、鹽1/2茶匙、砂糖1茶匙、水1杯、香油1大匙

芡　汁　太白粉2茶匙、水4茶匙

製作過程　蒸

1. 白蘿蔔去皮切絲、紅蘿蔔去皮切絲、中薑去皮切絲、小黃瓜斜切片再切絲。
2. 取鍋子加入清水，燙煮木耳至漲發，過冷後切絲。
3. 取鍋子加入 1/3 鍋水，待沸，放入紅蘿蔔絲、白蘿蔔絲燙熟撈出，約燙 8 分鐘。
4. 將燙熟的紅蘿蔔絲、白蘿蔔絲、木耳絲及中薑絲放入容器，加入 1/2 杯麵粉混合拌勻，再做成大小一致的球狀，手沾清水塑形後，入蒸籠以大火蒸 10 分鐘取出。
5. 取鍋子，加入小黃瓜絲及所有調味料，待沸，以太白粉水勾芡，淋在蘿蔔球上即成。

重點步驟

取鍋子加入清水，待沸，將白蘿蔔絲、紅蘿蔔絲、中薑絲、乾木耳絲放入，燙熟後撈出。

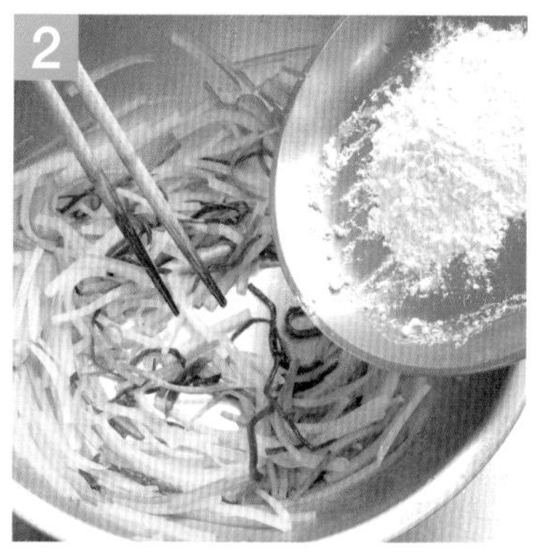

將燙熟的蘿蔔絲及其他材料撈出，放入容器中，趁熱加入中筋麵粉攪拌。

將麵粉加入燙熟的材料內，以竹筷子完全拌至融合。

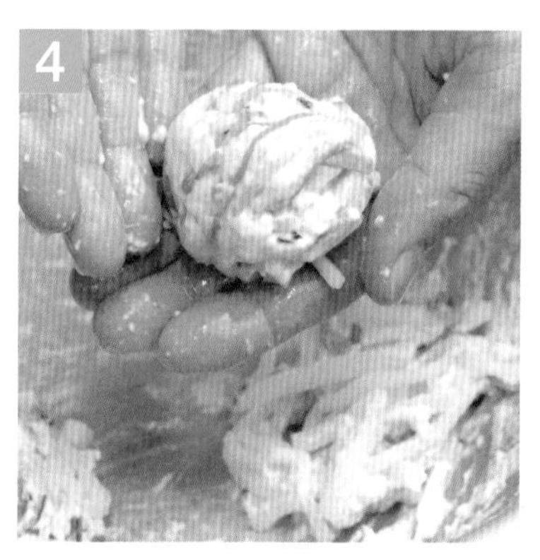

將蘿蔔絲及其他材料拌至融合後，分成6等分，以手沾水，捏成圓球狀。

以手分別將材料捏成圓形的蘿蔔球，放在瓷盤上蒸熟。

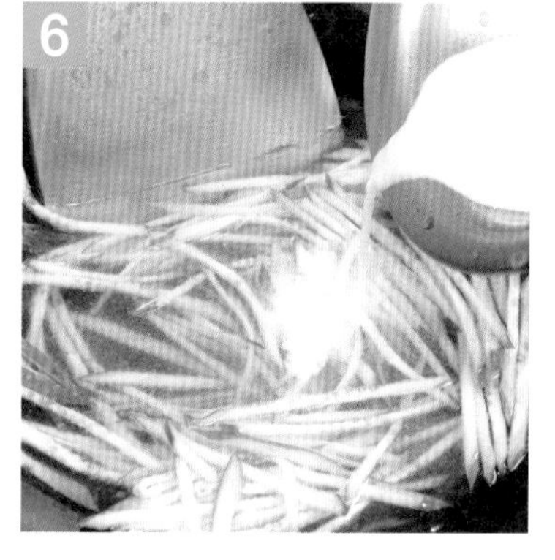

取鍋子加入調味料及小黃瓜絲，待沸，以太白粉水勾芡，淋在蘿蔔球上即成。

注意事項

1. 切割所有絲狀，力求刀工粗細一致，不可有粗有細。
2. 黑木耳絲勿加太多，以免成品顏色較黑，而影響觀感。
3. 呈現的6顆蘿蔔球，大小需平均，不可有大有小。
4. 製作蘿蔔球時手需沾水，塑成的球形比較光滑好看。
5. 最後以小黃瓜絲調製醬汁，勾芡勿太濃，以薄芡為佳。

301-11組

1. 家常煎豆腐

2. 青椒炒杏菇條

3. 芋頭地瓜絲糕

材料明細

1. 乾木耳1大片→切片
2. 板豆腐400克→切片
3. 杏鮑菇3支→切條
4. 大黃瓜1截→切盤飾
5. 小黃瓜1條→切菱形片、切盤飾
6. 青椒1/2顆→切條
7. 紅辣椒2條→切絲、切盤飾
8. 芹菜50克→切粒
9. 地瓜200克→切絲
10. 芋頭250克→切絲
11. 紅蘿蔔300克→切水花片、切條
12. 中薑80克→切水花片、切絲

受評刀工（公分）

1. 中薑水花（6片）

2. 豆腐片（350克以上）
   長4~6，寬2~4，
   高0.8~1.5

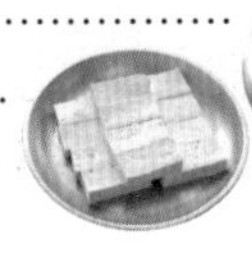

3. 杏鮑菇條（250克以上）
   寬、高0.5~1，長4~6
4. 小黃瓜片（6片）
   長4~6，寬2~4，
   厚0.2~0.4

5. 青椒條（50克以上）
   寬0.5~1，長4~6

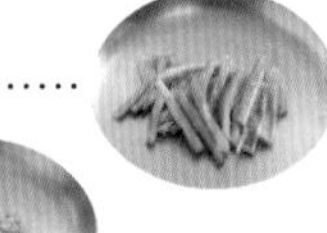

6. 芹菜粒（20克以上）
   長、寬、高0.2~0.4

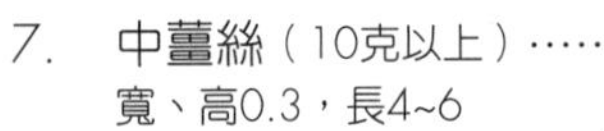

7. 中薑絲（10克以上）
   寬、高0.3，長4~6

8. 芋頭絲（200克以上）
   寬、高0.2~0.4，長4~6

9. 地瓜絲（170克以上）
   寬、高0.2~0.4，長4~6

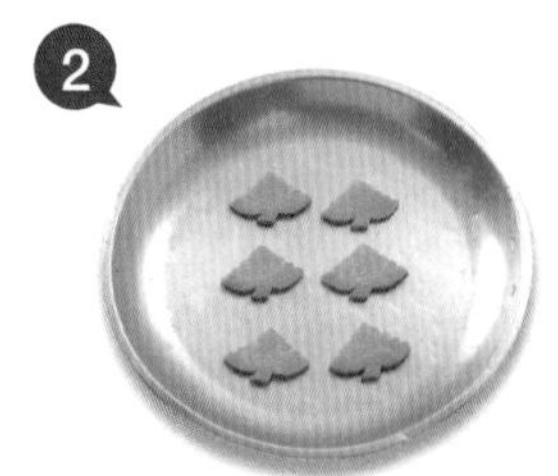

指定盤飾（3選2）

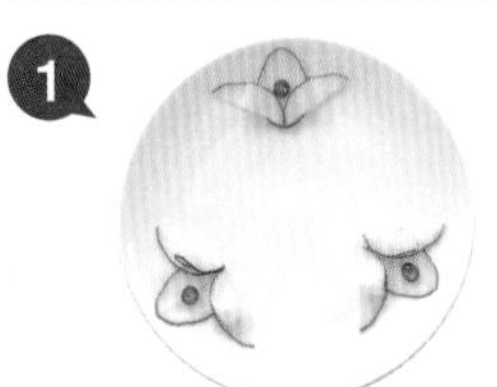

(1) 大黃瓜、紅辣椒

(2) 大黃瓜

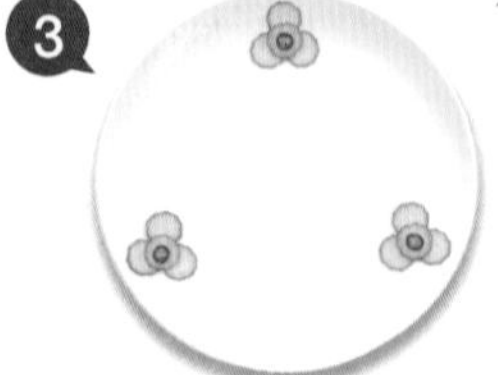

(3) 小黃瓜、紅辣椒

家常煎豆腐

片

材　料　乾木耳1大片、板豆腐400克、小黃瓜1/2條、中薑水花片1式、紅蘿蔔水花片1式

調味料　沙拉油2大匙、醬油2大匙、砂糖1茶匙、白胡椒粉1/4茶匙、水1/2杯、香油1大匙

製作過程　煎

1. 將板豆腐每塊 1 切 4 呈長方片，乾木耳以開水燙至漲發後切菱形片，中薑去皮切水花片，小黃瓜切菱形片。
2. 取鍋子，以中大火燒鍋 1 分鐘，回溫 20 秒。
3. 回溫 20 秒後，加入沙拉油 2 大匙潤鍋，排入豆腐片再開火。
4. 將豆腐片排入鍋內，以中小火煎約 2 分鐘，待上色，以鍋鏟小心翻面，續煎另一面至上色後鏟出。
5. 取鍋子爆香薑水花片，將所有材料及調味料放入，再放入煎至上色的豆腐片，略燒收汁即成。

重點步驟

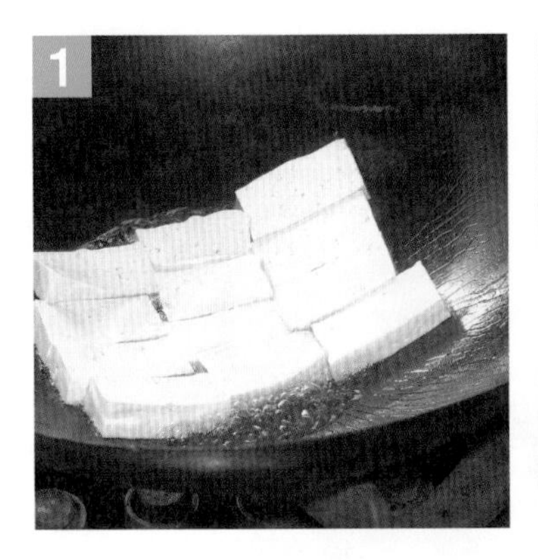

取鍋子，燒鍋 1 分鐘、回溫 20 秒，加入沙拉油潤鍋，排入豆腐片再開火。

以中小火將豆腐片一面煎金黃色後，以鍋鏟小心翻面。

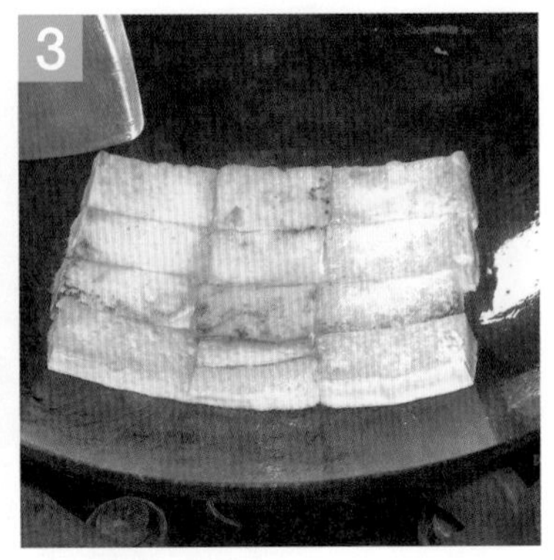

以鍋鏟小心將每片豆腐翻面排好，續將另一面煎至金黃色後鏟出。

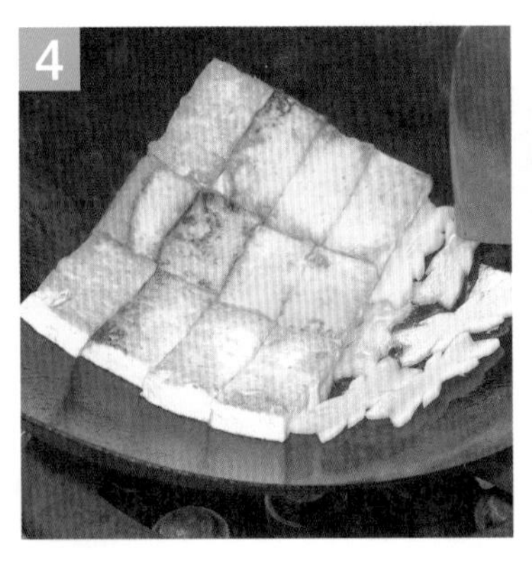

將豆腐片兩面煎至金黃色後，以中小火鍋子斜一邊爆香薑水花片。

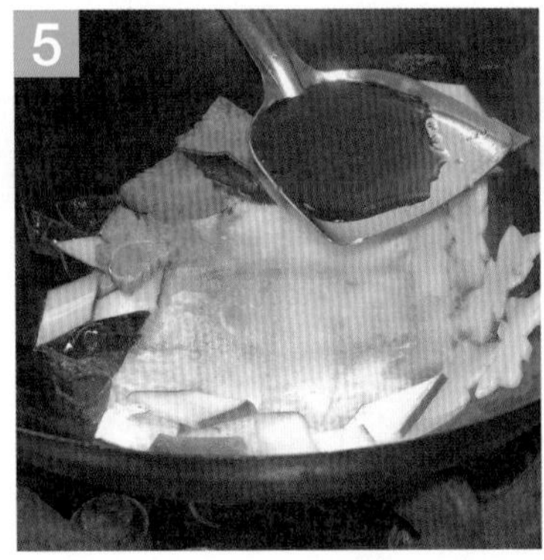

薑水花片爆香後，加入所有材料（含紅蘿蔔水花片）及調味料烹煮。

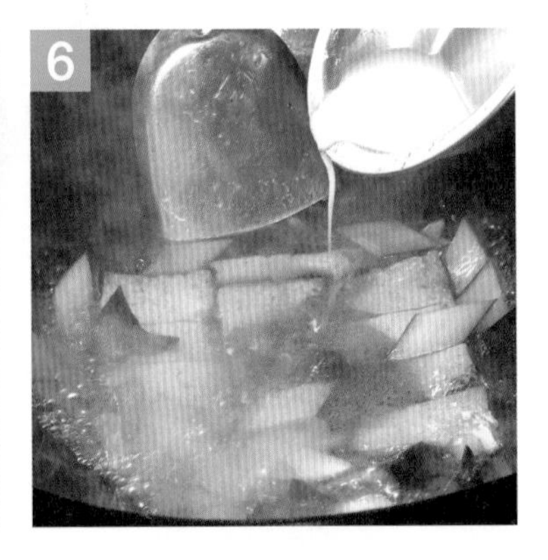

分別將所有材料及調味料烹煮至熟後，以太白粉水微勾薄芡，拌合收汁即成。

注意事項

1. 煎豆腐前，鍋子需燒鍋 1 分鐘、回溫 20 秒再潤油，豆腐片就不會黏鍋了。
2. 煎豆腐規定不得沾粉煎，不得用大量的油油炸。
3. 煎豆腐時，翻面需小心，避免鍋鏟鏟破豆腐。
4. 豆腐需煎至金黃上色，不可焦黑、破散、不成形。
5. 此道菜餚成品醬汁應極少，因煮好的豆腐會出水。

301-11 組 2　青椒炒杏菇條

材　料　杏鮑菇3支、青椒1/2顆、紅辣椒1條、中薑10克、紅蘿蔔40克

調味料　沙拉油2大匙、鹽1/2茶匙、砂糖1茶匙、水1/2杯、香油1大匙

製作過程　炒

1. 將青椒去籽切條、紅蘿蔔去皮切條、杏鮑菇切條、紅辣椒去籽切絲、中薑切絲，備用。
2. 取鍋子加入沙拉油，以中小火爆香薑絲。
3. 薑絲爆香後，續加入紅蘿蔔條，以中大火略炒。
4. 將紅蘿蔔條略炒半熟後，加入杏鮑菇條、紅辣椒條及所有調味料續炒。
5. 最後放入青椒條完全炒熟，以漏勺濾乾水分，裝盤即成。

重點步驟

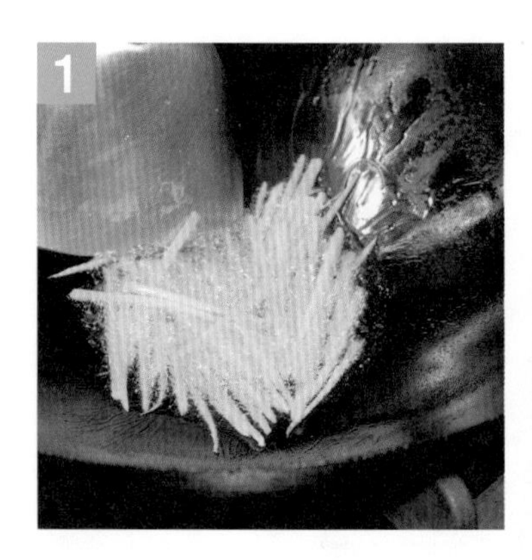

取鍋子，加入沙拉油，以中小火爆香薑絲

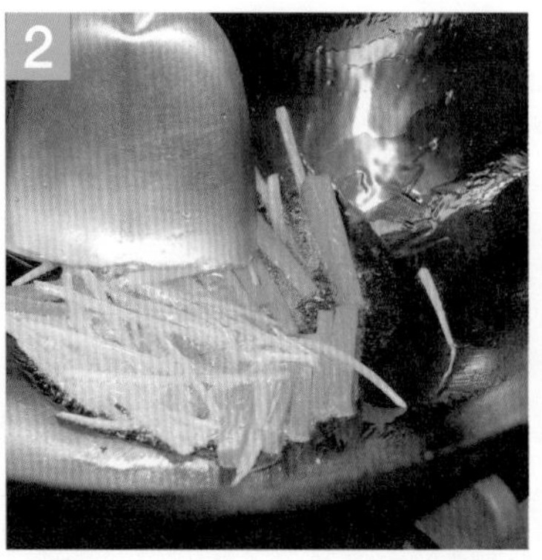

薑絲略爆香後，加入紅蘿蔔條續炒

薑絲、紅蘿蔔條炒香後，加入清水

加入清水後，再加入杏鮑菇條及調味料

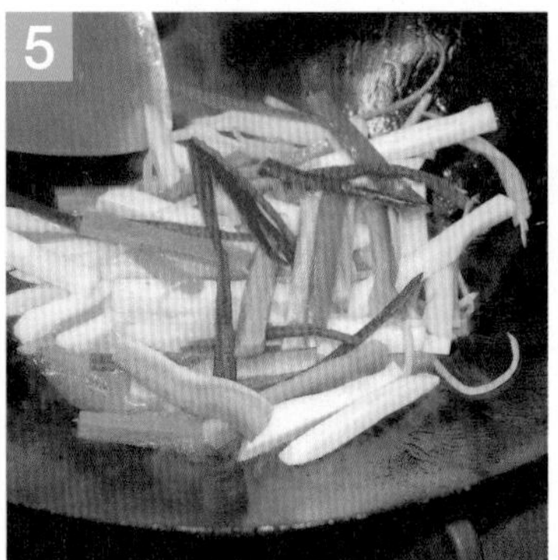

將所有調味料加入後，炒熟杏鮑菇條，再加入青椒及紅辣椒絲

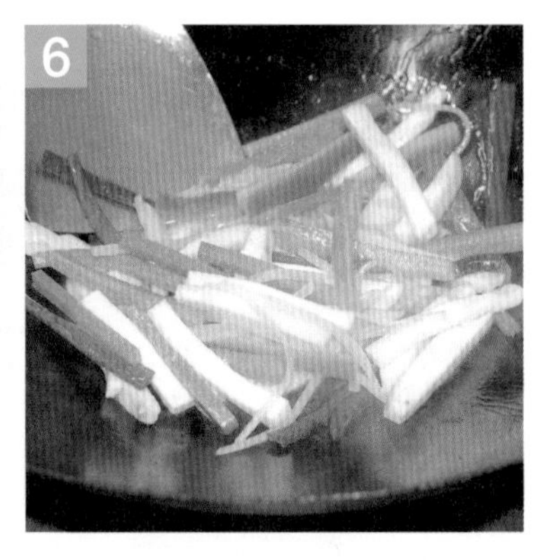

將所有材料及調味料混合炒熟後，以太白粉水微勾薄芡即成。

注意事項

1. 切割杏鮑菇條、青椒條，刀工力求粗細一致，避免有粗有細。
2. 爆香中薑絲，應以中小火慢慢爆香，避免燒焦、變黑。
3. 青椒條需炒熟，但避免炒得過熟而變黃、變軟。
4. 最後用太白粉水勾芡時，火勿太大、粉水勿加太多，而容易結塊。
5. 此道菜規定的材料都需加入，不得短少。

301-11 組 3　芋頭地瓜絲糕

絲

材　料 芹菜50克、芋頭250克、地瓜200克

調味料 鹽1/2茶匙、砂糖1茶匙、香油1大匙

粉　料 玉米粉2大匙、地瓜粉1大匙

製作過程　蒸

1. 分別將芋頭去皮切絲、地瓜去皮切絲、芹菜去葉切粒，備用。
2. 取容器加入芋頭絲、地瓜絲，再加入調味料拌勻。
3. 將芋頭絲、地瓜絲加入調味料拌勻，等待5分鐘，讓絲狀軟化。
4. 將軟化的芋頭絲、地瓜絲再加粉料拌均勻，放入四方不鏽鋼容器內，撒上芹菜粒。
5. 將拌勻的芋頭絲、地瓜絲，放入容器蒸15分鐘，取出略微冷卻後，以白色熟食砧板切塊，排盤即成。

重點步驟

分別將芋頭及地瓜以片刀切成絲，放入容器中，加入調味料。

將兩種絲放入容器、加入調味料，略拌至軟化。

將兩種絲拌至軟化後，加入玉米粉及地瓜粉，混合拌勻。

取方形餐盒模型，以一張保鮮膜（或在模具上擦一層薄薄的油）。

將保鮮膜墊底後，放入混合拌勻的芋頭絲、地瓜絲，撒上芹菜粒，入蒸籠鍋蒸熟。

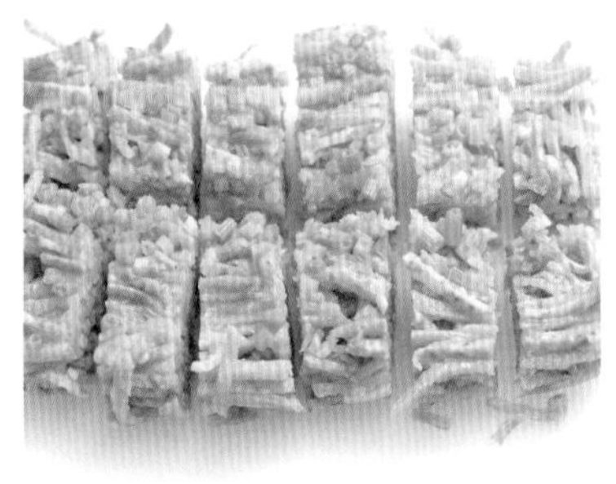

將蒸熟的芋頭絲、地瓜絲糕取出，以白色熟食砧板切割塊狀後，排盤即成。

注意事項

1. 切割芋頭絲及地瓜絲，刀工力求粗細一致，不可有粗有細。
2. 需加入調味料，拌醃至軟化後，再加入粉料混合拌勻。
3. 方形餐盒模型及保鮮膜，考場均有準備。
4. 芋頭絲、地瓜絲拌粉後，放入餐盒時需略排整齊，勿壓緊，以利快速蒸熟。
5. 此道菜不可夾生，蒸熟的芋頭絲、地瓜絲糕，需以白色熟食砧板切割。

1. 香菇柴把湯

2. 燒素獅子頭

3. 什錦煎餅

材料明細

1. 乾香菇5朵→切條、切末
2. 乾木耳2大片→切絲
3. 冬菜5克→切末
4. 干瓢8條
5. 桶筍120克→切條
6. 酸菜心1/3顆→切條
7. 板豆腐400克
8. 麵腸1條→切條、切絲
9. 小黃瓜1條→切菱形片、切盤飾
10. 大黃瓜1截→切盤飾
11. 大白菜200克→1切6
12. 高麗菜180克→切絲
13. 芹菜100克→切末、切絲
14. 中薑100克→切片、切末、切絲
15. 紅蘿蔔300克→切水花片、切絲
16. 豆薯80克→切末
17. 雞蛋2顆

受評刀工（公分）

1. 香菇條（10條）……寬0.5~1
2. 木耳絲（15克以上）……寬0.2~0.4，長4~6

3. 酸菜條（10條）……寬0.5~1，長4~6

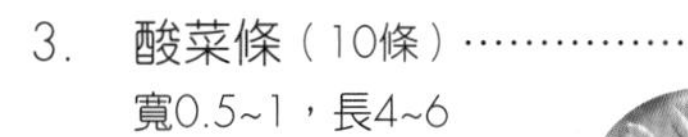

4. 麵腸條（10條）……寬、高0.5~1，長4~6

5. 中薑片（50克以上）……長2~3，寬0.2~0.4，高1~2

6. 中薑末（15克以上）……0.3以下

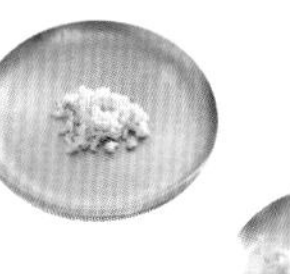

7. 豆薯末（60克以上）……直徑0.3以下

8. 中薑絲（20克以上）……寬、高0.3，長4~6

指定水花（3選1）

指定盤飾（3選2）

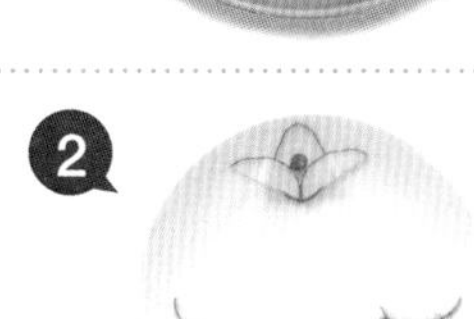

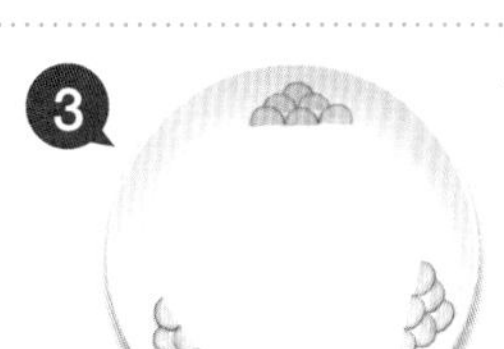

(1) 大黃瓜、小黃瓜、紅辣椒

(2) 大黃瓜、紅辣椒

(3) 小黃瓜

301-12 組 1　香菇柴把湯

條

材　料　乾香菇3朵、干瓢8條、麵腸1/2條、桶筍120克、酸菜心1/3顆、小黃瓜1/2條、中薑50克、紅蘿蔔水花片2式

調味料　鹽1茶匙、砂糖1茶匙、白胡椒粉1/4茶匙、香油1大匙

製作過程　煮（湯）

1. 將酸菜心切成條狀、泡水去除酸味，乾香菇燙熟、去蒂切條。
2. 小黃瓜斜切菱形塊、再切菱形片，中薑切片，麵腸切條，桶筍切條。
3. 取鍋子，加入 3 杯清水，放入酸菜及桶筍燙 5 分鐘後撈出。
4. 另取鍋子，加入 1/4 鍋油炸油，待油溫 180 度，以中大火分別炸香菇條及麵腸條至金黃色後撈出。
5. 將香菇條、麵腸條、酸菜條、桶筍條，以干瓢絲綑綁成柴把狀。鍋中加 8 分瓷湯碗的水，續加入調味料及所有材料，煮沸即成。

重點步驟

取鍋子加入油炸油，待油溫180度，將香菇條放入略炸撈出。

續加熱油溫，待油溫180度，放入麵腸條略炸上色，撈出濾油。

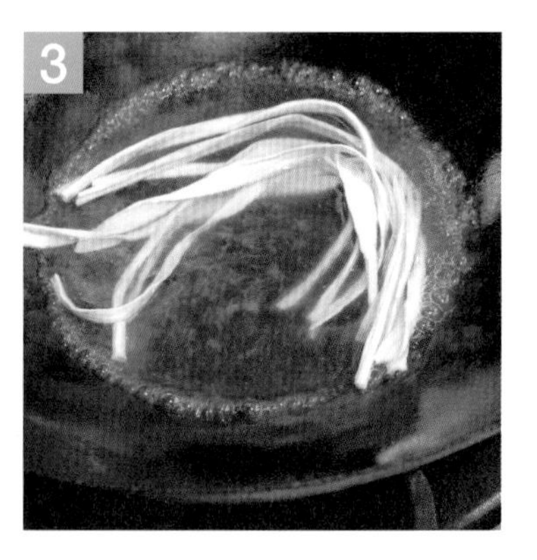

另取鍋子加入清水，待沸，略燙干瓢絲，撈出過冷。

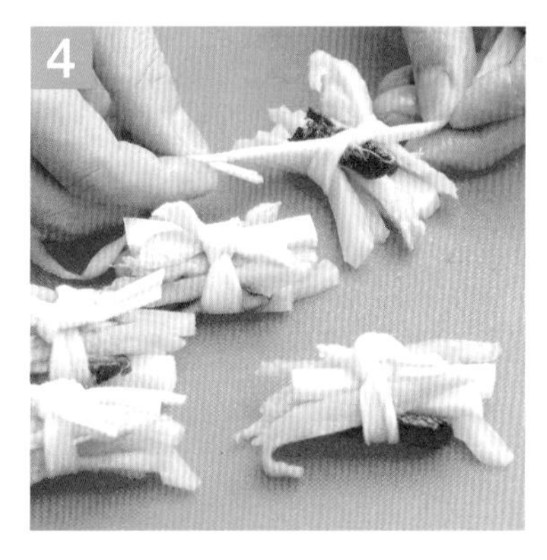

別將竹筍條、紅蘿蔔條、酸菜條、香菇條、麵腸，排列整齊，以干瓢絲綑綁。

分別以干瓢絲將所有材料綑綁成柴把狀。

取鍋子加入八分瓷湯碗的水，待沸，放入所有材料及調味料混合煮熟，滴入香油即成。

注意事項

1. 桶筍條、紅蘿蔔條、酸菜條，需先以水燙熟，燙除酸味。
2. 炸香菇條及麵腸條，油溫需特別注意不可太低，而無法上色或吸油。
3. 燙煮干瓢絲勿太久，漲發後綑綁容易斷裂，亦可泡水至軟就好。
4. 綑綁每一個柴把，皆須綁牢、不得鬆脫，但也不要太緊，容易使干瓢絲斷掉。
5. 此道菜為湯品，所規定的材料都需加入，不得短少。

301-12 組 2　燒素獅子頭

末、片

材　料　乾香菇2朵、冬菜5克、板豆腐400克、芹菜50克、大白菜200克、中薑15克、豆薯80克

調味料　沙拉油2大匙、醬油3大匙、砂糖1茶匙、水2杯、白胡椒粉1/4匙、香油1大匙

芡　汁　太白粉1茶匙、水2茶匙

製作過程　紅燒

1. 中薑去皮切末、乾香菇燙熟切末、豆薯去皮切末、芹菜去葉切末、冬菜切末、大白菜連梗 1 切 6 長塊。
2. 取容器放入板豆腐，加入冬菜末、豆薯末、薑末、香菇末混合做成大小一致的球形，沾上太白粉待炸。
3. 取鍋子，加入 1/3 鍋油炸油，待油溫 180 度，以中火將獅子頭一個、一個放入油炸定形，約炸 2 分鐘後撈出。
4. 取鍋子加入沙拉油，再將所有材料及調味料放入，以中大火燒煮。
5. 待大白菜煮熟，以大白粉水微勾薄芡，略燒即成。

重點步驟

取鋼盆，將豆腐及炒香的香菇末、豆薯末、冬菜末放入，加入 2 茶匙太白粉。

將乾香菇末、豆薯粒、冬菜末、薑末加入，與豆腐混合成餡料狀。

將材料混合成餡料狀後，分成大小一致的 6 等分，沾上太白粉，塑成球狀。

取鍋子加入油炸油，待油溫 180 度，分別一個、一個放入油鍋，炸至金黃定形。

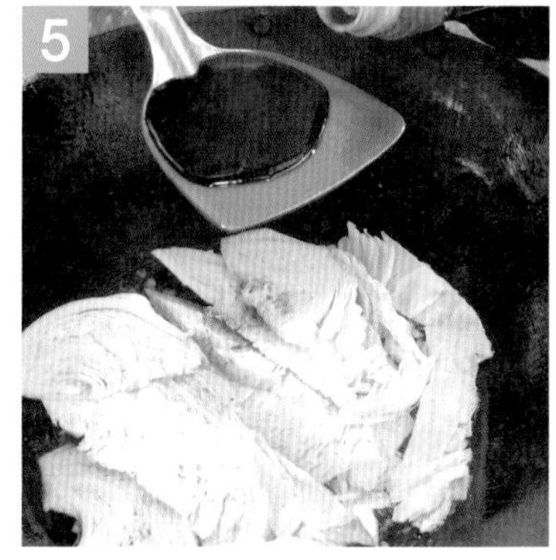

另取鍋子加入沙拉油，再加入調味料及大白菜，混合燒煮。

分別將大白菜、調味料及炸獅子頭放入鍋中燒煮約 4 分鐘，以太白粉水微勾薄芡，再加入芹菜粒煮熟即成。

注意事項

1. 製作素獅子頭，需大小一致，避免有大有小而不平均。
2. 塑成球形的獅子頭需沾上太白粉再炸，油溫須達 180 度，外形才會完整、漂亮。
3. 混合豆腐餡料時，加入 2 茶匙太白粉，比較不容易破裂。
4. 因燒煮成品不可夾生，大白菜亦可先燙熟再燒煮。
5. 此道菜規定需加入的材料不得短少，不可缺任何一種。

301-12 組 3　什錦煎餅

絲

材　料　乾木耳1大片、麵腸1/2條、高麗菜180克、芹菜50克、中薑20克、紅蘿蔔50克、雞蛋2顆

調味料　沙拉油2大匙、鹽1/2茶匙、砂糖1茶匙、白胡椒粉1/4茶匙、中筋麵粉1/2杯、香油1大匙

製作過程　　煎

1. 分別將高麗菜切絲、紅蘿蔔去皮切絲、芹菜去葉切絲、中薑去皮切絲、乾木耳燙軟後切絲、麵腸切絲。
2. 取鍋子加入 3 杯水，待沸，放入高麗菜絲及紅蘿蔔絲，燙熟撈出。
3. 取容器，將所有材料放入，加入雞蛋及調味料混合，再加入 1/2 杯中筋麵粉混合均勻。
4. 取鍋子，燒鍋 1 分鐘、回溫 20 秒後，加入沙拉油潤鍋，再放入蔬菜麵糊，攤開成餅狀。
5. 將煎餅壓扁，以中小火煎酥一面，再翻面煎酥另一面，鏟起後，以白色熟食砧板切割 6 片排盤即成。

重點步驟

取鍋子加入沙拉油，放入所有素菜絲略炒，再加入所有調味料（除了麵粉以外）。

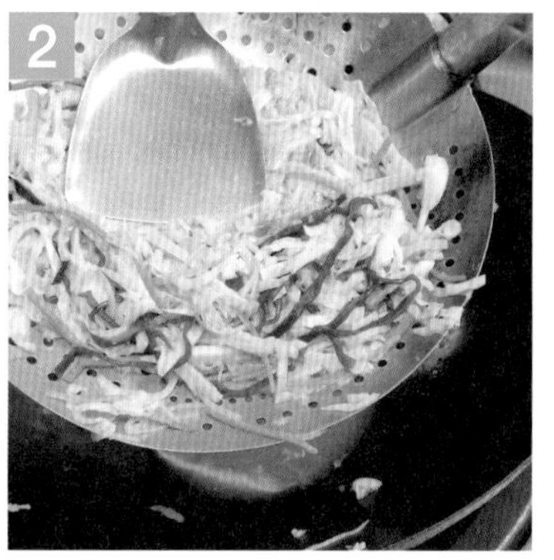

將所有調味料放入一同炒熟後，以漏勺撈出，濾乾水分。

將炒熟、濾乾水分後的蔬菜絲放入容器，慢慢撒上麵粉。

將麵粉均勻撒入後，以竹筷混合均勻。

取鍋子，燒鍋 1 分鐘、回溫 20 秒後，潤油，加入所有蔬菜麵糊，以鍋鏟壓扁。

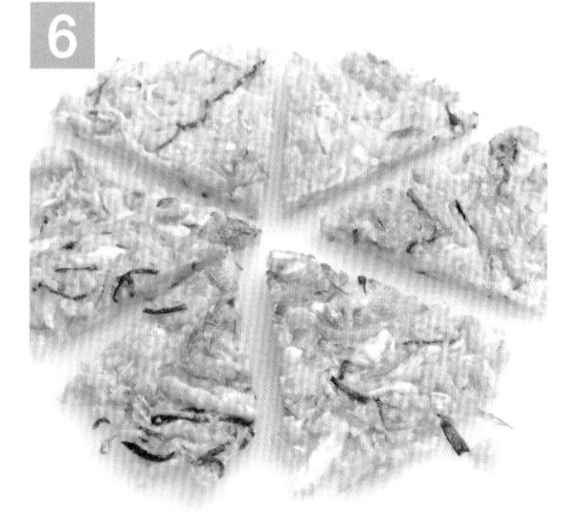

將蔬菜麵糊以小火慢慢煎至一面金黃，再翻面煎至酥香鏟起，以白色熟食砧板切成 6 等分，即成。

注意事項

1. 切割所有素絲，力求刀工粗細一致，高麗菜梗若過硬，亦可去除不加入。
2. 素絲炒熟、放入容器內拌合麵粉，需攪拌均勻，以免煎製時容易夾生不熟。
3. 取鍋子，燒鍋 1 分鐘、回溫 20 秒後，再用沙拉油潤鍋，就不會黏鍋了。
4. 煎煮時火候以小火為宜，需適時轉動鍋子，避免底部燒焦。
5. 煎好的什錦煎餅，需確定煎熟，並以白色熟食砧板切割六等分。

1. 紅燒杏菇塊

2. 焦溜豆腐片

3. 三絲冬瓜捲

材料明細

1. 乾香菇3朵→切絲
2. 板豆腐300克→1切4長片
3. 桶筍100克→切絲
4. 杏鮑菇300克→切滾刀塊
5. 玉米筍80克→切斜段
6. 小黃瓜1條→切盤飾
7. 大黃瓜1截→切盤飾
8. 紅蘿蔔300克→切滾刀塊、切水花片、切絲
9. 青椒1/2顆→切菱形片
10. 中薑100克→切片、切絲
11. 紅甜椒60克→切菱形片
12. 冬瓜600克／直徑6cm、長12cm→切長四方薄片
13. 芹菜120克／長度15公分以上
14. 紅辣椒1條→切盤飾

受評刀工（公分）

1. 豆腐片（250克以上）長4~6，寬2~4，厚0.8~1.5
2. 桶筍絲（90克以上）寬、高0.2~0.4，長4~6

3. 杏鮑菇塊（280克以上）長、寬2~4滾刀塊
4. 紅甜椒片（50克以上）長3~5，寬2~4
5. 青椒片（50克以上）長3~5，寬2~4

6. 紅蘿蔔塊（80克以上）長、寬2~4滾刀塊
7. 冬瓜長片（6片）長12，寬4，厚0.3

8. 紅蘿蔔絲（60克以上）寬、高0.2~0.4，長4~6

9. 中薑絲（20克以上）寬、高0.3，長4~6

指定水花（3選1）

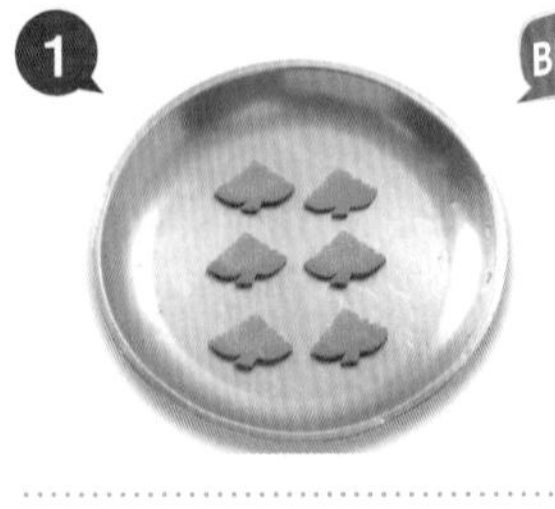

指定盤飾（3選2）

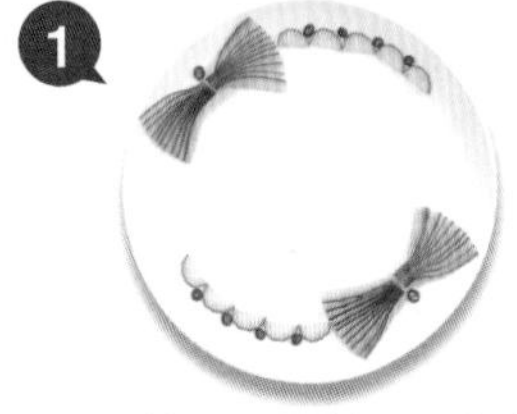

(1) 大黃瓜、小黃瓜、紅辣椒

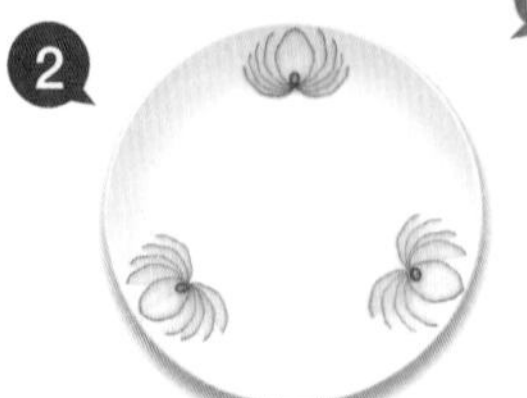

(2) 大黃瓜、紅辣椒

(3) 紅蘿蔔

紅燒杏菇塊

滾刀塊

材　料　杏鮑菇300克、玉米筍80克、紅蘿蔔80克、中薑20克

調味料　沙拉油2大匙、醬油3大匙、砂糖1茶匙、白胡椒粉1/4茶匙、水1杯

芡　汁　太白粉1茶匙、水2茶匙

製作過程　紅燒

1. 分別將杏鮑菇切割一口大小的滾刀塊，玉米筍 1 切為 2。
2. 紅蘿蔔去皮切滾刀塊，薑切片。
3. 取鍋子，加入 1/4 鍋油炸油，待油溫 180 度，分別放入紅蘿蔔塊及杏鮑菇，炸至金黃撈出濾油。
4. 鍋子加入沙拉油，以中小火爆香薑片後，將所有材料及調味料放入一同燒煮。
5. 將杏鮑菇、玉米筍等煮熟後，以太白粉水微勾薄芡，略燒至收汁即成。

重點步驟

取鍋子，加入油炸油，以中火（文武火）加熱油溫，再以竹筷插入測試，竹筷外側快速冒泡即可。

待油溫 180 度，以中大火將紅蘿蔔塊炸至金黃色，撈出。

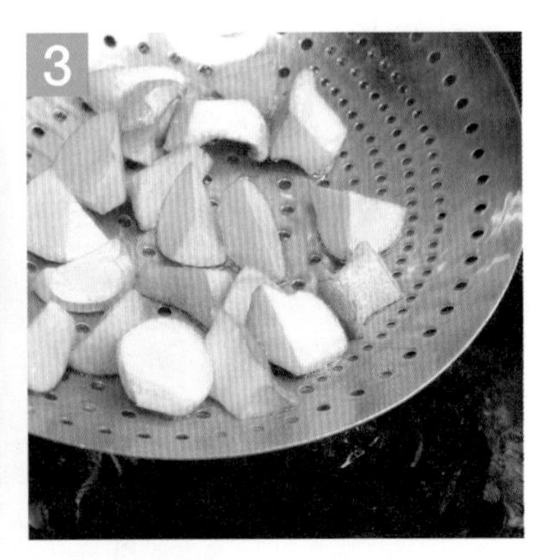

將紅蘿蔔塊炸至金黃撈出後，待油溫再次升到 180 度，放入杏鮑菇塊炸至金黃後撈出。

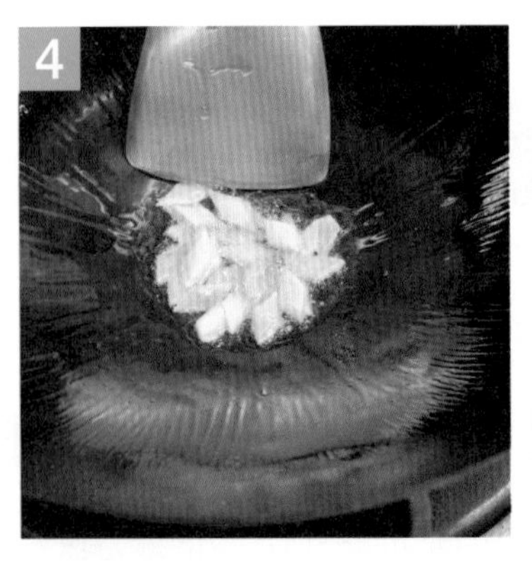

取鍋子加入沙拉油，以中小火爆香薑片。

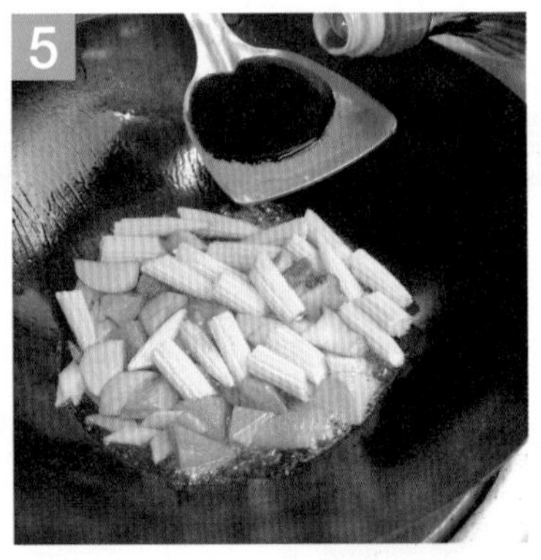

薑片爆香後，加入所有材料及炸至金黃的紅蘿蔔及杏鮑菇，再加入所有調味料。

分別將所有材料及調味料混合燒煮，再次以太白粉水勾芡，收汁即成。

注意事項

1. 以竹筷來測試油溫，竹筷放入熱油若快速冒泡，即溫度已達 180 度左右了。
2. 切割紅蘿蔔塊及杏鮑菇塊，勿太大塊，以一口大小為宜。
3. 燒煮好的成品，盛裝在盤內後，不得有燒焦或盤邊滲油。
4. 成品菜餚應有紅燒醬汁，勾芡不得黏稠結塊，而影響觀感。
5. 所有規定的材料都需放入，不得短少。

焦溜豆腐片

片

材　料　板豆腐300克、紅甜椒60克、紅蘿蔔水花片2式、青椒50克、中薑20克

調味料　沙拉油2大匙、醬油2大匙、砂糖1茶匙、白胡椒粉1/4茶匙、水1/2杯

芡　汁　太白粉1茶匙、水2大匙

製作過程

焦溜

1. 板豆腐切割 0.8~1.5 片狀，紅甜椒切菱形片，青椒切菱形片，薑切菱形片。
2. 取鍋子，加入 1/4 鍋油炸油，待油溫 180 度，以薑片測試，放入後會快速冒泡即可。
3. 確認油溫 180 度後，將每片板豆腐吸乾水分放入鍋中，以中大火炸至金黃，撈出濾油。
4. 取鍋子加入沙拉油，爆香薑片後，將所有材料及調味料放入一同燒煮。
5. 最後，以太白粉水微勾薄芡，排入盤內即可。

重點步驟

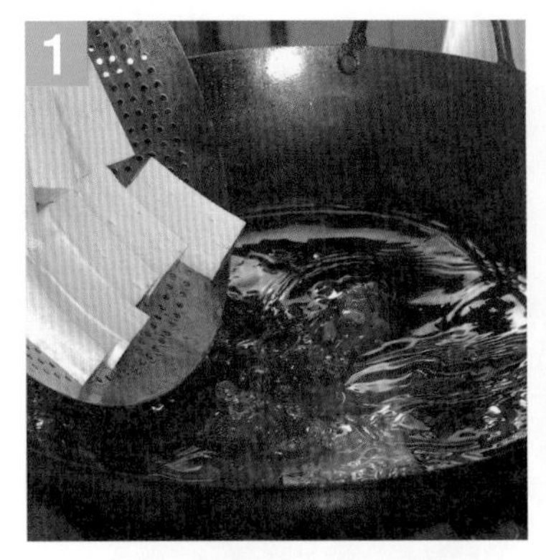

取鍋子，加入 1/4 鍋油炸油，待油溫 180 度，將豆腐以紙巾吸乾水分，以中大火放入油炸。

以中大火將豆腐炸約 2 分鐘，至金黃色，以漏勺撈出。

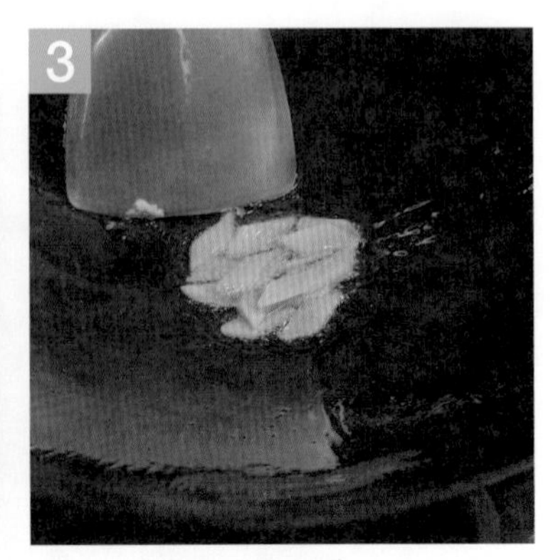

將炸油倒出，加入拉沙油，以中小火爆香薑片。

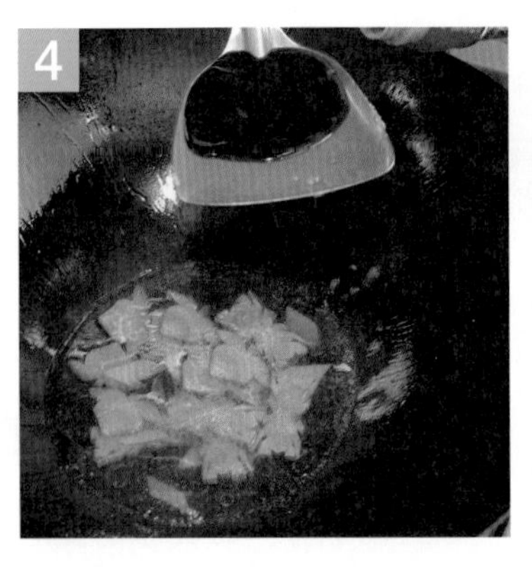

薑片爆香後，加入紅蘿蔔水花片略炒，再將所有調味料放入。

將所有調味料混合後，加入所有材料，一同燒煮至熟。

最後以太白粉水略勾薄芡，再收汁至滑溜芡即成。

注意事項

1. 將豆腐放入油鍋前，一定要吸乾水分，避免油爆。
2. 將豆腐放入油鍋後，需以鍋鏟小心翻動、炸至金黃，避免破碎。
3. 規定的材料及水花皆需入菜，不得短少。
4. 以太白粉水勾芡，火不可開太大，不可結塊及太過黏稠。
5. 豆腐需炸成金黃色再焦溜，不可破掉、潰散及出油。

302-1 組 3 三絲冬瓜捲

絲、片

材　料 冬瓜600克、桶筍90克、乾香菇3朵、紅蘿蔔60克、芹菜120克、中薑20克

調味料 鹽1/2茶匙、砂糖1茶匙、水1杯、香油1大匙

芡　汁 太白粉1茶匙、水2茶匙

製作過程　蒸

1. 將冬瓜塊切正四方長塊，再由內面片切 0.3 公分以下薄片。
2. 桶筍切絲、燙去酸味，乾香菇燙至漲發、去蒂切絲，紅蘿蔔切絲燙熟，中薑切絲。
3. 取鍋子，加入 1/4 鍋水，待沸，放入冬瓜略燙 10 秒，撈出過冷。
4. 將燙至軟化的冬瓜攤開在砧板上，放入三絲料及薑絲，以燙熟的芹菜一撕為二長條綑綁，放入盤內蒸 8 分鐘後取出。
5. 取鍋子，加入調味料煮沸，以太白粉水勾芡後，回淋到冬瓜捲上即成。

重點步驟

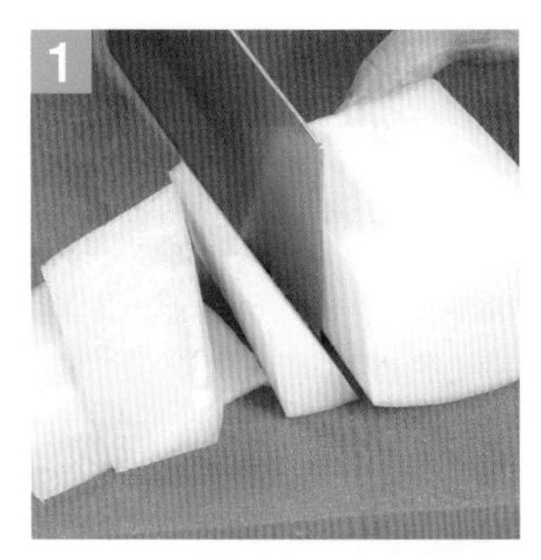

將冬瓜塊去籽，切除左右斜邊，再切除內膜。

以片刀將冬瓜切成長四方塊後，以片刀、平刀由內面片切薄片，每片 0.3 公分以下，共切 6 片。

取鍋子，加入 1/4 鍋清水，待沸，放入冬瓜片略燙 10 秒後，以漏杓撈出。

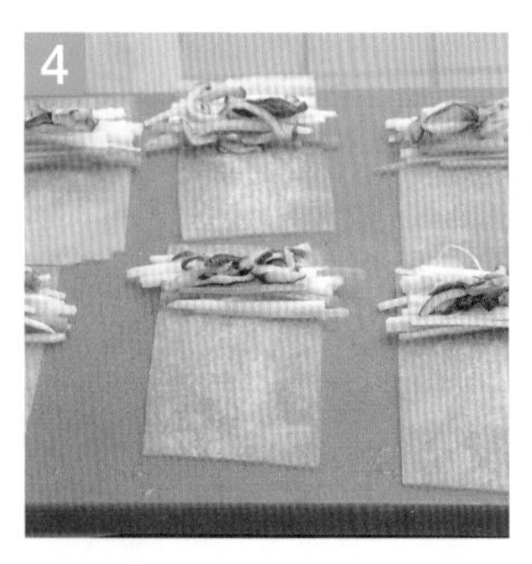

將冬瓜薄片燙熟，撈出排放在砧板上，均等放入三絲料。

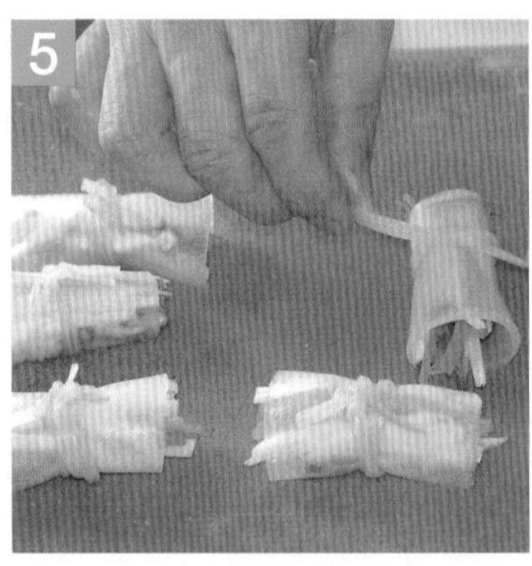

將三絲料均等放入後，捲起冬瓜捲，再以燙熟的芹菜一撕為二長條綑綁。

分別以芹菜綑綁冬瓜捲後，放入盤內蒸 8 分鐘取出，再淋上勾芡的調味醬汁即成。

注意事項

1. 以片刀、平刀切割冬瓜片，需由內面切割，含水量較高、較軟，比較好切。
2. 包捲好的冬瓜捲，大小需一致，前後不規則露出的三絲可用片刀切整齊。
3. 冬瓜捲包捲勿太緊，以免容易爆開，也避免蒸太久，而使冬瓜糊爛。
4. 最後將調味料煮沸、以太白粉水勾芡時，勿勾太濃，以免結塊。
5. 所有規定材料都需加入，不得短少。

1. 麻辣素麵腸片

2. 炸杏片薯球

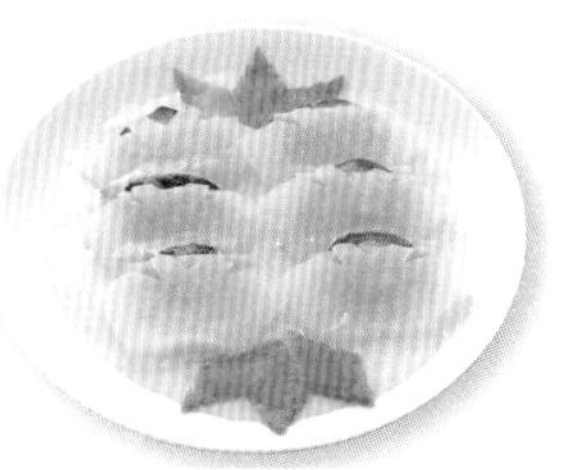

3. 榨菜冬瓜夾

材料明細

1. 乾香菇5朵→2朵切末、3朵切片
2. 杏仁角120克
3. 花椒粒→可自取
4. 乾辣椒8條→1切2，去籽
5. 乾木耳1大片→切菱形片
6. 素麵腸250克→斜切片
7. 榨菜200克/1顆→切長四方片
8. 芹菜40克→切粒
9. 紅辣椒1條→切盤飾
10. 西芹100克→切菱形片
11. 紅蘿蔔300克→切水花片
12. 馬鈴薯300克→切片蒸熟
13. 冬瓜600克→切雙飛片
14. 中薑100克→切片、切水花片
15. 小黃瓜1條→切盤飾
16. 大黃瓜1截→切盤飾

受評刀工（公分）

1. 中薑水花（6片）
2. 乾香菇片（3朵）
斜切寬2~4

3. 乾香菇末（2朵）
直徑0.3以下

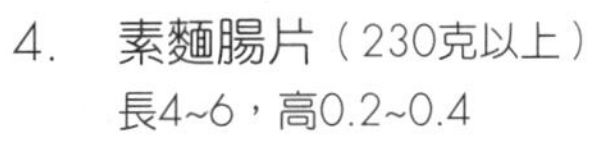

4. 素麵腸片（230克以上）
長4~6，高0.2~0.4

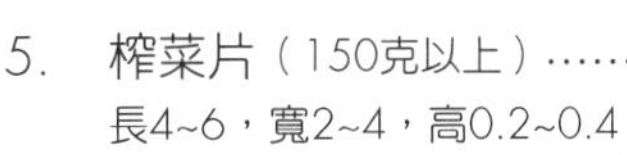

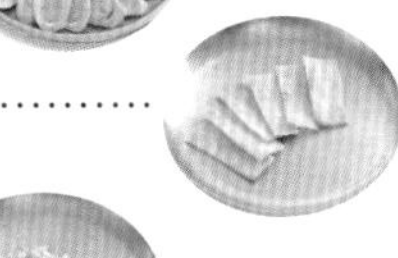

5. 榨菜片（150克以上）
長4~6，寬2~4，高0.2~0.4

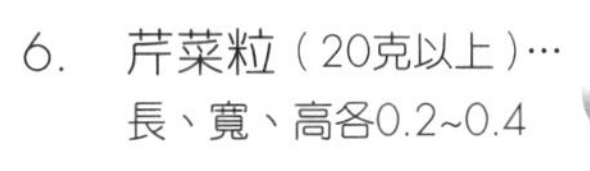

6. 芹菜粒（20克以上）
長、寬、高各0.2~0.4

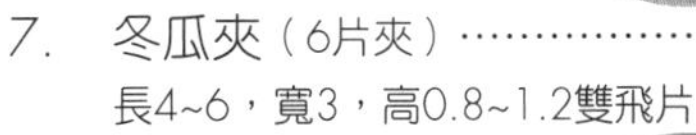

7. 冬瓜夾（6片夾）
長4~6，寬3，高0.8~1.2雙飛片

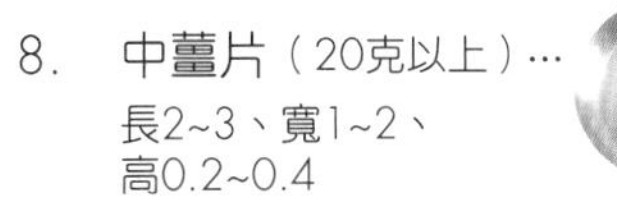

8. 中薑片（20克以上）
長2~3、寬1~2、
高0.2~0.4

9. 西芹片（80克以上）
長3~5，寬2~4

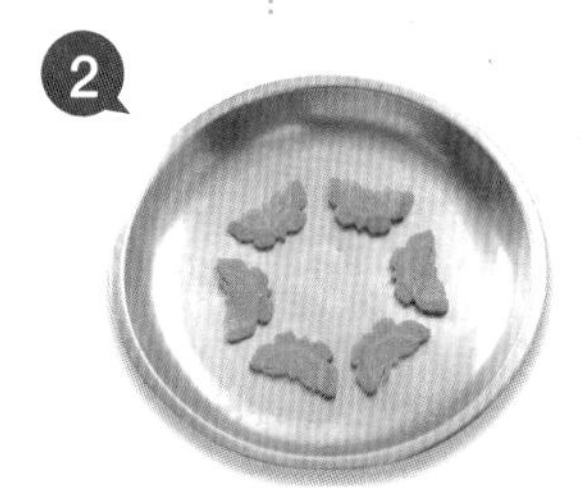

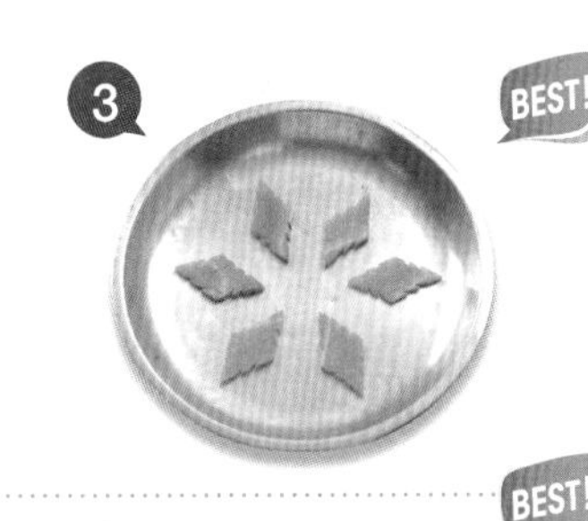

指定盤飾（3選2）

(1) 小黃瓜、紅辣椒

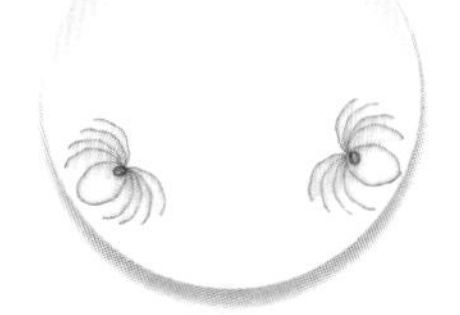

(2) 大黃瓜、紅辣椒

(3) 大黃瓜

302-2 組 1　麻辣素麵腸片

片

材　料　素麵腸250克、乾木耳1大片、西芹100克、乾辣椒8條、中薑20克、花椒粒1茶匙

調味料　沙拉油2大匙、醬油2大匙、砂糖2茶匙、水1/4杯、白胡椒粉1/4茶匙、香油1大匙

芡　汁　太白粉1茶匙、水2茶匙

製作過程　燒、燴

1. 以片刀斜切麵腸約 0.4 公分，乾木耳燙至漲發、切菱形片。
2. 西芹去皮、斜切菱形片，乾辣椒以剪刀 1 切為 2、去籽，中薑切片，備用。
3. 取鍋子加入 1/4 鍋油炸油，待油溫 180 度，放入麵腸炸至金黃，撈出濾油。
4. 取鍋子加入沙拉油，以小火炒香花椒粒後撈除，再放入薑片及乾辣椒，以中小火炒香。
5. 將乾辣椒、薑片爆香後，將所有材料及調味料放入一同燒至入味，以太白粉水微勾薄芡，即成。

重點步驟

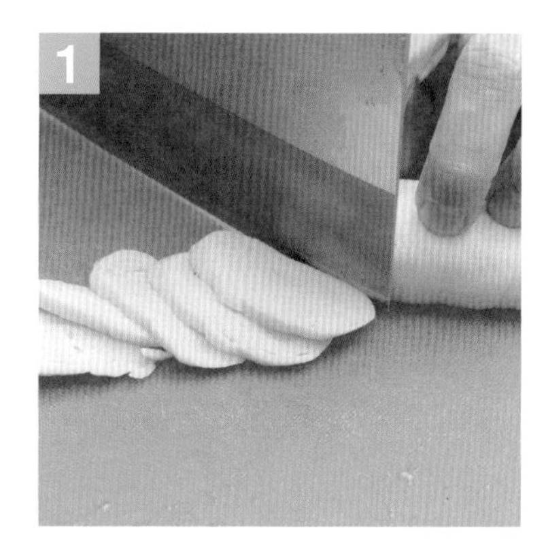

麵腸以片刀斜 45 度、切割長 4~6 公分、厚 0.2~0.4 公分片狀。

以片刀將兩條麵腸切割片狀，再以熱油炸至上色。

取鍋子加入沙拉油，以中小火炒香花椒粒後，用漏杓撈出。

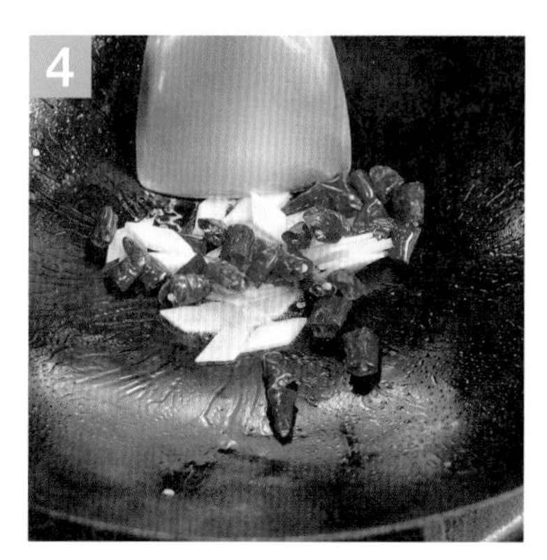

將花椒粒撈出，以中小火爆香薑片及乾辣椒。

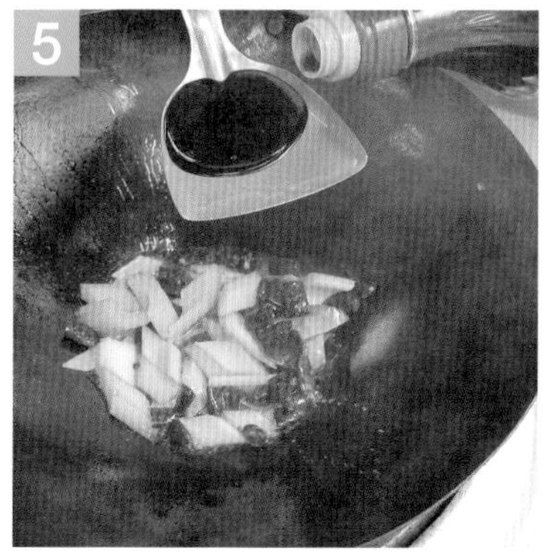

爆香後，將所有調味料放入鍋內，和西芹片混合均勻。

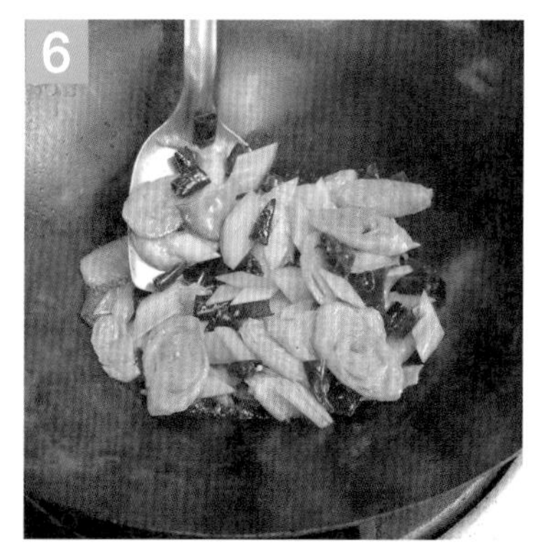

將所有材料含炸麵腸片一起放入，略燒入味，最後以太白粉水勾薄芡，即成。

注意事項

1. 切割麵腸要小心，厚薄要平均。
2. 以 180 度熱油，將麵腸片一片、一片放入炸至金黃，炸時要小心撥開，避免黏在一起。
3. 花椒粒炒香後需撈除，不可放入與麵腸同炒。
4. 規定的材料一定要放入，不可短少任何一樣。
5. 以太白粉水勾芡，芡汁不可黏稠結塊或盤邊出油。

302-2 組 2　炸杏片薯球

末

材　料　馬鈴薯300克、芹菜20克、乾香菇2朵、杏仁角120克

麵糊料　中筋麵粉1/2杯、水1/4杯

調味料　**1** 鹽1/2茶匙、砂糖1茶匙、白胡椒粉1/4茶匙、中筋麵粉1大匙、太白粉1大匙
2 鹽1/2茶匙、砂糖1茶匙、白胡椒粉1/2茶匙

製作過程　炸

1. 馬鈴薯去皮切 0.5 公分厚片，入蒸籠鍋蒸熟，約蒸 15 分鐘。
2. 分別將芹菜切小粒，香菇燙軟、去蒂切末。
3. 取容器將蒸熟的馬鈴薯搗成泥，加入芹菜、香菇末及調味料 **1** 混合
4. 將混合的薯泥捏成貢丸大小，大小需一致，分別沾上麵糊再沾上杏仁角，待炸。
5. 取鍋子，加 1/3 鍋油炸油，待油溫 160 度，改小火，放入杏仁薯球炸至金黃色撈出，另取瓷湯碗調製調味料 **2** 成胡椒鹽，盛入碟子即成。

重點步驟

馬鈴薯去皮、切片，入蒸籠蒸熟，取出放入容器，再放入配料，以鐵湯匙壓碎。

將馬鈴薯加入調味料 1 ，以鐵湯匙混合後壓成泥。

將馬鈴薯泥混合後，以手分成六等分，再塑形成圓球狀。

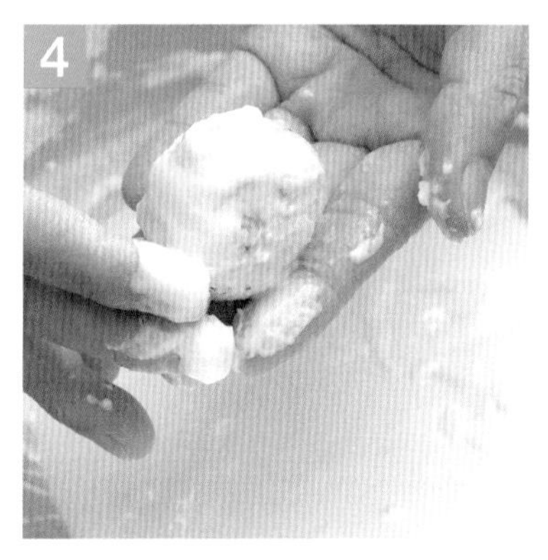

用手將馬鈴薯球塑形至大小一致，沾上麵糊。

將馬鈴薯球沾上麵糊後，再均勻沾上杏仁角。

取鍋子，加入 1/3 鍋油炸油，待油溫 140 度改小火，將薯球炸至金黃色後撈出；再將調味料 2 製成胡椒鹽沾取使用。

注意事項

1. 蒸馬鈴薯片，以筷子能輕易串插穿透，即為煮熟了。
2. 製作薯球，球狀大小需平均一致，不可有大有小。
3. 炸油的溫度需特別注意，太高容易焦黑、太低容易潰散。
4. 以麵糊沾裹後再沾杏仁角，炸好的成品比較緊實漂亮；亦可不用麵糊，直接沾杏仁角，但杏仁角容易脫落。
5. 盤飾可排、可不排，但若要排入需燙熟，有加分效果。

302-2 組 3 榨菜冬瓜夾

雙飛片、片

材　料 冬瓜600克、榨菜150克、乾香菇3朵、紅蘿蔔水花片1式、中薑水花片1式

調味料 鹽1/2茶匙、砂糖1茶匙、香油1大匙、水1杯

芡　汁 太白粉1茶匙、水2茶匙

製作過程　蒸

1. 取冬瓜，以片刀切除內膜及表皮，自表皮處切割鋸齒，再切割 0.5 公分 2 片併黏的蝴蝶片。
2. 榨菜切長四方薄片，香菇燙熟斜切片，中薑切片，備用。
3. 取鍋子加入清水，放入榨菜片燙煮 5 分鐘，去除鹹味。
4. 取冬瓜夾，分別夾入榨菜片、香菇片、中薑片後，排列盤內，旁邊放入紅蘿蔔水花片，入蒸籠蒸 10 分鐘。
5. 將蒸熟的冬瓜夾取出，另取鍋子加入調味料，煮沸後，以太白粉水勾芡，淋在冬瓜夾上即成。

重點步驟

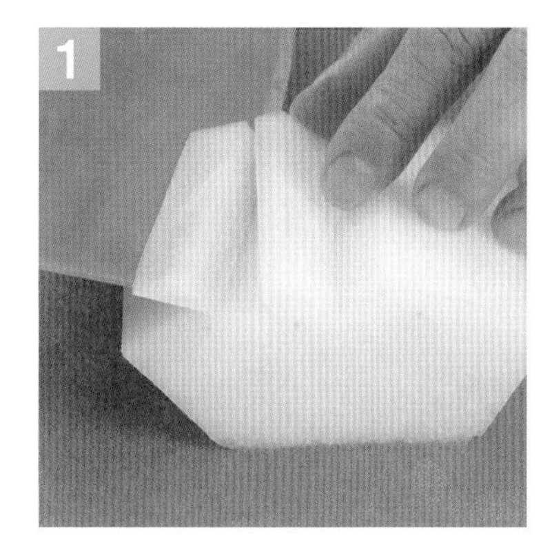

以片刀切去冬瓜外皮，再於圓弧表面切出蝴蝶觸鬚狀。

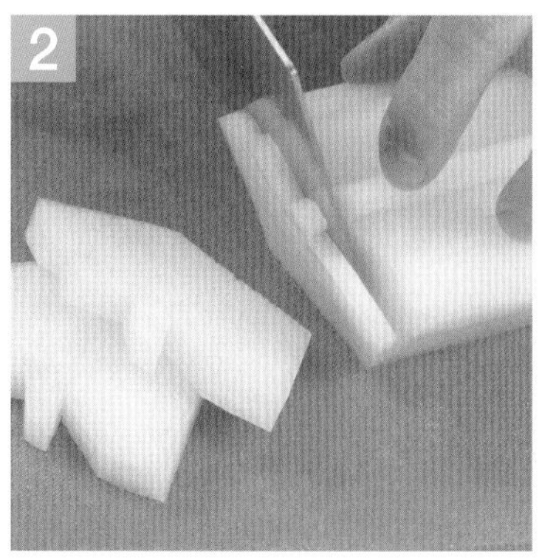

以片刀切高 0.8~1.2 公分雙飛片。

將榨菜以片刀切成長四方片後，以開水燙除鹹味。

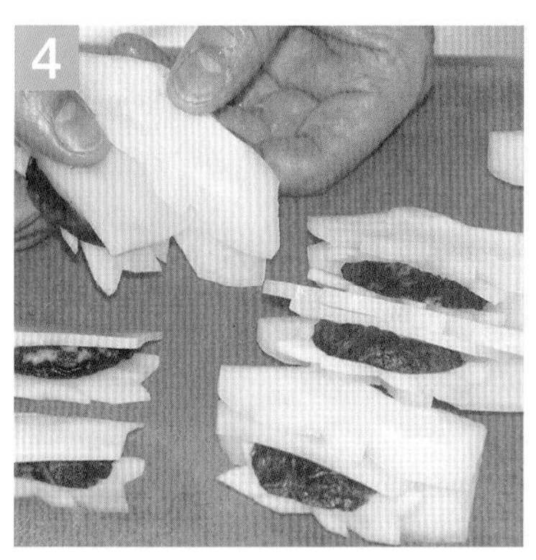

分別將榨菜片、香菇片、薑片，小心的完全夾入冬瓜夾內。

將夾好的冬瓜夾排入盤內，盤邊再排兩種紅蘿蔔水花片，入蒸籠蒸 10 分鐘至熟。

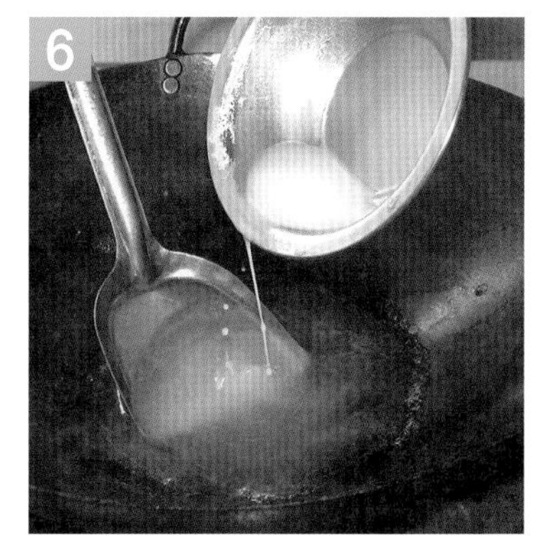

將冬瓜夾蒸熟後，小心夾出，再取鍋子加入調味料混合勾芡，將芡汁淋在冬瓜夾上即成。

注意事項

1. 榨菜需以開水燙除鹹味，避免太鹹而無法食用。
2. 在冬瓜外圍切割鋸齒比較容易蒸熟，亦可不切鋸齒。
3. 切割冬瓜夾或其他材料片，大小需平均一致。
4. 紅蘿蔔水花片需排入盤內一同蒸熟，不可夾生。
5. 最後以太白粉水勾芡時，注意勿結塊或太過黏稠，而影響觀感。

302-3組

1. 香菇蛋酥燜白菜　**2. 粉蒸地瓜塊**　**3. 八寶米糕**

材料明細

1. 粉蒸粉50克
2. 乾香菇5朵→3朵切片、2朵切粒
3. 長糯米220克
4. 豆乾1塊→切粒
5. 生豆包1片→切粒
6. 桶筍80克→切片
7. 大白菜300克→去頭1切6
8. 鮮香菇3朵→1切4
9. 紅辣椒1條→切盤飾
10. 芹菜60克→切粒
11. 紅蘿蔔300克→切水花片、切粒
12. 地瓜300克/1條→切滾刀塊
13. 芋頭80克→切粒
14. 中薑80克→切片、切末
15. 小黃瓜1條→切盤飾
16. 大黃瓜1截→切盤飾
17. 豆薯20克→切粒
18. 雞蛋2顆→炸蛋酥

受評刀工（公分）

1. 香菇片（3朵）
斜切寬2~4
2. 香菇粒（2朵）
長、寬0.4~0.8

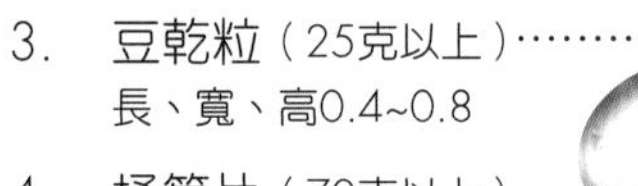

3. 豆乾粒（25克以上）
長、寬、高0.4~0.8

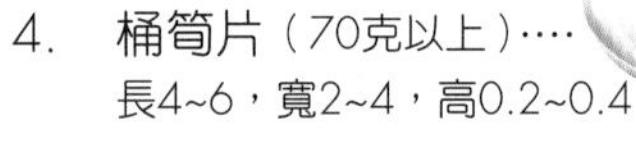

4. 桶筍片（70克以上）
長4~6，寬2~4，高0.2~0.4

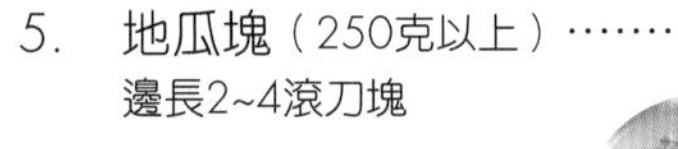

5. 地瓜塊（250克以上）
邊長2~4滾刀塊

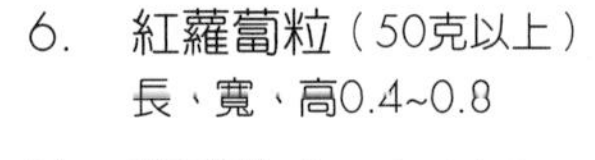

6. 紅蘿蔔粒（50克以上）
長、寬、高0.4~0.8

7. 芋頭粒（50克以上）
長、寬、高0.4~0.8
8. 豆薯粒（15克以上）
長、寬、高0.4~0.8

9. 中薑末（20克以上）
直徑0.3以下

指定水花（3選1）

指定盤飾（3選2）

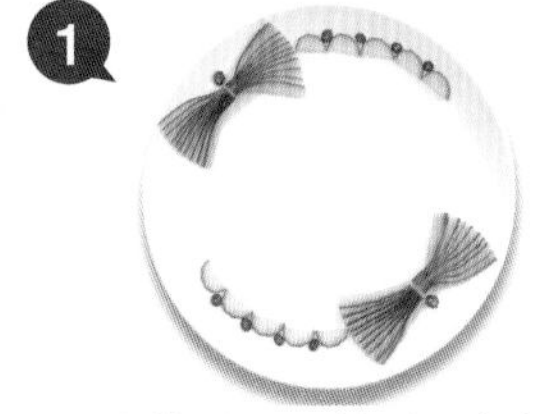

(1) 大黃瓜、小黃瓜、紅辣椒

(2) 紅蘿蔔

(3) 大黃瓜

302-3 組 1　香菇蛋酥燜白菜

片、塊

材　料　乾香菇3朵、大白菜300克、紅蘿蔔水花片2式、中薑20克、雞蛋2顆、桶筍70克

調味料　沙拉油2大匙、醬油3大匙、砂糖2茶匙、水2杯、白胡椒粉1/2茶匙、香油1大匙

芡　汁　太白粉2茶匙、水4茶匙

製作過程　燜煮

1. 分別將乾香菇燙熟、去蒂斜切片，大白菜切割長四方片狀，中薑去皮切菱形片。
2. 取鍋子，加入 1/2 鍋清水，待沸，放入大白菜燙煮 8 分鐘後撈出。
3. 另取鍋子加入沙拉油，放入薑片以中小火爆香。
4. 薑片爆香後，加入所有調味料及大白菜、香菇片、紅蘿蔔水花片煮熟，約 5 分鐘。
5. 將所有材料撈出、排入盤內，鍋內醬汁以太白粉水勾芡，淋上白菜即成。

重點步驟

鍋中加入 1/2 鍋水，待沸，放入大白菜膽煮沸約 8 分鐘後，撈出。

取鍋子加入油炸油，待油溫 180 度，以細濾網，淋入雞蛋液。

以中火將蛋酥炸至金黃酥香後撈出。

取鍋子爆香薑片、香菇片後，將所有材料放入，以中大火燒煮至大白菜上色及所有材料熟透，約 5 分鐘。

將煮熟的大白菜撈出排入盤內，紅蘿蔔水花片略排整齊。

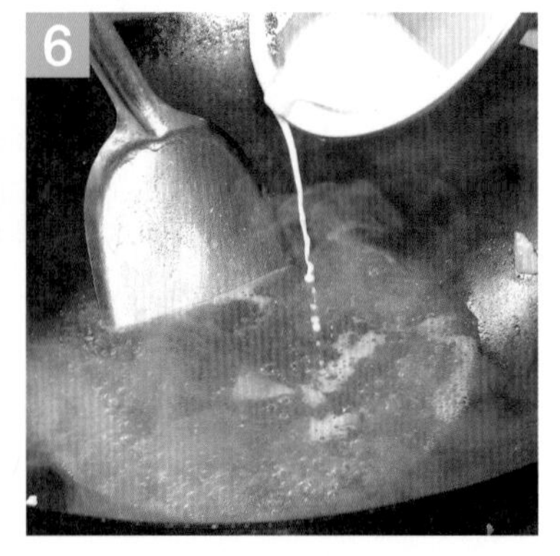

鍋中醬汁以太白粉水勾薄芡後，再回淋在大白菜膽上，即成。

注意事項

1. 切割大白菜，頭部需切除，再切割長四方片狀。
2. 先將大白菜膽燙熟再燒煮，避免大白菜不易煮透而夾生。
3. 燒煮好後，一定要先撈出白菜，在盤內呈放射狀排列整齊。
4. 燒煮紅蘿蔔水花片需注意，避免煮太久爛掉，而影響觀感。
5. 需有勾芡的扒汁，規定的材料不得短少。

302-3 組 2 粉蒸地瓜塊

塊

材　料 地瓜300克、鮮香菇3朵、粉蒸粉50克

調味料 鹽1/2茶匙、砂糖1茶匙、辣豆瓣醬1茶匙、甜麵醬1茶匙、麵粉1大匙、米酒1大匙

製作過程　蒸

1. 將地瓜去皮、1 切 4 長條，再切一口大小的滾刀塊；鮮香菇切片。
2. 取一鐵碗，將粉蒸粉加水淹過泡 10 分鐘，備用。
3. 取一容器，加入調味料混合後，加入泡水後濾乾的粉蒸粉。
4. 將調味料混合後，加入地瓜及鮮香菇拌均勻，加入瓷盤內。
5. 將地瓜、鮮香菇放入瓷盤內，入蒸籠蒸 12 分鐘左右，取出即成。

重點步驟

取地瓜，以刮皮刀刮去外皮後，再以片刀 1 切 4 長條形。

以片刀將每條地瓜切割大小一致的滾刀塊。

將地瓜塊、鮮香菇放入容器，加入調味料混合拌勻。

調味料拌勻後，將泡過水的粉蒸粉濾乾水分再加入。

將粉蒸粉與地瓜塊混合均勻，放入盤內。

將混合粉蒸粉的材料放入盤內，再以夾盤器夾入蒸籠鍋，蒸 12 分鐘。

注意事項

1. 地瓜切割滾刀塊，切割大小應平均，以一口大小為宜。
2. 粉蒸粉為米粒大小的粉狀，需先泡水 10 分鐘、濾乾後再使用，以避免夾生。
3. 將地瓜調味後放入盤內，盤邊需擦乾淨，避免醬汁蒸熟後乾掉，比較不好擦。
4. 將粉蒸地瓜塊拌勻再放入盤內，避免堆疊太高、太厚又不均勻，容易蒸不透而中間夾生。
5. 蒸熟的粉蒸地瓜塊，需確定是否有熟，可以筷子串插測試。

302-3 組 3　八寶米糕

材　料　長糯米220克、乾香菇2朵、紅蘿蔔50克、芋頭50克、中薑20克、芹菜60克、豆乾1塊、生豆包1片、豆薯20克

調味料　麻油2大匙、醬油2大匙、砂糖1茶匙、白胡椒粉1/2茶匙、米酒2大匙、水1/2杯

製作過程　蒸、拌

1. 長糯米放入容器中洗淨，濾乾水分，續加入1/2 杯清水，入蒸籠鍋蒸熟，約蒸 30 分鐘。
2. 將乾香菇燙熟切丁，紅蘿蔔、芋頭切小丁，中薑切末，芹菜切粒。
3. 豆乾切小丁、生豆包切小丁、豆薯去皮切小丁，備用。
4. 取鍋子，加入麻油爆香薑、香菇後，將所有材料放入略炒，再加入所有調味料。
5. 待材料與調味料煮熟，改小火，放入蒸熟的糯米飯拌炒均勻，放入瓷湯碗壓平，倒扣盤內即成。

重點步驟

分別將豆包、豆乾、芋頭丁、乾香菇，以熱油炸至上色。

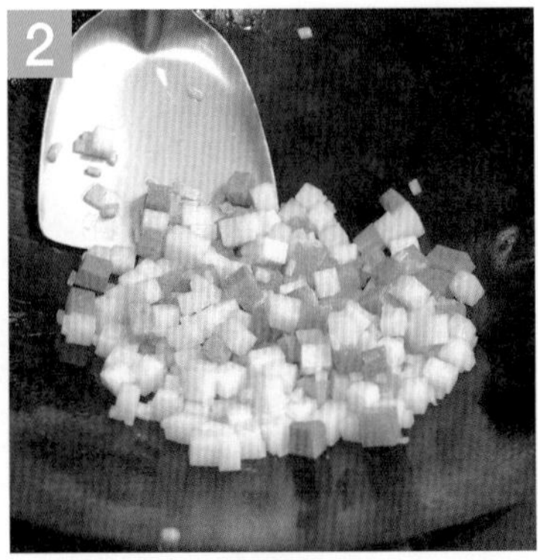

取鍋子加入麻油，以中小火略炒熟豆薯丁及紅蘿蔔丁。

將兩種丁炒熟後，加入所有調味料及炸過的材料，混合煮沸。

將所有丁狀材料混合略煮後，再加入蒸熟的糯米飯。

用鍋鏟將糯米飯以小火混合拌炒均勻。

將八寶米糕完全混合拌炒均勻後，裝入瓷湯碗再倒扣在盤內即成。

注意事項

1. 清洗糯米需快速，避免泡水，再加入 1/2 杯水、需淹過糯米，然後把米蒸熟。
2. 所有規定加入的八寶材料皆需加入，不得短少。
3. 蒸煮糯米後，需注意糯米的米心要熟透，不可夾生。
4. 拌炒糯米飯需均勻，糯米飯不可呈現白色未拌勻或是結塊。
5. 米糕混合拌勻後，需以瓷湯碗放入壓緊，再倒扣在瓷盤上。

302-4組

1. 金沙筍梳片

2. 黑胡椒豆包排

3. 糖醋素排骨

材料明細

1. 鳳梨片1圓片→1切6
2. 半圓豆皮3張→1切3
3. 乾香菇3朵→斜切片
4. 乾木耳1大片→切丁
5. 桶筍350克→切梳片
6. 生豆包4片→切小丁
7. 鹹蛋黃3顆→蒸熟剁碎
8. 青椒1/2顆→切菱形片
9. 紅辣椒2條→切菱形片，切盤飾
10. 芹菜30克→切粒
11. 紅蘿蔔300克→切水花片、切丁
12. 中薑80克→切末
13. 豆薯50克→切丁
14. 芋頭200克→切條
15. 大黃瓜1截→切盤飾
16. 小黃瓜1條→切盤飾
17. 雞蛋1顆

受評刀工（公分）

1. 乾香菇片（3朵）……………………… 斜切寬2~4

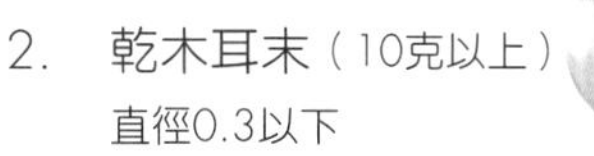

2. 乾木耳末（10克以上） 直徑0.3以下
3. 桶筍梳子片（300克以上）………… 長4~6，寬2~4，高0.2~0.4

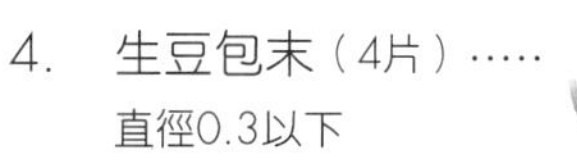

4. 生豆包末（4片）…… 直徑0.3以下
5. 青椒片（50克以上）……………… 長3~5，寬2~4

6. 紅辣椒片（15克以上） 長2~3，寬1~2，高0.2~0.4

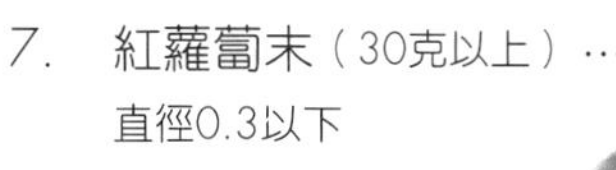

7. 紅蘿蔔末（30克以上）…………… 直徑0.3以下

8. 芋頭條（150克以上） 寬、高0.5~1，長4~6

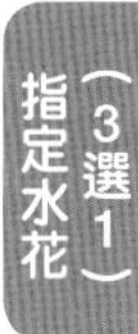

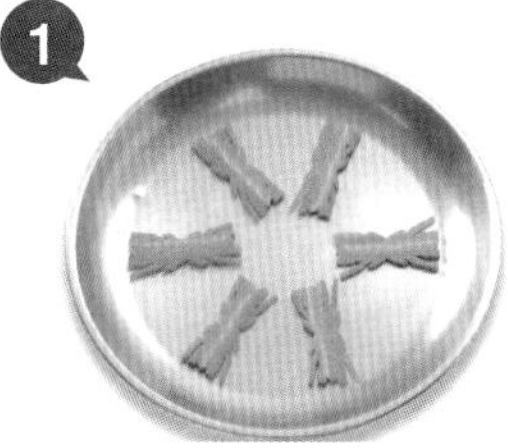

1

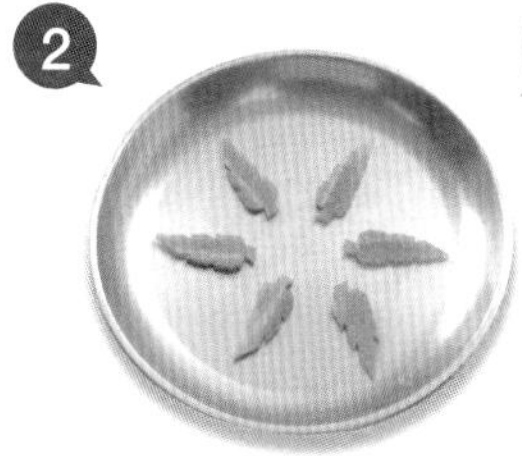

2 BEST!

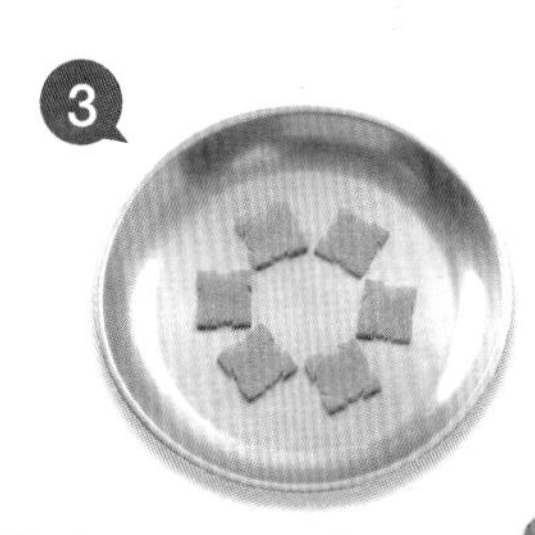

3

指定盤飾（3選2）

1

(1) 大黃瓜、小黃瓜、紅辣椒

2 BEST!

(2) 大黃瓜、紅蘿蔔

3 BEST!

(3) 小黃瓜

302-4 組 1　金沙筍梳片

梳子片

材　料　桶筍300克、乾香菇3朵、鹹蛋黃3顆、中薑20克、芹菜30克

調味料　沙拉油2大匙、鹽1/2茶匙、砂糖1/2茶匙

製作過程　炒

1. 將桶筍切割長四方梳片，乾香菇燙熟、去蒂斜切片，鹹蛋黃蒸熟剁碎，中薑切末，芹菜切小粒狀。
2. 取鍋子，加入 1/3 鍋水，待沸，放入桶筍片燙煮 3 分鐘，去除酸味後撈出。
3. 取鍋子，加入 1/3 鍋炸油，待油溫 180 度，放入燙過的筍片，以中大火炸 30 秒後撈出，續炸香菇片 30 秒後撈出。
4. 取鍋子加入沙拉油，以小火爆香薑末。
5. 薑末爆香後，放入鹹蛋黃碎末炒至起泡，加入炸筍片、炸香菇片、調味料及芹菜粒，拌炒均勻即成。

重點步驟

將桶筍梳片以開水燙煮 3 分鐘去除酸味後撈出；再以 180 度熱油，分別將桶筍梳片及香菇片炸至上色。

將鹹蛋黃入蒸籠鍋大火蒸 10 分鐘，取出以片刀將鹹蛋黃一顆、一顆壓扁。

將鹹蛋黃壓碎後，再以片刀完全剁至細碎。

取鍋子加入沙拉油，爆香薑末至有香氣。

薑末爆香後，加入香菇片略炒香。

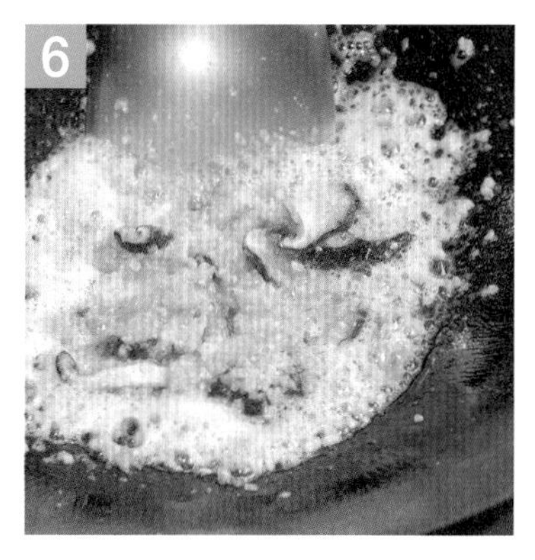

將鹹蛋黃末放入，以中小火炒至蛋黃起泡，加入調味料、桶筍梳片及芹菜粒後熄火，拌炒均勻即成。

注意事項

1. 將桶筍梳片燙過、去除酸味後，需擦乾水分再油炸，可較快速上色。
2. 鹹蛋黃先壓扁再剁成碎末狀，不可有顆粒。
3. 爆香薑末需以中小火慢慢爆香，避免燒焦、變黑。
4. 鹹蛋黃細沙需均勻沾附在桶筍梳片上，呈金黃色。
5. 避免炒後裝盤過度出油，以及規定材料不得短少。

黑胡椒豆包排

末

材　料　生豆包4片、乾木耳1大片、紅蘿蔔50克、中薑20克、豆薯50克、雞蛋1顆

調味料　沙拉油2大匙、鹽1/2茶匙、砂糖1茶匙、黑胡椒粉1茶匙、中筋麵粉2大匙

製作過程

煎

1. 將生豆包以片刀先直切 0.5 公分絲狀，再轉 90 度切成小丁。
2. 乾木耳燙至漲發、去蒂頭切小丁，紅蘿蔔切小丁燙熟，中薑切末，豆薯切小丁燙熟，備用。
3. 取一容器，將所有材料及雞蛋均勻混合後，再加入調味料，混合拌至略有黏性。
4. 將拌好的豆包分成 6 等分，再以手沾水，捏塑成圓扁排狀，再略沾中筋麵粉。
5. 取鍋子，燒鍋一分鐘、回溫 20 秒後，加入 2 匙沙拉油，分別將豆包排放入鍋中，以中小火煎酥一面，再翻面煎酥另一面，即成。

重點步驟

將木耳粒、紅蘿蔔粒、豆薯粒以開水燙熟，撈出濾乾水分。

取一容器，將燙熟的三種粒、切粒的豆包、薑末及雞蛋調味料，混合拌至有黏性。

用手將所有材料及調味料混合至有黏性，再分成大小一致的 6 等分

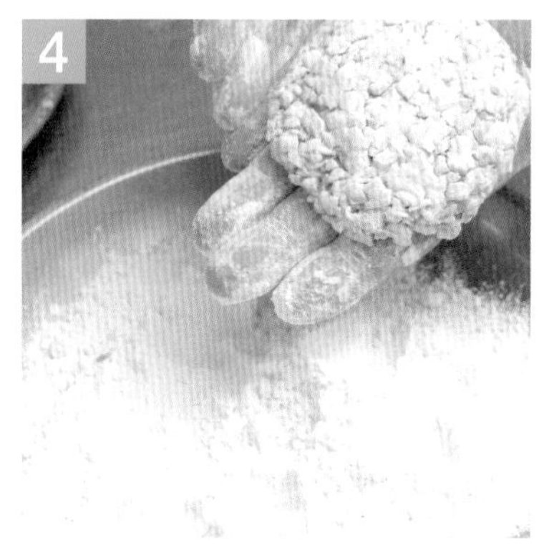

分別將每一等分豆包排塑成圓球形，再壓成餅狀，撒上乾中筋麵粉。

取鍋子，以中大火燒鍋 1 分鐘、關火回溫 20 秒後，加入 2 大匙沙拉油潤鍋，再放入豆包排。

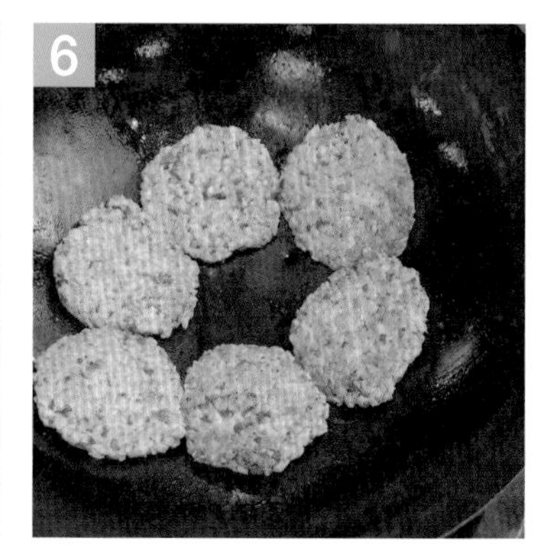

分別將豆包排，以中小火煎上色，翻面續將另一面煎至金黃色，鏟出即成。

注意事項

1. 豆包及材料勿切太大粒，以 0.5 公分為佳，比較好塑形。
2. 豆包排內的材料需先燙熟，避免裡面的紅蘿蔔粒、豆薯粒夾生。
3. 規定規料不得短少，需有黑胡椒的味道。
4. 豆包排大小需一致，且需塑成圓扁排狀。
5. 以中小火將豆包排兩面煎成金黃色時，要注意避免燒焦。

302-4 組 3　糖醋素排骨

塊

材　料 半圓豆皮3張、青椒50克、紅辣椒1條、鳳梨片1圓片、芋頭150克、紅蘿蔔水花片2式

麵糊料 中筋麵粉1/4杯、水3大匙

調味料 番茄醬3大匙、白醋2大匙、砂糖1大匙、水1/4杯、香油1大匙

芡　汁 太白粉1茶匙、水2茶匙

製作過程　脆溜

1. 將半圓豆皮，以片刀 1 張切成 3 張，呈三角片狀。
2. 青椒去籽切菱形片，紅辣椒去籽切菱形片，鳳梨片 1 切為 6，芋頭去皮切長 4~6 公分，寬、高 0.5~1 公分粗條。
3. 取容器將麵糊料混合成麵糊備用。
4. 取鍋子，加入 1/3 鍋炸油，待油溫 180 度，將芋頭條炸熟撈出；再將豆皮包入炸熟的芋頭條，以麵糊封口，完全包好後，再沾上麵糊，以中大火炸酥後撈出。
5. 取鍋子，加入所有調味料，待沸，放入所有材料，以太白粉水勾芡，再放入炸酥芋頭條，拌勻即成。

重點步驟

取鍋子加油，待油溫 180 度改中小火，將芋頭條炸約 2 分鐘至熟，撈出。

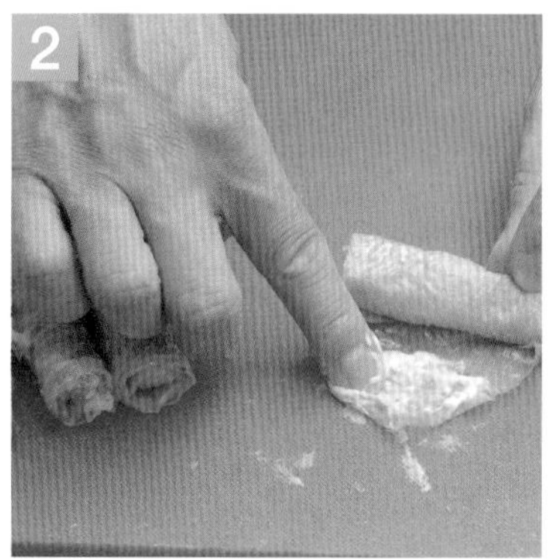

取豆皮 1 切 3，從寬的一邊包入 2~3 條熟芋頭條，再用麵糊封口。

取鍋子，加入 1/3 鍋油炸油，待油溫 180 度，放入包好的素排骨，以中大火炸 20 秒後撈出。

將鍋中炸油倒出，鍋中餘油加入所有材料略炒後，再加入所有調味料。

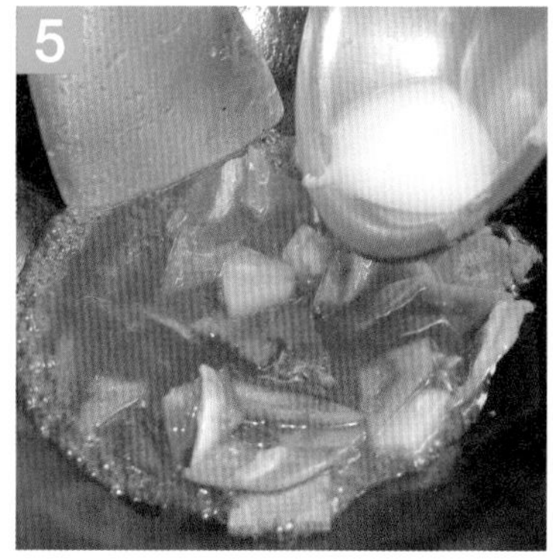

將所有調味料加入，待材料煮熟，以太白粉水略勾薄芡。

以太白粉水將醬汁略勾薄芡後，加入炸過的素排骨，用中小火略拌均勻即成。

注意事項

1. 芋頭條需先炸過，再以豆包包捲，避免包入生的芋頭條。
2. 油溫的控制，可用竹筷測試，竹筷快速冒泡時，即可放入快速酥炸。
3. 最後以太白粉水勾芡時，勿勾太濃或結塊，而影響觀感。
4. 炸好的素排骨，不可炸焦或含油過多。
5. 此道菜規定的材料不得短少，水花片亦需加入。

302-5組

1. 紅燒素黃雀包

2. 三絲豆腐羹

3. 西芹炒豆乾片

材料明細

1. 乾木耳1大片→切絲
2. 乾香菇3朵→切粒
3. 半圓豆皮3張→1切2
4. 桶筍120克→切粒、切絲
5. 板豆腐150克→切絲
6. 五香大豆乾3塊→1塊切粒、2塊切片
7. 紅甜椒1/2顆／70克→切菱形片
8. 黃甜椒1/2顆／70克→切菱形片
9. 紅辣椒1條→盤飾用
10. 芹菜30克→切粒
11. 香菜10克→切粒
12. 西芹200克→切菱形片
13. 紅蘿蔔300克→切粒、切絲、切水花片
14. 豆薯30克→切粒
15. 中薑80克→切末、切片
16. 小黃瓜1條→切盤飾
17. 大黃瓜1截→切盤飾

受評刀工（公分）

1. 香菇粒（3朵）
   長、寬0.4~0.8

2. 木耳絲（45克以上）
   寬0.2~0.4，長4~6

3. 桶筍粒（40克以上）
   長、寬、高0.4~0.8

4. 桶筍絲（60克以上）
   寬、高0.2~0.4，長4~6
5. 黃甜椒片（45克以上）
   長3~5，寬2~4

6. 西芹片（185克以上）
   長3~5，寬2~4
7. 紅蘿蔔粒（70克以上）
   長、寬、高0.4~0.8

8. 豆薯粒（20克以上）
   長、寬、高0.4~0.8

9. 紅蘿蔔絲（80克以上）
   寬、高0.2~0.4，長4~6

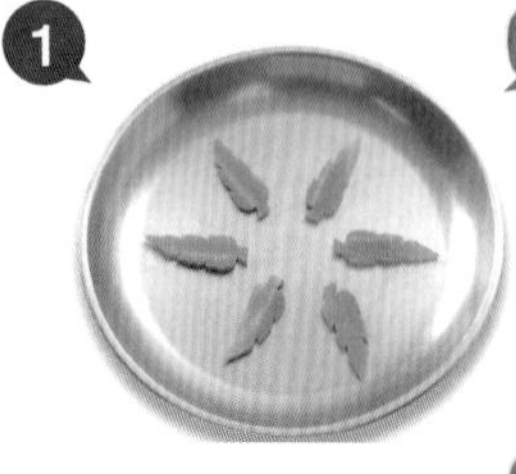

(1) 大黃瓜

(2) 紅蘿蔔

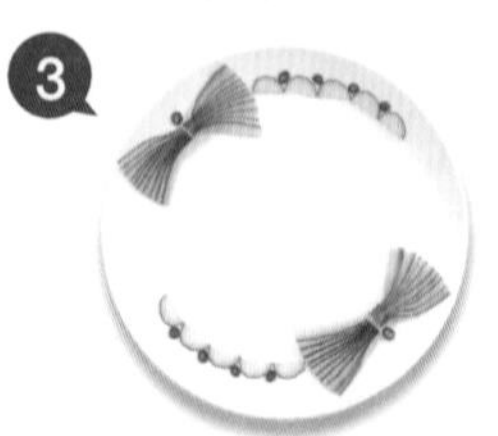

(3) 大黃瓜、小黃瓜、紅辣椒

紅燒素黃雀包

材　料　半圓豆皮3張、紅蘿蔔70克、桶筍40克、乾香菇3朵、中薑20克、豆薯20克、香菜10克、五香大豆乾1塊

調味料　**1** 沙拉油1大匙、鹽1/2茶匙、砂糖1茶匙、水3大匙 **2** 沙拉油1大匙、醬油2大匙、砂糖1茶匙、白胡椒粉1/4茶匙、水1杯

芡　汁　太白粉1茶匙、水2茶匙

製作過程

紅燒

1. 將半圓豆皮以片刀 1 切為 2，紅蘿蔔、桶筍切 0.5 公分小粒。
2. 乾香菇燙熟、去蒂切小粒，中薑切末，豆薯、大豆乾切小粒，香菜切小粒。
3. 取鍋子加入沙拉油，爆香薑片，加入所有粒狀材料及調味料 **1** 煮熟成餡料後，撈出濾乾水分。
4. 取豆皮，將餡料放入較寬的一邊，再捲成長條狀打結、完全包好，備用。
5. 取鍋子，加入 1/3 鍋油炸油，待油溫 180 度，將包好的豆包以大火炸酥，撈出濾油；另取鍋子，加入調味料 **2** ，再放入豆包燒煮約 3 分鐘，加入香菜煮熟即成。

重點步驟

分別將紅蘿蔔粒、豆薯粒燙熟，再取鍋子將所有粒狀材料及調味料 1 煮成餡料，撈出濾乾水分。

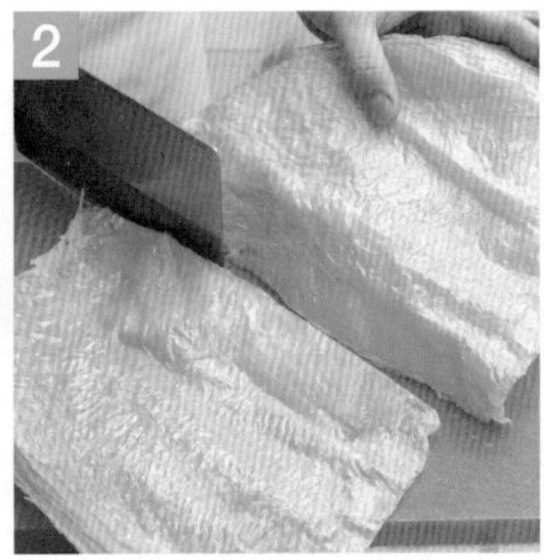

取半圓豆皮，在砧板上以片刀 1 切為 2，避免沾到水。

取 1/2 張豆皮，在寬邊放入一大匙餡料。

將餡料放入後，捲摺餡料到尖端，以手抓著兩端打一個結，再以剪刀、剪除較長的豆皮。

取鍋子，加入 1/3 鍋油炸油，待油溫 180 度，以中大火放入黃雀包，略炸 20 秒上色後撈出。

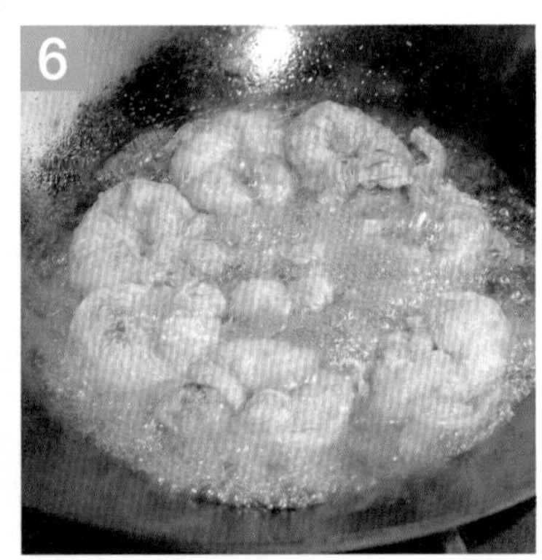

另取鍋子加入沙拉油，爆香薑末，加入調味料 2 及黃雀包略燒入味，最後以太白粉水勾薄芡即成。

注意事項

1. 半圓豆皮在砧板上 1 切為 2，砧板上應避免有水分，而使好幾張豆皮黏在一起。
2. 油炸黃雀包，油溫需達 180 度，不可炸太久而破掉。
3. 包好的黃雀包大小需一致，不可有大有小而影響觀感。
4. 燒煮黃雀包時，使用鍋鏟需小心，避免鏟破黃雀包、露出內餡。
5. 指定的材料都需加入，不得短少。

302-5 組 2　三絲豆腐羹

絲

材　料　板豆腐150克、紅蘿蔔80克、乾木耳1大片、桶筍60克、芹菜30克

調味料　醬油1大匙、鹽1/4茶匙、砂糖1茶匙、白胡椒粉1/2茶匙、烏醋1大匙、香油1大匙

芡　汁　太白粉1大匙、水2大匙

製作過程　羹

1. 取板豆腐切割 0.5 公分片狀，再切成 0.5 公分絲狀，備用。
2. 紅蘿蔔切絲，乾木耳燙至漲發、去蒂切絲，桶筍切絲，芹菜去葉切粒。
3. 取鍋子，加入 1/4 鍋水，燙煮桶筍絲去除酸味後，撈出。
4. 取瓷湯碗，加入 8 分滿清水，倒入鍋子中，再將紅蘿蔔絲、乾木耳絲、桶筍絲及所有調味料放入。
5. 待湯汁沸騰，以太白粉水勾芡至黏稠，最後加入豆腐絲及芹菜粒，略拌均勻即成。

重點步驟

取鍋子，加入 1/4 鍋水，先燙煮桶筍絲，再燙煮紅蘿蔔絲、木耳絲。

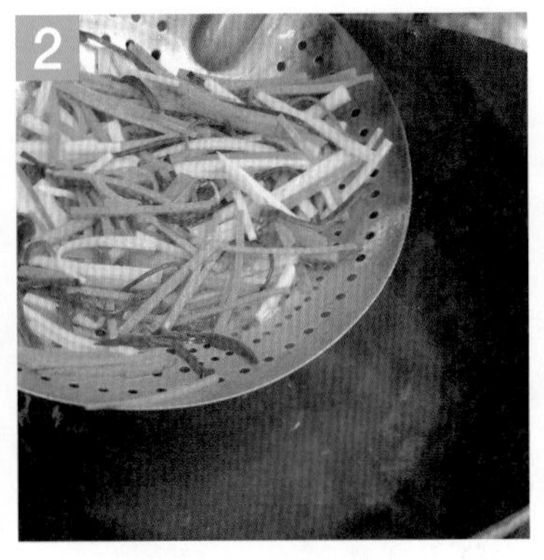

取鍋子將三種絲燙熟後，以漏勺撈出。

鍋中加入 8 分滿瓷湯碗的水，放入材料絲及調味料混合。

將所有材料、調味料加入後，待沸，以太白粉水勾芡。

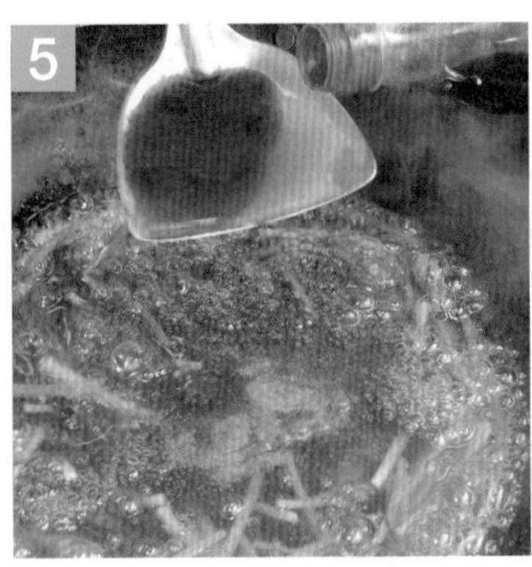

以太白粉水勾芡後，加入烏醋，增加羹湯香氣。

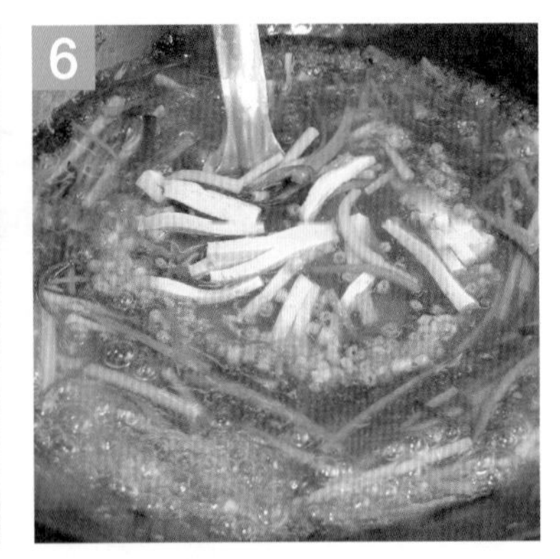

將烏醋加入後，續加入豆腐絲及芹菜粒，以中小火，小心地用鍋鏟略拌即成。

注意事項

1. 除了芹菜切粒，所有材料一律切割成 0.2~0.4 公分的絲狀。
2. 最後可加入烏醋、亦可不加烏醋，加烏醋有增香、去油的功用。
3. 勾芡時火候勿太大，避免芡汁黏稠結塊。
4. 規定的所有材料一定要放入，不可短少。
5. 最後放入豆腐絲，需勾芡後才可放入，以避免斷裂破碎。

西芹炒豆乾片

片

材　料　西芹185克、五香大豆乾2塊、紅蘿蔔水花片2式、紅甜椒45克、黃甜椒45克、中薑20克

調味料　沙拉油2大匙、鹽1/2茶匙、砂糖1茶匙、香油1大匙、水1/3杯

製作過程　炒

1. 西芹刮除表皮、斜切片狀，大豆乾斜切厚度約 0.5 公分、寬約 2~3 公分片狀。
2. 紅甜椒、黃甜椒去籽切割菱形片，中薑去皮切菱形片。
3. 取鍋子，加入炸油 1/4 鍋，待油溫 180 度，以中大火將豆乾片炸至金黃，撈出。
4. 取鍋子加入沙拉油，以中小火爆香薑片。
5. 薑片爆香後，將所有材料及調味料加入，混合拌炒至熟後，撈出排盤即成。

重點步驟

取鍋子加入 1/4 鍋油炸油，待油溫 180 度，將豆乾片放入。

待油溫 180 度，以中大火將豆乾片炸約 2 分鐘上色，撈出濾油。

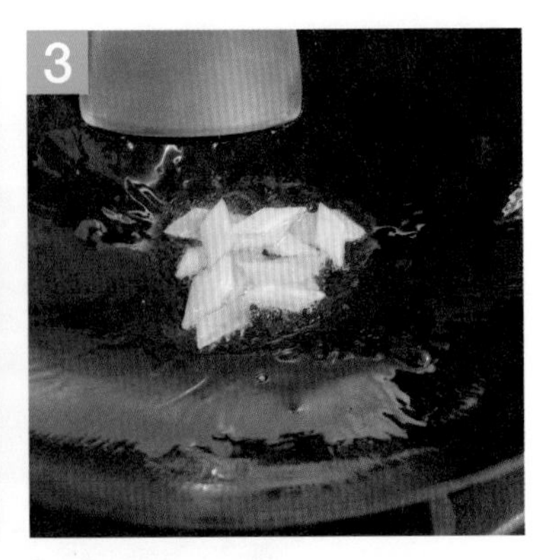

將鍋中炸油倒出，鍋中餘油加入薑片，以中小火爆香。

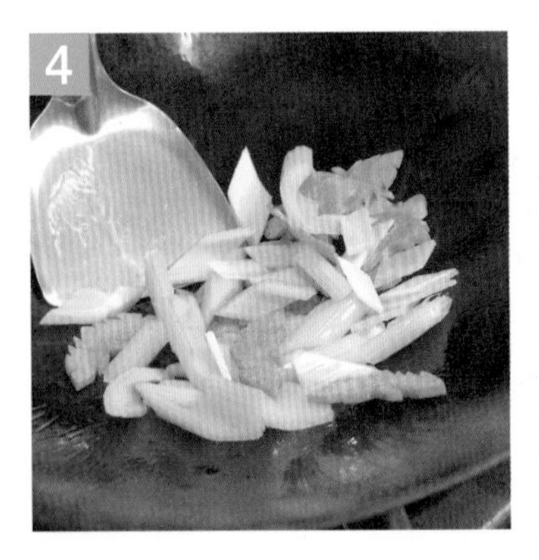

薑片爆香後，加入西芹片、紅蘿蔔水花片，略炒半熟。

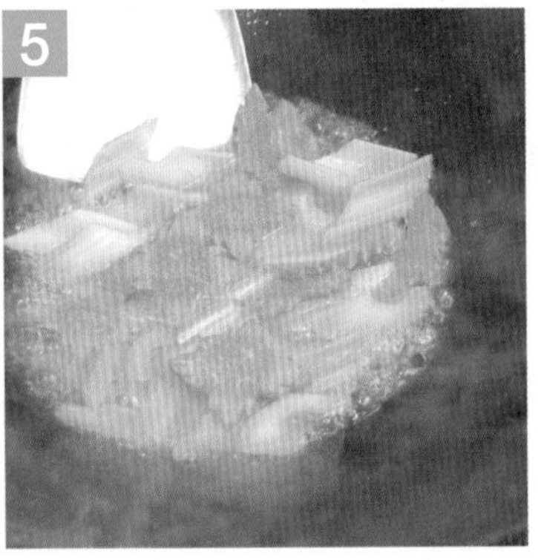

將西芹片、紅蘿蔔水花片略炒半熟後，加入所有調味料及水。

待所有材料及調味料加入，續加入炸豆乾片，炒至湯汁略乾即成。

注意事項

1. 五香大豆乾可斜切片，亦可直刀切片。
2. 西芹一定要以刮皮刀刮除表皮，口感較佳。
3. 規定的材料不可短少，紅蘿蔔水花片要加入同炒。
4. 此道菜的烹飪方式是「炒」，不可用太白粉水勾芡。
5. 大豆乾吸飽醬汁後容易破碎，拌炒時需小心，避免破損超過 1/3。

1. 乾煸四季豆

2. 三杯菊花洋菇

3. 咖哩茄餅

材料明細

1. 乾香菇3朵→切末（分2道菜使用）
2. 冬菜10克→切末
3. 板豆腐100克/1塊
4. 四季豆250克→去頭尾及筋絲
5. 洋菇600克→切1/2深的剞刀片塊
6. 茄子1條→斜切蝴蝶片
7. 紅甜椒1/2顆／70克→切菱形片
8. 青椒1/2顆／60克→切菱形片
9. 紅辣椒2條→切菱形片、切盤飾
10. 芹菜50克→切粒
11. 九層塔30克→去硬梗
12. 中薑80克→切末、切片
13. 紅蘿蔔300克→切滾刀塊、切水花片
14. 豆薯50克→切末
15. 小黃瓜1條→切盤飾
16. 大黃瓜1截→切盤飾

受評刀工（公分）

1. 香菇末（泡開27克以上）…………… 直徑0.3以下
2. 冬菜末（8克以上）… 直徑0.3以下

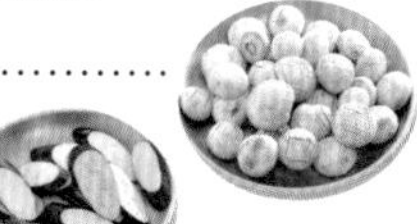

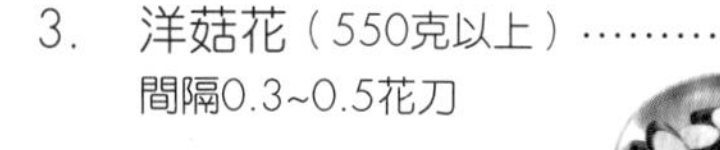

3. 洋菇花（550克以上）……………… 間隔0.3~0.5花刀

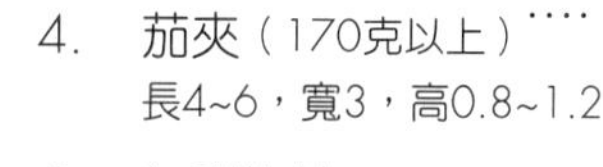

4. 茄夾（170克以上）…… 長4~6，寬3，高0.8~1.2

5. 紅甜椒片（50克以上）…………… 長3~5，寬2~4

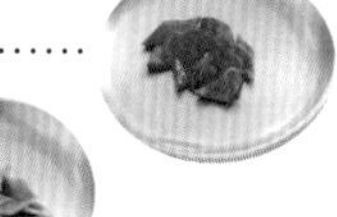

6. 青椒片（50克以上）… 長3~5，寬2~4

7. 紅辣椒片（10克以上）…………… 長2~3，寬1~2，高0.2~0.4

8. 薑末（10克以上）…… 直徑0.3以下

9. 中薑片（50克以上）……………… 長2~3，寬1~2，高0.2~0.4

指定水花（3選1）

指定盤飾（3選2）

(1) 紅蘿蔔

(2) 小黃瓜

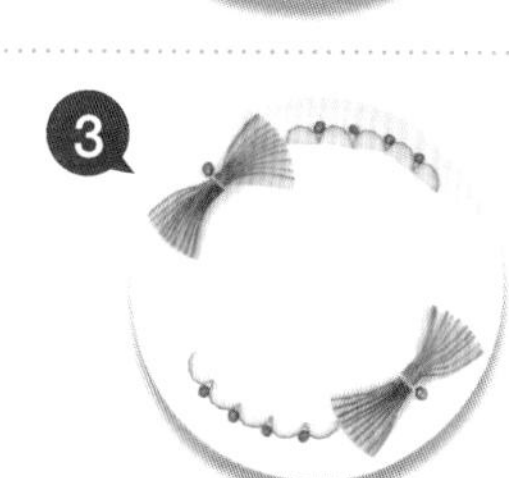

(3) 大黃瓜、小黃瓜、紅辣椒

302-6 組 1　乾煸四季豆

段、末

材　料　四季豆250克、冬菜10克、乾香菇2朵、中薑10克、芹菜30克

調味料　沙拉油1大匙、醬油2大匙、砂糖1茶匙、米酒2大匙

製作過程　　煸

1. 將四季豆頭、尾、筋絲去除，冬菜切末，乾香菇燙熟、去蒂切末。
2. 中薑去皮切末、芹菜去葉切粒，備用。
3. 取鍋子，加入 1/3 鍋油炸油，待油溫 180 度，以中大火將四季豆放入炸至金黃色，撈出濾油。
4. 取鍋子加入沙拉油，以小火爆香冬菜、香菇末、中薑末。
5. 爆香後，將所有調味料及四季豆放入鍋中，以中小火煸炒，最後放入芹菜粒，炒熟即成。

重點步驟

取鍋子，加入 1/3 鍋油炸油，待油溫 180 度，放入擦乾的四季豆。

以中大火，將四季豆炸至表皮皺縮呈黃綠色。

以中大火將四季炸至皺縮呈黃綠色後，用漏勺撈出濾油。

將油炸油倒出，用鍋中餘油爆香冬菜、中薑末、香菇末。

爆香後，加入所有調味料及炸四季豆。

將所有材料及調味料加入，以中小火煸炒四季豆，最後加入芹菜粒，炒熟即成。

注意事項

1. 油炸四季豆前，需擦乾四季豆的水分，避免油爆。
2. 炸四季豆，以炸至表面皺縮呈黃綠色為主，不可焦黑。
3. 爆香薑末、冬菜末、香菇末，火候不可太大，而容易燒焦。
4. 此道菜不可加水，只加醬油及米酒，炒時火不可太大，避免焦黑。
5. 乾煸四季豆炒好、放入盤內後，不得有滲油或看起來太過油膩。

302-6 組 2　三杯菊花洋菇

剞刀

材　料　洋菇550克、紅蘿蔔80克、九層塔30克、中薑20克、紅辣椒1條

調味料　麻油2大匙、醬油2大匙、砂糖1大匙、米酒2大匙、白胡椒粉1/4茶匙、水1/4杯

製作過程　　燜燒

1. 將洋菇以剪刀剪除蒂頭，紅蘿蔔切割一口大小滾刀塊，九層塔去除硬梗，中薑去皮切菱形片，紅辣椒去籽切菱形片。
2. 將洋菇以片刀在菇帽上切割交叉花刀，深1/2、間隔0.5公分以內。
3. 取鍋子，加入1/3鍋油炸油，待油溫180度，將洋菇放入炸至金黃色撈出，續炸紅蘿蔔。
4. 取鍋子加入麻油，放入中薑片，以中小火爆香。
5. 爆香後，將所有材料與調味料混合加入，以中大火燜燒收汁，最後放入九層塔煮熟即成。

重點步驟

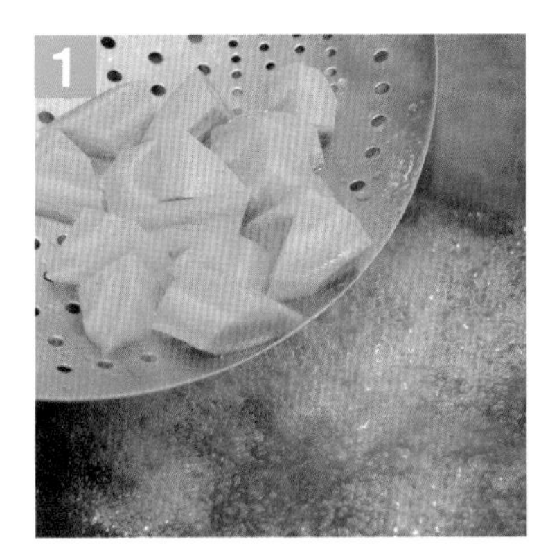

取鍋子，加入 1/3 鍋油炸油，待油溫 180 度，以中大火將紅蘿蔔滾刀塊炸至上色後撈出。

撈出炸紅蘿蔔塊後，以中大火加熱至油溫回升到 180 度，放入洋菇花續炸。

以中大火將洋菇花炸至金黃色，用漏杓撈出濾乾油分。

鍋中加入麻油，以中小火爆炒薑片至金黃色。

薑片爆香後，將紅蘿蔔塊、洋菇花及所有調味料加入，一同燒煮。

以中小火燒煮至醬汁收汁，加入九層塔後，炒至九層塔完全熟透即成。

注意事項

1. 紅蘿蔔滾刀塊亦可先燙熟再油炸，避免外熟內夾生。
2. 測試油溫可用薑片放入油鍋，以冒泡程度來判別。
3. 炸洋菇花前，需擦乾洋菇花水分，避免產生油爆。
4. 九層塔最後放入，需完全煮熟，避免夾生、變黑。
5. 洋菇需有帽狀且花形不得破損、焦黑及出油。

咖哩茄餅

雙飛片、末

材　料 茄子1條、豆薯50克、板豆腐100克、乾香菇1朵、紅甜椒50克、青椒50克、紅蘿蔔水花片2式

麵糊料 中筋麵粉1/2杯、水1/4杯

調味料 沙拉油1大匙、咖哩粉1茶匙、鹽1/2茶匙、砂糖1茶匙、香油1大匙、水1杯

芡　汁 太白粉1茶匙、水2茶匙

製作過程

炸、拌、炒

1. 將茄子清洗去頭，以片刀斜 45 度、長約 5 公分切割茄子成併貼的蝴蝶片。
2. 豆薯去皮切末，乾香菇燙熟切末，紅甜椒、青椒切菱形片。
3. 取容器將豆腐、豆薯、香菇混合捏碎成餡料，另取容器將麵糊料調成稠狀麵糊。
4. 將茄夾打開，鑲入餡料，再以麵糊封口，取鍋子加 1/3 鍋油炸油，待油溫 180 度，以中大火將茄餅炸至定色撈出。
5. 取鍋子，將所有調味料放入，再加入紅甜椒、青椒、紅蘿蔔水花片煮熟，以太白粉水勾芡後，放入茄餅略拌即成。

重點步驟

將豆腐、豆薯粒、香菇粒混合成餡料，鑲入茄夾內。

將餡料鑲入茄夾內，完全鑲好，備用。

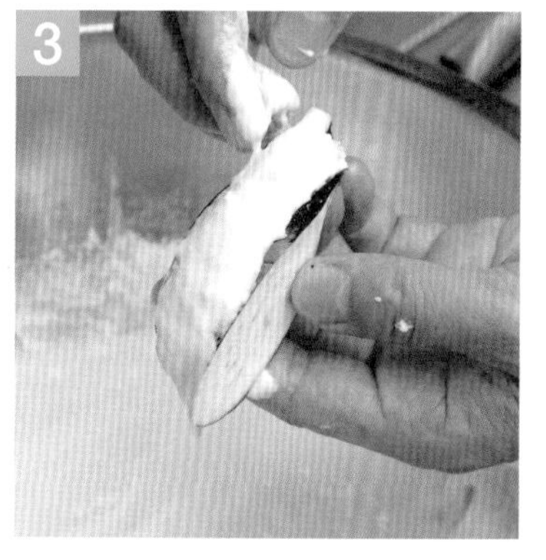

取一容器，加入麵糊料調成麵糊，將茄夾封口裹上麵糊。

取鍋子，加入 1/3 鍋油炸油，待油溫 180 度，將茄夾放入，以中大火約炸 15 秒上色後撈出。

另取鍋子加入沙拉油，爆炒紅甜椒、紅蘿蔔水花片後，加入所有調味料及炸茄餅。

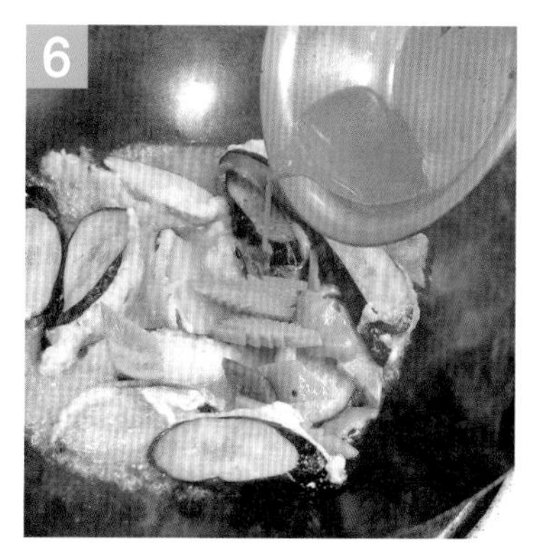

以中小火燒煮，加入調合的咖哩粉，再以太白粉水略勾薄芡後排盤即成。

注意事項

1. 規定的所有材料及紅蘿蔔水花片皆需加入，不得短少。
2. 茄餅菜餚的口味，需以咖哩為基準，不可太過油膩。
3. 茄餅顏色不可焦黑、不可爆餡，需特別小心油溫。
4. 咖哩粉先以水調合，避免直接放入而結塊。
5. 咖哩口味的菜餚不可在鍋內久煮，咖哩粉在鐵鍋裡煮，容易越煮越黑。

302-7組

1. 烤麩麻油飯

2. 什錦高麗菜捲

3. 脆鱔香菇條

材料明細

1. 乾香菇23朵→20朵剪條、3朵切片
2. 乾紅棗8顆
3. 乾木耳1大片→切絲
4. 長糯米250克
5. 白芝麻5克
6. 五香大豆乾1塊→切絲
7. 桶筍70克→切絲
8. 烤麩100克→1切6
9. 高麗菜7葉→燙熟過冷
10. 香菜20克→切末
11. 紅辣椒3條→切絲、切末、切盤飾
12. 紅蘿蔔300克→切絲、切水花片
13. 中薑80克→切絲、切末
14. 老薑80克→切片
15. 大黃瓜1截→切盤飾
16. 小黃瓜1條→切盤飾

受評刀工（公分）

1. 香菇條（20朵）
   寬0.5~1，長4~6
2. 木耳絲（30克以上）
   寬0.2~0.4，長4~6
3. 豆乾絲（25克以上）
   寬、高0.2~0.4，長4~6

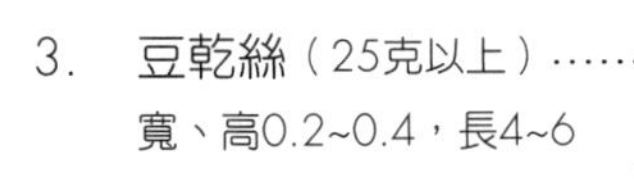

4. 桶筍絲（60克以上）
   寬、高0.2~0.4，長4~6
5. 香菇片（3朵）
   斜切寬2~4
6. 紅辣椒絲（10克以上）
   寬、高0.3，長4~6

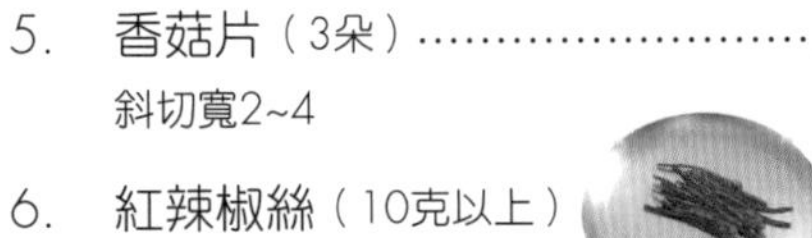

7. 中薑絲（20克以上）
   寬、高0.3，長4~6
8. 紅蘿蔔絲（70克以上）
   寬、高0.2~0.4，長4~6

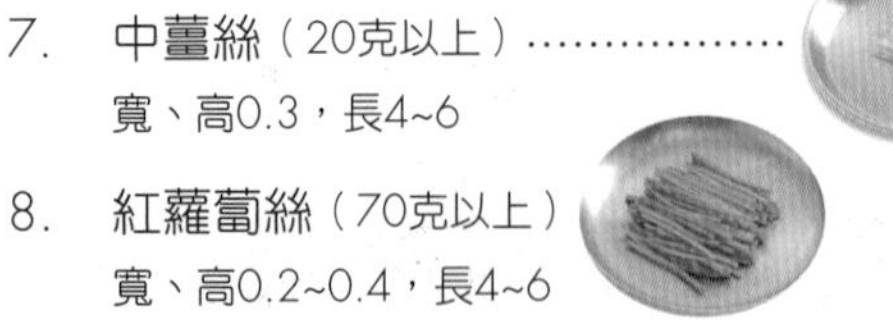

指定水花（3選1）

指定盤飾（3選2）

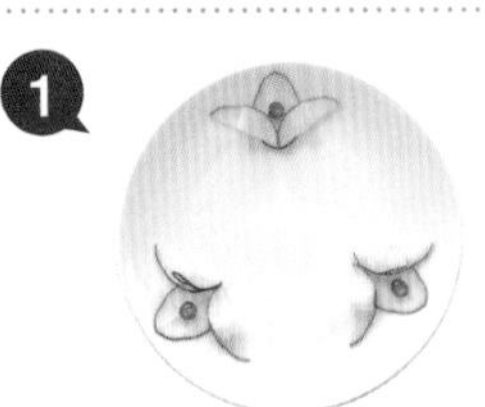

(1) 大黃瓜、紅辣椒

(2) 小黃瓜

(3) 紅蘿蔔

302-7 組 1 烤麩麻油飯

材　料　烤麩100克、乾香菇3朵、長糯米250克、老薑30克、乾紅棗8顆

調味料　麻油2大匙、醬油2大匙、砂糖1茶匙、米酒2大匙、水1又1/2杯

製作過程　生米燜煮

1. 將烤麩 1 顆切割 6 小塊，乾香菇燙熟、去蒂斜切片，長糯米洗淨、濾乾水分，老薑不去皮切片，紅棗洗淨。
2. 取鍋子，加入麻油以中小火爆香老薑片、香菇片。
3. 爆香後，續加入烤麩略炒至有香味。
4. 烤麩炒香後，將所有調味料放入混合，續加入糯米、紅棗。
5. 將所有材料、調味料放入後，攤平糯米，以大火煮沸，改小火蓋鍋蓋燜煮 25 分鐘，小心鏟出糯米飯（不要鍋巴）即成。

重點步驟

取鍋子加入麻油，以中小火爆香老薑片。

薑片爆香後，加入烤麩及香菇片，以中小火炒出香味。

將烤麩及香菇炒香後，加入生糯米，以中小火略炒均勻。

糯米略炒後，將所有材料及調味料放入拌勻。

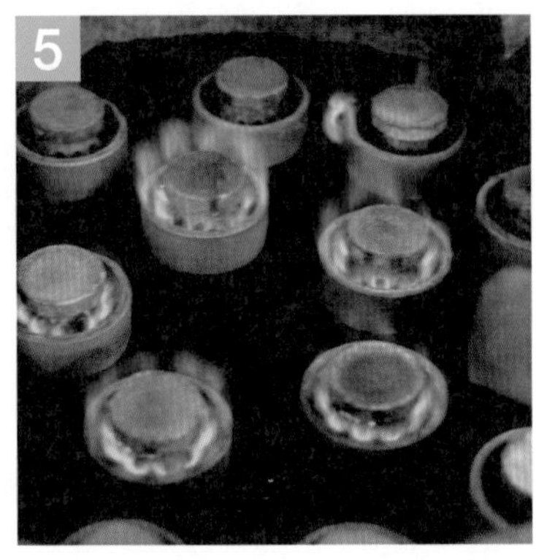

將材料及調味料混合拌炒均後，轉成小火。

爐火調整為小火後，將糯米在鍋中攤平，蓋上鍋蓋燜煮25分鐘至熟。

注意事項

1. 此道菜餚需蓋上鍋蓋燜煮，直接在鍋內將生米煮成熟飯。
2. 燜煮此道菜，需特別注意水量，不可加太多水，而容易糊爛。
3. 糯米需完全煮熟，不可有米心未透、夾生的情形。
4. 所有規定的材料皆需完全加入，不得短少。
5. 燜煮後會產生鍋巴，只需鏟出沒有鍋巴的米飯供評分。

302-7 組 2　什錦高麗菜捲

絲

材　料　高麗菜7葉、紅蘿蔔70克、紅蘿蔔水花片2式、乾木耳1大片、桶筍60克、五香大豆乾1塊、中薑20克、紅辣椒1條

調味料　1 沙拉油1大匙、鹽1/2茶匙、砂糖1茶匙、水1/4杯

2 鹽1/2茶匙、砂糖1茶匙、水1杯、香油2大匙

芡　汁　太白粉1大匙、水2大匙

製作過程　蒸

1. 將高麗菜葉，以熱水燙熟撈出過冷，再以片刀將硬梗切除，方便包捲。
2. 木耳燙至漲發、去蒂切絲，桶筍切絲，紅蘿蔔切絲略燙，大豆乾切絲，中薑切絲，紅辣椒去籽切絲。
3. 取鍋子加入沙拉油，爆香薑絲、紅辣椒絲後，將所有絲狀材料及調味料 1 放入，混合成餡料。
4. 將高麗菜攤平在砧板上，放入三絲料包捲，接口朝下放入盤內。
5. 分別將高麗菜捲包好放入盤內，排入紅蘿蔔水花片各三片即可，入蒸籠蒸 8 分鐘後取出，以調味料 2 煮沸，勾芡淋上即成。

重點步驟

取鍋子，加入 1/3 鍋水，待沸，放入高麗菜葉燙熟撈出。

取鍋子加水，將木耳絲、紅蘿蔔絲、桶筍絲、大豆乾絲放入川燙。

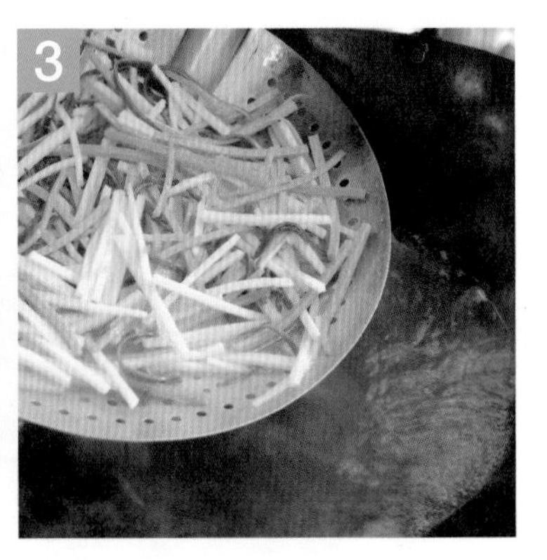

將木耳絲、紅蘿蔔絲、桶筍絲，川燙至熟。

取鍋子，加入燙熟的材料絲及調味料 1 成餡料。

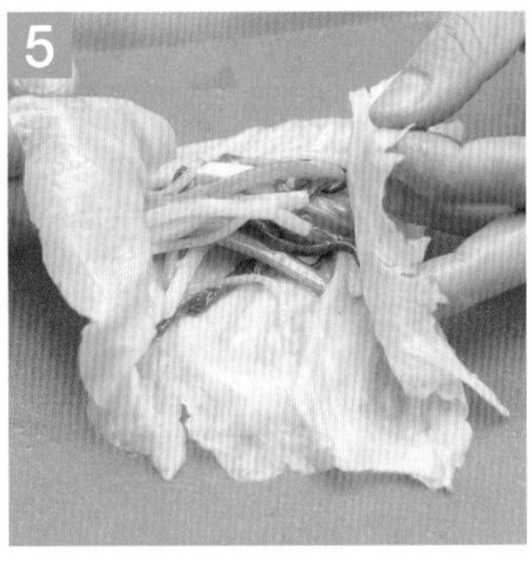

將燙熟的高麗菜葉濾乾，加入適量餡料絲，包捲 6 捲。

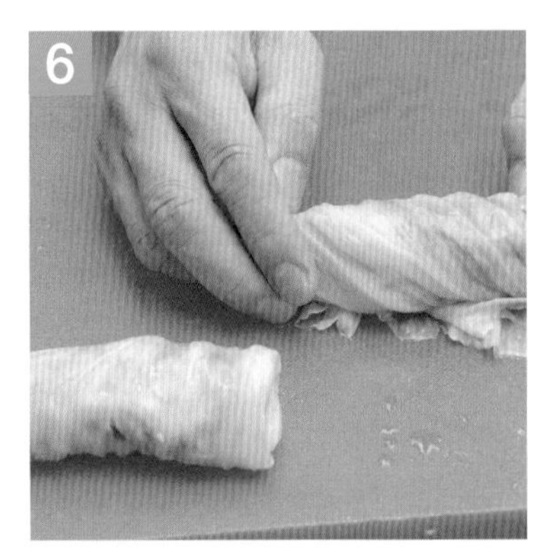

將包好的高麗菜捲排入盤內，搭配紅蘿蔔水花片，蒸 8 分鐘後取出。鍋子加入調味料 2 煮成醬汁淋上即成。

注意事項

1. 高麗菜葉需燙熟過冷，包時以片刀將較粗的葉梗切除。
2. 此道菜所規定的材料，都需加入、不得短少。
3. 包捲好的高麗菜捲需大小一致，以免影響觀感。
4. 包捲高麗菜捲需小心，避免破掉或爆餡。
5. 最後煮調味料 2 調製醬汁，勾芡需避免太黏稠或結塊。

脆鱔香菇條

條

材　料　乾香菇20朵、白芝麻5克、香菜20克、中薑20克、紅辣椒1條

拌　粉　玉米粉3大匙

調味料　沙拉油1大匙、醬油1大匙、砂糖2大匙、烏醋2大匙、香油1大匙、水1/4杯

製作過程　炸、溜

1. 乾香菇燙熟去蒂，以剪刀繞著香菇帽外緣剪至菇心，呈條狀，再剪成 4~6 公分段。
2. 香菜切末，中薑去皮切末，紅辣椒去籽切末。
3. 取容器，將香菇條擠乾水分後放入，拌入玉米粉。
4. 取鍋子，加入 1/3 鍋油炸油，待油溫 180 度，以中大火炸酥香菇條後撈出。
5. 取鍋子，將調味料混合煮沸，放入所有材料，含白芝麻，以中小火收汁，裝盤即成。

重點步驟

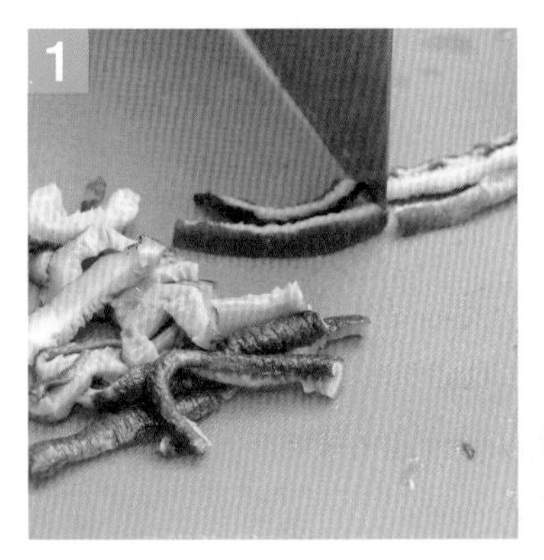

取燙熟漲發的香菇，以剪刀繞著菇帽剪成條狀後，再以片刀切段。

將香菇條切段，擠乾水分，拌入玉米粉，返潮待炸。

取鍋子，加入 1/3 鍋油炸油，待油溫 180 度，以中大火放入香菇條炸酥。

以中大火將香菇條炸至酥香，以漏勺撈出濾油。

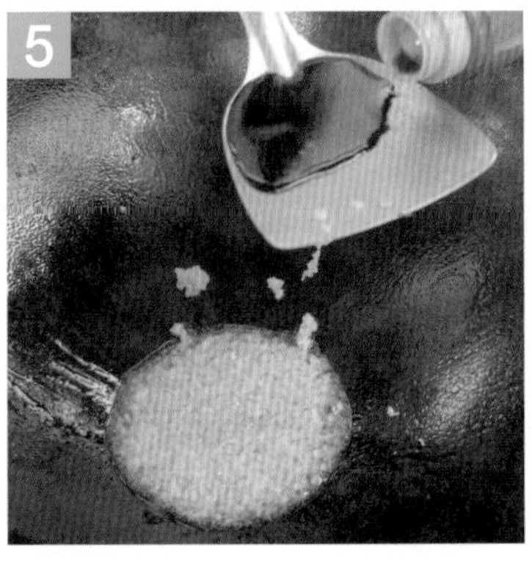

取鍋子加入沙拉油，爆香薑末，再加入所有調味料混合均勻。

將所有調味料混合均勻後，加入炸香菇條、所有材料及撒上芝麻，煮至縮汁即成。

注意事項

1. 香菇條沾上玉米粉後，需放置約 3 分鐘令其返潮，可讓粉黏裹得更緊實。
2. 以剪刀剪香菇條需特別小心，避免剪到手指。
3. 酥炸香菇條，油溫不可過低，避免含油而不酥脆。
4. 炸香菇條需炸至有酥脆感且不得焦黑，需小心火候。
5. 此道菜規定的材料需完全加入，不得短少。

1. 茄汁燒芋頭丸　2. 素魚香茄段　3. 黃豆醬滷苦瓜

材料明細

1. 黃豆醬60克
2. 乾木耳1大片→切菱形片
3. 青椒1/2顆／60克→切菱形片
4. 茄子2條→切段再1切2
5. 鮮香菇2朵→切粒
6. 紅辣椒2條→切末、切盤飾
7. 苦瓜1條／300克→切條
8. 黃甜椒1/2顆／70克→切菱形片
9. 芹菜30克→切末
10. 九層塔20克→去硬梗
11. 香菜20克→切段
12. 玉米筍50克→切條
13. 芋頭300克→切片蒸熟
14. 紅蘿蔔300克→切水花片、切條
15. 中薑50克→切末
16. 小黃瓜1條→切盤飾

受評刀工（公分）

1. 木耳片（30克以上）……
   長3~5，寬2~4
2. 黃甜椒片（50克以上）
   長3~5，寬2~4

3. 青椒片（50克以上）……
   長3~5，寬2~4

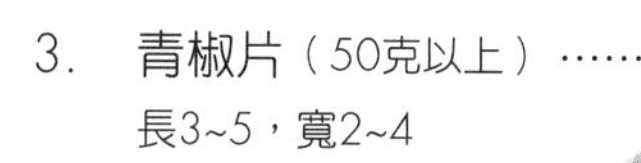

4. 茄段（320克以上）……
   長4~6，直段或斜段

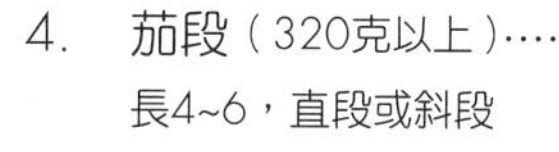

5. 紅辣椒末（15克以上）……
   直徑0.3以下

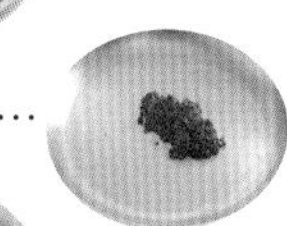

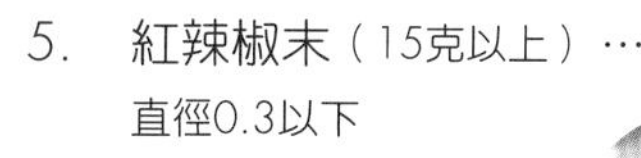

6. 芹菜末（15克以上）……
   直徑0.3以下

7. 苦瓜條（250克以上）……
   寬、高0.8~1.2，長4~6
8. 紅蘿蔔條（70克以上）
   寬、高0.5~1，長4~6

9. 中薑末（30克以上）……
   直徑0.3以下

指定水花（3選1）

BEST!

指定盤飾（3選2）

(1) 小黃瓜　(2) 紅蘿蔔　(3) 小黃瓜、紅辣椒

302-8 組 1　茄汁燒芋頭丸

材　料　芋頭250克、紅蘿蔔水花片2式、黃甜椒70克、乾木耳1大片、青椒50克

調味料　**1** 中筋麵粉2大匙、鹽1/2茶匙 **2** 沙拉油1大匙、番茄醬3大匙、砂糖1大匙、白醋2大匙、水1/2杯

製作過程　蒸、燒

1. 將芋頭去皮切薄片，排入配菜盤，入蒸籠鍋以中大火蒸 12 分鐘，取出用湯匙壓成泥狀。
2. 黃甜椒去籽切菱形片，乾木耳燙至漲發、切菱形片，青椒切菱形片。
3. 取容器將芋泥放入，再加入調味料 **1** 混合後，將芋泥做成大小像貢丸的球狀，再沾上太白粉，待炸。
4. 取鍋子，加入 1/3 鍋油炸油，待油溫 180 度，放入芋頭丸，以中火炸至金黃，撈出。
5. 另取鍋子加入沙拉油，略炒紅蘿蔔水花片，再將所有材料及調味料 **2** 加入混合，放入炸芋丸略收汁即成。

重點步驟

將芋頭切片、蒸熟後取出，加入調味料 1 壓成泥狀。

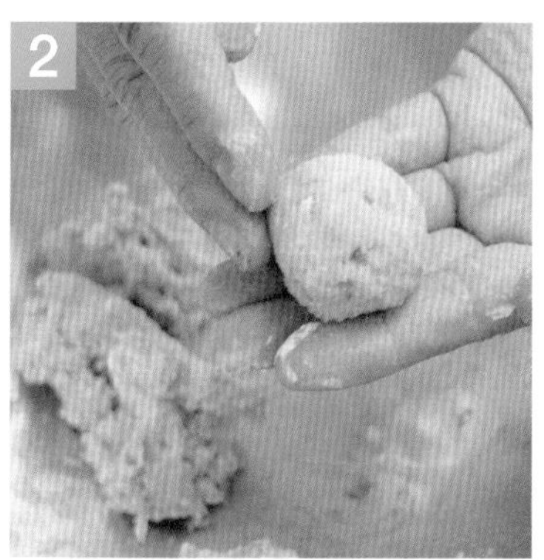

將芋頭泥加入調味料 1 混合後，平均分成數塊，大小須一致。

將均分的芋泥塊塑成球形，沾上太白粉。

取鍋子，加入 1/3 鍋油炸油，待油溫 180 度，將芋頭丸放入，炸至金黃色。

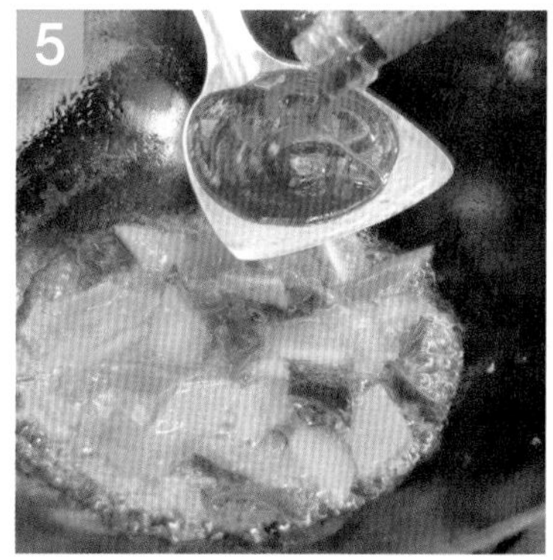

另取鍋子，加入調味料 2 及片狀材料，紅蘿蔔水花片亦需放入。

將調味料 2 及材料放入後，再加入炸芋頭丸，以中小火燒至略為收汁即成。

注意事項

1. 此道菜餚調味時需加入番茄醬。
2. 蒸芋頭片前，可將芋頭切割成 0.5 公分內的片狀，比較容易蒸熟。
3. 每個芋頭丸需大小一致，不可有大有小。
4. 炸芋頭丸，油溫不可太低，容易炸得鬆散、不成形。
5. 規定的所有材料都需加入，不得短少。

302-8 組 2　素魚香茄段

段

材　料　茄子2條、鮮香菇2朵、芹菜30克、九層塔20克、紅辣椒1條、中薑20克

調味料　沙拉油1大匙、辣豆瓣醬1大匙、醬油2大匙、砂糖1茶匙、水1杯、白胡椒粉1/4茶匙、米酒2大匙

芡　汁　太白粉1茶匙、水2茶匙

製作過程　燒

1. 將茄子洗淨，以片刀切長段、再 1 切為 2，擦乾水分，待炸。
2. 鮮香菇去蒂斜切小粒，芹菜切末，九層塔去除硬梗，紅辣椒去籽切末，薑去皮切末。
3. 取鍋子，加入 1/3 鍋炸油，待油溫 180 度，放入茄子炸至定色，撈出。
4. 取鍋子，加入沙拉油，將薑片及辣豆瓣醬爆香。
5. 爆香後，將所有調味料及材料放入，以中小火略燒至茄子熟軟，再放入九層塔炒熟，略勾薄芡即成。

重點步驟

將茄子切割成段，再 1 切為 2 個半圓塊，取鍋子加入油炸油，準備炸茄子。

取鍋子，加入油炸油 1/3 鍋，待油溫 180 度，放入茄段，炸至呈亮紫色上色，撈出。

另取鍋子加入沙拉油，以中小火爆香薑末及辣椒末。

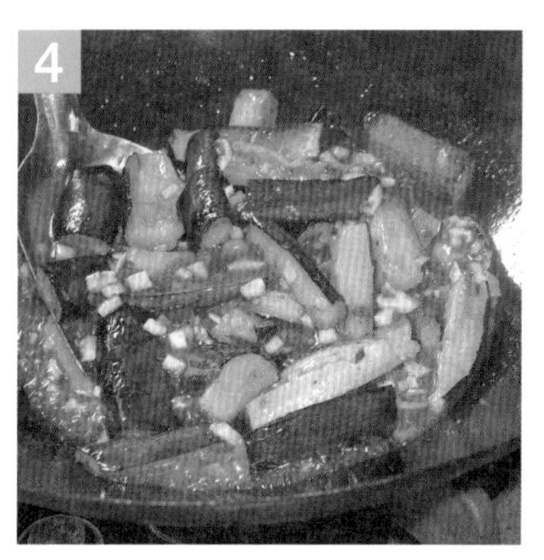

爆炒薑末及辣椒末後，加入所有調味料及炸茄段燒煮。

待茄子燒煮至軟熟後，以太白粉水微勾薄芡。

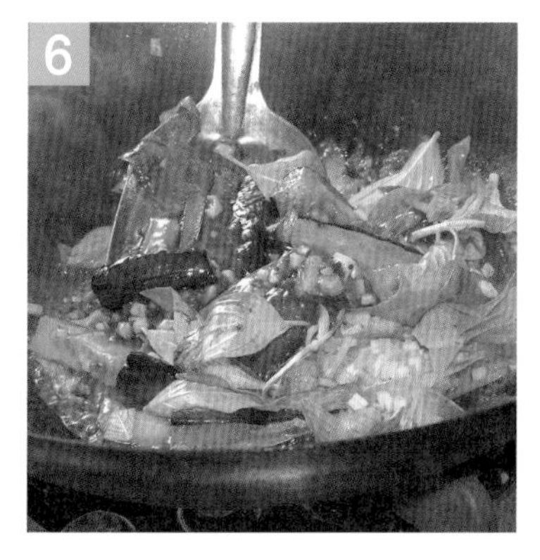

以太白粉水勾芡後，加入芹菜及九層塔，用中火拌炒九層塔至熟即成。

注意事項

1. 切割茄段，力求大小、長度均一。
2. 炸茄段的油溫需較高，才能將茄段炸至呈亮紫色。
3. 辣椒醬先以中小火炒過，會比較香，顏色也較鮮豔可口。
4. 最後放九層塔同煮，需將九層塔煮熟，避免夾生或變黑。
5. 煮出的素魚香茄段不可含油，規定的材料亦不得短少。

302-8 組 3　黃豆醬滷苦瓜

條

材　料　苦瓜1條300克、黃豆醬60克、紅蘿蔔70克、香菜20克、玉米筍50克

調味料　沙拉油1大匙、醬油2大匙、砂糖1茶匙、米酒2大匙、香油1大匙、水1杯

芡　汁　太白粉1茶匙、水2茶匙

製作過程　滷

1. 苦瓜切除頭尾，1 切為 2 呈長半圓，以湯匙挖出苦瓜籽。
2. 將苦瓜切長段、再轉 90 度切 1 公分條狀，紅蘿蔔切條，香菜切段，玉米筍 1 切 4 長條。
3. 取鍋子，加入 1/3 鍋油炸油，待油溫 180 度，將苦瓜條放入炸至金黃色，撈出濾油。
4. 取鍋子加入沙拉油，爆炒紅蘿蔔條後，再放入所有材料及調味料滷製。
5. 將苦瓜條滷約 8 分鐘至透，放入香菜略拌，裝盤即成。

重點步驟

將苦瓜去籽，以片刀切割成粗條狀，用 180 度熱油炸至上色後撈出。

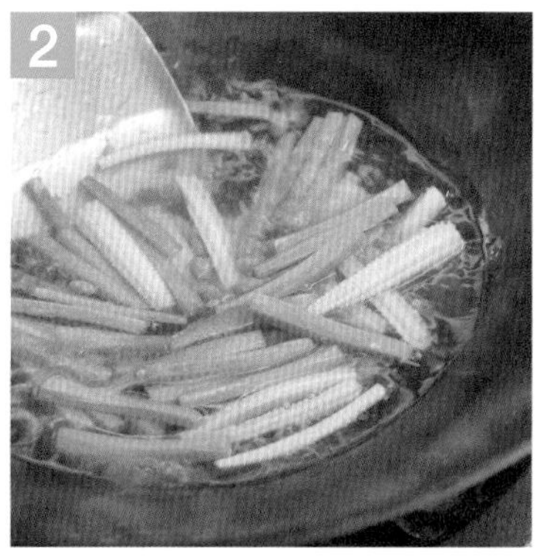

取鍋子，加入 1 杯清水，放入紅蘿蔔條及玉米筍大略燙煮。

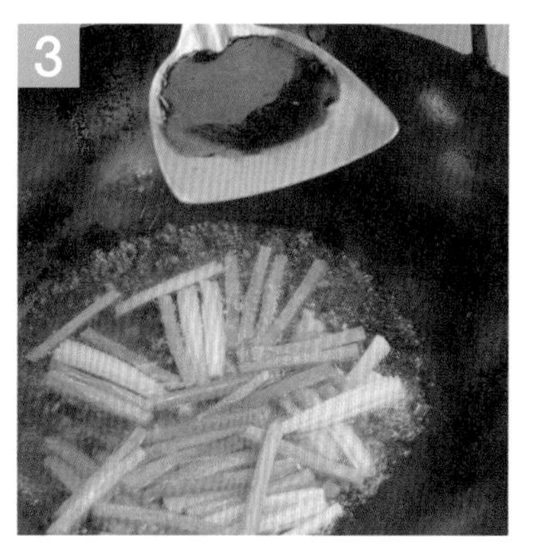

將紅蘿蔔條及玉米筍略為燙煮後，加入所有調味料。

將所有調味料放入後，再加入炸苦瓜條，以中小火滷煮。

待苦瓜以中小火滷煮至透後，加入太白粉水略勾薄芡。

以太白粉略勾薄芡後，加入香菜拌炒均勻即成。

注意事項

1. 切割苦瓜條，力求粗細、大小一致。
2. 黃豆醬本身已有鹹度，調味時要特別注意。
3. 此道菜餚的烹調方式為「滷」，苦瓜條需滷至軟嫩入味，不可夾生。
4. 成品呈現不可有太多醬汁，規定的材料不得短少。
5. 香菜需最後再加入，避免太早加入，煮太久而變黃、變爛。

302-9組

1. 梅粉地瓜條

2. 什錦鑲豆腐

3. 香菇炒馬鈴薯片

材料明細

1. 梅子粉30克
2. 乾香菇1朵→切末
3. 玉米粒30克
4. 板豆腐300克→1塊切3長塊
5. 五香大豆乾1塊→切末
6. 四季豆80克→去絲1切2
7. 鮮香菇3朵→切片
8. 紅辣椒1條→切盤飾
9. 地瓜300克→切條
10. 紅蘿蔔300克→切末、切水花片
11. 豆薯40克→切末
12. 馬鈴薯250克→切片
13. 中薑80克→切末、切片
14. 小黃瓜1條→切菱形片、切盤飾
15. 大黃瓜1截→切盤飾

受評刀工（公分）

1. 香菇末（9克以上）
直徑0.3以下

2. 豆乾末（30克以上）
直徑0.3以下

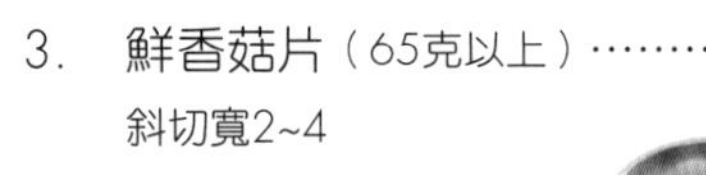

3. 鮮香菇片（65克以上）
斜切寬2~4

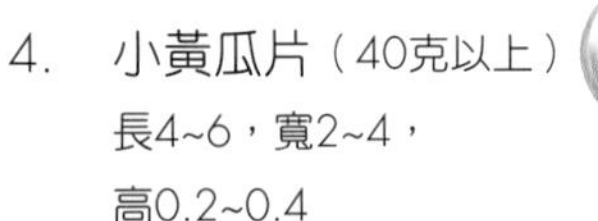

4. 小黃瓜片（40克以上）
長4~6，寬2~4，
高0.2~0.4

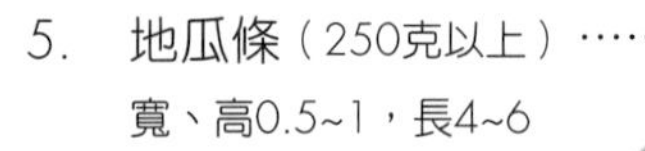

5. 地瓜條（250克以上）
寬、高0.5~1，長4~6

6. 紅蘿蔔末（60克以上）
直徑0.3以下

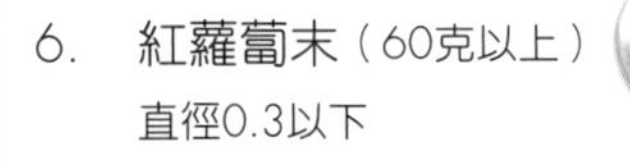

7. 豆薯末（25克以上）
直徑0.3以下

8. 馬鈴薯片（200克以上）
長4~6，寬2~4，
高0.4~0.6

指定水花（3選1）

1

2 BEST!

3

指定盤飾（3選2）

1

(1) 大黃瓜、小黃瓜、紅辣椒

2 BEST!

(2) 小黃瓜

3 BEST!

(3) 大黃瓜

302-9 組 1　梅粉地瓜條

條

材　料　地瓜250克、四季豆80克、梅子粉30克

麵糊料　中筋麵粉2/3杯、太白粉1/3杯、泡打粉1茶匙、沙拉油1大匙、水1/2杯

調味料　梅子粉30克、鹽1/2茶匙、砂糖1茶匙

製作過程　酥炸

1. 地瓜去皮、以片刀切割長粗條狀；四季豆去除頭、尾及筋絲，再 1 切為 2。
2. 取一瓷湯碗，將調味料混合成梅子鹽。
3. 取容器將麵糊料混合調成麵糊，醒 10 分鐘。
4. 取鍋子，加入 1/3 鍋油炸油，待油溫 180 度，分別將地瓜條及四季豆沾上麵糊，放入鍋中炸熟後，撈出濾油。
5. 將炸好的地瓜條及四季豆，以調合的梅子粉均勻灑上，即成。

重點步驟

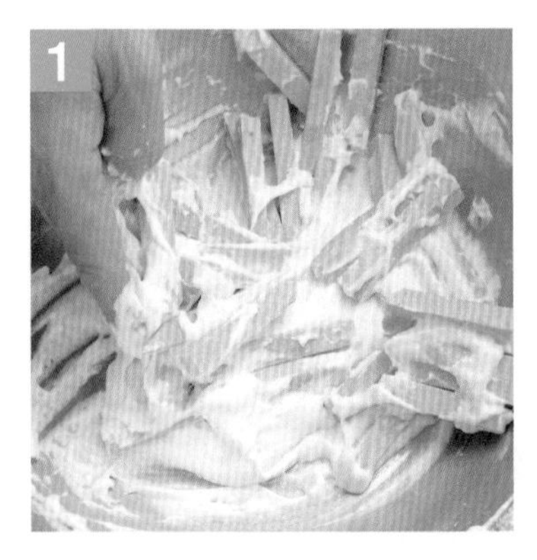

取鋼盆，加入麵糊料調製麵糊，再加入地瓜條拌均勻。

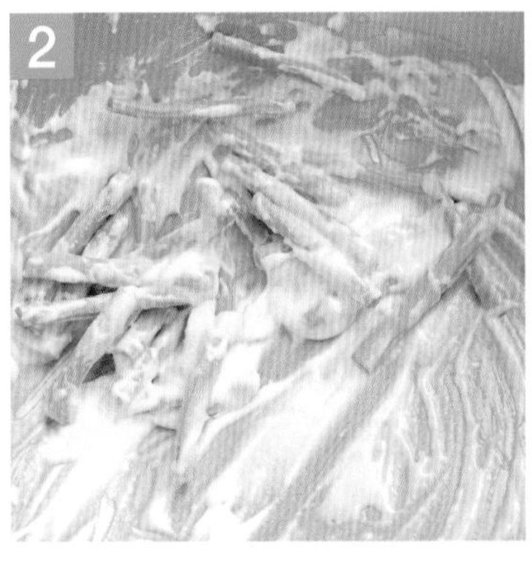

另將切段的四季豆，放入麵糊中略拌均勻。

取鍋子，加入 1/3 鍋油炸油，待油溫 180 度，改小火，放入地瓜條再改中火炸熟。

以中火將地瓜條炸至蓬鬆酥脆，用漏杓撈出。

待油溫 180 度，改小火放入四季豆後，再改中火炸熟。

以中火將四季豆炸至膨脹酥脆，用漏杓撈出，再混合地瓜條，最後撒上梅子粉即成。

注意事項

1. 油炸地瓜條及四季豆，待油溫 180 度改小火，分別放入後，再改中火炸熟。
2. 油炸油需有 1/3 鍋，不可太少而使麵糊無法膨脹。
3. 拌均勻的麵糊，因有加泡打粉，需先醒 10 分鐘。
4. 油炸地瓜條及四季豆時，放入鍋中的前 1 分鐘先不要鏟動，待 1 分鐘後定形，即可鏟開。
5. 炸地瓜條需確定有熟，可先以剪刀剪開檢查，避免夾生。

302-9 組 2 什錦鑲豆腐

材　料 板豆腐300克、紅蘿蔔60克、乾香菇1朵、玉米粒30克、中薑20克、豆薯25克、五香大豆乾1塊

調味料 1 沙拉油1大匙、鹽1/2茶匙、砂糖1茶匙、水1/3杯 2 水1/2杯、鹽1/2茶匙、砂糖1茶匙、香油1大匙

芡　汁 太白粉1茶匙、水2茶匙

製作過程　蒸

1. 板豆腐以片刀1切為3塊、呈長四方塊，紅蘿蔔切小粒，乾香菇燙熟、去蒂切小粒，中薑切末，豆薯切末，大豆乾切粒，備用。
2. 取鍋子，加入1/3鍋油炸油，待油溫180度，以中大火將板豆腐炸至金黃上色，撈出濾油。
3. 另取鍋子加入沙拉油，將所有粒狀食材放入，加入調味料 1 一同炒成餡料後，濾乾水分。
4. 將炸至金黃的豆腐，小心的以鐵湯匙挖出凹槽，放入餡料，再入蒸籠蒸5分鐘。
5. 將豆腐蒸透後夾出，取鍋子，加入調味料 2 以太白粉水勾芡，淋在豆腐上即成。

重點步驟

取鍋子，加入 1/3 鍋油炸油，待油溫 180 度，放入豆腐以中大火炸至金黃色後撈出。

將炸至金黃色的豆腐，以片刀在切面內切割缺口。

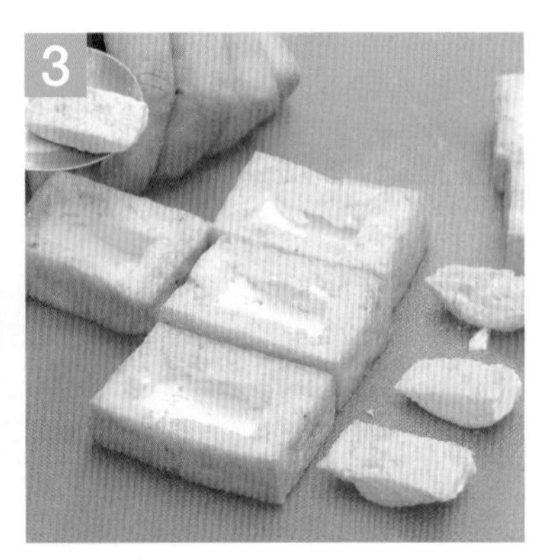

以片刀在豆腐切面上切割線條後，再以鐵湯匙挖出豆腐，呈凹槽狀。

取鍋子加入調味料 1 ，炒熟所有粒狀材料成餡料。

將所有粒狀的材料炒熟，以漏杓撈出濾乾水分。

將炒熟、濾乾水分的粒狀材料鑲入豆腐凹槽，放入蒸籠略蒸，夾出後將調味料 2 煮成醬汁，勾芡淋在豆腐上即成。

注意事項

1. 炸豆腐前，需先將水分略為吸乾，避免油炸時產生油爆。
2. 炸豆腐不可炸到焦黑或破碎不成形，切割豆腐凹槽需大小一致。
3. 炸好的豆腐，挖切凹槽時需小心，避免挖破。
4. 此道菜規定的材料不得短少，需完全加入。
5. 最後煮醬汁時，以太白粉水勾芡勿太濃稠，避免結塊而影響觀感。

302-9 組 3　香菇炒馬鈴薯片

材　料　馬鈴薯250克、鮮香菇3朵、紅蘿蔔水花片2式、小黃瓜40克、中薑20克

調味料　沙拉油1大匙、鹽1/2茶匙、砂糖1茶匙、水1/2杯、香油1大匙

製作過程　炒

1. 馬鈴薯去皮，以片刀修切圓弧邊呈長四方形，再切成四方薄片，以清水略泡避免變黑。
2. 鮮香菇去蒂斜切片，小黃瓜切菱形片，薑切菱形片、紅蘿蔔切 2 式水花片。
3. 取鍋子，加入 1/3 鍋油炸油，待油溫 180 度，將馬鈴薯片濾乾水分，放入油鍋以中大火炸至金黃色，撈出。
4. 取鍋子加入沙拉油，以中小火爆香薑片，再將所有材料及調味料加入混合。
5. 將所有材料及調味料以中火混合煮熟，裝盤即成。

重點步驟

取鍋子，加 1/3 鍋油炸油，待油溫 180 度，將馬鈴薯片放入油炸。

以油溫 180 度，將馬鈴薯片炸至金黃色，再以漏勺撈出

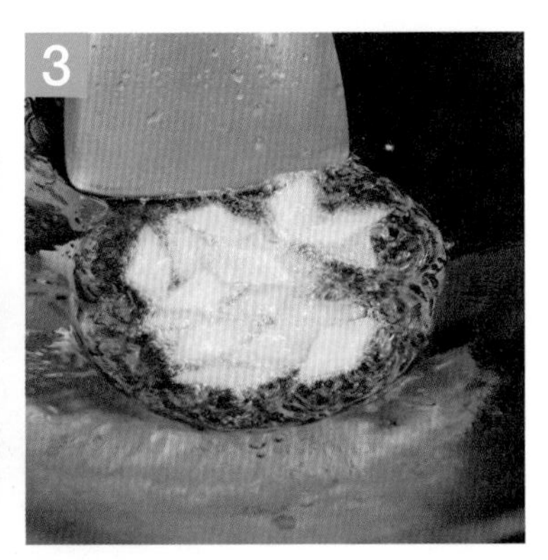

另取鍋子加入沙拉油，以中小火爆香薑片。

薑片爆香後，續加入紅蘿蔔水花片及鮮香菇片略炒。

將紅蘿蔔水花片及鮮香菇片略炒後，加入炸馬鈴薯片及所有調味料。

將所有材料及調味料混合後，最後加入小黃瓜菱形片，炒熟後，以漏杓撈出即成。

注意事項

1. 待油溫 180 度，要放入馬鈴薯片炸時，需擦乾水分，避免油爆。
2. 馬鈴薯片不可切太厚，以 0.3~0.5 公分為主，避免夾生。
3. 炒馬鈴薯片不可以炒太久，而使片狀破掉或鬆散。
4. 馬鈴薯片亦可用熱水燙熟後再烹煮，可省去油炸的麻煩。
5. 紅蘿蔔水花片亦需加入此道菜，規定的材料不得短少。

1. 三絲淋蒸蛋

2. 三色鮑菇捲

3. 椒鹽牛蒡片

材料明細

1. 乾香菇2朵→切絲
2. 乾木耳1大片→切菱形片
3. 桶筍50克→切絲
4. 小黃瓜2條→切絲、切盤飾
5. 大黃瓜1截→切盤飾
6. 鮑魚菇4大片→切1/2深剞刀片塊
7. 黃甜椒1/2顆／70克→切菱形片
8. 青椒1/2顆／60克→切菱形片
9. 紅辣椒2條→切粒、切盤飾
10. 芹菜30克→切粒
11. 紅蘿蔔300克→切絲、切水花片
12. 牛蒡200克→切斜片
13. 中薑120克→切絲、切片、切末
14. 雞蛋4顆

受評刀工（公分）

1. 香菇絲（2朵）
   寬、高0.2~0.4
2. 桶筍絲（40克以上）
   寬、高0.2~0.4，長4~6

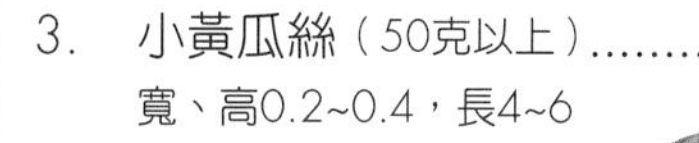

3. 小黃瓜絲（50克以上）
   寬、高0.2~0.4，長4~6

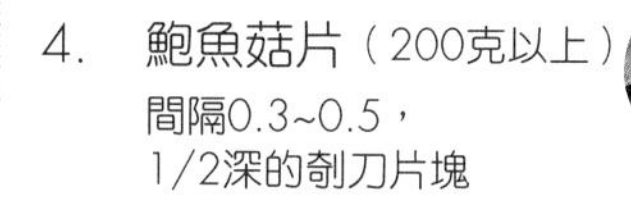

4. 鮑魚菇片（200克以上）
   間隔0.3~0.5，
   1/2深的剞刀片塊

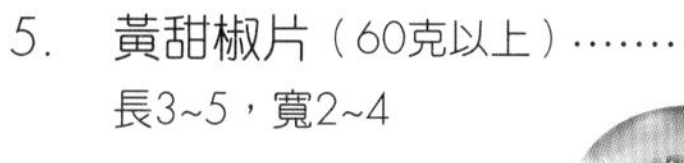

5. 黃甜椒片（60克以上）
   長3~5，寬2~4
6. 青椒片（50克以上）
   長3~5，寬2~4

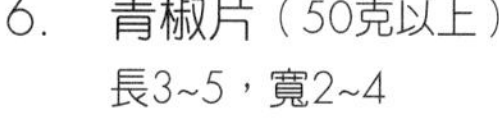

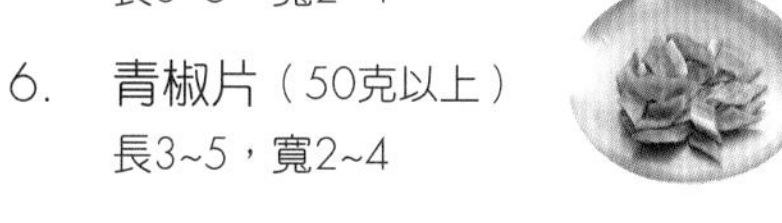

7. 紅蘿蔔絲（50克以上）
   寬、高0.2~0.4，長4~6

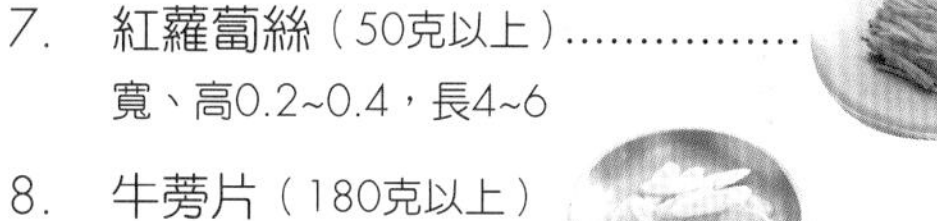

8. 牛蒡片（180克以上）
   長4~6，高0.2~0.4

指定水花（3選1）

指定盤飾（3選2）

(1) 小黃瓜

(2) 紅蘿蔔

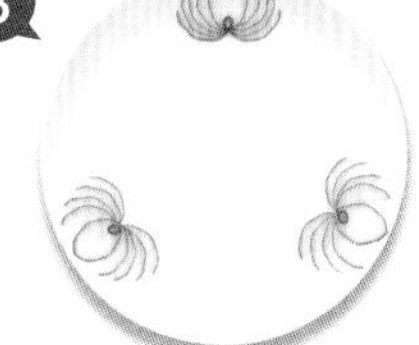

(3) 大黃瓜、紅辣椒

302-10 組 1　三絲淋蒸蛋

絲

材　料　雞蛋4顆、乾香菇2朵、桶筍40克、小黃瓜50克、紅蘿蔔50克、中薑20克

調味料　沙拉油1大匙、鹽1/2茶匙、砂糖1茶匙、米酒1大匙、香油1大匙、水1杯

芡　汁　太白粉1大匙、水2大匙

製作過程　　蒸、羹

1. 乾香菇燙熟、去蒂切絲，桶筍切絲，小黃瓜切絲，紅蘿蔔切絲，中薑切絲，備用。
2. 將雞蛋以三段式打蛋法打出，以生食筷打散。
3. 將雞蛋打散，倒入量杯測量，以蛋：水＝1:1.5 的比例混合打勻，倒入水盤，蓋上保鮮膜入蒸籠鍋，以中大火蒸 15 分鐘。
4. 取鍋子加入沙拉油，以中小火爆香薑絲，再加入所有調味料及所有材料絲，煮沸後以太白粉水勾芡成醬汁。
5. 將蒸蛋蒸熟，撕除保鮮膜，淋上三絲醬汁即成。

重點步驟

將蛋以三段式打蛋法打入鋼盆，以蛋：水＝1:1.5 的比例混合均勻。

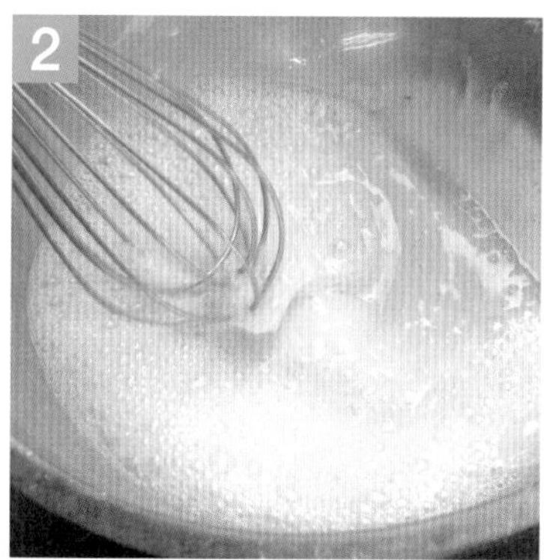

將蛋與水混合後，以打蛋器打勻。

以打蛋器將蛋液打勻，再用細濾網過濾。

將蛋液以細濾網過濾到水盤內，再以保鮮膜封住，入蒸鍋蒸 15 分鐘。

取鍋子加入沙拉油爆香薑絲，再加入所有調味料及三絲料烹煮。

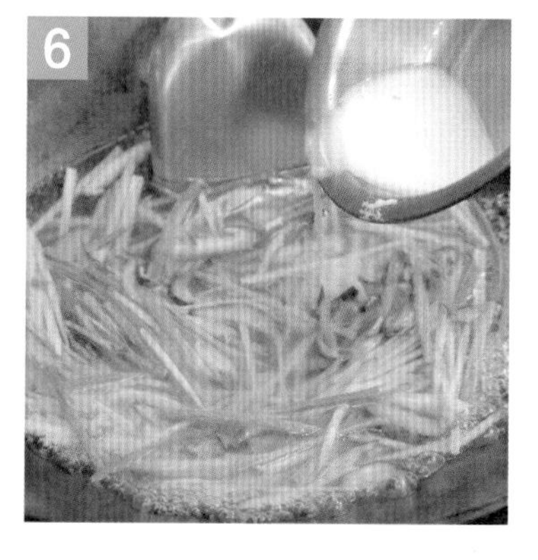

將所有三絲料及調味料混合煮沸，以太白粉水微勾薄芡，淋上蒸蛋即成。

注意事項

1. 雞蛋需清洗，以三段式打蛋法打出雞蛋。
2. 蛋液須以細濾網過濾，口感比較綿密好吃。
3. 蛋液放入水盤，需以保鮮膜完全封住，避免蒸製過熟。
4. 蒸好的蛋不得有過多氣孔或老化變硬、變綠的情形。
5. 規定的材料都需加入，不得短少。

302-10 組 2　三色鮑菇捲

材　料　鮑魚菇4大片、紅蘿蔔水花片2式、黃甜椒60克、乾木耳1大片、中薑20克、青椒50克

調味料　沙拉油1大匙、鹽1/2茶匙、砂糖1茶匙、水1/3杯、香油1大匙

製作過程　炒

1. 鮑魚菇以片刀切除蒂頭，於菇帽處以片刀切割交叉花刀後 1 切為 2，用開水燙熟，撈出備用。
2. 黃甜椒切菱形片，乾木耳燙至漲發切菱形片，中薑切菱形片，青椒切菱形片。
3. 取鍋子，加入 1/4 鍋油炸油，待油溫 180 度，將燙熟的鮑魚菇內外沾上中筋麵粉，捲成捲狀，交叉花刀要朝外面，亦可用牙籤固定，再炸至上色。
4. 取鍋子加入沙拉油，爆香薑片，再放入所有材料略炒半熟。
5. 將所有材料略炒後，加入調味料及炸鮑魚菇，炒至縮汁即成。

重點步驟

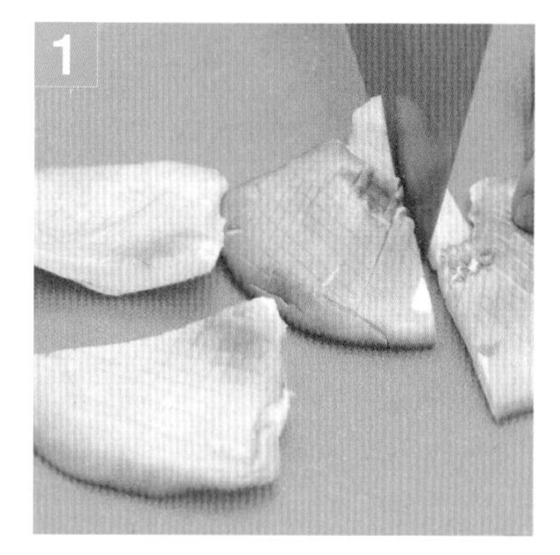

鮑魚菇蒂頭切除，以片刀將菇帽切割交叉不斷的花刀，再 1 切為 2。

取鍋子加入清水，待沸，放入鮑魚菇燙熟後撈出。

燙熟的鮑魚菇吸乾水分，內外沾上中筋麵粉後捲成捲狀，交叉花刀紋路需捲在外面。

取鍋子加入油炸油，待油溫 180 度，將鮑魚菇捲放入炸至上色定形，撈出。

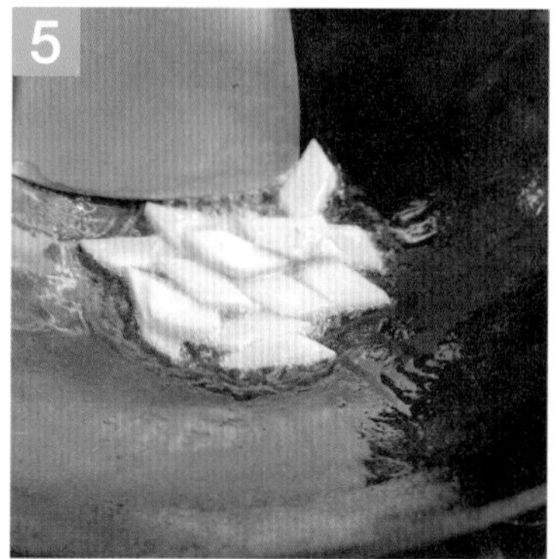

取鍋子，加入沙拉油以中小火爆香薑片。

爆香薑片後，加入所有材料、調味料及鮑魚菇捲，混合炒熟即成。

注意事項

1. 鮑魚菇需先燙熟、吸乾水分，內外再沾麵粉捲成捲狀，亦可以牙籤串插固定。
2. 鮑魚菇呈捲狀時，花紋需在外面，炸好後不得含油及焦黑。
3. 油溫高低可用竹筷來測試，竹筷快速冒泡時，就可以放入酥炸。
4. 所有材料都必須煮熟，避免夾生。
5. 所有規定的材料及紅蘿蔔水花片都要加入，不得短少。

椒鹽牛蒡片

片

材　料　牛蒡180克、芹菜30克、紅辣椒1條、中薑20克

麵糊料　中筋麵粉2/3杯、太白粉1/3杯、泡打粉1茶匙、水1/2杯、沙拉油1大匙

調味料　沙拉油1大匙、鹽1/2茶匙、砂糖1茶匙、白胡椒粉1/2茶匙

製作過程

酥炸

1. 牛蒡去皮，以片刀斜切薄片，再以清水略泡防止變黑；芹菜去葉切粒；紅辣椒去籽切粒；中薑切末；備用。
2. 取容器加入麵糊料，混合拌勻，加入沙拉油醒 10 分鐘。
3. 取鍋子，加入 1/3 鍋油炸油，待油溫 180 度改小火，將牛蒡片沾上麵糊，一片、一片放入鍋中炸。
4. 將所有牛蒡片一片、一片放入後，以中大火炸酥，撈出濾乾油分。
5. 取鍋子，加入中薑末、紅辣椒末爆香，熄火後，將所有材料及炸牛蒡片、調味料拌炒均勻即成。

重點步驟

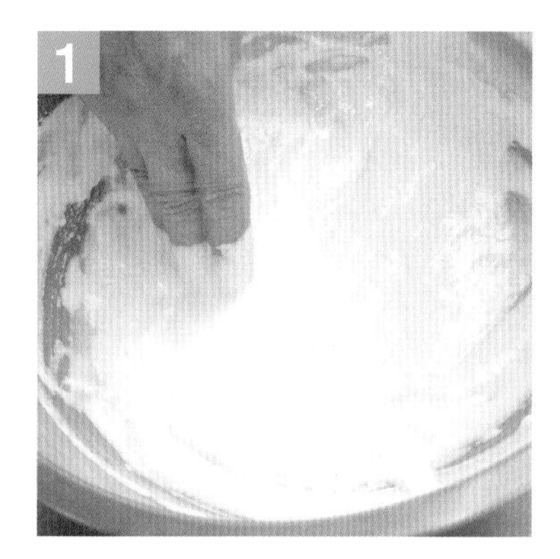

取鋼盆加入麵糊料，混合調製成麵糊後，再加入 1 大匙沙拉油拌勻，醒 10 分鐘。

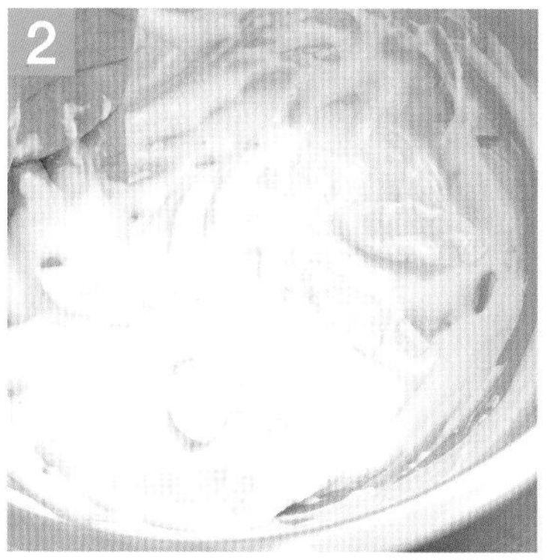

將切片、泡過清水的牛蒡片濾乾水分，加入麵糊翻拌均勻。

取鍋子，加入 1/3 鍋油炸油，待油溫 180 度改小火，將牛蒡片一片、一片放入鍋中。

將牛蒡片一片、一片放入鍋中後，改中大火炸至金黃酥脆，再以漏杓撈出。

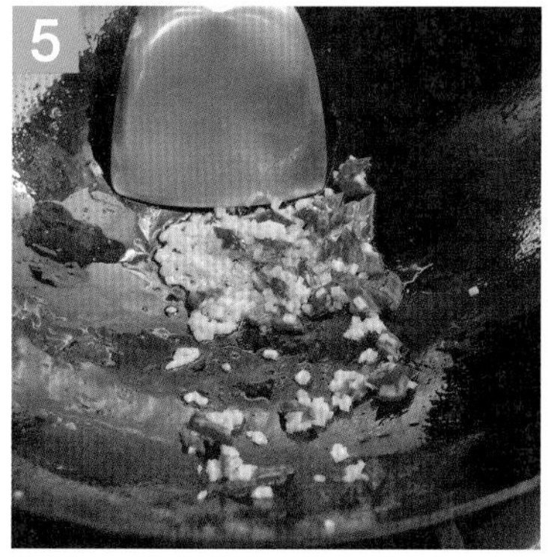

將鍋中炸油倒出，加入沙拉油，以中小火爆香薑末、紅辣椒末。

爆香薑末、紅辣椒末後，加入芹菜粒及炸牛蒡片，再撒上混合的調味料即成。

注意事項

1. 調製麵糊時，若較硬可加水、較濕可再加一些中筋麵粉。
2. 調製好麵糊後再加入沙拉油，可讓炸出的牛蒡片更加酥脆、定形。
3. 將牛蒡片放入油鍋後，前 1 分鐘不要鏟動，避免麵糊黏在鍋鏟上。
4. 最後加入混合的調味料時，不可開火，避免白胡椒粉燒焦變黑。
5. 芹菜粒需最後再放入一同炒熟，避免太早放入而變黃。

302-11組

1. 五絲豆包素魚　2. 乾燒金菇柴把　3. 竹筍香菇湯

材料明細

1. 酒釀20克
2. 海苔2大張→1張剪長條
3. 乾木耳1大片→切絲
4. 半圓豆皮1張
5. 生豆包4片→切絲
6. 酸菜仁30克→切絲
7. 桶筍100克→切絲、切片
8. 金針菇200克→切除頭部
9. 鮮香菇4朵→切片
10. 紅甜椒30克→切末
11. 黃甜椒30克→切末
12. 紅辣椒2條→切絲、切盤飾
13. 芹菜20克→切末
14. 紅蘿蔔300克→切絲、切水花片
15. 豆薯30克→切末
16. 中薑100克→切絲、切末、切片
17. 大黃瓜1截→切盤飾
18. 小黃瓜1條→切菱形片、切盤飾

受評刀工（公分）

1. 木耳絲（30克以上）……
   寬0.2~0.4，長4~6
2. 酸菜仁絲（20克以上）
   寬、高0.2~0.4，長4~6
3. 桶筍片（70克以上）……
   長4~6，寬2~4，
   高0.2~0.4
4. 鮮香菇片（85克以上）
   斜切寬2~4
5. 紅甜椒末（20克以上）……
   直徑0.3以下
6. 黃甜椒末（20克以上）
   直徑0.3以下
7. 紅辣椒絲（8克以上）……
   寬、高0.3，長4~6
8. 中薑絲（30克以上）‥
   寬、高0.3，長4~6
9. 紅蘿蔔絲（50克以上）……
   寬、高0.2~0.4，長4~6
10. 豆薯末（20克以上）….
    直徑0.3以下

指定水花（3選1）

指定盤飾（3選2）

(1) 小黃瓜

(2) 紅蘿蔔

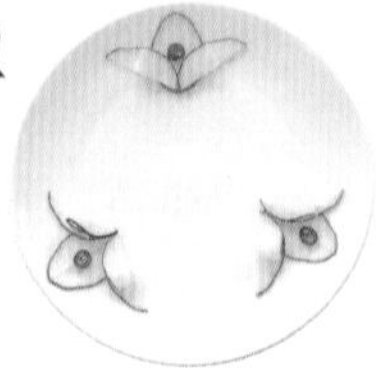

(3) 大黃瓜、紅辣椒

302-11 組 1 五絲豆包素魚

絲

材　料　生豆包4片、海苔片1大張、半圓豆皮1張、桶筍50克、乾木耳1大片、紅蘿蔔50克、紅辣椒1條、中薑30克、酸菜仁20克

麵糊料　中筋麵粉1/2杯、水1/4杯

調味料　1 沙拉油1大匙、鹽1/2茶匙、砂糖1茶匙、水1/2杯　2 沙拉油1大匙、醬油2大匙、砂糖2茶匙、白胡椒粉1/4茶匙、烏醋1大匙、水1杯

芡　汁　太白粉1大匙、水2大匙

製作過程　脆溜

1. 生豆包以片刀切絲，桶筍切絲，乾木耳燙煮漲發切絲，紅蘿蔔切絲，紅辣椒切絲；中薑切絲、酸菜切絲，分別燙除酸味及鹹味。
2. 取鍋子，加入調味料 1 煮沸，放入豆包絲混合煮熟成餡料後撈出。
3. 取半圓豆皮攤開在砧板上，將麵糊料調成麵糊抹在豆皮上，放入海苔片，再將煮熟的豆包放入，包成甜筒狀入蒸籠，以大火蒸 5 分鐘。
4. 取鍋子，加入 1/3 鍋油炸油，待油溫 180 度，將蒸過的豆包魚略沾乾麵粉，放入鍋內以中火炸至金黃，撈出濾油。
5. 取鍋子加入沙拉油，爆香薑絲後，將所有材料絲及調味料 2 放入煮熟，以太白粉水勾芡，淋上炸豆包魚即成。

重點步驟

取鍋子，加入調味料 1 ，待沸，放入切絲的豆包煮沸，撈出濾乾水分。

取砧板，排入豆皮，抹上麵糊後，再放上紫菜及調味過的豆包絲。

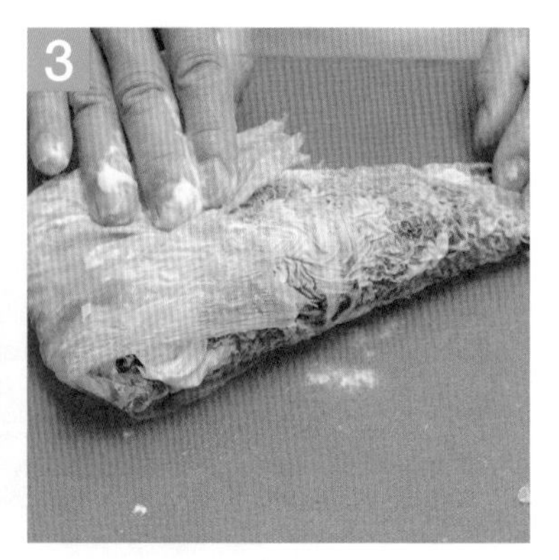

將豆包絲放入後，將豆皮捲起成甜筒狀，以麵糊封口，入蒸籠大火蒸 5 分鐘。

將蒸熟的豆包魚，以乾的麵粉略抹均勻。

取鍋子，加入 1/3 鍋油炸油，待油溫 180 度，以中火將豆包魚炸至金黃色後撈出。

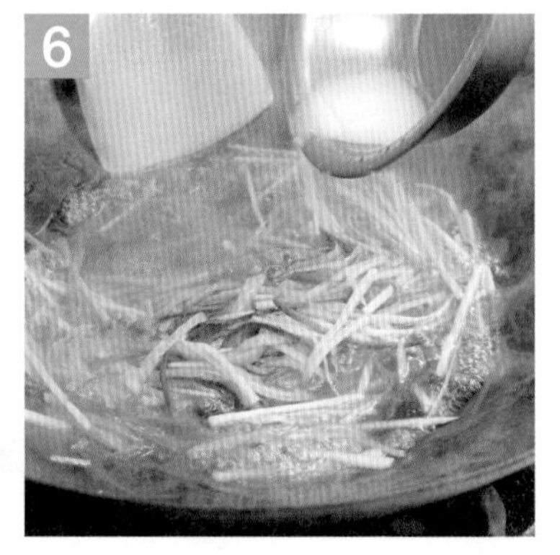

另取鍋子，加入沙拉油爆香薑絲，再加入調味料 2 及材料煮沸，以太白粉勾薄芡，淋在豆包魚上即成。

注意事項

1. 豆皮放海苔片後鋪上餡料，捲起需呈甜筒、魚型，再以麵糊封口蒸。
2. 五絲料內的桶筍絲、酸菜絲，可先以開水燙去酸味、鹹味。
3. 五絲豆包魚菜餚的呈現，需以魚盤（腰子盤）出菜。
4. 油溫的控制需注意，不可將豆包魚炸至燒焦。
5. 成品需紮實、不可鬆散，需有魚型，規定材料不得短少。

乾燒金菇柴把

末

材　料　金針菇200克、海苔片1大張、紅甜椒20克、黃甜椒20克、中薑20克、芹菜20克、豆薯20克、酒釀20克

麵糊料　中筋麵粉1/2杯、水1/4杯

調味料　沙拉油1大匙、醬油2大匙、辣豆瓣醬1大匙、砂糖2茶匙、水1杯

芡　汁　太白粉1茶匙、水2茶匙

製作過程　乾燒

1. 金針菇切除蒂頭，海苔片以剪刀剪成長條狀，紅甜椒切末，黃甜椒切末，中薑切末，芹菜切末，豆薯切末。
2. 將金針菇擦乾水分，分成 6 小把，再以海苔片包捲，接口以水黏貼，備用。
3. 取容器，將麵糊料均勻調成麵糊。
4. 取鍋子，加入 1/3 鍋油炸油，加熱至 180 度改小火，將金針菇柴把沾上麵糊放入，改中大火炸酥，撈出濾油。
5. 取鍋子，以沙拉油爆香中薑末後，將所有材料及調味料放入，待沸，再放入炸金菇柴把，以太白粉水勾薄芡即成。

重點步驟

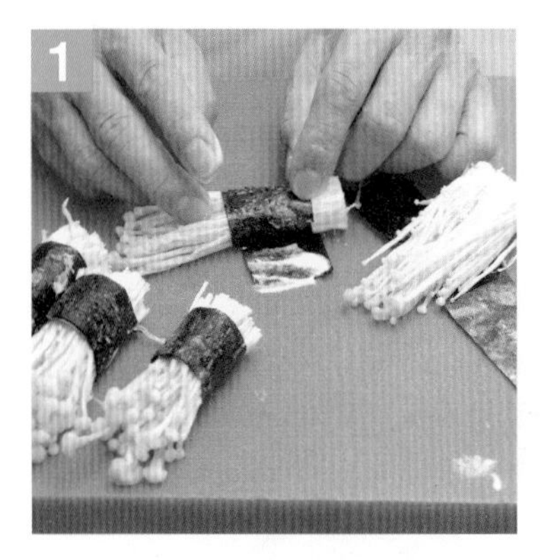

將金針菇平均分成數把，以紫菜寬片包捲後，沾水封口。

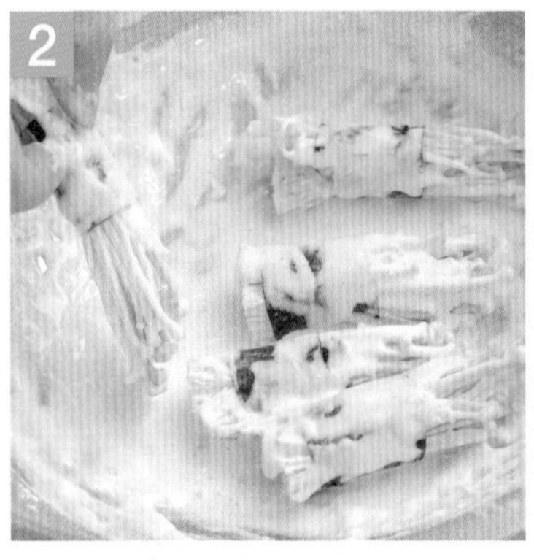

取鋼盆，加入麵糊料調製成麵糊，再小心的將金菇柴把沾上麵糊。

取鍋子，加入 1/3 鍋油炸油，待油溫 180 度，將金菇柴把分別放入，以中大火炸酥後撈出。

另取鍋子加入沙拉油，以中小火爆香薑末及辣豆瓣醬。

薑及辣豆瓣爆香後，加入所有調味料煮沸。

續加入所有材料及炸金菇柴把略燒，以太白粉水微勾薄芡即成。

注意事項

1. 製作金菇柴把不可有大、有小，水分需擦乾，避免紫菜斷裂。
2. 金菇柴把沾麵糊時需小心，避免紫菜斷裂而散開。
3. 辣豆瓣醬可先以油略炒，顏色會比較紅潤、可口。
4. 炸金菇柴把，火候需控制，不可焦黑及散掉。
5. 所有規定的材料都需加入，不可短少。

302-11 組 3 竹筍香菇湯

片

材　料　鮮香菇4朵、桶筍70克、小黃瓜1/2條、紅蘿蔔水花片2式、中薑20克

調味料　鹽1茶匙、砂糖1茶匙、白胡椒粉1/4茶匙、水8分瓷湯碗、香油2大匙

製作過程　煮（湯）

1. 新鮮香菇去蒂洗淨、以片刀斜切片，桶筍切片，小黃瓜切菱形片，中薑切菱形薄片。
2. 取鍋子，加入 1/4 鍋清水，待沸，放入桶筍片燙 5 分鐘，去除酸味後撈出。
3. 取鍋子，以瓷湯碗裝 8 分滿的水，倒入鍋內煮沸。
4. 待鍋內的水煮沸後，將所有材料放入，以中小火煮沸。
5. 將材料煮熟後，加入調味料混合均勻，裝入瓷湯碗即成。

重點步驟

取鍋子，加入 1/4 鍋清水，待沸，放入桶筍片燙煮，去除酸味。

將桶筍片燙煮 5 分鐘，去除酸味後撈出。

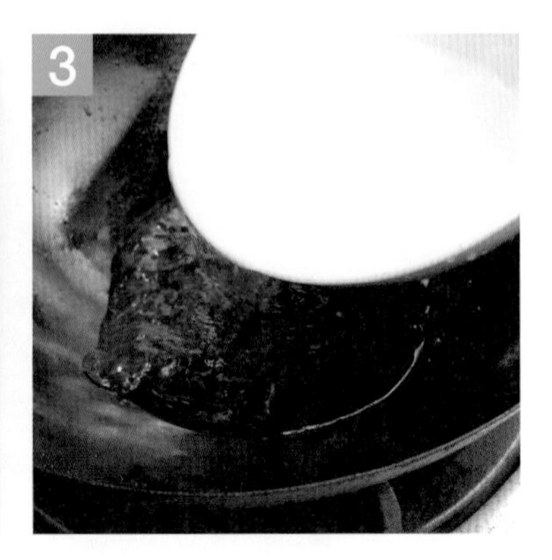

另取鍋子，以瓷湯碗裝 8 分滿的水，倒入鍋中。

加入水後，放入鮮香菇片、薑片、紅蘿蔔水花片及調味料。

將所有材料及調味料加入後，再放入桶筍片煮沸。

將所有材料完全加入、煮沸後，最後放入小黃瓜菱形片煮熟，滴入香油即成。

注意事項

1. 桶筍片需燙除酸味，口感、味道較佳。
2. 加入調味料後，可以用瓷湯碗試味道，避免太淡或過鹹。
3. 加入的所有材料都需煮沸、避免夾生，尤其鮮香菇，要特別注意。
4. 最後將湯、料放入瓷湯碗內，再滴入香油，外觀比較好看。
5. 所有規定的材料都需加入，含紅蘿蔔水花片，不得短少。

1. 沙茶香菇腰花　**2. 麵包地瓜餅**　**3. 五彩拌西芹**

材料明細

1. 素沙茶醬60克
2. 麵包屑200克
3. 乾木耳1大片→切絲
4. 乾香菇20朵→間格0.3~0.5，1/2深剞刀片塊
5. 紅豆沙120克
6. 五香大豆乾1塊→切絲
7. 紅甜椒1/2顆／70克→切片
8. 黃甜椒1顆／140克→切片、切絲
9. 青椒1/2顆／60克→切片
10. 綠豆芽50克
11. 紅辣椒1條→切盤飾
12. 中薑30克→切片、切絲
13. 地瓜350克→切片蒸熟
14. 西芹100克→切絲
15. 紅蘿蔔300克→切水花片、切絲
16. 大黃瓜1截→切盤飾
17. 小黃瓜1條→切盤飾
18. 雞蛋1顆

受評刀工（公分）

1. 香菇剞刀片（180克以上）………
   間隔0.3~0.5，1/2深剞刀片塊

2. 木耳絲（30克以上）
   寬0.2~0.4，長4~6

3. 大豆乾絲（30克以上）……………
   寬、高0.2~0.4，長4~6

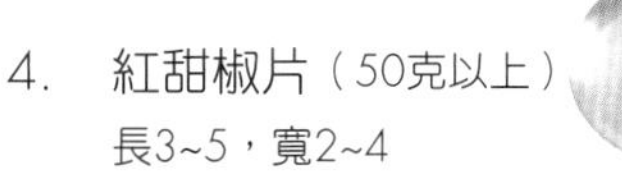

4. 紅甜椒片（50克以上）
   長3~5，寬2~4
5. 黃甜椒片（50克以上）……………
   長3~5，寬2~4

6. 青椒片（50克以上）….
   長3~5，寬2~4

7. 黃甜椒絲（50克以上）……………
   寬、高0.2~0.4，長4~6

8. 西芹絲（80克以上）….
   寬、高0.2~0.4，長4~6

9. 紅蘿蔔絲（60克以上）……………
   寬、高0.2~0.4，長4~6

指定盤飾（3選2）

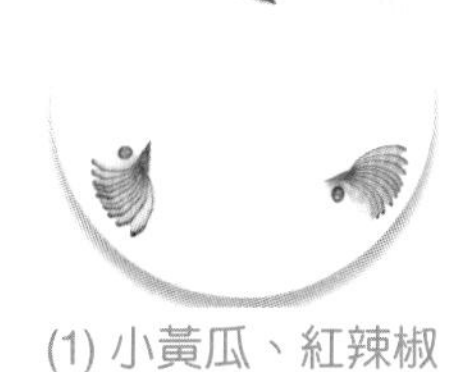

(1) 小黃瓜、紅辣椒

(2) 紅蘿蔔

(3) 大黃瓜、小黃瓜、紅辣椒

302-12 組 1　沙茶香菇腰花

剞刀厚片

材　料　乾香菇180克、紅甜椒50克、黃甜椒50克、青椒50克、中薑15克、紅蘿蔔水花片2式

調味料　沙拉油1大匙、素沙茶醬1大匙、醬油2大匙、砂糖1茶匙、水1/2杯

芡　汁　太白粉1茶匙、水2茶匙

製作過程　炒

1. 將乾香菇燙熟去蒂，紅甜椒去籽切菱形片，黃甜椒切菱形片，青椒切菱形片，中薑切片；備用。
2. 將香菇以片刀在菇帽上切割交叉花刀，深約菇帽厚度 1/2。
3. 取鍋子，加入 1/3 鍋油炸油，待油溫 180 度，將香菇以紙巾吸乾水分，沾上太白粉，捲成腰花狀，以牙籤串插後，炸至定形上色。
4. 將香菇腰花炸上色後，撈出濾油；續炸三彩椒菱形片，撈出；另取鍋子加入沙拉油，以中小火爆香薑片。
5. 薑片爆香後，將所有材料及調味料放入煮沸，以太白粉水勾薄芡即成。

重點步驟

將切交叉花刀的香菇燙熟後，以紙巾吸乾水分。

取配菜盤，加入 2 大匙太白粉，將吸乾水分的香菇內外均勻沾上太白粉。

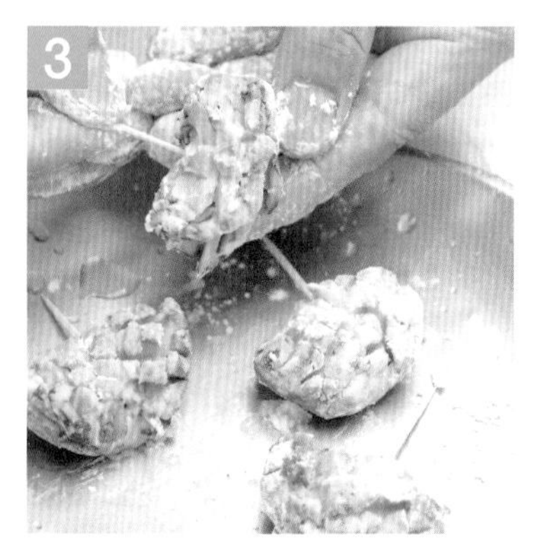

將香菇均勻沾上太白粉後捲成腰花狀，再以牙籤串插固定。

取鍋子，加入 1/3 鍋油炸油，待油溫 180 度，將沾上太白粉的香菇放入炸至定形、定色，去除牙籤。

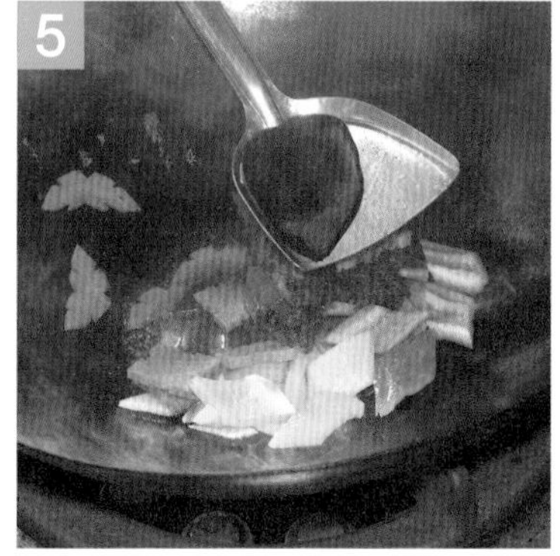

香菇炸至定形、定色，去除牙籤後，以中小火續炒紅、黃甜椒及青椒，加入調味料。

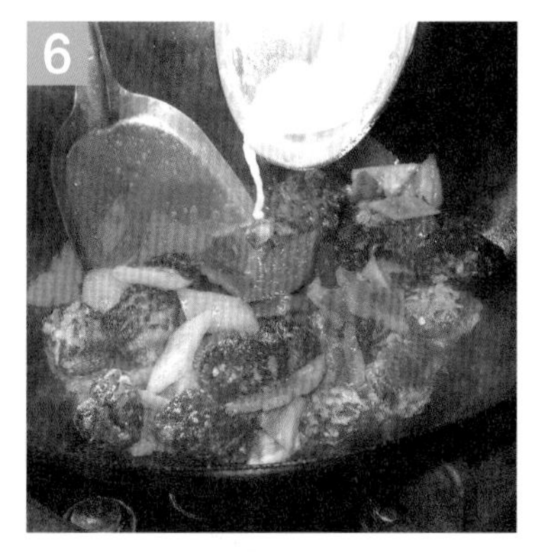

取鍋子加入沙拉油，爆香薑片後，將所有材料及調味料放入均勻拌炒，再以太白粉水微勾芡即成。

注意事項

1. 香菇以紙巾擦乾再沾上太白粉，粉會黏得比較緊實酥脆。
2. 香菇沾上太白粉、捲成花狀後，菇帽的交叉花刀需在外面，才會好看。
3. 香菇捲成花狀，需以牙籤固定，牙籤在考場的公共材料區內皆有提供。
4. 所有規定的材料、含紅蘿蔔水花片都需放入，不得短少。
5. 最後上菜時，盤邊不可嚴重出油，而影響觀感。

麵包地瓜餅

泥

材　料　地瓜350克、麵包屑200克、紅豆沙120克、雞蛋1顆

調味料　砂糖1茶匙、中筋麵粉2大匙

製作過程　炸

1. 地瓜去皮，以片刀切割薄片，入蒸籠鍋蒸熟取出，趁熱放入容器，加入砂糖及中筋麵粉混合拌成泥狀。
2. 取紅豆沙，以手分成6等分，再揉成圓球狀。
3. 將地瓜泥分成 6 等分，壓扁包入紅豆沙球。
4. 將包好的地瓜球再次壓扁成餅狀，略擦雞蛋黃、再沾上麵包屑，待炸。
5. 取鍋子，加入 1/3 鍋油炸油，待油溫 140 度，小心的放入地瓜餅，以中小火油炸至金黃色，撈出即成。

重點步驟

分別將紅豆沙分成大小一致的 6 等分、揉成球狀，地瓜蒸熟壓成泥，加入調味料，分成 6 等分。

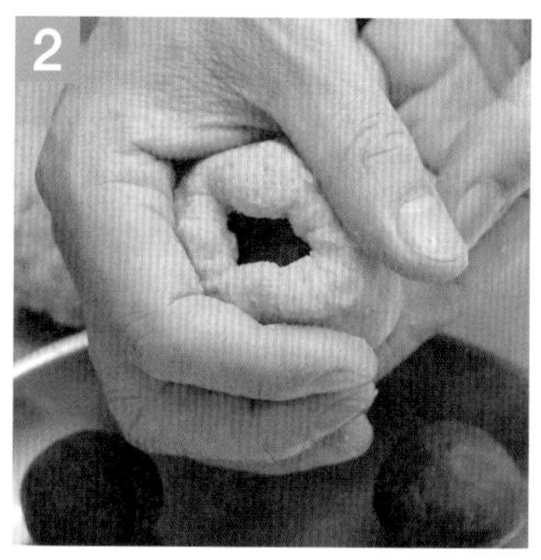

取分好的地瓜泥壓扁、包入紅豆沙餡封口，6 等分全部包好。

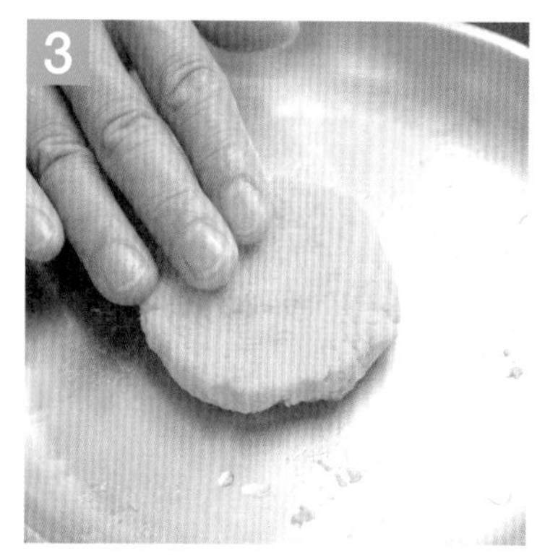

將 6 個地瓜餅包好後揉成球狀，再一個、一個壓成餅狀。

分別將 6 個地瓜餅做好後，沾上蛋黃、再均勻的沾上麵包屑。

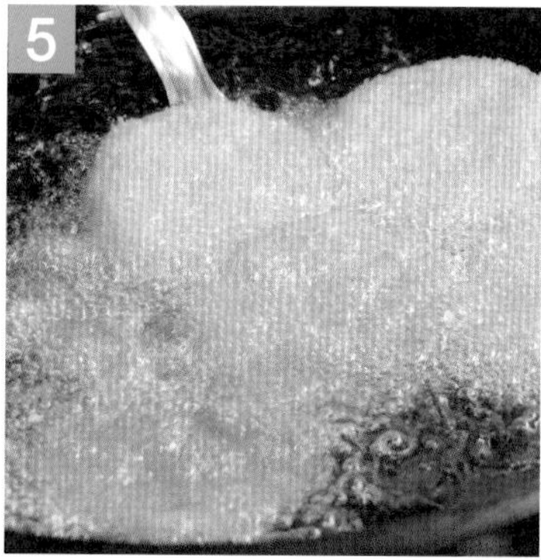

取鍋子，加入 1/3 鍋油炸油，待油溫 140 度，將地瓜餅一個、一個放入酥炸。

將所有地瓜餅放入炸至金黃色後，以漏杓撈出，濾油即成。

注意事項

1. 地瓜去皮後，需切割薄片，比較容易蒸熟，切割時需小心，避免地瓜滾動而滑刀危險。
2. 紅豆沙與地瓜泥分成 6 等分，需大小一致，避免有大有小。
3. 做好的地瓜餅沾上蛋黃、再均勻沾上麵包屑，需靜待 5 分鐘返潮再炸，較不容易掉粉。
4. 炸地瓜餅的油溫不可過高，麵包粉容易燒焦變黑。
5. 炸好的地瓜餅不可鬆散及脫粉，或含過多的油分。

302-12 組 3　五彩拌西芹

絲

材　料　西芹80克、紅蘿蔔60克、五香大豆乾1塊、乾木耳1大片、綠豆芽50克、黃甜椒50克、中薑10克

調味料　鹽1茶匙、砂糖1茶匙、白醋1大匙、香油2大匙

製作過程　涼拌

1. 取西芹，以刮皮刀刮除表皮後切段，再轉 90 度切成絲。
2. 紅蘿蔔切絲，大豆乾切絲，乾木耳燙至漲發、去蒂頭切絲，黃甜椒切絲，中薑切絲。
3. 取鍋子，加入 1/3 鍋水，待沸，以中大火，放入紅蘿蔔及西芹略燙。
4. 將紅蘿蔔、西芹略燙熟，再將所有材料一起放入燙熟撈出，以瓷湯碗加礦泉水過冷。
5. 待五彩絲略為冷卻，濾乾水分，再倒回瓷湯碗內，加入調味料拌勻即成。

重點步驟

1

以片刀，分別將所有材料切割長 4~6 公分、寬 0.2~0.4 公分的絲狀備齊。

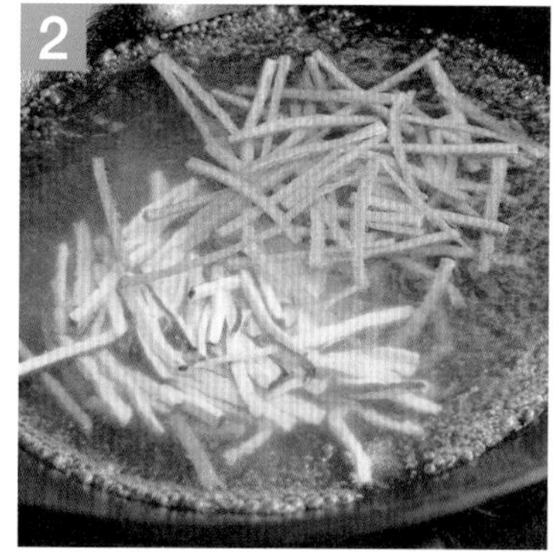

取鍋子待 1/3 鍋水沸騰，放入紅蘿蔔及豆乾絲略燙 10 秒。

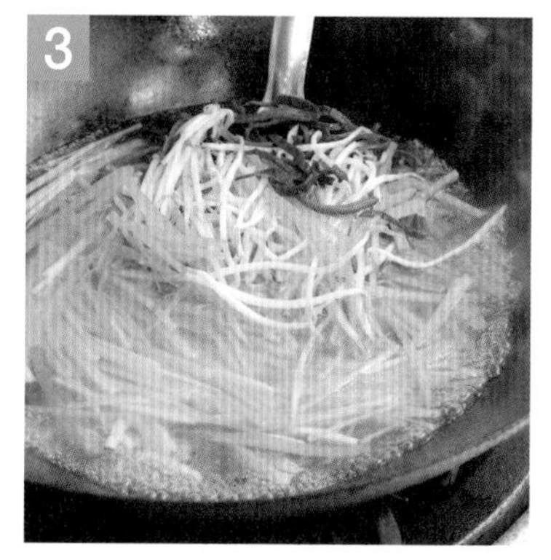

將紅蘿蔔絲及豆乾絲略燙 10 秒後，再將所有的絲狀材料全部放入燙熟。

以中大火將所有材料燙熟後，用漏杓撈出，放入加了礦泉水的瓷湯碗過冷。

待五彩絲冷卻後，以漏勺濾乾水分，回倒入瓷湯碗中，加入所有調味料。

將燙熟的五彩絲與調味料拌至調味料溶解、混合均勻，裝盤即成。

注意事項

1. 此道菜為絲狀，所有主材料一律切絲，粗細需一致。
2. 此道菜為涼拌菜，需先燙熟，過冷再涼拌，不可以炒的方式呈現。
3. 此道菜所有規定的材料都需加入，不得短少。
4. 五彩絲入調味料混合拌勻，需小心，避免豆乾絲斷裂。
5. 此道菜為涼拌菜，需以衛生安全手法製作。

術科試題組合菜單速簡表

301-1	榨菜炒筍絲 p.115	麒麟豆腐片 p.117	三絲淋素蛋餃 p.119
完成圖			
材料	榨菜 200 克、桶筍 60 克、青椒 40 克、紅辣椒 1 條、中薑 10 克	乾香菇 3 朵、板豆腐 3 塊、紅蘿蔔水花片 1 式、中薑水花片 1 式	乾香菇 2 朵、乾木耳 1 大片、生豆包 1 塊、桶筍 40 克、小黃瓜 1/2 條、芹菜 40 克、中薑 10 克、紅蘿蔔 25 克、雞蛋 4 顆
主要刀工	絲	片	絲、末
烹調法	炒	蒸	淋、溜
調味料	沙拉油 2 大匙、砂糖 1 茶匙、米酒 1 大匙、香油 1 茶匙、水 1/4 杯	水 1 杯、鹽 1/2 茶匙、砂糖 1 茶匙、香油 1 大匙、太白粉水勾芡	水 1 杯、鹽 1/2 茶匙、砂糖 1 茶匙、香油 1 大匙、太白粉水勾芡
簡易製作流程	※ 榨菜切除凹凸表皮→切片→切絲 ※ 青椒切絲、紅辣椒切絲、桶筍切絲、中薑切絲 ※ 取鍋子，加水燙榨菜絲→ 5 分鐘撈出→另取鍋子加水燙筍絲→ 3 分鐘撈出 ※ 取鍋子→加沙拉油→爆香薑絲→加入所有調味料→加入所有主副材料→炒熟→漏勺撈出→裝盤	※ 乾香菇燙熟→去蒂→斜切片 中薑去皮→切長薄片→切水花片 板豆腐 1 切 4 長方片 ※ 取油炸油→炸香菇片、中薑片→撈出 ※ 分別將豆腐片、香菇片、薑片、紅蘿蔔水花片互疊整齊→入蒸籠蒸 8 分鐘→夾出 ※ 取鍋子→加入所有調味料→勾芡→淋上	※ 香菇燙熟→去蒂→切末 生豆包→切末 中薑→去皮→切末 芹菜→去葉→切末 →全部混合炒成餡料 ※ 紅蘿蔔→切絲 乾木耳燙漲發→切絲 青椒去籽→切絲 桶筍→切絲 ※ 雞蛋打出，加入 1 大匙太白粉及 1 大匙水混合 ※ 取鍋子→燒鍋→潤油→煎蛋皮 6 張→加入餡料→入蒸籠蒸 6 分鐘 ※ 取鍋子→加入調味料→加入三絲料→勾芡→淋上

301-2	紅燒烤麩塊 p.122	炸蔬菜山藥條 p.124	蘿蔔三絲捲 p.126
完成圖			
材料	乾香菇 3 朵、烤麩 180 克、桶筍 100 克、小黃瓜 1 條、紅蘿蔔 80 克、中薑 20 克	紅甜椒 50 克、青江菜 40 克、中薑 10 克、白山藥 200 克	乾木耳 1 大片、五香大豆乾 1 塊、芹菜 100 克、紅蘿蔔 25 克、紅蘿蔔水花片 2 式、中薑 10 克、白蘿蔔 500 克
主要刀工	塊	條、末	片、絲
烹調法	紅燒	酥炸	蒸
調味料	沙拉油 1 大匙、水 1/2 杯、醬油 3 大匙、砂糖 2 茶匙、白胡椒粉 1/4 茶匙、香油 1 大匙、太白粉水勾芡	胡椒鹽：鹽 1/2 匙、砂糖 1 匙、白胡椒粉 1/2 匙，混合	水 1 杯、鹽 1/2 茶匙、砂糖 1 茶匙、香油 1 大匙、太白粉水勾芡
其他材料		麵糊料：中筋麵粉 2/3 杯、太白粉 1/3 杯、泡打粉 1 茶匙、水 1/2 杯、沙拉油 1 大匙	
簡易製作流程	※ 烤麩 1 切 4，炸金黃 ※ 乾香菇燙漲發→去蒂→切片 ※ 紅蘿蔔→去皮→切塊 ※ 桶筍→切塊→燙除酸味 ※ 小黃瓜→切滾切塊 ※ 取油鍋→將烤麩、乾香菇、紅蘿蔔塊、桶筍塊炸至金黃→撈出 ※ 取鍋子→爆香中薑片→加入材料→加入所有調味料→烹煮 3 分鐘→加入小黃瓜塊→勾薄芡→收汁、盛盤	※ 山藥→去皮→切條 紅甜椒→去籽→切末 青江菜→去頭→切末 中薑→去皮→切末 ※ 取鋼盆→混合調製麵糊料→加入紅甜椒末、青江菜末、中薑末→醒 10 分鐘 ※ 取鍋子，加入油炸油→油溫 180 度→小火→山藥條沾麵糊→放入炸→開中大火→炸熟、炸酥→撈出→濾油→盛盤	※ 白蘿蔔→去皮→切長四方塊→片薄片 大豆乾→切片、再切絲 紅蘿蔔→去皮→切絲 乾木耳→燙漲發→去頭→捲摺→切絲 ※ 取鍋子→加水→燙白蘿蔔片→撈出→排放砧板→加入三絲料→接口朝下→輕壓定形→入蒸籠蒸 8 分鐘→夾出→鍋子煮醬汁→勾芡→淋上

301-3	乾煸杏鮑菇 p.129	酸辣筍絲羹 p.131	三色煎蛋 p.133
完成圖			
材料	冬菜 5 克、杏鮑菇 180 克、紅辣椒 1 條、芹菜 40 克、紅蘿蔔水花 2 式、中薑 10 克	乾木耳 1 大片、板豆腐 100 克、桶筍 120 克、小黃瓜 1/2 條、紅蘿蔔 30 克、中薑 20 克	玉米筍 2 支、四季豆 2 支、紅蘿蔔 15 克、芹菜 40 克、雞蛋 5 顆
主要刀工	片、末	絲	片
烹調法	煸	羹	煎
調味料	沙拉油 2 大匙、醬油 2 大匙、砂糖 1 茶匙、米酒 2 大匙、香油 1 大匙	水 8 分瓷湯碗、醬油 1 大匙、鹽 1 茶匙、砂糖 2 茶匙、白胡椒粉 1/4 茶匙、米酒 2 大匙、香油 2 大匙、烏醋 1 大匙、太白粉水勾芡	沙拉油 4 大匙、鹽 1/2 茶匙、白胡椒粉 1/4 茶匙
簡易製作流程	※ 杏鮑菇切片→中薑→去皮→切末 芹菜→去葉→切粒 紅辣椒→去籽→切末 冬菜→洗淨→切末 ※ 鍋子加入油炸油→油溫 180 度→放入杏鮑菇片→炸至金黃色→撈出→濾油 ※ 另取鍋子→爆香薑末→加入調味料→加入所有材料→中小火煸炒→放入芹菜→盛盤	※ 板豆腐→洗淨→切絲 桶筍→切絲→燙除酸味 紅蘿蔔→去皮→切絲 木耳→燙漲發→切絲 中薑→去皮→切絲 小黃瓜→斜切片→切絲 ※ 取鍋子→加入 8 分瓷湯碗的水→加入所有材料→加入所有調味料→以中小火→勾芡→加入豆腐絲→盛盤	※ 四季豆→去絲→切丁片 紅蘿蔔→切指甲片 玉米筍→切丁片 芹菜→去葉→切粒 ※ 取鍋子→加水→燙熟紅蘿蔔、四季豆、玉米筍片→混合蛋液→加入調味→分成 2 碗 2 次煎 ※ 取鍋子→燒鍋→回溫→加入沙拉油→放入蛋液煎蛋→白色砧板→1 切 6 片盛盤

301-4	素燴杏菇捲 p.136	燜燒辣味茄條 p.138	炸海苔芋絲 p.140
完成圖			
材料	桶筍 80 克、杏鮑菇 2 支、小黃瓜 1/2 條、紅蘿蔔水花片 2 式、中薑 20 克	乾香菇 2 朵、茄子 2 條、紅辣椒 1 條、芹菜 70 克	乾香菇 3 朵、海苔片 2 張、芋頭 50 克、紅蘿蔔 30 克
主要刀工	剞刀厚片	條、末	絲
烹調法	燴	燒	酥炸
調味料	沙拉油 2 大匙、醬油 2 大匙、砂糖 1 茶匙、白胡椒粉 1/4 茶匙、香油 1 大匙、水 1 杯、太白粉水勾芡	沙拉油 1 大匙、醬油 2 大匙、辣椒醬 1 大匙、砂糖 1 茶匙、米酒 1 大匙、水 1/2 杯、香油 1 大匙、太白粉水勾芡	鹽 1/2 茶匙、砂糖 1 茶匙、白胡椒粉 1/2 茶匙
其他材料			中筋麵粉 1/2 杯
簡易製作流程	※ 杏鮑菇→斜切片→一面再切格子花刀 桶筍→切片→燙酸酸味 小黃瓜→切菱形片 中薑→去皮→切片 ※ 取鍋子→加水→燙熟杏鮑菇→吸乾水分→撒上麵粉→捲摺→串插牙籤→另取油鍋→油溫 180 度→炸定形→撈出→濾油 ※ 另取鍋子→爆香→加入所有材料→加入所有調味料→勾芡→盛盤	※ 茄子→切段→再 1 切 4 長條 乾香菇→燙漲發→去蒂→切末 紅辣椒→去籽→切末 芹菜→去葉→切粒狀 ※ 取鍋子→加入油炸油→油溫 180 度→放入茄子炸 15 秒定色→撈出→濾油 ※ 另取鍋子→爆香香菇末→加入調味料→加入茄子→燜燒→勾芡→加入芹菜粒→收汁→盛盤	※ 海苔片→剪成絲狀 芋頭→去皮→切絲 紅蘿蔔→去皮→切絲 乾香菇→燙漲發→去蒂→切絲 ※ 取鍋子→加入油炸油→油溫 180 度→炸紫菜絲→撈出 ※ 芋頭絲、紅蘿蔔絲、香菇絲加入 1/2 杯中筋麵粉拌勻→入鍋炸酥→撈出→濾油→混合胡椒鹽→盛盤

301-5	鹽酥香菇塊 p.143	銀芽炒雙絲 p.145	茄汁豆包捲 p.147
完成圖			
材料	鮮香菇 10 朵、紅辣椒 1 條、芹菜 70 克、中薑 10 克	五香大豆乾 1 塊、青椒 1/2 顆、紅辣椒 1 條、綠豆芽 150 克、中薑 10 克	生豆包 3 片、小黃瓜 1/2 條、黃甜椒 1/2 顆、紅蘿蔔 60 克及紅蘿蔔水花片 2 式、芋頭 80 克
主要刀工	塊	絲	條
烹調法	酥炸	炒	滑溜
調味料	鹽 1/2 茶匙、砂糖 1 茶匙、白胡椒粉 1/2 茶匙	沙拉油 2 大匙、鹽 1/2 茶匙、砂糖 1 茶匙、香油 1 大匙、水 1/2 杯、太白粉水勾芡	沙拉油 1 大匙、番茄醬 3 大匙、砂糖 2 茶匙、白醋 2 大匙、水 1/2 杯、太白粉水勾芡
其他材料	酥炸粉：中筋麵粉 2/3 杯、太白粉 1/3 杯、泡打粉 1 茶匙、水 1/2 杯、沙拉油 1 大匙		麵糊料：中筋麵粉 1/2 杯、水 1/4 杯
簡易製作流程	※ 鮮香菇→去蒂→1 切為 4 中薑→去皮→切末 芹菜→去葉→切粒 紅辣椒→去籽→切末 ※ 取鋼盆→加入酥炸粉→混合成麵糊→醒 10 分鐘 ※ 取鍋子→加入油炸油 1/3 鍋→油溫 180 度→香菇沾上麵糊→酥炸→撈出→濾油→爆香→加入調味料→放入芹菜粒拌炒均勻→盛盤	※ 綠豆芽→洗淨→摘除頭尾 大豆乾→洗淨→切絲 青椒→去籽→切絲 薑→去皮→切絲 紅辣椒→去籽→切絲 ※ 取鍋子→加入沙拉油→爆香薑絲、紅辣椒絲→加入所有材料→加入所有調味料→炒熟→太白粉水勾薄芡→濾乾水分→盛盤	※ 生豆包→1 切為 2 芋頭→去皮→切條狀 小黃瓜→洗淨→切菱形片 黃甜椒→去籽→切片 紅蘿蔔→去皮→切條狀 ※ 取鋼盆→調麵糊 ※ 取鍋子→加油炸油→油溫 180 度→炸芋頭條、紅蘿蔔條 ※ 炸熟的芋頭條、紅蘿蔔條→白豆包包捲，牙籤串插→沾麵糊→炸上色→撈出→濾油→爆香→加入材料→加入調味料→燒煮→勾芡→拔出牙籤→盛盤

301-6	三珍鑲冬瓜 p.150	炒竹筍梳片 p.152	炸素菜春捲 p.154
完成圖			
材料	乾香菇1朵、冬菜5克、生豆包1塊、冬瓜500克、青江菜3棵、紅蘿蔔20克、中薑10克	乾香菇3朵、桶筍1/2支、小黃瓜1/2條、紅蘿蔔水花片2式、中薑20克	乾香菇2朵、五香大豆乾1塊、春捲皮8張、桶筍40克、芹菜80克、高麗菜120克、紅蘿蔔40克
主要刀工	長方塊、末	梳子片	絲
烹調法	蒸	炒	炸
調味料	1 沙拉油1大匙、鹽1/2茶匙、砂糖1茶匙、水3大匙 2 鹽1/2茶匙、砂糖1茶匙、水1/2杯、香油1大匙、太白水勾芡	沙拉油2大匙、醬油2大匙、砂糖1茶匙、水1/2杯、白胡椒粉1/4茶匙、香油1茶匙、太白粉水勾芡	沙拉油2大匙、鹽1/2茶匙、砂糖1茶匙、水1/2杯、香油1茶匙
其他材料			麵糊料：中筋麵粉1/4杯、水2大匙
簡易製作流程	※ 乾香菇→燙漲發→去蒂→切末 生豆包→切末 冬菜→切末 紅蘿蔔→切末 中薑→切末 青江菜洗淨→1切為2 冬瓜→去皮→去內膜→切出長方塊→鐵湯匙挖冬瓜塊，呈凹槽→燙熟 ※ 取鍋子→爆香→加入香菇、冬菜、豆包、紅蘿蔔→加入調味料 1 →鑲入冬瓜凹槽→蒸5分鐘→夾出→將調味料 2 煮成醬汁勾芡→淋上→搭配燙熟的青江菜圍邊	※ 桶筍→洗淨→切梳片→燙除酸味 乾香菇→燙漲發→去蒂→斜切片 中薑→去皮→切菱形片 小黃瓜→洗淨→切菱形片 ※ 取鍋子→加入沙拉油→爆香→薑片→香菇片→加入所有材料→加入所有調味料→拌炒均勻→太白粉水勾芡→濾乾水分→盛盤	※ 乾香菇→燙漲發→去蒂→切絲 紅蘿蔔→去皮→切絲 芹菜→去葉→切粒 大豆乾→洗淨→切絲 高麗菜→切絲 ※ 取鍋子加水→燙高麗菜→紅蘿蔔絲→撈出→濾乾水分 ※ 取鍋子→爆香→加入所有材料→加入所有調味料→煮熟→濾乾水分→春捲皮包捲、麵糊封口→油溫180度→炸金黃→撈出→濾油→盛盤

301-7	乾炒素小魚干 p.157	燴三色山藥片 p.159	辣炒蒟蒻絲 p.161
完成圖			
材料	海苔片 6 張、千張豆皮 6 張、紅辣椒 1 條、芹菜 90 克、中薑 20 克	乾木耳 1 大片、小黃瓜 1/2 條、白山藥 300 克、紅蘿蔔水花片 1 式、中薑水花片 1 式	乾香菇 3 朵、桶筍 100 克、白蒟蒻 1 塊、紅辣椒 1 條、青椒 1/2 顆、中薑 20 克
主要刀工	條	片	絲
烹調法	炸、炒	燴	炒
調味料	鹽 1/2 茶匙、砂糖 1 茶匙、白胡椒粉 1/2 茶匙	沙拉油 2 大匙、鹽 1/2 茶匙、砂糖 1 茶匙、水 1 杯、香油 1 大匙、太白粉水勾芡	辣椒油 2 大匙、鹽 1/2 茶匙、砂糖 1 茶匙、水 1/3 杯、香油 1 大匙
其他材料	麵糊料：中筋麵粉 1/2 杯、水 1/4 杯		
簡易製作流程	※ 紅辣椒→去籽→切末 中薑→去皮→切末 芹菜→去葉→切粒 ※ 取容器→加入麵糊料→調成麵糊 ※ 分別將豆皮塗上麵糊放上海苔、共疊三層→以片刀切條→取鍋子→加入油炸油→油溫 180 度→放入酥炸→撈出→濾油→另取鍋子→爆香薑末、紅辣椒末→加入小魚干→調味料→拌炒→盛盤	※ 白山藥→去皮→切片 乾木耳→燙漲發→切片 小黃瓜→切菱形片 中薑→去皮→切片 ※ 取鍋子加水→待沸→燙山藥片至熟→撈出 ※ 另取鍋子→爆香薑片→加入所有材料→加入所有調味料→煮沸→勾芡→盛盤	※ 白蒟蒻→洗淨→切絲→燙煮 紅辣椒→去籽→切絲 乾香菇→燙漲發→去蒂→切絲 桶筍→切絲→燙煮 青椒→去籽→切絲 中薑→去皮→切絲 ※ 取鍋子→加入沙拉油→爆香薑絲、香菇絲→加入所有材料→加入所有調味料→混合炒均勻→盛盤

301-8	燴素什錦　p.164	三椒炒豆乾絲　p.166	咖哩馬鈴薯排　p.168
完成圖			
材料	乾香菇 3 朵、桶筍 150 克、麵筋泡 8 顆、小黃瓜 1/2 條、紅蘿蔔水花片 2 式、中薑 20 克	乾木耳 1 大片、五香大豆乾 1 塊、紅甜椒 1/2 顆、黃甜椒 1/2 顆、青椒 1/2 顆、中薑 10 克	乾木耳 1 大片、小黃瓜 1/2 條、芹菜 40 克、馬鈴薯 300 克、中薑 20 克、紅蘿蔔水花片 2 式
主要刀工	片	絲	泥、片
烹調法	燴	熟炒	炸、淋
調味料	沙拉油 2 大匙、醬油 3 大匙、砂糖 1 茶匙、水 1 杯、香油 1 大匙、太白粉水勾芡	沙拉油 2 大匙、鹽 1/2 茶匙、砂糖 1 茶匙、水 1/3 杯、香油 1 大匙、太白粉水勾芡	1 鹽 1/2 茶匙、砂糖 1/2 茶匙 2 沙拉油 2 大匙、咖哩粉 1 茶匙、鹽 1/4 茶匙、砂糖 1 茶匙、水 1 杯、香油 1 大匙、太白粉水勾芡
簡易製作流程	※ 乾香菇→燙漲發→去蒂→切斜片 桶筍→切片→燙除酸味 麵筋泡洗淨 中薑→去皮→切片 小黃瓜切菱形片 ※ 取鍋子→加入沙拉油爆香薑片→加入所有材料→加入所有調味料→煮熟→勾芡→盛盤	※ 紅甜椒→去籽→切絲 黃甜椒→去籽→切絲 青椒→去籽→切絲 大豆乾→切絲 乾木耳→燙漲發→切絲 中薑→去皮→切絲 ※ 取鍋子→加入沙拉油→爆香薑絲→加入所有材料→加入所有調味料→煮熟→勾芡→盛盤	※ 馬鈴薯→去皮→切片→蒸熟→壓泥→加入芹菜粒→加入調味料 1 →做成球狀→壓成餅狀 ※ 中薑→去皮→切片 芹菜→去葉→切粒 乾木耳→燙漲發→切片 小黃瓜→切菱形片 ※ 取鍋子→加入油炸油→油溫 180 度→炸馬鈴薯排→炸上色→撈出→濾油→另取鍋子→爆香→加入所有材料→加入調味料 2 →放入薯排略煮→盛盤

301-9	炒牛蒡絲 p.171	豆瓣鑲茄段 p.173	醋溜芋頭條 p.175
完成圖			
材料	乾香菇 2 朵、紅辣椒 1 條、芹菜 40 克、中薑 60 克、牛蒡 250 克	板豆腐 1/2 塊、茄子 2 條、芹菜 40 克、中薑 10 克、豆薯 50 克、紅蘿蔔水花片 2 式	鳳梨片 2 片、青椒 1/2 顆、紅甜椒 1/2 顆、中薑 10 克、芋頭 200 克
主要刀工	絲	段、末	條
烹調法	炒	炸、燒	滑、溜
調味料	沙拉油 2 大匙、鹽 1/2 茶匙、砂糖 1 茶匙、水 1/3 杯、香油 1 大匙	沙拉油 1 大匙、辣豆瓣醬 1 大匙、醬油 2 大匙、水 1 杯、砂糖 1 茶匙、香油 1 大匙、太白粉水勾芡	沙拉油 1 大匙、番茄醬 2 大匙、白醋 2 大匙、砂糖 2 茶匙、水 1/2 杯、香油 1 大匙、太白粉水勾芡
其他材料		麵糊料：中筋麵粉 1/4 杯、水 2 大匙	麵糊料：中筋麵粉 1 杯、水 1/2 杯
簡易製作流程	※ 牛蒡→去皮→斜切絲→泡水 紅辣椒→去籽→切絲 乾香菇→燙漲發→去蒂→切絲 芹菜→去葉→切絲 中薑→去皮→切絲 ※ 取鍋子→加入清水→燙熟牛蒡→撈出 ※ 另取鍋子→爆香薑絲、香菇絲→加入所有材料→加入所有調味料→炒熟→盛盤	※ 取茄子→洗淨→切段→鐵湯匙小柄→挖空茄肉 ※ 中薑→去皮→切末 芹菜→去葉→切粒 豆薯→去皮→切粒 ※ 取鋼盆→加入中薑、芹菜、豆薯、豆腐混合成餡料→塞入茄段內→兩端麵糊封口 ※ 取鍋子→加入油炸油→油溫 180 度→炸至定色→撈出→濾油 ※ 另取鍋子→爆香→加入所有材料、調味料→勾芡→盛盤	※ 芋頭→去皮→切條 青椒→去籽→切條 紅甜椒→去籽→切條 中薑→去皮→切絲 鳳梨→ 1 切為 6 等分 ※ 取容器→加入麵糊料→調成麵糊 ※ 取鍋子→加入油炸油→油溫 180 度→轉小火→芋頭條沾麵糊炸→炸熟→撈出→濾油 ※ 另取鍋子→爆香→加入所有材料、調味料→混合炒熟→勾芡→盛盤

301-10	三色洋芋沙拉 p.178	豆薯炒蔬菜鬆 p.180	木耳蘿蔔絲球 p.182
完成圖			
材料	玉米粒 50 克、沙拉醬 100 克、四季豆 3 支、西芹 1 單支、紅蘿蔔 30 克、馬鈴薯 170 克	乾香菇 2 朵、生豆包 1 塊、紅甜椒 50 克、芹菜 100 克、中薑 10 克、豆薯 180 克	乾木耳 1 大片、小黃瓜 1 條、白蘿蔔 200 克、紅蘿蔔 50 克、中薑 20 克
主要刀工	粒	鬆	絲
烹調法	涼拌	炒	蒸
調味料	沙拉醬 3 大匙、砂糖 1 大匙	沙拉油 2 大匙、鹽 1/2 茶匙、砂糖 1 茶匙、水 1/3 杯、香油 1 大匙	沙拉油 2 大匙、鹽 1/2 茶匙、砂糖 1 茶匙、水 1 杯、香油 1 大匙、太白粉水勾芡
簡易製作流程	※ 馬鈴薯→去皮→切丁→加糖→蒸熟 四季豆→去筋絲→切丁 西芹→刮板→切丁 紅蘿蔔→去皮→切丁 ※ 取鍋子→加入清水→待沸→燙煮紅蘿蔔、西芹、四季豆、玉米粒→撈出→過冷→濾乾水分→放入瓷湯碗→加入沙拉醬→拌勻→盛盤	※ 豆薯→去皮→切小粒 芹菜→去葉→切小粒 紅甜椒→去籽→切粒 中薑→去皮→切末 乾香菇→燙漲發→去蒂→切小粒 白豆包→洗淨→切小粒 ※ 取鍋子→加入沙拉油→油溫 180 度→炸豆包粒→撈出→濾油 ※ 另取鍋子→加入沙拉油→爆香→放入所有材料→放入調味料→混合拌炒→撈出→盛盤	※ 白蘿蔔→去皮→切絲 紅蘿蔔→去皮→切絲 中薑→去皮→切絲 小黃瓜→斜切絲 木耳→燙漲發→切絲 ※ 取鍋子→加入開水→待沸→放入紅、白蘿蔔絲燙熟→撈出→加入木耳絲、薑絲→加入 1/2 杯麵粉→做成球狀→沾水塑形→蒸熟→另取鍋子→加入調味料、小黃瓜絲→煮沸→勾芡→淋上

301-11	家常煎豆腐 p.185	青椒炒杏菇條 p.187	芋頭地瓜絲糕 p.189
完成圖			
材料	乾木耳 1 大片、板豆腐 400 克、小黃瓜 1/2 條、中薑水花片 1 式、紅蘿蔔水花片 1 式	杏鮑菇 3 支、青椒 1/2 顆、紅辣椒 1 條、中薑 10 克、紅蘿蔔 40 克	芹菜 50 克、芋頭 250 克、地瓜 200 克
主要刀工	片	條	絲
烹調法	煎	炒	蒸
調味料	沙拉油 2 大匙、醬油 2 大匙、砂糖 1 茶匙、白胡椒粉 1/4 茶匙、水 1/2 杯、香油 1 大匙	沙拉油 2 大匙、鹽 1/2 茶匙、砂糖 1 茶匙、水 1/2 杯、香油 1 大匙	鹽 1/2 茶匙、砂糖 1 茶匙、香油 1 大匙
其他材料			粉料：玉米粉 2 大匙、地瓜粉 1 大匙
簡易製作流程	※ 板豆腐→洗淨→1 切四長方片 乾木耳→燙漲發→切片 中薑→去皮→切水花片 小黃瓜→洗淨→切菱形片 ※ 取鍋子→加熱 1 分鐘→回溫 20 秒→加入沙拉油→放入豆腐片排整齊→中小火煎上色→翻面→鏟出→爆香→加入所有材料→加入調味料→略燒→收汁→盛盤	※ 青椒→去籽→切條 紅蘿蔔→去皮→切條 杏鮑菇→切條 紅辣椒→去籽→切絲 中薑→去皮→切絲 ※ 取鍋子→加入沙拉油→爆香薑絲、紅蘿蔔條→加入所有調味料→加入所有材料→煮熟→漏勺撈出→盛盤	※ 芋頭→去皮→切絲 地瓜→去皮→切絲 芹菜→去葉→切粒 ※ 取容器→放入芋頭、地瓜絲→加入調味料→混合拌均匀→待軟化→加入粉料→拌均匀→放入四方容器→蒸熟→取出待冷→白色砧板切塊→盛盤

301-12	香菇柴把湯 p.192	燒素獅子頭 p.194	什錦煎餅 p.196
完成圖			
材料	乾香菇 3 朵、干瓢 8 條、麵腸 1/2 條、桶筍 120 克、酸菜心 1/3 顆、小黃瓜 1/2 條、中薑 50 克、紅蘿蔔水花片 2 式	乾香菇 2 朵、冬菜 5 克、板豆腐 400 克、芹菜 50 克、大白菜 200 克、中薑 15 克、豆薯 80 克	乾木耳 1 大片、麵腸 1/2 條、高麗菜 180 克、芹菜 50 克、中薑 20 克、紅蘿蔔 50 克、雞蛋 2 顆
主要刀工	條	末、片	絲
烹調法	煮（湯）	紅燒	煎
調味料	鹽 1 茶匙、砂糖 1 茶匙、白胡椒粉 1/4 茶匙、香油 1 大匙	沙拉油 2 大匙、醬油 3 大匙、砂糖 1 茶匙、水 2 杯、白胡椒粉 1/4 茶匙、香油 1 大匙、太白粉水勾芡	沙拉油 2 大匙、鹽 1/2 茶匙、砂糖 1 茶匙、白胡椒粉 1/4 茶匙、中筋麵粉 1/2 杯、香油 1 大匙
簡易製作流程	※ 酸菜心→洗淨→切條→泡水 乾香菇→燙漲發→去蒂→切條 小黃瓜→洗淨→切菱形片 中薑→去皮→切片 麵腸→洗淨→切條 桶筍→洗淨→切條 ※ 取鍋子→加入清水→燙煮酸菜、桶筍→撈出 ※ 另取鍋子→加入油炸油→炸麵腸 ※ 干瓢絲綑綁香菇、麵腸、酸菜、桶筍→加入 8 分瓷湯碗的水→加入所有材料、調味料→煮沸→盛盤	※ 中薑→去皮→切片 乾香菇→燙漲發→去蒂→切末 豆薯→去皮→切末 冬菜→洗淨→切末 大白菜→洗淨→1 切 6 塊 ※ 取容器，加入豆腐、冬菜、豆薯→做成球狀 ※ 取油鍋→油溫 180 度→獅子頭沾太白粉→炸定形→撈出→濾油→另取鍋子→爆香→加入所有材料、調味料→大白菜煮熟→勾芡→盛盤	※ 高麗菜→洗淨→切絲 紅蘿蔔→去皮→切絲 芹菜→去葉→切絲 乾木耳→燙漲發→切絲 麵腸→洗淨→切絲 ※ 取鍋子→加入清水→燙熟高麗菜、紅蘿蔔→撈出 ※ 取容器，加入所有材料、調味料→拌勻→取鍋子→燒鍋 1 分鐘、回溫 20 秒→加入沙拉油→中小火煎成餅狀→以白砧板切 6 片→盛盤

302-1	紅燒杏菇塊 p.199	焦溜豆腐片 p.201	三絲冬瓜捲 p.203
完成圖			
材料	杏鮑菇 300 克、玉米筍 80 克、紅蘿蔔 80 克、中薑 20 克	板豆腐 300 克、紅甜椒 60 克、紅蘿蔔水花片 2 式、青椒 50 克、中薑 20 克	冬瓜 600 克、桶筍 90 克、乾香菇 3 朵、紅蘿蔔 60 克、芹菜 120 克、中薑 20 克
主要刀工	滾刀塊	片	絲、片
烹調法	紅燒	焦溜	蒸
調味料	沙拉油 2 大匙、醬油 3 大匙、砂糖 1 茶匙、白胡椒粉 1/4 茶匙、水 1 杯、太白粉水勾芡	沙拉油 2 大匙、醬油 2 大匙、砂糖 1 茶匙、白胡椒粉 1/4 茶匙、水 1/2 杯、太白粉水勾芡	鹽 1/2 茶匙、砂糖 1 茶匙、水 1 杯、香油 1 大匙、太白粉水勾芡
其他材料			
簡易製作流程	※ 杏鮑菇洗淨→切滾刀塊→炸上色 紅蘿蔔去皮洗淨→切滾刀塊→炸上色 玉米筍洗淨→一切為二 薑去皮→切小菱形片 ※ 薑爆香→加入所有材料及調味料→拌勻燒煮→勾薄芡→盛盤	※ 豆腐洗淨切割長 4~6 公分、寬 2~4 公分、厚 0.8~1.5 公分 紅甜椒、青椒洗淨→去籽→切菱形片 薑去皮→切菱形片 紅蘿蔔洗淨→去皮→切水花片 2 式 ※ 豆腐→油溫 180 度→炸金黃色 ※ 薑爆香→加入所有材料、調味料→混合均勻→勾芡→盛盤	※ 冬瓜洗淨→去皮→切長 12 公分→由內面橫切 0.2~0.4 公分片→燙軟 桶筍切絲→略燙 乾香菇→燙漲發→去蒂→切絲 芹菜→略燙 紅蘿蔔洗淨→去皮切絲→燙熟 中薑→去皮→切絲 ※ 取冬瓜片→排放砧板→加入三絲料→芹菜綁→蒸 8 分鐘→鍋中加入調味料→煮沸→勾芡→淋冬瓜捲

302-2	麻辣素麵腸片 p.206	炸杏片薯球 p.208	榨菜冬瓜夾 p.210
完成圖			
材料	素麵腸 250 克、乾木耳 1 大片、西芹 100 克、乾辣椒 8 條、中薑 20 克、花椒粒 1 茶匙	馬鈴薯 300 克、芹菜 20 克、乾香菇 2 朵、杏仁角 120 克	冬瓜 600 克、榨菜 150 克、乾香菇 3 朵、紅蘿蔔水花片 1 式、中薑水花片 1 式
主要刀工	片	末	雙飛片、片
烹調法	燒、繪	炸	蒸
調味料	沙拉油 2 大匙、醬油 2 大匙、砂糖 2 茶匙、水 1/4 杯、白胡椒粉 1/4 茶匙、香油 1 大匙、太白粉水勾芡	1 鹽 1/2 茶匙、砂糖 1 茶匙、白胡椒粉 1/4 茶匙、中筋麵粉 1 大匙、太白粉 1 大匙 2 鹽 1/2 茶匙、砂糖 1 茶匙、白胡椒粉 1/2 茶匙	鹽 1/2 茶匙、砂糖 1 匙、香油 1 大匙、水 1 杯、太白粉水勾芡
其他材料		麵糊料：中筋麵粉 1/2 杯、水 1/4 杯	
簡易製作流程	※ 麵腸→斜切片 乾木耳燙漲發→切菱形片 西芹→斜切菱形片 乾辣椒一切為二→去籽 中薑→切菱形片 ※ 取鍋子加油→油溫 180 度→炸麵腸→取鍋子→加入沙拉油→爆香薑片→加入所有調味料、所有材料→太白粉水勾薄芡	※ 馬鈴薯切片→蒸熟→壓泥 芹菜→切小粒 香菇燙軟→切末 ※ 將麵糊料→調成麵糊 ※ 馬鈴薯泥→加入芹菜、香菇、調味料 1 →捏成大小一致球狀→沾上麵糊→沾杏仁角→油鍋油溫 160 度→炸金黃→調味料 2 調製→放碟子	※ 冬瓜→去皮→去內膜→表皮切鋸齒→切割 0.5 公分兩片併貼的蝴蝶片 ※ 榨菜→切長四方片→燙除鹹味 香菇燙煮→斜切片 中薑→切片 ※ 取冬瓜→夾入榨菜片、香菇片、薑片→排入盤內→搭配紅蘿蔔水花片→蒸 10 分鐘→調醬汁→勾芡→淋上

302-3	香菇蛋酥燜白菜 p.213	粉蒸地瓜塊 p.215	八寶米糕 p.217
完成圖			
材料	乾香菇 3 朵、大白菜 300 克、紅蘿蔔水花片 2 式、中薑 20 克、雞蛋 2 顆、桶筍 70 克	地瓜 300 克、鮮香菇 3 朵、粉蒸粉 50 克	長糯米 220 克、乾香菇 2 朵、紅蘿蔔 50 克、芋頭 50 克、中薑 20 克、芹菜 60 克、豆乾 1 塊、生豆包 1 片、豆薯 20 克
主要刀工	片、塊	塊	粒
烹調法	燜煮	蒸	蒸、拌
調味料	沙拉油 2 大匙、醬油 3 大匙、砂糖 2 茶匙、水 2 杯、白胡椒粉 1/2 茶匙、香油 1 大匙、太白粉水勾芡	鹽 1/2 茶匙、砂糖 1 茶匙、辣豆瓣醬 1 茶匙、甜麵醬 1 茶匙、麵粉 1 大匙、米酒 1 大匙	麻油 2 大匙、醬油 2 大匙、砂糖 1 茶匙、白胡椒粉 1/2 茶匙、米酒 2 大匙、水 1/2 杯
其他材料			
簡易製作流程	※ 乾香菇加水燙煮→去蒂→斜切片 大白菜洗淨→ 1 切 6 等分 中薑洗淨→去皮→切菱形片 ※ 大白菜以開水燙煮至熟 ※ 取鍋子→加入沙拉油→爆香薑片→加入所有調味料、所有材料（含紅蘿蔔水花片）→煮熟撈出→排盤→湯汁勾芡→淋上	※ 地瓜洗淨→去皮→切割一口大小滾刀塊 鮮香菇洗淨→去蒂→斜切片 粉蒸粉→加水泡 10 分鐘 ※ 調味料，混合備齊 ※ 取鋼盆→將所有材料、所有調味料混合拌勻→放入盤內→蒸 12 分鐘→取出	※ 糯米洗淨→濾乾水分→加 1/2 杯水→蒸 30 分鐘 ※ 乾香菇→切丁 紅蘿蔔→切丁 芋頭→切丁 中薑→去皮→切末 芹菜→去葉→切粒 豆乾→切小丁 生豆包→切小丁 豆薯→切小丁 ※ 鍋子加入麻油→爆香薑末→加入所有材料、所有調味料略炒→加入糯米飯拌勻→放瓷湯碗→倒扣盤中

302-4	金沙筍梳片 p.220	黑胡椒豆包排 p.222	糖醋素排骨 p.224
完成圖			
材料	桶筍 300 克、乾香菇 3 朵、鹹蛋黃 3 顆、中薑 20 克、芹菜 30 克	生豆包 4 片、乾木耳 1 大片、紅蘿蔔 50 克、中薑 20 克、豆薯 50 克、雞蛋 1 顆	半圓豆皮 3 張、青椒 50 克、紅辣椒 1 條、 鳳梨片 1 圓片、芋頭 150 克、紅蘿蔔水花片 2 式
主要刀工	梳子片	末	塊
烹調法	炒	煎	脆溜
調味料	沙拉油 2 大匙、鹽 1/2 茶匙、砂糖 1/2 茶匙	沙拉油 2 大匙、鹽 1/2 茶匙、砂糖 1 茶匙、黑胡椒粉 1 茶匙、中筋麵粉 2 大匙	番茄醬 3 大匙、白醋 2 大匙、砂糖 1 大匙、水 1/4 杯、香油 1 大匙、太白粉水勾芡
其他材料			麵糊料：中筋麵粉 1/4 杯、水 3 大匙
簡易製作流程	※ 桶筍切割梳片→燙水去酸味 乾香菇燙熟→切片 鹹蛋黃→蒸熟→剁碎 中薑→切末 芹菜→切小粒 ※ 取油炸油→炸香菇片、筍片→撈出→濾油→加沙拉油→爆香薑末→放入鹹蛋黃→炒至起泡→加入調味料、所有材料拌勻	※ 生豆包切小丁 乾木耳燙煮→去蒂切粒 紅蘿蔔→切小粒 中薑→切末 豆薯→切小粒 ※ 取容器→混合所有材料及雞蛋→加入調味料→拌至有黏性→分成 6 等分→塑形壓扁→沾麵粉→燒鍋 1 分鐘→回溫 20 秒→加入沙拉油→煎酥一面→翻面再煎酥	※ 半圓豆皮→ 1 張切成 3 張呈三角片 青椒→切菱形片 紅辣椒→切菱形片 鳳梨片→ 1 切 6 芋頭→切粗條 ※ 取炸油→油溫 180 度→炸熟芋頭條→以豆皮包成長條狀→麵糊封口→再沾上麵糊→炸酥→另取鍋子→加入所有調味料、所有材料→勾薄芡→盛盤

302-5	紅燒素黃雀包 p.227	三絲豆腐羹 p.229	西芹炒豆乾片 p.231
完成圖			
材料	半圓豆皮 3 張、紅蘿蔔 70 克、桶筍 40 克、乾香菇 3 朵、中薑 20 克、豆薯 20 克、香菜 10 克、五香大豆乾 1 塊	板豆腐 150 克、紅蘿蔔 80 克、乾木耳 1 大片、桶筍 60 克、芹菜 30 克	西芹 185 克、五香大豆乾 2 塊、紅蘿蔔水花片 2 式、紅甜椒 45 克、黃甜椒 45 克、中薑 20 克
主要刀工	粒	絲	片
烹調法	紅燒	羹	炒
調味料	1 沙拉油 1 大匙、鹽 1/2 茶匙、砂糖 1 茶匙、水 3 大匙 2 沙拉油 1 大匙、醬油 2 大匙、砂糖 1 茶匙、白胡椒粉 1/4 茶匙、水 1 杯、太白粉水勾芡	醬油 1 大匙、鹽 1/4 茶匙、砂糖 1 茶匙、白胡椒粉 1/2 茶匙、烏醋 1 大匙、香油 1 大匙、太白粉水勾芡	沙拉油 2 大匙、鹽 1/2 茶匙、砂糖 1 茶匙、香油 1 大匙、水 1/3 杯
其他材料			
簡易製作流程	※ 半圓豆皮→1 切為 2 紅蘿蔔→切小粒 桶筍→切小粒 乾香菇→切小粒 中薑→切末 豆薯→去皮→切小粒 大豆乾→切小粒 香菜→切段 ※ 取鍋子→爆香薑末→加入調味料 1 及所有材料→煮成餡→取豆皮→加入餡→捲摺→打結→取油鍋→炸酥→撈出→濾油→取鍋子加入調味料 2 →燒煮→加入香菜→勾芡→盛盤	※ 板豆腐→切片→再切 0.5 公分絲 紅蘿蔔→切絲 乾木耳→切絲 桶筍→切絲 芹菜→切小粒 ※ 取鍋子加水→燙煮桶筍絲、木耳絲、紅蘿蔔絲→撈出→濾乾→鍋中加入 8 分瓷湯碗水→加入所有調味料、所有材料→勾芡→加入豆腐絲→盛盤	※ 西芹→刮除表皮斜切菱形片 豆乾→斜切片 紅甜椒、黃甜椒→去籽→切割菱形片 中薑→切小菱形片 ※ 取鍋子→加油炸油→炸豆乾片→濾油→爆香薑片→加入所有調味料、所有材料→拌炒熟透→濾乾水分→盛盤

302-6	乾煸四季豆 p.234	三杯菊花洋菇 p.236	咖哩茄餅 p.238
完成圖			
材料	四季豆 250 克、冬菜 10 克、乾香菇 2 朵、中薑 10 克、芹菜 30 克	洋菇 550 克、紅蘿蔔 80 克、九層塔 30 克、中薑 20 克、紅辣椒 1 條	茄子 1 條、豆薯 50 克、板豆腐 100 克、乾香菇 1 朵、紅甜椒 50 克、青椒 50 克、紅蘿蔔水花片 2 式
主要刀工	段、末	剞刀	雙飛片、末
烹調法	煸	燜燒	炸、拌、炒
調味料	沙拉油 1 大匙、醬油 2 大匙、砂糖 1 茶匙、米酒 2 大匙	麻油 2 大匙、醬油 2 大匙、砂糖 1 大匙、米酒 2 大匙、白胡椒粉 1/4 茶匙、水 1/4 杯	沙拉油 1 大匙、咖哩粉 1 茶匙、鹽 1/2 茶匙、砂糖 1 茶匙、香油 1 大匙、水 1 杯、太白粉水勾芡
其他材料			麵糊料：中筋麵粉 1/2 杯、水 1/4 杯
簡易製作流程	※ 四季豆→去除頭尾及筋絲 冬菜→切末 乾香菇→切末 中薑→切末 芹菜→切小粒 ※ 取油鍋→油溫 180 度→炸四季豆至金黃→撈出→濾油→加入沙拉油→爆香→加入冬菜、香菇末、中薑末→加入調味料→加入所有材料→混合炒熟→盛盤	※ 洋菇洗淨→菇帽切交叉花刀 紅蘿蔔→切滾刀塊 九層塔→摘除硬梗 中薑→切片 紅辣椒→切菱形片 ※ 取油鍋→油溫 180 度→炸洋菇→金黃撈出→續炸紅蘿蔔塊→撈出→濾油 ※ 另取鍋子→加入麻油→爆香薑片→加入調味料、所有材料→混合炒勻→加入九層塔→炒熟→盛盤	※ 茄子洗淨→去頭→斜切併貼的蝴蝶片 豆薯→切小粒 乾香菇→切小粒 紅甜椒、青椒→去籽→切菱形片 ※ 取容器→加入豆腐、豆薯、香菇→混合成餡→將茄夾鑲入餡料→麵糊封口→油溫 180 度→茄夾炸上色→撈出濾油 ※ 另取鍋子→加入所有調味料、所有材料→勾芡→放入茄夾→盛盤

302-7	烤麩麻油飯 p.241	什錦高麗菜捲 p.243	脆鱔香菇條 p.245
完成圖			
材料	烤麩 100 克、乾香菇 3 朵、長糯米 250 克、老薑 30 克、乾紅棗 8 顆	高麗菜 7 葉、紅蘿蔔 70 克、紅蘿蔔水花片 2 式、乾木耳 1 片、桶筍 60 克、五香大豆乾 1 塊、中薑 20 克、紅辣椒 1 條	乾香菇 20 朵、白芝麻 5 克、香菜 20 克、中薑 20 克、紅辣椒 1 條
主要刀工	片	絲	條
烹調法	生米燜煮	蒸	炸、溜
調味料	麻油 2 大匙、醬油 2 大匙、砂糖 1 茶匙、米酒 2 大匙、水 1 又 1/2 杯	1 沙拉油 1 大匙、鹽 1//2 茶匙、砂糖 1 茶匙、水 1/4 杯 2 鹽 1/2 匙、砂糖 1 茶匙、水 1 杯、香油 2 大匙、太白粉水勾芡	沙拉油 1 大匙、醬油 1 大匙、砂糖 2 大匙、烏醋 2 大匙、香油 1 大匙、水 1/4 杯
其他材料			拌粉：玉米粉 3 大匙
簡易製作流程	※ 烤麩 1 切 6 塊 乾香菇→斜切片 長糯米洗淨→濾乾水分 老薑不去皮→切片 紅棗→洗淨備用 ※ 取鍋子，加入麻油→爆香薑片→加入烤麩、所有調味料→再加入糯米、香菇、紅棗→待沸→改中小火→蓋鍋蓋燜煮 25 分鐘→盛盤	※ 高麗菜葉→燙熟→切硬骨 乾木耳→切絲 紅蘿蔔→切絲 桶筍→切絲 豆乾→切絲 中薑→切絲 紅辣椒→切絲 ※ 取鍋子→爆香薑絲→加入所有材料→加入調味料 1 →煮熟→濾乾水分→高麗菜葉包捲三絲→包好 6 捲→蒸→調味料 2 勾芡→淋芡汁	※ 乾香菇→以剪刀順著菇帽剪成 4~6 公分長條 香菜→切末 中薑→切末 紅辣椒→切末 ※ 取容器→加入菇條→加入玉米粉→取油鍋→炸至酥香→另取鍋子→加入調味料→放入材料→放白芝麻→炸香菇條→縮汁→盛盤

302-8	茄汁燒芋頭丸 p.248	素魚香茄段 p.250	黃豆醬滷苦瓜 p.252
完成圖			
材料	芋頭 250 克、紅蘿蔔水花片 2 式、黃甜椒 50 克、乾木耳 1 大片、青椒 50 克	茄子 2 條、鮮香菇 2 朵、芹菜 30 克、九層塔 20 克、紅辣椒 1 條、中薑 20 克	苦瓜 1 條 300 克、黃豆醬 60 克、紅蘿蔔 70 克、香菜 5 克、玉米筍 50 克
主要刀工	片、泥	段	條
烹調法	蒸、燒	燒	滷
調味料	1 中筋麵粉 2 大匙、鹽 1/2 茶匙 2 沙拉油 1 大匙、番茄醬 3 大匙、砂糖 1 大匙、白醋 2 大匙、水 1/2 杯	沙拉油 1 大匙、辣豆瓣醬 1 大匙、醬油 2 大匙、砂糖 1 茶匙、水 1 杯、白胡椒粉 1/4 茶匙、米酒 2 大匙、太白粉水勾芡	沙拉油 1 大匙、醬油 2 大匙、砂糖 1 茶匙、米酒 2 大匙、香油 1 大匙、水 1 杯、太白粉水勾芡
簡易製作流程	※ 芋頭切片→蒸熟→壓泥 黃甜椒→切菱形片 乾木耳→切菱形片 青椒→切片 ※ 取容器→加入芋泥→加入調味料 1 →做成丸形→沾太白粉→炸至金黃→另取鍋子→加入沙拉油→加入調味料 2 →加入所有材料→炒熟→放入炸芋丸→縮汁→盛盤	※ 茄子→切段→1 切為 2 鮮香菇→切小粒 芹菜→切小粒 九層塔→去硬梗 紅辣椒→切末 薑→切末 ※ 取油鍋→油溫 180 度→炸茄子上色→撈出→另取鍋子→爆香薑末、辣椒末→加入所有調味料、所有材料→煮熟→加入九層塔→勾芡→盛盤	※ 苦瓜洗淨→1 切 2→去籽→切塊→再切條 紅蘿蔔洗淨→去皮→切條 香菜洗淨→切段 玉米筍洗淨→1 切 4 長條 ※ 取鍋子→加入油炸油→油溫 180 度→炸苦瓜→略呈金黃色→撈出→濾油→另取鍋子→炒香紅蘿蔔條→加入所有調味料、所有材料→滷透→盛盤

302-9	梅粉地瓜條 p.255	什錦鑲豆腐 p.257	香菇炒馬鈴薯片 p.259
完成圖			
材料	地瓜 250 克、四季豆 80 克、梅子粉 30 克	板豆腐 300 克、紅蘿蔔 60 克、乾香菇 1 朵、玉米粒 30 克、中薑 20 克、豆薯 25 克、五香大豆乾 1 塊	馬鈴薯 250 克、鮮香菇 3 朵、紅蘿蔔水花片 2 式、小黃瓜 40 克、中薑 20 克
主要刀工	條	末、塊	片
烹調法	酥炸	蒸	炒
調味料	梅子粉 30g、鹽 1/2 茶匙、砂糖 1 茶匙	1 沙拉油 1 大匙、鹽 1/2 茶匙、砂糖 1 茶匙、水 1/3 杯 2 水 1/2 杯、鹽 1/2 茶匙、砂糖 1 茶匙、香油 1 大匙、太白粉水勾芡	沙拉油 1 大匙、鹽 1/2 茶匙、砂糖 1 茶匙、水 1/2 杯、香油 1 大匙
其他材料	麵糊料：中筋麵粉 2/3 杯、太白粉 1/3 杯、泡打粉 1 茶匙、沙拉油 1 大匙、水 1/2 杯		
簡易製作流程	※ 地瓜→切粗長條 四季豆→去頭尾及筋絲→ 1 切為 2 ※ 取鋼盆→加入麵糊料→調成麵糊加入 1 大匙沙拉油→醒 10 分鐘 ※ 取瓷湯碗→加入調味料→混合成梅子鹽 ※ 取油鍋→地瓜條沾麵糊→炸熟→撈出→續炸沾麵糊的四季豆→炸熟→撈出→撒梅子鹽→盛盤	※ 板豆腐→ 1 切 3 長方塊 紅蘿蔔→切末 乾香菇→切末 中薑→切末 豆薯→切末 大豆乾→切末 ※ 取鍋子→爆香薑末→加入粒狀材料、調味料 1 炒成餡→另取油鍋→炸豆腐至金黃撈出→以湯匙挖凹槽→鑲入餡→蒸 5 分鐘→調味料 2 調醬汁→勾芡→淋上	※ 馬鈴薯切四方片→泡水→濾乾 鮮香菇→斜切片 小黃瓜→切菱形片 薑→切菱形片 ※ 取油炸鍋→油溫 180 度→馬鈴薯吸乾水分→炸金黃→撈出→另取鍋子→加入沙拉油→爆香薑片→加入所有材料→加入調味料→混合拌炒熟→盛盤

302-10	三絲淋蒸蛋 p.262	三色鮑菇捲 p.264	椒鹽牛蒡片 p.266
完成圖			
材料	雞蛋 4 顆、乾香菇 2 朵、桶筍 40 克、小黃瓜 50 克、紅蘿蔔 50 克、中薑 20 克	鮑魚菇 4 大片、紅蘿蔔水花片 2 式、黃甜椒 60 克、乾木耳 1 大片、中薑 20 克、青椒 50 克	牛蒡 180 克、芹菜 30 克、紅辣椒 1 條、中薑 20 克
主要刀工	絲	剞刀	片
烹調法	蒸、羹	炒	酥炸
調味料	沙拉油 1 大匙、鹽 1/2 茶匙、砂糖 1 茶匙、米酒 1 大匙、香油 1 大匙、水 1 杯、太白粉水勾芡	沙拉油 1 大匙、鹽 1/2 茶匙、砂糖 1 茶匙、水 1/3 杯、香油 1 大匙	沙拉油 1 大匙、鹽 1/2 茶匙、砂糖 1 茶匙、白胡椒粉 1/2 茶匙
其他材料			麵糊料：中筋麵粉 2/3 杯、太白粉 1/3 杯、泡打粉 1 茶匙、水 1/2 杯、沙拉油 1 大匙
簡易製作流程	※ 乾香菇→切絲 桶筍→切絲 小黃瓜→切絲 紅蘿蔔→切絲 中薑→切絲 雞蛋→打出備用 ※ 取鋼盆→以蛋：水＝1:1.5 比例混合打勻→倒入水盤→蓋保鮮膜→蒸 15 分鐘→取鍋子爆香→加入所有調味料→加入三絲料→勾芡→淋上蒸蛋	※ 鮑魚菇→菇帽切交叉花刀→1 切 2→燙熟→撈出→濾乾 黃甜椒→切菱形片 乾木耳→切菱形片 中薑→切菱形片 青椒→切菱形片 ※ 取油鍋→鮑魚菇沾中筋麵粉→捲成圓筒狀→炸上色→撈出→濾油 ※ 另取鍋子→爆香→加入所有調味料、所有材料→縮汁→盛盤	※ 牛蒡→斜切片→泡清水 芹菜→切小粒狀 紅辣椒→切末 中薑→切末 ※ 取容器→加入麵糊料→做成麵糊→醒 10 分鐘 ※ 取油鍋→牛蒡濾乾水分→沾上麵糊→炸酥→撈出→濾油→另取鍋子→爆香薑末→加入所有材料、所有調味料→熄火→拌炒→盛盤

302-11	五絲豆包素魚 p.269	乾燒金菇柴把 p.271	竹筍香菇湯 p.273
完成圖			
材料	生豆包 4 片、海苔片 1 張、半圓豆皮 1 張、桶筍 50 克、乾木耳 1 大片、紅蘿蔔 50 克、紅辣椒 1 條、中薑 30 克、酸菜仁 20 克	金針菇 200 克、海苔片 1 大張、紅甜椒 20 克、黃甜椒 20 克、中薑 20 克、芹菜 20 克、豆薯 20 克、酒釀 20 克	鮮香菇 4 朵、桶筍 70 克塊、小黃瓜 1/2 條、紅蘿蔔水花片 2 式、中薑 20 克
主要刀工	絲	末	片
烹調法	脆溜	乾燒	煮（湯）
調味料	1 沙拉油 1 大匙、鹽 1/2 茶匙、砂糖 1 茶匙、水 1/2 杯 2 沙拉油 1 大匙、醬油 2 大匙、砂糖 2 茶匙、白胡椒粉 1/4 茶匙、烏醋 1 大匙、水 1 杯、太白粉水勾芡	沙拉油 1 大匙、醬油 2 大匙、辣豆瓣醬 1 大匙、砂糖 2 茶匙、水 1 杯、太白粉水勾芡	鹽 1 茶匙、砂糖 1 茶匙、白胡椒粉 1/4 茶匙、水 8 分瓷湯碗、香油 2 大匙
其他材料	麵糊料：中筋麵粉 1/2 杯、水 1/4 杯	麵糊料：中筋麵粉 1/2 杯、水 1/4 杯	
簡易製作流程	※ 生豆包→切絲 桶筍→切絲 乾木耳→切絲 紅蘿蔔→切絲 紅辣椒→切絲 中薑→切絲 酸菜仁→切絲 ※ 取鍋子→加入調味料 1 、加入豆包絲煮成餡→豆皮→放上海苔→加入餡料→包成甜筒狀→蒸→取油鍋沾上麵糊→炸金黃→另取鍋子→爆香→加入調味料 2 →加入材料絲→勾芡→淋素魚上	※ 金針菇→切除蒂頭 海苔片→剪成長 條狀 紅甜椒→切小粒 黃甜椒→切小粒 中薑→切末 豆薯→切小粒 ※ 將金針菇分成 6 等分→以紫菜包捲→取油鍋→金針菇捲沾麵糊→炸酥→撈出→另取鍋子→爆香→加入所有調味料、所有材料→勾芡→盛盤	※ 新鮮香菇→斜切片 桶筍→切片 小黃瓜→切菱形片 中薑→切菱形片 ※ 取鍋子→加水→燙煮筍片→另取鍋子→加入 8 分瓷湯碗的水→將所有材料加入→所有調味料加入→煮沸→裝入瓷湯碗

302-12	沙茶香菇腰花 p.276	麵包地瓜餅 p.278	五彩拌西芹 p.280
完成圖			
材料	乾香菇 180 克、紅甜椒 50 克、黃甜椒 50 克、青椒 50 克、中薑 15 克、紅蘿蔔水花片 2 式	地瓜 350 克、麵包屑 200 克、紅豆沙 120 克、雞蛋 1 顆	西芹 80 克、紅蘿蔔 60 克、五香大豆乾 1 塊、乾木耳 1 大片、綠豆芽 50 克、黃甜椒 50 克、中薑 10 克
主要刀工	剞刀厚片	泥	絲
烹調法	炒	炸	涼拌
調味料	沙拉油 1 大匙、素沙茶醬 1 大匙、醬油 2 大匙、砂糖 1 茶匙、水 1/2 杯、太白粉水勾芡	砂糖 1 茶匙、中筋麵粉 2 大匙	鹽 1 茶匙、砂糖 1 茶匙、白醋 1 大匙、香油 2 大匙
其他材料			
簡易製作流程	※ 乾香菇燙熟→在菇帽切割交叉花刀 紅甜椒→切菱形片 黃甜椒→切菱形片 青椒→切菱形片 中薑→切菱形片 ※ 取油炸油→油溫 180 度→將香菇沾上太白粉→以牙籤串插→炸上色→續炸三彩椒→撈出→濾油 ※ 另取鍋子，爆香薑片→加入調味料→加入所有材料→勾芡→盛盤	※ 地瓜去皮→切薄片→蒸熟 ※ 紅豆沙→分成 6 等分→揉成圓球狀 ※ 以三段式打蛋法打出雞蛋→撈出蛋黃 ※ 將蒸熟地瓜→加入調味料混合 ※ 取地瓜泥→分成 6 等分→分別包入紅豆沙圓球→壓成餅狀→沾上蛋黃→再沾上麵包屑→取油鍋→油溫 140 度→放入炸金黃→撈出→濾油→盛盤	※ 西芹洗淨→去葉→刮皮→切絲 紅蘿蔔去皮→切絲 豆乾→切絲 乾木耳燙漲發→去蒂頭→切絲 黃甜椒去籽→切絲 中薑去皮→切絲 ※ 取鍋子→加入 1/3 鍋清水→待沸→放入所有材料→燙熟→撈出→泡礦泉水→待冷→濾乾→加入調味料→拌勻→盛盤

MEMO

PART

E

學科試題：題庫與解答

Chinese Vegetarian
Foods Cooking

工作項目 01 食物性質之認識與選購

1. （3） 下列何種食物不屬堅果類？ (1) 核桃 (2) 腰果 (3) 黃豆 (4) 杏仁。
2. （2） 以發酵方法製作泡菜，其酸味是來自於醃漬時的 (1) 碳酸菌 (2) 乳酸菌 (3) 酵母菌 (4) 酒釀。
3. （4） 醬油膏比一般醬油濃稠是因為 (1) 醱酵時間較久 (2) 加入了較多的糖與鹽 (3) 濃縮了，水分含量較少 (4) 加入修飾澱粉在內。
4. （1） 深色醬油較適用於何種烹調法？ (1) 紅燒 (2) 炒 (3) 蒸 (4) 煎。
5. （4） 食用油若長時間加高溫，其結果是 (1) 能殺菌、容易保存 (2) 增加油色之美觀 (3) 增長使用期限 (4) 產生有害物質。
6. （2） 沙拉油品質愈好則 (1) 加熱後愈容易冒煙 (2) 加熱後不易冒煙 (3) 一經加熱即很快起泡沫 (4) 不加熱也含泡沫 。
7. （2） 添加相同比例量的水於糯米中，烹煮後的圓糯米比尖糯米之質地 (1) 較硬 (2) 較軟 (3) 較鬆散 (4) 相同。
8. （1） 含有筋性的粉類是 (1) 麵粉 (2) 玉米粉 (3) 太白粉 (4) 甘藷粉 。
9. （2） 下列何種澱粉以手捻之有滑感？ (1) 麵粉 (2) 太白粉 (3) 泡達粉 (4) 在來米粉。
10. （4） 黏性最大的米為 (1) 蓬萊米 (2) 在來米 (3) 胚芽米 (4) 糯米。
11. （1） 麵糰添加下列何種調味料可促進其延展性？ (1) 鹽 (2) 胡椒粉 (3) 糖 (4) 醋。
12. （2） 製作包子之麵粉宜選用下列何者？ (1) 低筋麵粉 (2) 中筋麵粉 (3) 高筋麵粉 (4) 澄粉。
13. （3） 花生與下列何種食物性質差異最大？ (1) 核桃 (2) 腰果 (3) 綠豆 (4) 杏仁。
14. （3） 因存放日久而發芽以致產生茄靈毒素，不能食用之食物是 (1) 洋蔥 (2) 胡蘿蔔 (3) 馬鈴薯 (4) 毛豆。
15. （2） 下列食品何者含澱粉質較多？ (1) 荸薺 (2) 馬鈴薯 (3) 蓮藕 (4) 豆薯（刈薯） 。
16. （4） 下列食品何者為非發酵食品？ (1) 醬油 (2) 米酒 (3) 酸菜 (4) 牛奶。
17. （1） 大茴香俗稱 (1) 八角 (2) 丁香 (3) 花椒 (4) 甘草。
18. （3） 腐竹是用下列何種食材加工製成的？ (1) 綠豆 (2) 紅豆 (3) 黃豆 (4) 花豆。
19. （2） 豆腐是以 (1) 花豆 (2) 黃豆 (3) 綠豆 (4) 紅豆 為原料製作而成的。
20. （3） 經烹煮後顏色較易保持綠色的蔬菜為 (1) 小白菜 (2) 空心菜 (3) 芥蘭菜 (4) 青江菜。
21. （3） 低脂奶是指牛奶中 (1) 蛋白質 (2) 水分 (3) 脂肪 (4) 鈣 含量低於鮮奶。
22. （2） 下列何種食物切開後會產生褐變？ (1) 木瓜 (2) 楊桃 (3) 鳳梨 (4) 釋迦。
23. （2） 下列哪一種物質是禁止作為食品添加物使用？ (1) 小蘇打 (2) 硼砂 (3) 味素 (4) 紅色 6 號色素。
24. （3） 菜名中含有「雙冬」二字，常見的是哪二項材料？ (1) 冬瓜、冬筍 (2) 冬菇、冬菜 (3) 冬菇、冬筍 (4) 冬菇、冬瓜。
25. （4） 菜名中有「發財」二字的菜，其所用材料通常會有 (1) 香菇 (2) 金針 (3) 蝦米 (4) 髮菜。
26. （4） 銀芽是指 (1) 綠豆芽 (2) 黃豆芽 (3) 苜蓿芽 (4) 去掉頭尾的綠豆芽。

27.（1） 食物腐敗通常出現的現象為 (1) 發酸或產生臭氣 (2) 鹽分增加 (3) 蛋白質變硬 (4) 重量減輕。
28.（4） 發霉的穀類含有 (1) 氰化物 (2) 生物鹼 (3) 蕈毒鹼 (4) 黃麴毒素 對人體有害，不宜食用。
29.（4） 下列何種食物發芽後會產生毒素而不宜食用？ (1) 紅豆 (2) 綠豆 (3) 花生 (4) 馬鈴薯。
30.（3） 製作油飯時，為使其口感較佳，較常選用 (1) 蓬萊米 (2) 在來米 (3) 長糯米 (4) 圓糯米。
31.（2） 酸辣湯的辣味來自於 (1) 芥茉粉 (2) 胡椒粉 (3) 花椒粉 (4) 辣椒粉。
32.（3） 下列何者為較新鮮的蛋？ (1) 蛋殼光滑者 (2) 氣室大的蛋 (3) 濃厚蛋白量較多者 (4) 蛋白彎曲度小的。
33.（2） 製作蒸蛋時，添加何種調味料將有助於增加其硬度？ (1) 蔗糖 (2) 鹽 (3) 醋 (4) 酒。
34.（2） 下列哪一種為天然膨大劑？ (1) 發粉 (2) 酵母 (3) 小蘇打 (4) 阿摩尼亞。
35.（1） 乾米粉較耐保存之原因為 (1) 產品乾燥含水量低 (2) 含多量防腐劑 (3) 包裝良好 (4) 急速冷卻。
36.（4） 冷凍食品是一種 (1) 不夠新鮮的食物放入低溫冷凍而成 (2) 將腐敗的食物冰凍起來 (3) 添加化學物質於食物中並冷凍而成 (4) 把品質良好之食物，處理後放在低溫下，使之快速凍結 之食品。
37.（2） 油炸食物後應 (1) 將油倒回新油容器中 (2) 將油渣過濾掉，另倒在乾淨容器中 (3) 將殘渣留在油內以增加香味 (4) 將油倒棄於水槽內。
38.（3） 罐頭可以保存較長的時間，主要是因為 (1) 添加防腐劑在內 (2) 罐頭食品濃稠度高，細菌不易繁殖 (3) 食物經過脫氣密封包裝，再加以高溫殺菌 (4) 罐頭為密閉的容器與空氣隔絕，外界氣體無法侵入。
39.（4） 食物烹調的原則宜為 (1) 調味料愈多愈好 (2) 味精用量為食物重量的百分之五 (3) 運用簡便的高湯塊 (4) 原味烹調。
40.（3） 下列材料何者不適合應用於素食中？ (1) 辣椒 (2) 薑 (3) 蕗蕎 (4) 九層塔。
41.（1） 吾人應少食用「造型素材」如素魚、素龍蝦的原因為 (1) 高添加物、高色素、高調味料 (2) 低蛋白、高價位 (3) 造型欠缺真實感 (4) 高香料、高澱粉。
42.（2） 大部分的豆類不宜生食係因 (1) 味道噁心 (2) 含抗營養因子 (3) 過於堅硬，難以吞嚥 (4) 不易消化 。
43.（4） 選擇生機飲食產品時，應先考慮 (1) 物美價廉 (2) 容易烹調 (3) 追求流行 (4) 個人身體特質。
44.（3） 一般製造素肉（人造肉）的原料是 (1) 玉米 (2) 雞蛋 (3) 黃豆 (4) 生乳。
45.（4） 所謂原材料，係指 (1) 原料及食材 (2) 乾貨及生鮮食品 (3) 主原料、副原料及食品添加物 (4) 原料及包裝材料。
46.（1） 麵粉糊中加了油，在烹炸食物時，會使外皮 (1) 酥脆 (2) 柔軟 (3) 僵硬 (4) 變焦。
47.（3） 將蛋放入 6% 的鹽水中，呈現半沉半浮表示蛋的品質為下列何者？ (1) 重量夠 (2) 愈新鮮 (3) 不新鮮 (4) 品質好。
48.（2） 乾燥金針容易有 (1) 一氧化硫 (2) 二氧化硫 (3) 氯化鈉 (4) 氫氧化鈉 殘留過量的問題，所以挑選金針時，以有優良金針標誌者為佳。

49.（1） 對光照射鮮蛋，品質愈差的蛋其氣室 (1) 愈大 (2) 愈小 (3) 不變 (4) 無氣室。
50.（3） 蘆筍筍尖尚未出土前採收的地下嫩莖為下列何者？ (1) 筊白筍 (2) 青蘆筍 (3) 白蘆筍 (4) 綠竹筍。
51.（2） 蛋黃醬中因含有 (1)糖 (2)醋酸 (3)沙拉油 (4)芥末粉 細菌不易繁殖，因此不易腐敗。
52.（2） 蛋黃醬之保存性很強，在室溫約可貯存多久？ (1) 一個月 (2) 三個月 (3) 五個月 (4) 七個月。
53.（3） 煮糯米飯（未浸過水）所用的水分比白米飯少，通常是白米飯水量的 (1)1/2 (2)1/3 (3)2/3 (4)1/4。
54.（3） 將炸過或煮熟之食物材料，加調味料及少許水，再放回鍋中炒至無汁且入味的烹調法是？ (1) 煨 (2) 燴 (3) 煸 (4) 燒。
55.（3） 蛋黃的彎曲度愈高者，表示該蛋愈 (1)腐敗 (2)陳舊 (3)新鮮 (4)與新鮮度沒有關係。
56.（2） 買雞蛋時宜選購 (1) 蛋殼光潔平滑者 (2) 蛋殼乾淨且粗糙者 (3) 蛋殼無破損即可 (4) 蛋殼有特殊顏色者。
57.（1） 選購皮蛋的技巧為下列何者？ (1) 蛋殼表面與生蛋一樣，無黑褐色斑點者 (2) 蛋殼有許多粗糙斑點者 (3) 蛋殼光滑即好，有無斑點皆不重要 (4) 價格便宜者。
58.（3） 鹹蛋一般是以 (1) 火雞蛋 (2) 鵝蛋 (3) 鴨蛋 (4) 鴕鳥蛋 醃漬而成。
59.（3） 下面哪一種是新鮮的乳品特徵？ (1) 倒入玻璃杯，即見分層沉澱 (2) 搖動時產生多量泡沫 (3) 濃度適當、不凝固，將乳汁滴在指甲上形成球狀 (4) 含有粒狀物。
60.（1） 採購蔬果應先考慮之要項為 (1) 生產季節與市場價格 (2) 形狀與顏色 (3) 冷凍品與冷藏品 (4) 重量與品名。
61.（3） 選購罐頭食品應注意 (1) 封罐完整即好 (2) 凸罐者表示內容物多 (3) 封罐完整，並標示完全 (4) 歪罐者為佳。
62.（1） 醬油如用於涼拌菜及快炒菜為不影響色澤應選購 (1) 淡色 (2) 深色 (3) 薄鹽 (4) 醬油膏 醬油。
63.（2） 絲瓜的選購以何者最佳？ (1) 越輕越好 (2) 越重越好 (3) 越長越好 (4) 越短越好。
64.（3） 下列哪一種蔬菜在夏季是盛產期？ (1) 高麗菜 (2) 菠菜 (3) 絲瓜 (4) 白蘿蔔。
65.（4） 胚芽米中含 (1) 澱粉 (2) 蛋白質 (3) 維生素 (4) 脂肪 量較高，易酸敗、不耐貯藏。
66.（2） 蛋液中添加下列何種食材，可改善蛋的凝固性與增加蛋之柔軟度？ (1)鹽 (2)牛奶 (3)水 (4) 太白粉。
67.（1） 1 台斤為 600 公克，3000 公克為 (1)3 公斤 (2)85 兩 (3)6 台斤 (4)8 台斤。
68.（3） 26 兩等於多少公克？ (1)26 公克 (2)850 公克 (3)975 公克 (4)1275 公克。
69.（3） 食材 450 公克最接近 (1)1 台斤 (2) 半台斤 (3)1 磅 (4)8 兩。
70.（1） 瓜類中，冬瓜比胡瓜的儲藏期 (1) 較長 (2) 較短 (3) 不能比較 (4) 相同。
71.（4） 下列何者不屬於蔬菜？ (1) 豌豆夾 (2) 皇帝豆 (3) 四季豆 (4) 綠豆。
72.（3） 屬於春季盛產的蔬菜是 (1) 麻竹筍 (2) 蓮藕 (3) 百合 (4) 大白菜。
73.（2） 國內蔬菜水果之市場價格與 (1) 生長環境 (2) 生產季節 (3) 重量 (4) 地區性 具有密切關係。
74.（3） 一般餐廳供應份數與 (1) 人事費用 (2) 水電費用 (3) 食物材料費用 (4) 房租 成正比。

75.（3） 選購以符合經濟實惠原則的罐頭，須注意 (1) 價格便宜就好 (2) 進口品牌 (3) 外觀無破損、製造日期、使用時間、是否有歪罐或銹罐 (4) 可保存五年以上者。

76.（2） 主廚開功能表製備菜餚，食材的選擇應以 (1) 進口食材 (2) 當地及季節性食材 (3) 價格昂貴的食材 (4) 保育類食材 來爭取顧客認同並達到成本控制的要求。

77.（4） 良好的 (1) 大量採購 (2) 進口食材 (3) 低價食材 (4) 成本控制 可使經營者穩定產品價格，增加市場競爭力。

78.（3） 身為廚師除烹飪技術外，採購蔬果應 (1) 價格便宜就好 (2) 那是採購人員的工作 (3) 需注意蔬果生長與盛產季節 (4) 不需考量太多合用就好。

79.（4） 廚師烹調時選用當季、在地的各類生鮮食材 (1) 沒有特色 (2) 隨時可取食物，沒價值感 (3) 對消費者沒吸引力 (4) 可確保食材新鮮度，經濟又實惠。

80.（3） 空心菜是夏季盛產的蔬菜屬於 (1) 根莖類 (2) 花果類 (3) 葉菜類 (4) 莖球類。

81.（4） 身為廚師除烹飪技術外，對於食材生長季節問題，是否也需認識？ (1) 那是採購人員的工作 (2) 沒有必要瞭解認識 (3) 廠商的事 (4) 應經常吸收資訊，多認識食材。

82.（4） 下列何者是五香粉的製作的主要原料？ (1) 肉豆蔻 (2) 南薑 (3) 孜然 (4) 丁香。

83.（1） 下列哪一段期間，箭竹筍產量最大？ (1)3~5 月 (2)10~12 月 (3)7~9 月 (4)1~3 月。

84.（1） 胡蘿蔔素是一種安定的色素，製造胡蘿蔔油 (1) 時間稍長油炸不易變色 (2) 不宜長時間油炸 (3) 長時間油炸會變色 (4) 維持極短時間油炸，色澤會改變。

85.（3） 蔬菜類價格何時最不穩定？ (1) 冬季天氣寒冷 (2) 過年過節 (3) 夏天颱風季 (4) 秋季休耕 。

86.（4） 如何選購較甜美可口水果？ (1) 應選有蟲鳥咬過的較甜 (2) 外形較大者較甜美 (3) 外觀完整者較甜 (4) 當季時令水果可能較甜。

工作項目 02
食物貯存

1.（2） 食品冷藏溫度最好維持在多少℃？ (1)0℃以下 (2)7℃以下 (3)10℃以上 (4)20℃以上。

2.（4） 冷凍食品應保存之溫度是在 (1)4℃ (2)0℃ (3) － 5℃ (4) － 18℃ 以下。

3.（1） 蛋置放於冰箱中應 (1) 鈍端朝上 (2) 鈍端朝下 (3) 尖端朝上 (4) 橫放。

4.（4） 下列哪種食物之儲存方法是正確的？ (1) 將水果放於冰箱之冷凍層 (2) 將油脂放於火爐邊 (3) 將鮮奶置於室溫 (4) 將蔬菜放於冰箱之冷藏層。

5.（4） 食品之熱藏（高溫貯存）溫度應保持在多少℃？ (1)30℃以上 (2)40℃以上 (3)50℃以上 (4)60℃以上。

6.（4） 下列何種方法不能達到食物保存之目的？ (1) 放射線處理 (2) 冷凍 (3) 乾燥 (4) 塑膠袋包裝。

7.（3） 冰箱冷藏的溫度應在 (1)12℃ (2)8℃ (3)7℃ (4)0℃ 以下。

8.（3） 發酵乳品應貯放在 (1) 室溫 (2) 陰涼乾燥的室溫 (3) 冷藏庫 (4) 冷凍庫。

9.（2） 冷凍食品經解凍後 (1) 可以 (2) 不可以 (3) 無所謂 (4) 沒有規定 重新冷凍出售。

10.（1） 冷凍食品與冷藏食品之貯存 (1) 必須分開貯存 (2) 可以共同貯存 (3) 沒有規定 (4) 視情況而定。

11.（1） 買回家的冷凍食品，應放在冰箱的 (1) 冷凍層 (2) 冷藏層 (3) 保鮮層 (4) 最下層。

12.（1） 封罐良好的罐頭食品可以保存期限約 (1) 三年 (2) 五年 (3) 七年 (4) 九年。

13.（2） 調味乳應存放在 (1) 冷凍庫 (2) 冷藏庫 (3) 乾貨庫房 (4) 室溫 中。

14.（4） 甘薯最適宜的貯藏溫度為 (1) － 18℃以下 (2)0 ～ 3℃ (3)3 ～ 7℃ (4)15℃左右。

15.（3） 未吃完的米飯，下列保存方法以何者為佳？ (1) 放在電鍋中 (2) 放在室溫中 (3) 放入冰箱中冷藏 (4) 放在電子鍋中保溫。

16.（2） 香蕉不宜放在冰箱中儲存，是為了避免香蕉 (1) 失去風味 (2) 表皮迅速變黑 (3) 肉質變軟 (4) 肉色褐化。

17.（4） 下列水果何者不適宜低溫貯藏？ (1) 梨 (2) 蘋果 (3) 葡萄 (4) 香蕉。

18.（1） 下列何種方法，可防止冷藏（凍）庫的二次污染？ (1) 各類食物妥善包裝並分類貯存 (2) 食物交互置放 (3) 經常將食物取出並定期除霜 (4) 增加開關庫門之次數。

19.（2） 馬鈴薯的最適宜貯存溫度為 (1)5 ～ 8℃ (2)10 ～ 15℃ (3)20 ～ 25℃ (4)30 ～ 35℃。

20.（3） 關於蔬果的貯存，下列何者不正確？ (1) 南瓜放在室溫貯存 (2) 黃瓜需冷藏貯存 (3) 青椒置密封容器貯存以防氧化 (4) 草莓宜冷藏貯存。

21.（4） 蛋儲藏一段時間後，品質會產生變化且 (1) 比重增加 (2) 氣室縮小 (3) 蛋黃圓而濃厚 (4) 蛋白粘度降低。

22.（2） 食物安全的供應溫度是指 (1)5 ～ 60℃ (2)60℃以上、7℃以下 (3)40 ～ 100℃ (4)100℃以上、40℃以下。

23.（1） 對新鮮屋包裝的果汁，下列敘述何者正確？ (1) 必須保存在 7℃以下的環境中 (2) 運送時不一定須使用冷藏保溫車 (3) 可保存在室溫中 (4) 需保存在冷凍庫中。

24.（4） 下列有關食物的儲藏何者為錯誤？ (1) 新鮮屋鮮奶儲放在 5℃以下的冷藏室 (2) 冰淇淋儲放在－ 18℃以下的冷凍庫 (3) 利樂包（保久乳）裝乳品可儲放在乾貨庫房中 (4) 開罐後的奶粉為防變質宜整罐儲放在冰箱中。

25.（3） 下列敘述何者為錯誤？ (1) 低溫食品理貨作業應在 15℃以下場所進行 (2) 乾貨庫房貨物架不可靠牆，以免吸濕 (3) 保溫食物應保持在 50℃以上 (4) 低溫食品應以低溫車輛運送。

26.（2） 乾貨庫房的管理原則，下列敘述何者正確？ (1) 食物以先進後出為原則 (2) 相對濕度控制在 40 ～ 60％ (3) 最適宜溫度應控制在 25 ～ 37℃ (4) 儘可能日光可直射以維持乾燥。

27.（3） 乾貨庫房的相對濕度應維持在 (1)80％以上 (2)60 ～ 80％ (3)40 ～ 60％ (4)20 ～ 40％。

28.（4） 為有效利用冷藏冷凍庫之空間並維持其品質，一般冷藏或冷凍庫的儲存食物量宜佔其空間的 (1)100％ (2)90％ (3)80％ (4)60％ 以下。

29.（4） 開罐後的罐頭食品，如一次未能用完時應如何處理？ (1) 連罐一併放入冰箱冷藏 (2) 連罐一併放入冰箱冷凍 (3) 把罐口蓋好放回倉庫待用 (4) 取出內容物用保鮮盒盛裝放入冰箱冷藏或冷凍。

30.（3） 乾燥食品的貯存期限最主要是較不受 (1)食品中含水量的影響 (2)食品的品質影響 (3)食品重量的影響 (4)食品配送的影響。

31.（3） 冷藏的主要目的在於 (1)可以長期保存 (2)殺菌 (3)暫時抑制微生物的生長以及酵素的作用 (4)方便配菜與烹調。

32.（2） 冷凍庫應隨時注意冰霜的清除，主要原因是 (1)以免被師傅或老闆責罵 (2)保持食品安全與衛生 (3)因應衛生檢查 (4)個人的表現。

33.（4） 冷凍與冷藏的食品均屬低溫保存方法 (1)可長期保存不必詳加區分 (2)不需先進先出用完即可 (3)不需有使用期限的考量 (4)應在有效期限內儘速用完。

34.（3） 鮮奶容易酸敗，為了避免變質 (1)應放在室溫中 (2)應放在冰箱冷凍 (3)應放在冰箱冷藏 (4)應放在陰涼通風處。

35.（2） 新鮮葉菜類買回來後若隔夜烹煮，應包裝好 (1)存放於冷凍庫中 (2)放於冷藏庫中 (3)放在通風陰涼處 (4)泡在水中。

36.（4） 鮮奶如需熱飲，各銷售商店可將瓶裝鮮奶加溫至 (1)30℃ (2)40℃ (3)50℃ (4)60℃以上。

37.（1） 一般食用油應貯藏在 (1)陰涼乾燥的地方 (2)陽光充足的地方 (3)密閉陰涼的地方 (4)室外屋簷下 以減緩油脂酸敗。

38.（2） 米應存放於 (1)陽光充足乾燥的環境中 (2)低溫乾燥環境中 (3)陰冷潮濕的環境中 (4)放於冷凍冰箱中。

39.（3） 買回來的冬瓜表面上有白霜是 (1)發霉現象 (2)糖粉 (3)成熟的象徵 (4)快腐爛掉的現象。

40.（1） 皮蛋又叫松花蛋，其製作過程是新鮮蛋浸泡於鹼性物質中，並貯放於 (1)陰涼通風處 (2)冷藏室 (3)冷凍室 (4)陽光充足處 密封保存。

41.（2） 油脂開封後未用完部分應 (1)不需加蓋 (2)隨時加蓋 (3)想到再蓋 (4)放冰箱不用蓋。

42.（3） 乾料放入儲藏室其數量不得超過儲藏室空間的 (1)40% (2)50% (3)60% (4)70% 以上。

43.（4） 發霉的年糕應 (1)將霉刮除後即可食用 (2)洗淨後即可食用 (3)將霉刮除洗淨後即可食用 (4)不可食用。

44.（2） 下列食物加工處理後何者不適宜冷凍貯存？ (1)甘薯 (2)小黃瓜 (3)芋頭 (4)胡蘿蔔。

45.（1） 蔬果產品之冷藏溫度下列何者為宜？ (1)5～7℃ (2)2～4℃ (3)2～－2℃ (4)－5～－12℃。

46.（2） 一般罐頭食品 (1)需冷藏 (2)不需冷藏 (3)需凍藏 (4)需冰藏 ，但其貯存期限的長短仍受環境溫度的影響。

47.（4） 剛買回來整箱（紙箱包裝）生鮮水果，應放於 (1)冷藏庫地上貯存 (2)冷凍庫地上貯存 (3)冷藏庫架子上貯存 (4)室溫架子上貯存。

48.（1） 封罐不良歪斜的罐頭食品可否保存與食用？ (1)否 (2)可 (3)可保存1年內用完 (4)可保存3個月內用完。

49.（2） 甘薯買回來不適宜貯藏的溫度為 (1)18℃ (2)0～3℃ (3)20℃ (4)15℃ 左右。

50.（4） 以紅外線保溫的食物，溫度必須控制在 (1)7℃ (2)30℃ (3)50℃ (4)60℃ 以上。

51.（4） 原料、物料之貯存，為避免混雜使用應依下列何種原則，以免食物因貯存太久而變壞、變質？ (1) 後進後出 (2) 先進後出 (3) 後進先出 (4) 先進先出。

52.（3） 餐飲業實施 HACCP（食品安全管制系統）儲存管理，乾原料需放置於離地面 (1)2 吋 (2)4 吋 (3)6 吋 (4)8 吋 ，並且避免儲放在管線或冷藏設備下。

53.（3） 餐飲業實施 HACCP（食品安全管制系統）儲存管理，生、熟食貯存 (1) 一起疊放熟食在生食上方 (2) 分開放置熟食在生食下方 (3) 分開放置熟食在生食上方 (4) 一起放置熟食在生食上方 以免交叉汙染。

54.（1） 冰箱可以保持食物新鮮度，且食品放入之數量應為其容量的多少以下？ (1)60% (2)70% (3)80% (4)90%。

55.（4） 生鮮香辛料要放於下列何種環境中貯存？ (1) 陰涼通風處 (2) 陽光充足處 (3) 冰箱冷凍庫 (4) 冰箱冷藏庫。

56.（4） 餐飲業實施 HACCP（食品安全管制系統）正確的化學物質儲存管理應在原盛裝容器內並 (1) 專人看顧 (2) 專櫃放置 (3) 專人專櫃放置 (4) 專人專櫃專冊放置。

57.（1） 未成熟的水果如香蕉、鳳梨、木瓜，應放置何處較容易熟成 (1) 一般室溫中 (2) 冷藏層 (3) 冰箱最下層 (4) 保鮮層。

58.（4） 食品保存原則以下列何者最重要？ (1) 方便 (2) 營養 (3) 經濟 (4) 衛生。

59.（2） 有關草莓的貯存方法，下列何者正確？ (1) 貯存前應水洗 (2) 貯存前不應水洗 (3) 水果去蒂可耐貯存 (4) 應用報紙包覆保持水分。

60.（1） 蘋果應保存在攝氏多少度間 (1)3~5 度 (2)8~10 度 (3)13~15 度 (4)18~20 度。

61.（3） 香蕉保存的溫度以攝氏幾度為宜？ (1)0~5 度 (2)6~10 度 (3)13~15 度 (4)20~24 度。

62.（1） 下列食品貯存敘述何者正確？ (1) 最下層陳列架應距 地面約 15 公分避免蟲害受潮 (2) 食品應越盡 靠近 藏庫風扇位置較 (3) 藏庫應把握「上生下熟原則」(4) 食品進入冷藏庫應保持原包裝 可拆箱 。

63.（4） 新鮮葉菜類貯存應要 (1) 放在常溫貯存 (2) 減少空間 費可擠壓疊放 (3) 以報紙覆蓋避免水分 失 (4) 未使用完應再包覆進冰箱。

64.（2） 下列何種食物放在 藏庫比放在室溫效果好？ (1) 辣椒 (2) 萵苣 (3) 地瓜 (4) 豆薯。

65.（1） 夏天的荔枝不利於貯存，買到幾天內的風味最佳 (1)1~2 天 (2)1 星期內 (3)5 天內 (4)2 星期。

66.（1） 下列何種水果熟成過程中，不應與其他水果共同常溫貯存？ (1) 蘋果 (2) 木瓜 (3) 香蕉 (4) 芒果。

67.（4） 食品衛生檢驗方法由中央主管機關公告指定之；未公告指定者 (1) 得依公司總經理認可之方法為之 (2) 得依廚房衛生管理者認可之方法為之 (3) 不必理會 (4) 應行文衛生福利部認定之。

68.（4） 食品添加物之品名、規格及其使用範圍、限量，應符合 (1) 公司標準作業之規定 (2) 師傅獨家秘方調配斤兩之規定 (3) 食品新鮮度來調配 (4) 中央主管機關之規定。

69.（2） 販售包裝食品及食品添加物等，應有 (1) 英文及阿拉伯數字顯著標示容器或包裝之上 (2) 中文及通用符號顯著標示於包裝之上 (3) 市場採購不需要標示 (4) 有英文或中文標示就可以

工作項目 03
食物製備

1. (4) 將食物煎或炒以後再加入醬油、糖、酒及水等佐料放在慢火上烹煮的方式，為下列何者？ (1) 燴 (2) 溜 (3) 爆 (4) 紅燒。
2. (4) "爆"的菜應使用 (1) 微火 (2) 小火 (3) 中火 (4) 大火 來做。
3. (4) 製作「燉」、「煨」的菜餚，應用 (1) 大火 (2) 旺火 (3) 武火 (4) 文火。
4. (4) 中式菜餚所謂「醬爆」是指用 (1) 蕃茄醬 (2) 沙茶醬 (3) 芝麻醬 (4) 甜麵醬 來做。
5. (2) 油炸掛糊食物以下列哪一溫度最適當？ (1)140℃ (2)180℃ (3)240℃ (4)260℃。
6. (2) 蒸蛋時宜用 (1) 旺火 (2) 文火 (3) 武火 (4) 隨意。
7. (4) 煎荷包蛋時應用 (1) 旺火 (2) 武火 (3) 大火 (4) 文火。
8. (1) 刀工與火候兩者之間的關係 (1) 非常密切 (2) 有關但不重要 (3) 有些微關係 (4) 互不相干。
9. (3) 製作拼盤（冷盤）時最著重的要點是在 (1) 刀工 (2) 排盤 (3) 刀工與排盤 (4) 火候。
10. (1) 一般生鮮蔬菜之前處理宜採用 (1) 先洗後切 (2) 先切後洗 (3) 先泡後洗 (4) 洗、切、泡、醃無一定的順序。
11. (2) 清洗蔬菜宜用 (1) 擦洗法 (2) 沖洗法 (3) 泡洗法 (4) 漂洗法。
12. (4) 熬高湯時，應在何時下鹽？ (1) 一開始時 (2) 水煮滾時 (3) 製作中途時 (4) 湯快完成時。
13. (3) 烹調上所謂的五味是指 (1) 酸甜苦辣辛 (2) 酸甜苦辣麻 (3) 酸甜苦辣鹹 (4) 酸甜苦辣甘。
14. (4) 下列的烹調方法中何者可不芶芡？ (1) 溜 (2) 羹 (3) 燴 (4) 燒。
15. (1) 勾芡是烹調中的一項技巧，可使菜餚光滑美觀、口感更佳，為達「明油亮芡」的效果應 (1) 勾芡時用炒瓢往同一方向推拌 (2) 用炒瓢不停地攪拌 (3) 用麵粉來勾芡 (4) 芡粉中添加小蘇打。
16. (1) 添加下列何種材料，可使蛋白打得更發？ (1) 檸檬汁 (2) 沙拉油 (3) 蛋黃 (4) 鹽。
17. (1) 烹調時調味料的使用應注意下列何者？ (1) 種類與用量 (2) 美觀與外形 (3) 顧客的喜好 (4) 經濟實惠。
18. (2) 買回來的橘子或香蕉等有外皮的水果，供食之前 (1) 不必清洗 (2) 要清洗 (3) 擦拭一下 (4) 最好加熱。
19. (4) 下列何者不是蛋黃醬（沙拉醬）之基本材料？ (1) 蛋黃 (2) 白醋 (3) 沙拉油 (4) 牛奶。
20. (1) 新鮮蔬菜烹調時火候應 (1) 旺火速炒 (2) 微火慢炒 (3) 旺火慢炒 (4) 微火速炒。
21. (4) 胡蘿蔔切成簡式的花紋做為配菜用，稱之為 (1) 滾刀片 (2) 長形片 (3) 圓形片 (4) 水花片。
22. (3) 煎蛋皮時為使蛋皮不容易破裂又漂亮，應添加何種佐料？ (1) 味素、太白粉 (2) 糖、太白粉 (3) 鹽、太白粉 (4) 玉米粉、麵粉。
23. (4)「雀巢」的製作使用下列哪種材料為佳？ (1) 通心麵 (2) 玉米粉 (3) 太白粉 (4) 麵條。

24.（1） 經過洗滌、切割或熟食處理後的生料或熟料，再用調味料直接調味而成的菜餚，其烹調方法為下列何者？ (1) 拌 (2) 煮 (3) 蒸 (4) 炒。

25.（3） 依中餐烹調檢定標準，食物製備過程中，高污染度的生鮮材料必須採取下列何種方式？ (1) 優先處理 (2) 中間處理 (3) 最後處理 (4) 沒有規定。

26.（1） 三色煎蛋的洗滌順序，下列何者正確？ (1) 香菇→小黃瓜→蔥→胡蘿蔔→蛋 (2) 蛋→胡蘿蔔→蔥→小黃瓜→香菇 (3) 小黃瓜→蔥→香菇→蛋→胡蘿蔔 (4) 蛋→香菇→蔥→小黃瓜→胡蘿蔔。

27.（4） 製備熱炒菜餚，刀工應注意 (1) 絲要粗 (2) 片要薄 (3) 丁要大 (4) 刀工均勻。

28.（1） 刀身用力的方向是「向前推出」，適用於質地脆硬的食材，例如筍片、小黃瓜片蔬果等切片的刀法，稱之為 (1) 推刀法 (2) 拉刀法 (3) 剞刀法 (4) 批刀法。

29.（4） 凡以「宮保」命名的菜，都要用到下列何者？ (1) 青椒 (2) 紅辣椒 (3) 黃椒 (4) 乾辣椒。

30.（1） 羹類菜餚勾芡時，最好用 (1) 中小火 (2) 猛火 (3) 大火 (4) 旺火。

31.（2）「爆」的時間要比「炒」的時間 (1) 長 (2) 短 (3) 相同 (4) 不一定。

32.（4） 下列刀工中何者為不正確？ (1)「粒」比「丁」小 (2)「末」比「粒」小 (3)「茸」比「末」細 (4)「絲」比「條」粗。

33.（2） 松子腰果炸好，放冷後顏色會 (1) 變淡 (2) 變深 (3) 變焦 (4) 不變。

34.（1） 製作完成之菜餚應注意 (1)不可重疊放置 (2)交叉放置 (3)可重疊放置 (4)沒有規定。

35.（4） 菜餚如須復熱，其次數應以 (1) 四次 (2) 三次 (3) 二次 (4) 一次 為限。

36.（1） 食物烹調足夠與否並非憑經驗或猜測而得知，應使用何種方法辨識 (1) 溫度計 (2) 剪刀 (3) 筷子 (4) 湯匙。

37.（3） 下列何者為正確的食材洗滌順序？ (1) 紅蘿蔔→新鮮香菇→沙拉筍→烤麩 (2) 新鮮香菇→紅蘿蔔→烤麩→沙拉筍 (3) 烤麩→沙拉筍→新鮮香菇→紅蘿蔔 (4) 沙拉筍→新鮮香菇→紅蘿蔔→烤麩。

38.（1） 下列刀工敘述何者正確？ (1)「茸」比「末」更細小 (2)「粒」比「丁」更大 (3)「條」比「絲」更細小 (4)「茸」比「粒」更大。

39.（4） 請問下列何者為鹹味蒸芋絲塊應有的大小？ (1) 約 8×8×7 公分立方塊狀 (2) 約 2×3×3 公分立方塊狀 (3) 約 10×4×4 公分立方塊狀 (4) 約 6×4×4 公分立方塊狀。

工作項目 04
排盤與裝飾

1. （4） 盤飾使用胡蘿蔔立體切雕的花，應該裝飾在 (1) 燴 (2) 羹 (3) 燉 (4) 冷盤 的菜上。
2. （3） 下列哪種烹調方法的菜餚，可以不必排盤即可上桌？ (1) 蒸 (2) 烤 (3) 燉 (4) 炸。
3. （2） 盛菜時，頂端宜略呈 (1) 三角形 (2) 圓頂形 (3) 平面形 (4) 菱形 較為美觀。
4. （3）「松鶴延年」拼盤宜用於 (1) 滿月 (2) 週歲 (3) 慶壽 (4) 婚禮 的宴席上。

5. （2） 做為盤飾的蔬果，下列的條件何者為錯誤？ (1) 外形好且乾淨 (2) 用量可以超過主體 (3) 葉面不能有蟲咬的痕跡 (4) 添加的色素為食用色素。
6. （4） 製作拼盤時，何者較不重要？ (1) 刀工 (2) 排盤 (3) 配色 (4) 火候。
7. （4） 盛裝「鴿鬆」的蔬菜最適宜用 (1) 大白菜 (2) 紫色甘藍 (3) 高麗菜 (4) 結球萵苣。
8. （4） 盤飾用的蕃茄通常適用於 (1) 蒸 (2) 燴 (3) 紅燒 (4) 冷盤 的菜餚上。
9. （3） 為求菜餚美觀，餐盤裝飾的材料適宜採用下列何種？ (1) 為了成本考量，模型較實際 (2) 塑膠花較便宜，又可以回收使用 (3) 為硬脆的瓜果及根莖類蔬菜 (4) 撿拾腐木及石頭或樹葉較天然。
10. （4） 排盤之裝飾物除了要注意每道菜本身的主材料、副材料及調味料之間的色彩，也要注意不同菜餚之間的色彩調和度 (1) 選擇越豐富、多樣性越好 (2) 不用考慮太多浪費時間 (3) 選取顏色越鮮艷者越漂亮即可 (4) 不宜喧賓奪主，宜取可食用食材。
11. （3） 用過的蔬果盤飾材料，若想留至隔天使用，蔬果應 (1) 直接放在工作檯，使用較方便 (2) 直接泡在水中即可 (3) 清洗乾淨以保鮮膜覆蓋，放置冰箱冷藏 (4) 直接放置冰箱冷藏。

工作項目 05
器具設備之認識

1. （4） 用蕃茄簡單地雕一隻蝴蝶所需的工具是 (1) 果菜挖球器 (2) 長竹籤 (3) 短竹籤 (4) 片刀。
2. （3） 下列刀具，何者厚度較厚？ (1) 水果刀 (2) 片刀 (3) 骨刀 (4) 尖刀。
3. （3） 不銹鋼工作檯的優點，下列何者不正確？ (1) 易於清理 (2) 不易生銹 (3) 不耐腐蝕 (4) 使用年限長。
4. （4） 最適合用來做為廚房準備食物的工作檯材質為 (1) 大理石 (2) 木板 (3) 玻璃纖維 (4) 不銹鋼。
5. （1） 為使器具不容易藏污納垢，設計上何者不正確？ (1) 四面採直角設計 (2) 彎曲處呈圓弧型 (3) 與食物接觸面平滑 (4) 完整而無裂縫。
6. （1） 消毒抹布時應以 100℃沸水煮沸 (1)5 分鐘 (2)10 分鐘 (3)15 分鐘 (4)20 分鐘。
7. （2） 盛裝粉質乾料（如麵粉、太白粉）之容器，不宜選用 (1) 食品級塑膠材質 (2) 木桶附蓋 (3) 玻璃材質且附緊密之蓋子 (4) 食品級保鮮盒。
8. （1） 傳熱最快的用具是以 (1) 鐵 (2) 鉛 (3) 陶器 (4) 琺瑯質 所製作的器皿。
9. （1） 盛放帶湯汁之甜點器皿以 (1) 透明玻璃製 (2) 陶器製 (3) 木製 (4) 不銹鋼製 最美觀。
10. （4） 散熱最慢的器具為 (1) 鐵鍋 (2) 鋁鍋 (3) 不銹鋼鍋 (4) 砂碢。
11. （3） 製作燉的食物所使用的容器是 (1) 碗 (2) 盤 (3) 盅 (4) 盆。
12. （2） 烹製酸菜、酸筍等食物不宜用 (1) 不銹鋼 (2) 鋁製 (3) 陶瓷製 (4) 塘瓷製 容器。
13. （4） 下列何種材質的容器，不適宜放在微波爐內加熱？ (1) 耐熱塑膠 (2) 玻璃 (3) 陶瓷 (4) 不銹鋼。

14.（3） 下列設備何者與環境保育無關？ (1) 抽油煙機 (2) 油脂截流槽 (3) 水質過濾器 (4) 殘渣處理機。

15.（2） 冰箱應多久整理清潔一次？ (1) 每天 (2) 每週 (3) 每月 (4) 每季。

16.（1） 蒸鍋、烤箱使用過後應多久清洗整理一次？ (1)每日 (2)每2～3天 (3)每週 (4)每月。

17.（4） 下列哪一種設備在製備食物時，不會使用到的？ (1)洗米機 (2)切片機 (3)攪拌機 (4)洗碗機。

18.（3） 製作1000人份的伙食，以下列何種設備來煮飯較省事方便又快速？ (1) 電鍋 (2) 蒸籠 (3) 瓦斯炊飯鍋 (4) 湯鍋。

19.（4） 燴的食物最適合使用的容器為 (1) 淺碟 (2) 碗 (3) 盅 (4) 深盤。

20.（1） 烹調過程中，宜採用 (1) 熱效率高 (2) 熱效率低 (3) 熱效率適中 (4) 熱效率不穩定 之爐具。

21.（1） 砧板材質以 (1) 塑膠 (2) 硬木 (3) 軟木 (4) 不銹鋼 為宜。

22.（1） 選購瓜型打蛋器，以下列何者較省力好用？ (1) 鋼絲細，條數多者 (2) 鋼絲粗，條數多者 (3) 鋼絲細，條數少者 (4) 鋼絲粗，條數少者。

23.（1） 鐵氟龍的炒鍋，宜選用下列何者器具較適宜？ (1) 木製鏟 (2) 鐵鏟 (3) 不銹鋼鏟 (4) 不銹鋼炒杓。

24.（4） 高密度聚丙烯塑膠砧板較適用於 (1) 剁 (2) 斬 (3) 砍 (4) 切。

25.（2） 清洗不銹鋼水槽或洗碗機宜用下列哪一種清潔劑？ (1) 中性 (2) 酸性 (3) 鹼性 (4) 鹹性。

26.（4） 量匙間的相互關係，何者不正確？ (1)1 大匙為 15 毫升 (2)1 小匙為 5 毫升 (3)1 小匙相當於 1/3 大匙 (4)1 大匙相當於 5 小匙。

27.（4） 廚房設施，下列何者為非？ (1) 通風採光良好 (2) 牆壁最好採用白色磁磚 (3) 天花板為淺色 (4) 最好鋪設平滑磁磚並經常清洗。

28.（2） 有關冰箱的敘述，下列何者為非？ (1) 遠離熱源 (2) 每天需清洗一次 (3) 經常除霜以確保冷藏力 (4) 減少開門次數與時間。

29.（3） 廚房每日實際生產量嚴禁超過 (1) 一般生產量 (2) 沒有規範 (3) 最大安全量 (4) 最小安全量。

30.（1） 廚房排水溝宜採用何種材料？ (1) 不銹鋼 (2) 塑鋼 (3) 水泥 (4) 生鐵。

31.（2） 大型冷凍庫及冷藏庫須裝上緊急用電鈴及開啟庫門之安全閥栓，應 (1) 由外向內 (2) 由內向外 (3) 視情況而定 (4) 沒有規定。

32.（4） 廚房工作檯上方之照明燈具，加裝燈罩是因為 (1) 節省能源 (2) 美觀 (3) 增加亮度 (4) 防止爆裂造成食物汙染。

33.（4） 殺蟲劑應放置於 (1) 廚房內置物架 (2) 廚房角落 (3) 廁所 (4) 廚房外專櫃。

34.（4） 食物調理檯面，應使用何種材質為佳？ (1) 塑膠材質 (2) 水泥 (3) 木頭材質 (4) 不鏽鋼。

35.（3） 廚房滅火器放置位置是 (1) 主廚 (2) 副主廚 (3) 全體廚師 (4) 老闆 應有的認知。

36.（4） 取用高處備品時，應該使用下列何者物品墊高，以免發生掉落的危險？ (1) 紙箱 (2) 椅子 (3) 桶子 (4) 安全梯。

37.（2） 砧板下應有防滑設置，如無，至少應墊何種物品以防止滑落？ (1) 菜瓜布 (2) 溼毛巾 (3) 竹筐 (4) 檯布。

38.（4） 蒸鍋內的水已燒乾了一段時間，應如何處理？ (1) 馬上清洗燒乾的蒸鍋 (2) 馬上加入冷水 (3) 馬上加入熱水 (4) 先關火把蓋子打開等待冷卻。

39.（1） 廚餘餿水需當天清除或存放於 (1)7℃以下 (2)8℃以上 (3)15℃以上 (4) 常溫中。

40.（1） 排水溝出口加裝油脂截流槽的主要功能為 (1) 防止油脂污染排水系統 (2) 防止老鼠進入 (3) 防止水溝堵塞 (4) 使排水順暢。

41.（2） 陶鍋傳熱速度比鐵鍋 (1) 快 (2) 慢 (3) 差不多 (4) 一樣快。

42.（4） 不銹鋼工作檯優點，下列何者不正確？ (1) 易於清理 (2) 不易生鏽 (3) 耐腐蝕 (4) 耐躺、耐坐。

43.（4） 為使器具不容易藏污納垢，設計上何者正確？ (1) 彎曲處呈直角型 (2) 與食物接觸面粗糙 (3) 有裂縫 (4) 一體成型，包覆完整。

44.（2） 廚房工作檯上方之照明燈具 (1) 不加裝燈罩，以節省能源 (2) 需加裝燈罩，較符合衛生 (3) 要加裝細鐵網保護，較安全 (4) 加裝藝術燈泡以增美感。

45.（3） 廚房備有約 23 公分之不銹鋼漏勺其最大功能是 (1) 拌、炒用 (2) 裝菜用 (3) 撈取食材用 (4) 燒烤用。

46.（1） 中餐烹調術科測試考場下列何種設置較符合場地需求？ (1) 設有平面圖、逃生路線及警語標示 (2) 使用過期之滅火器 (3) 燈的照明度 150 米燭光以上 (4) 備有超大的更衣室一間。

47.（4） 廚房的工作檯面照明度需要多少米燭光？ (1)180 (2)100 (3)150 (4)200 米燭光以上。

48.（1） 廚房之排水溝須符合下列何種條件？ (1) 為明溝者須加蓋，蓋與地面平 (2) 排水溝深、寬、大以利排水 (3) 水溝蓋上可放置工作檯腳 (4) 排水溝密封是要防止臭味飄出。

49.（1） 依據良好食品規範，食品加工廠之牆面何者不符規定？ (1) 牆壁剝落 (2) 牆面平整 (3) 不可有空隙 (4) 需張貼大於 B4 紙張之燙傷緊急處理步驟。

50.（3） 廚房之乾粉滅火器下列何者有誤？ (1) 藥劑須在有效期限內 (2) 須符合消防設施安全標章 (3) 購買無標示期限可長期使用的滅火器 (4) 滅火器需有足夠壓力。

51.（2） 食品烹調場地紗門紗窗下列何者正確？ (1) 天氣過熱可打開紗窗吹風 (2) 配合門窗大小且需完整無破洞 (3) 考場可不須附有紗門紗窗 (4) 紗門紗窗即使破損也可繼續使用。

52.（1） 中餐烹調術科測試考場之砧板顏色下列何者正確？ (1) 紅色砧板用於生食、白色砧板用於熟食 (2) 紅色砧板用於熟食、白色砧板用於生食 (3) 砧板只須一塊即可 (4) 生食砧板不須消毒、熟食砧板須消毒。

53.（3） 中餐烹調術科應檢人成品完成後須將考試區域清理乾淨，而拖把應在何處清洗？ (1) 工作檯水槽 (2) 廁所水槽 (3) 專用水槽區 (4) 隔壁水槽。

54.（4） 廚房瓦斯供氣設備須附有安全防護措施，下列何者不正確？ (1) 裝設欄杆、遮風設施 (2) 裝設遮陽、遮雨設施 (3) 瓦斯出口處裝置遮斷閥及瓦斯偵測器 (4) 裝在密閉空間以防閒雜人員進出。

55.（4） 廚房排水溝為了阻隔老鼠或蟑螂等病媒，需加裝 (1) 粗網狀柵欄 (2) 二層細網狀柵欄 (3) 一層細網狀柵欄 (4) 三層細網狀柵欄 ，並將出水口導入一開放式的小水槽中。

56.（4） 廚房使用之反口油桶，其作用與功能是 (1) 煮水用 (2) 煮湯用 (3) 裝剩餘材料用 (4) 裝炸油或回鍋油用 ，可避免在操作中的危險性。
57.（2） 廚房內備有磁製的橢圓形腰子盤長度約 36 公分，其適作何功能用？ (1) 做配菜盤 (2) 裝全魚或主食類等 (3) 裝燴的菜餚 (4) 裝炒或稍帶點汁的菜餚。
58.（3） 廚房瓦斯爐開關或管線周邊設有瓦斯偵測器，如果有天偵測器響起即為瓦斯漏氣，你該用什麼方法或方式來做瓦斯漏氣的測試？ (1) 沿著瓦斯爐開關或管線周邊點火測試 (2) 沿著瓦斯爐開關或管線周邊灌水測試 (3) 沿著瓦斯爐開關或管線周邊抹上濃厚皂劑泡沫水測試 (4) 用大型膠帶沿著瓦斯爐開關或管線周邊包覆防漏。
59.（4） 廚房用的器具繁多五花八門，平常的維護、整理應由誰來負責？ (1) 老闆自己 (2) 主廚 (3) 助廚 (4) 各單位使用者。
60.（4） 廚房油脂截油槽多久需要清理一次？ (1) 一個月 (2) 半個月 (3) 一個星期 (4) 每天。
61.（4） 廚房所設之加壓噴槍，其用途為何？ (1) 洗碗專用 (2) 洗菜專用 (3) 洗廚房器具專用 (4) 清潔沖洗地板、水溝用。
62.（1） 廚房用的器具繁多五花八門，平常須如何維護、整理與管理？ (1) 清洗、烘乾（滴乾）、整理、分類、定位排放 (2) 清洗、擦乾、定位排放、分類、整理 (3) 分類、定位排放、清洗、烘乾、整理 (4) 清洗、烘乾（滴乾） 、整理、定位排放、分類。

工作項目 06

營養知識

1. （1） 一公克的醣可產生 (1)4 (2)7 (3)9 (4)12 大卡的熱量。
2. （3） 一公克脂肪可產生 (1)4 (2)7 (3)9 (4)12 大卡的熱量。
3. （1） 一公克的蛋白質可供人體利用的熱量值為 (1)4 (2)6 (3)7 (4)9 大卡。
4. （3） 構成人體細胞的重要物質是 (1) 醣 (2) 脂肪 (3) 蛋白質 (4) 維生素。
5. （3） 五穀及澱粉根莖類是何種營養素的主要來源？ (1) 蛋白質 (2) 脂質 (3) 醣類 (4) 維生素。
6. （4） 下列何種營養素不能供給人體所需的能量？ (1) 蛋白質 (2) 脂質 (3) 醣類 (4) 礦物質。
7. （2） 若一個三明治可提供蛋白質 7 公克、脂肪 5 公克及醣類 15 公克，則其可獲熱量為 (1)127 大卡 (2)133 大卡 (3)143 大卡 (4)163 大卡。
8. （4） 下列何種營養素不是熱量營養素？ (1) 醣類 (2) 脂質 (3) 蛋白質 (4) 維生素。
9. （3） 營養素的消化吸收部位主要在 (1) 口腔 (2) 胃 (3) 小腸 (4) 大腸。
10.（3） 蛋白質構造的基本單位為 (1) 脂肪酸 (2) 葡萄糖 (3) 胺基酸 (4) 丙酮酸。
11.（2） 供給國人最多亦為最經濟之熱量來源的營養素為 (1) 脂質 (2) 醣類 (3) 蛋白質 (4) 維生素。
12.（4） 下列何者不被人體消化且不具熱量值？ (1) 肝醣 (2) 乳糖 (3) 澱粉 (4) 纖維素。
13.（4） 澱粉消化水解後的最終產物為 (1) 糊精 (2) 麥芽糖 (3) 果糖 (4) 葡萄糖。
14.（1） 澱粉是由何種單醣所構成的 (1) 葡萄糖 (2) 果糖 (3) 半乳糖 (4) 甘露糖。
15.（2） 存在於人體血液中最多的醣類為 (1) 果糖 (2) 葡萄糖 (3) 半乳糖 (4) 甘露糖。

16.（3） 白糖是只能提供我們 (1) 蛋白質 (2) 維生素 (3) 熱能 (4) 礦物質 的食物。
17.（1） 含脂肪與蛋白質均豐富的豆類為下列何者？ (1) 黃豆 (2) 綠豆 (3) 紅豆 (4) 豌豆。
18.（2） 膽汁可以幫助何種營養素的吸收？ (1) 蛋白質 (2) 脂肪 (3) 醣類 (4) 礦物質。
19.（4） 下列哪一種油含有膽固醇？ (1) 花生油 (2) 紅花子油 (3) 大豆沙拉油 (4) 奶油。
20.（1） 腳氣病是由於缺乏 (1) 維生素 B_1 (2) 維生素 B_2 (3) 維生素 B_6 (4) 維生素 B_{12}。
21.（2） 下列哪一種水果含有最豐富的維生素 C？ (1) 蘋果 (2) 橘子 (3) 香蕉 (4) 西瓜。
22.（2） 缺乏何種維生素，會引起口角炎？ (1) 維生素 B_1 (2) 維生素 B_2 (3) 維生素 B_6 (4) 維生素 B_{12}。
23.（1） 胡蘿蔔素為何種維生素之先驅物質？ (1) 維生素 A (2) 維生素 D (3) 維生素 E (4) 維生素 K。
24.（4） 缺乏何種維生素，會引起惡性貧血？ (1) 維生素 B_1 (2) 維生素 B_2 (3) 維生素 B_6 (4) 維生素 B_{12}。
25.（2） 軟骨症是因缺乏何種維生素所引起？ (1) 維生素 A (2) 維生素 D (3) 維生素 E (4) 維生素 K。
26.（4） 下列何種水果，其維生素 C 含量較多？ (1) 西瓜 (2) 荔枝 (3) 鳳梨 (4) 蕃石榴。
27.（1） 下列何種維生素不是水溶性維生素？ (1) 維生素 A (2) 維生素 B_1 (3) 維生素 B_2 (4) 維生素 C。
28.（4） 維生素 A 對下列何種器官的健康有重要的關係？ (1) 耳朵 (2) 神經組織 (3) 口腔 (4) 眼睛。
29.（1） 維生素 B 群是 (1) 水溶性 (2) 脂溶性 (3) 不溶性 (4) 溶於水也溶於油脂 的維生素。
30.（3） 粗糙的穀類如糙米、全麥比精細穀類的白米、精白麵粉含有更豐富的 (1) 醣類 (2) 水分 (3) 維生素 B 群 (4) 維生素 C。
31.（1） 下列何者為酸性灰食物？ (1) 五穀類 (2) 蔬菜類 (3) 水果類 (4) 油脂類。
32.（4） 下列何者為中性食物？ (1) 蔬菜類 (2) 水果類 (3) 五穀類 (4) 油脂類。
33.（2） 何種礦物質攝食過多容易引起高血壓？ (1) 鐵 (2) 鈉 (3) 鉀 (4) 銅。
34.（1） 甲狀腺腫大，可能因何種礦物質缺乏所引起？ (1) 碘 (2) 硒 (3) 鐵 (4) 鎂。
35.（3） 含有鐵質較豐富的食物是 (1) 餅乾 (2) 胡蘿蔔 (3) 雞蛋 (4) 牛奶。
36.（1） 牛奶中含量最少的礦物質是 (1) 鐵 (2) 鈣 (3) 磷 (4) 鉀。
37.（1） 下列何者含有較多的胡蘿蔔素？ (1) 木瓜 (2) 香瓜 (3) 西瓜 (4) 黃瓜。
38.（4） 飲食中有足量的維生素 A 可預防 (1) 軟骨症 (2) 腳氣病 (3) 口角炎 (4) 夜盲症的發生。
39.（4） 最容易氧化的維生素為 (1) 維生素 A (2) 維生素 B_1 (3) 維生素 B_2 (4) 維生素 C。
40.（3） 具有抵抗壞血病的效用的維生素為 (1) 維生素 A (2) 維生素 B_2 (3) 維生素 C (4) 維生素 E。
41.（2） 國人最容易缺乏的營養素為 (1) 維生素 A (2) 鈣 (3) 鈉 (4) 維生素 C。
42.（4） 與人體之能量代謝無關的維生素為 (1) 維生素 B_1 (2) 維生素 B_2 (3) 菸鹼素 (4) 維生素 A。
43.（2） 下列何者為水溶性維生素？ (1) 維生素 A (2) 維生素 C (3) 維生素 D (4) 維生素 E。
44.（4） 與血液凝固有關的維生素為 (1) 維生素 A (2) 維生素 C (3) 維生素 E (4) 維生素 K。

45.（4） 下列何種水果含有較多的維生素 A 先驅物質？ (1) 水梨 (2) 香瓜 (3) 蕃茄 (4) 芒果。
46.（2） 能促進小腸中鈣、磷吸收之維生素為下列何者？ (1) 維生素 A (2) 維生素 D (3) 維生素 E (4) 維生素 K。
47.（4） 下列何種食物含膳食纖維最少？ (1) 牛蒡 (2) 黑棗 (3) 燕麥 (4) 白飯。
48.（1） 奶類含有豐富的營養，一般人每天至少應喝幾杯？ (1)1 ～ 2 杯 (2)3 杯 (3)4 杯 (4) 愈多愈好。
49.（2） 下列烹調器具何者可減少用油量？ (1) 不銹鋼鍋 (2) 鐵氟龍鍋 (3) 石頭鍋 (4) 鐵鍋。
50.（3） 下列烹調方法何者可使成品含油脂量較少？ (1) 煎 (2) 炒 (3) 煮 (4) 炸。
51.（4） 患有高血壓的人應多食用下列何種食品？ (1) 醃製、燻製的食品 (2) 罐頭食品 (3) 速食品 (4) 生鮮食品。
52.（2） 蛋白質經腸道消化分解後的最小分子為 (1) 葡萄糖 (2) 胺基酸 (3) 氮 (4) 水。
53.（4） 所謂的消瘦症 (Marasmus) 係屬於 (1) 蛋白質 (2) 醣類 (3) 脂肪 (4) 蛋白質與熱量 嚴重缺乏的病症。
54.（2） 以下有助於腸內有益細菌繁殖，甜度低，多被用於保健飲料中者為 (1) 果糖 (2) 寡醣 (3) 乳糖 (4) 葡萄糖。
55.（1） 為預防便秘、直腸癌之發生，最好每日飲食中多攝取富含 (1) 纖維質 (2) 油質 (3) 蛋白質 (4) 葡萄糖 的食物。
56.（3） 下列何者在胃中的停留時間最長？ (1) 醣類 (2) 蛋白質 (3) 脂肪 (4) 纖維素。
57.（3） 以下何者含多量不飽和脂肪酸？ (1) 棕櫚油 (2) 氫化奶油 (3) 橄欖 油 (4) 椰子油。
58.（4） 下列何者可協助脂溶性維生素的吸收？ (1) 醣類 (2) 蛋白質 (3) 纖維質 (4) 脂肪。
59.（3） 平常多接受陽光照射可預防 (1) 維生素 A (2) 維生素 B_2 (3) 維生素 D (4) 維生素 E 缺乏。
60.（2） 下列何種維生素遇熱最不安定？ (1) 維生素 A (2) 維生素 C (3) 維生素 B_2 (4) 維生素 D。
61.（1） 下列何者不是維生素 B_2 的缺乏症？ (1) 腳氣病 (2) 眼睛畏強光 (3) 舌炎 (4) 口角炎。
62.（3） 對素食者而言，可用以取代肉類而獲得所需蛋白質的食物是 (1) 蔬菜類 (2) 主食類 (3) 黃豆及其製品 (4) 麵筋製品。
63.（4） 黏性最強的米為下列何者？ (1) 在來米 (2) 蓬萊米 (3) 長糯米 (4) 圓糯米。
64.（4） 長期的偏頗飲食會 (1) 增加免疫力 (2) 建構良好體質 (3) 健康強身 (4) 招致疾病。
65.（3） 楊貴妃一天吃七餐而營養過剩，容易引發何種疾病？ (1) 甲狀腺腫大 (2) 口角炎 (3) 腦中風 (4) 貧血。
66.（3） 小雅買了一些柳丁，你可以建議她那種吃法最能保持維生素 C ？ (1) 再放成熟些後切片食用 (2) 新鮮切片放置冰箱冰涼後食用 (3) 趁新鮮切片食用 (4) 新鮮壓汁後冰涼食用。
67.（2） 大雄到了晚上總有看不清東西的困擾，請問他可能缺乏何種維生素？ (1) 維生素 E (2) 維生素 A (3) 維生素 C (4) 維生素 D。
68.（1） 下列何者是維生素 B_1 的缺乏症？ (1) 腳氣病 (2) 眼睛畏強光 (3) 貧血 (4) 口角炎。
69.（3） 我國衛生福利部配合國人營養需求，將食物分為幾大類？ (1) 四 (2) 五 (3) 六 (4) 七。

70.（1）「鈣」是人體必需的礦物質營養素，除了建構骨骼之外，還有調節細胞生理機能的功用，缺乏鈣質時會增加骨質疏鬆的風險。請問對一位吃全素食的人來說哪些是良好的鈣質來源 (1) 芝麻 (2) 豆腐皮 (3) 蘋果 (4) 花生。

71.（2）「花生」是屬於六大類食物中的哪一類？ (1) 果菜類 (2) 油脂與堅果種子類 (3) 豆魚肉蛋類 (4) 低脂乳品類。

72.（4）植物油大多為不飽和油脂，但除了下列哪一種油脂除外？ (1) 紅花油 (2) 玉米油 (3) 亞麻子油 (4) 椰子油。

73.（2）請問素食者常用的食材豆類，其中因含有何者容易降低鐵質的吸收率？ (1) 蛋白質 (2) 植酸 (3) 大豆異黃酮 (4) 卵磷脂。

工作項目 07
成本控制

1.（2）一公斤約等於 (1) 二台斤 (2) 一台斤十台兩半 (3) 一台斤半 (4) 一台斤。

2.（4）1 公斤的食物賣 80 元，1 斤重應賣 (1)108 元 (2)64 元 (3)56 元 (4)48 元。

3.（4）1 磅等於 (1)600 公克 (2)554 公克 (3)504 公克 (4)454 公克。

4.（2）下列食物中，何者受到氣候影響較小？ (1) 小黃瓜 (2) 胡蘿蔔 (3) 絲瓜 (4) 茄子。

5.（3）在颱風過後選用蔬菜以 (1) 葉菜類 (2) 瓜類 (3) 根菜類 (4) 花菜類 成本較低。

6.（1）何時的蕃茄價格最便宜？ (1)1 ～ 3 月 (2)4 ～ 6 月 (3)7 ～ 9 月 (4)10 ～ 12 月。

7.（4）菠菜的盛產期為 (1) 春季 (2) 夏季 (3) 秋季 (4) 冬季。

8.（4）下列何種瓜類有較長的儲存期？ (1) 胡瓜 (2) 絲瓜 (3) 苦瓜 (4) 冬瓜。

9.（4）1 標準量杯的容量相當於多少 cc ？ (1)18 0 (2)200 (3)220 (4)240。

10.（3）政府提倡交易時使用 (1) 台制 (2) 英制 (3) 公制 (4) 美制 為單位計算。

11.（2）設定每人吃 250 公克，米煮成飯之脹縮率為 2.5，欲供應給 6 個成年人吃一餐的飯量，需以米 (1)100 公克 (2)600 公克 (3)2000 公克 (4)4000 公克 煮飯。

12.（3）五菜一湯的梅花餐，要配 6 人吃的量，其中一道菜為素炒的青菜，所食用的青菜量以 (1) 四兩 (2) 半斤 (3) 一台斤 (4) 二台斤 最適宜。

13.（2）甲貨 1 公斤 40 元，乙貨 1 台斤 30 元，則兩貨價格間的關係 (1) 甲貨比乙貨貴 (2) 甲貨比乙貨便宜 (3) 甲貨與乙貨價格相同 (4) 甲貨與乙貨無法比較。

14.（4）食品類之採購，標準訂定是誰的工作範圍？ (1) 採購人員 (2) 驗收人員 (3) 廚師 (4) 採購委員會。

15.（2）食品進貨後之使用方式為 (1) 後進先出 (2) 先進先出 (3) 先進後出 (4) 徵詢主廚意願。

16.（4）下列何種方式無法降低採購成本？ (1) 大量採購 (2) 開放廠商競標 (3) 現金交易 (4) 惡劣天氣進貨。

17.（3）淡色醬油於烹調時，一般用在 (1) 紅燒菜 (2) 烤菜 (3) 快炒菜 (4) 滷菜。

18.（1）國內生產孟宗筍的季節是哪一季？ (1) 春季 (2) 夏季 (3) 秋季 (4) 冬季。

19.（1）蔬菜、水果類的價格受氣候的影響 (1) 很大 (2) 很小 (3) 些微感受 (4) 沒有影響。

20.（4） 正常的預算應同時包含 (1) 人事與食材 (2) 規劃與控制 (3) 資本與建設 (4) 雜項與固定開銷。
21.（4） 一般飯店供應員工膳食之食材及飲料支出則列為 (1) 人事費用 (2) 原料成本 (3) 耗材費用 (4) 雜項成本。
22.（2） 1 台斤為 16 台兩，1 台兩為 (1)38.5 公克 (2)37.5 公克 (3)60 公克 (4)16 公克。
23.（4） 餐廳的來客數愈多，所須負擔的固定成本 (1) 愈多 (2) 愈少 (3) 平平 (4) 不影響。

工作項目 08
食品安全衛生知識

1. （3） 蒼蠅防治最根本的方法為 (1) 噴灑殺蟲劑 (2) 設置暗走道 (3) 環境的整潔衛生 (4) 設置空氣簾。
2. （4） 製造調配菜餚之場所 (1) 可養牲畜 (2) 可當寢居室 (3) 可養牲畜亦當寢居室 (4) 不可養牲畜亦不可當寢居室。
3. （1） 洗衣粉不可用來洗餐具，因其含有 (1) 螢光增白劑 (2) 亞硫酸氫鈉 (3) 潤濕劑 (4) 次氯酸鈉。
4. （2） 台灣地區水產食品中毒致病菌是以下列何者最多？ (1) 大腸桿菌 (2) 腸炎弧菌 (3) 金黃色葡萄球菌 (4) 沙門氏菌。
5. （2） 腸炎弧菌通常來自 (1) 被感染者與其他動物 (2) 海水或海產品 (3) 鼻子、皮膚以及被感染的人與動物傷口 (4) 土壤。
6. （3） 下列哪一個是感染型細菌？ (1) 葡萄球菌 (2) 肉毒桿菌 (3) 沙門氏桿菌 (4) 肝炎病毒。
7. （2） 手部若有傷口，易產生 (1) 腸炎弧菌 (2) 金黃色葡萄球菌 (3) 仙人掌桿菌 (4) 沙門氏菌 的污染。
8. （3） 夏天氣候潮濕，五穀類容易發霉，對我們危害最大且為我們所熟悉之黴菌毒素為下列何者？ (1) 綠麴毒素 (2) 紅麴毒素 (3) 黃麴毒素 (4) 黑麴毒素。
9. （2） 下列何種細菌屬毒素型細菌？ (1) 腸炎弧菌 (2) 肉毒桿菌 (3) 沙門氏菌 (4) 仙人掌桿菌。
10. （3） 在台灣地區，下列何種性質所造成的食品中毒比率最多？ (1) 天然毒素 (2) 化學性 (3) 細菌性 (4) 黴菌毒素性。
11. （4） 下列何種菌屬於毒素型病原菌？ (1) 腸炎弧菌 (2) 沙門氏菌 (3) 仙人掌桿菌 (4) 金黃色葡萄球菌。
12. （3） 下列病原菌何者屬感染型？ (1) 金黃色葡萄球菌 (2) 肉毒桿菌 (3) 沙門氏菌 (4) 仙人掌桿菌。
13. （1） 從業人員個人衛生習慣欠佳，容易造成何種細菌性食品中毒機率最高？ (1) 金黃色葡萄球菌 (2) 沙門氏菌 (3) 仙人掌桿菌 (4) 肉毒桿菌。
14. （4） 葡萄球菌主要因個人衛生習慣不好，如膿瘡而污染，其產生之毒素為下列何者？ (1)65℃以上即可將其破壞 (2)80℃以上即可將其破壞 (3)100℃以上即可將其破壞 (4)120℃以上之溫度亦不易破壞。

15.（3） 廚師手指受傷最容易引起 (1) 肉毒桿菌 (2) 腸炎弧菌 (3) 金黃色葡萄球菌 (4) 綠膿菌感染。

16.（4） 米飯容易為仙人掌桿菌污染而造成食品中毒，今有一中午十二時卅分開始營業的餐廳，你認為其米飯煮好的時間最好為 (1) 八時卅分 (2) 九時卅分 (3) 十時卅分 (4) 十一時卅分。

17.（3） 金黃色葡萄球菌屬於 (1) 感染型 (2) 中間型 (3) 毒素型 (4) 病毒型 細菌，因此在操作上應注意個人衛生，以避免食品中毒。

18.（3） 真空包裝是一種很好的包裝，但若包裝前處理不當，極易造成下列何種細菌滋生？(1) 腸炎弧菌 (2) 黃麴毒素 (3) 肉毒桿菌 (4) 沙門氏菌 而使消費者致命。

19.（3） 為了避免食物中毒，餐飲調理製備三個原則為加熱與冷藏，迅速及 (1) 美味 (2) 顏色美麗 (3) 清潔 (4) 香醇可口。

20.（1） 餐飲業發生之食物中毒以何者最多？ (1) 細菌性中毒 (2) 天然毒素中毒 (3) 化學物質中毒 (4) 沒有差異。

21.（4） 一般說來，細菌的生長在下列何種狀況下較不易受到抑制？ (1) 高溫 (2) 低溫 (3) 高酸 (4) 低酸。

22.（2） 將所有細菌完全殺滅使成為無菌狀態，稱之 (1) 消毒 (2) 滅菌 (3) 殺菌 (4) 商業殺菌。

23.（1） 一般用肥皂洗手刷手，其目的為 (1) 清潔清除皮膚表面附著的細菌 (2) 習慣動作 (3) 一種完全消毒之行為 (4) 遵照規定。

24.（1） 有人說「吃檳榔可以提神，增加工作效率」，餐飲從業人員在工作時 (1) 不可以吃 (2) 可以吃 (3) 視個人喜好而吃 (4) 不要吃太多 檳榔。

25.（1） 我工作的餐廳，午餐在 2 點休息，晚餐於 5 點開工，在這空檔 3 小時中，廚房 (1) 不可以當休息場所 (2) 可當休息場所 (3) 視老闆的規定可否當休息場所 (4) 視情況而定可否當休息場所。

26.（2） 我在餐廳廚房工作，養了一隻寵物叫“來喜”，白天我怕它餓沒人餵，所以將牠帶在身旁，這種情形是 (1) 對的 (2) 不對的 (3) 無所謂 (4) 只要不妨礙他人就可以。

27.（2） 生的和熟的食物在處理上所使用的砧板應 (1) 共用一塊即可 (2) 分開使用 (3) 依經濟情況而定 (4) 依工作量大小而定 以避免二次污染。

28.（2） 處理過的食物，擺放的方法 (1) 可以相互重疊擺置，以節省空間 (2) 應分開擺置 (3) 視情況而定 (4) 無一定規則。

29.（3） 你現在正在切菜，老闆請你現在端一盤菜到外場給顧客，你的第一個動作為 (1) 立即端出 (2) 先把菜切完了再端出 (3) 先立即洗手，再端出 (4) 只要自己方便即可。

30.（2） 儘量不以大容器而改以小容器貯存食物，以衛生觀點來看，其優點是 (1) 好拿 (2) 中心溫度易降低 (3) 節省成本 (4) 增加工作效率。

31.（1） 廚房使用半成品或冷凍食品做為烹飪材料，其優點為 (1) 減少污染機會 (2) 降低成本 (3) 增加成本 (4) 毫無優點可言。

32.（4） 餐廳的廚房排油煙設施如果僅有風扇而已，這是不被允許的，你認為下列何者為錯？(1) 排除的油煙無法有效處理 (2) 風扇後的外牆被嚴重污染 (3) 風扇停用時病媒易侵入 (4) 風扇運轉時噪音太大，會影響工作情緒。

33.（2） 假設氣流的流向是從高壓到低壓，你認為餐廳營業場所氣流壓力應為 (1) 低壓 (2) 高壓 (3) 負壓 (4) 真空壓。

34.（3） 冬天病媒較少的原因為 (1) 較常下雨 (2) 氣壓較低 (3) 氣溫較低 (4) 氣候多變 以致病媒活動力降低。

35.（2） 每年七月聯考季節，有很多小販在考場門口販售餐盒，以衛生觀點而言，你認為下列何種為對？ (1) 越貴的，菜色愈好 (2) 烈日之下，易助長細菌增殖而使餐盒加速腐敗 (3) 提供考生一個很便利的飲食 (4) 菜色、價格的種類愈多，愈容易滿足考生的選擇。

36.（4） 關於「吃到飽」的餐廳，下列敘述何者不正確？ (1) 易養成民眾暴飲暴食的習慣 (2) 易養成民眾浪費的習慣 (3) 服務品質易降低 (4) 值得大力提倡此種促銷手法。

37.（1） 採用合格的半成品食品比率越高的餐廳，一般說來其危險因子應為 (1) 越低 (2) 越高 (3) 視情況而定 (4) 無法確定。

38.（2） 餐廳的規模一定時，廚房越小者，其採用半成品或冷凍食品的比率應 (1) 降低 (2) 提高 (3) 視成本而定 (4) 無法確定。

39.（4） 關於工作服的敘述，下列何者不正確？ (1) 僅限在工作場所工作時穿著 (2) 應以淡淺色為主 (3) 為衛生指標之一 (4) 可穿著回家。

40.（1） 一般說來，出水性高的食物其危險性較出水性低的食物來得 (1) 高些 (2) 低些 (3) 無法確定 (4) 視季節而定。

41.（3） 蛋類烹調前的製備，下列何種組合順序方為正確：1. 洗滌 2. 選擇 3. 打破 4. 放入碗內觀察 5. 再放入大容器內？ (1)2 → 4 → 5 → 3 → 1 (2)3 → 1 → 2 → 4 → 5 (3)2 → 1 → 3 → 4 → 5 (4)1 → 2 → 3 → 4 → 5 。

42.（1） 假設廚房面積與營業場所面積比為 1:10，下列何種型態餐廳較為適用？ (1) 簡易商業午餐型 (2) 大型宴會型 (3) 觀光飯店型 (4) 學校餐廳型 。

43.（3） 廚房的地板 (1) 操作時可以濕滑 (2) 濕滑是必然現象無需計較 (3) 隨時保持乾燥清潔 (4) 要看是哪一類餐廳而定。

44.（4） 假設廚房面積與營業場所面積比太小，下列敘述何者不正確？ (1) 易導致交互污染 (2) 增加工作上的不便 (3) 散熱頗為困難 (4) 有助減輕成本。

45.（2） 我們常說「盒餐不可隔餐食用」，其主要原因為 (1) 避免口感變差 (2) 斷絕細菌滋生所需要的時間 (3) 保持市場價格穩定 (4) 此種說法根本不正確。

46.（3） 關於濕紙巾的敘述，下列何種不正確？ (1) 一次進貨量不可太多 (2) 不宜在高溫下保存 (3) 可在高溫下保存 (4) 由於高水活性，而易導致細菌滋生。

47.（2） 何種細菌性食品中毒與水產品關係較大？ (1) 彎曲桿菌 (2) 腸炎弧菌 (3) 金黃色葡萄球菌 (4) 仙人掌桿菌。

48.（3） 下列敘述何者不正確？ (1) 消毒抹布以煮沸法處理，需以 100℃沸水煮沸 5 分鐘以上 (2) 食品、用具、器具、餐具不可放置在地面上 (3) 廚房內二氧化碳濃度可以高過 0.5% (4) 廚房的清潔區溫度必須保持在 22 ～ 25℃，溼度保持在相對溼度 50 ～ 55% 之間。

49.（3） 餐飲業的廢棄物處理方法，下列何者不正確？ (1) 可燃廢棄物與不可燃廢棄物應分類處理 (2) 使用有加蓋，易處理的廚餘桶，內置塑膠袋以利清洗維護清潔 (3) 每天清晨清理易腐敗的廢棄物 (4) 含水量較高的廚餘可利用機械處理，使脫水乾燥，以縮小體積。

50.（3） 餐具洗淨後應 (1) 以毛巾擦乾 (2) 立即放入櫃內貯存 (3) 先讓其風乾，再放入櫃內貯存 (4) 以操作者方便的方法入櫃貯存。

51.（3） 一般引起食品變質最主要原因為 (1) 光線 (2) 空氣 (3) 微生物 (4) 溫度。

52.（1） 每年食品中毒事件以五月至十月最多，主要是因為 (1) 氣候條件 (2) 交通因素 (3) 外食關係 (4) 學校放暑假。

53.（2） 食品中毒的發生通常以 (1) 春天 (2) 夏天 (3) 秋天 (4) 冬天 為最多。

54.（4） 下列何種疾病與食品衛生安全較無直接的關係？ (1) 手部傷口 (2) 出疹 (3) 結核病 (4) 淋病。

55.（1） 芋薯類削皮後的褐變是因 (1) 酵素 (2) 糖質 (3) 蛋白質 (4) 脂肪 作用的關係。

56.（4） 廚房女性從業人員於工作時間內，應該 (1) 化粧 (2) 塗指甲油 (3) 戴結婚戒指 (4) 戴網狀廚帽。

57.（1） 下列何種重金屬如過量會引起「痛痛病」？ (1) 鎘 (2) 汞 (3) 銅 (4) 鉛。

58.（3） 去除蔬菜農藥的方法，下列敘述何者不正確？ (1) 用流動的水浸泡數分鐘 (2) 去皮可去除相當比率的農藥 (3) 以洗潔劑清洗 (4) 加熱時以不加蓋為佳。

59.（3） 若因雞蛋處理不良而產生的食品中毒有可能來自於 (1) 毒素型的腸炎弧菌 (2) 感染型的腸炎弧菌 (3) 感染型的沙門氏菌 (4) 毒素型的沙門氏菌。

60.（1） 當日本料理師父患有下列何種肝炎，在製作壽司時會很容易的就傳染給顧客？ (1)A 型 (2)B 型 (3)C 型 (4)D 型。

61.（4） 養成經常洗手的良好習慣，其目的是下列何種？ (1) 依公司規定 (2) 為了清爽 (3) 水潤保濕作用 (4) 清除皮膚表面附著的微生物。

62.（1） 台灣曾發生之食用米糠油中毒事件是由何種物質引起？ (1) 多氯聯苯 (2) 黃麴毒素 (3) 農藥 (4) 砷。

63.（1） 細菌性食物中毒的病原菌中，下列何者最具有致命性的威脅？ (1) 肉毒桿菌 (2) 大腸菌 (3) 葡萄球菌 (4) 腸炎弧菌。

64.（4） 台灣曾經發生鎘米事件，若鎘積存體內過量可能造成 (1) 水俁病 (2) 烏腳病 (3) 氣喘病 (4) 痛痛病。

65.（3） 依衛生法規規定，餐飲從業人員最少要多久接受體檢？ (1) 每月一次 (2) 每半年一次 (3) 每年一次 (4) 每兩年一次。

66.（2） 在烏腳病患區，其本身地理位置即含高百分比的 (1) 鉛 (2) 砷 (3) 鋁 (4) 汞。

67.（4） 有關使用砧板，下列敘述何者錯誤？ (1) 宜分 4 種並標示用途 (2) 宜用合成塑膠砧板 (3) 每次作業後，應充分洗淨，並加以消毒 (4) 洗淨消毒後，應以平放式存放。

68.（3） 為了維護安全與衛生，器具、用具與食物接觸的部分，其材質應選用 (1) 木製 (2) 鐵製 (3) 不銹鋼製 (4)PVC 塑膠製。

69.（3） 中性清潔劑其 PH 值是介於下列何者之間？ (1)3.0 ～ 5.0 (2)4.0 ～ 6.0 (3)6.0 ～ 8.0 (4)7.0 ～ 10.0。

70.（2） 有關食物製備衛生、安全，下列敘述何者正確？ (1) 可以抹布擦拭器具、砧板 (2) 手指受傷，應避免直接接觸食物 (3) 廚師的圍裙可用來擦手的 (4) 可以直接以湯杓舀取品嚐，剩餘的再倒回鍋中。

71.（4） 餐廳發生火災時，應做的緊急措施為 (1) 立刻大聲尖叫 (2) 立刻讓客人結帳，再疏散客人 (3) 立刻搭乘電梯，離開現場 (4) 立刻按下警鈴，並疏散客人。

72.（4） 熟食掉落地上時應如何處理？ (1) 洗淨後再供客人食用 (2) 重新加熱調理後再供客人食用 (3) 高溫殺菌後再供客人食用 (4) 丟棄不可再供客人食用。

73.（4） 三槽式餐具洗滌設施的第三槽若是採用氯液殺菌法，那麼應以餘氯量多少的氯水來浸泡餐具？ (1)50ppm (2)100ppm (3)150ppm (4)200ppm。

74.（1） 當客人發生食物中毒時應如何處理？ (1) 立即送醫並收集檢體化驗報告當地衛生機關 (2) 由員工急救 (3) 讓客人自己處理 (4) 順其自然。

75.（2） 選擇殺菌消毒劑時不需注意到什麼樣的事情？ (1) 廣效性 (2) 廣告宣傳 (3) 安定性 (4) 良好作業性。

76.（2） 手洗餐具時，應用何種清潔劑？ (1) 弱酸 (2) 中性 (3) 酸性 (4) 鹼性。

77.（4） 中餐廚師穿著工作衣帽的主要目的是？ (1) 漂亮大方 (2) 減少生產成本 (3) 代表公司形象 (4) 防止髮屑雜物掉落食物中。

78.（4） 下列何者不一定是洗滌劑選擇時須考慮的事項？ (1) 所使用的對象 (2) 洗淨力的要求 (3) 各種洗潔劑的性質 (4) 名氣的大小。

79.（4） 餿水的正確處理方式為 (1) 任意丟棄 (2) 加蓋後存放於室外 (3) 用塑膠袋包好即可 (4) 加蓋或包裝好存放於室內空調間，轉交環保機關處理。

80.（4） 劣變的油炸油不具下列何種特性？ (1) 顏色太深 (2) 粘度太高 (3) 發煙點降低 (4) 正常發煙點。

81.（3） 油炸過的油應盡快用完，若用不完 (1) 可與新油混合使用 (2) 倒掉 (3) 集中處理由合格廠商回收 (4) 倒進餿水桶。

82.（4） 經長時間油炸食物的油必須 (1) 不用理它繼續使用 (2) 過濾殘渣 (3) 放愈久愈香 (4) 廢棄。

83.（4） 廚房工作人員對各種調味料桶之清理，應如何處置？ (1) 不必清理 (2) 三天清理一次 (3) 一星期清理一次 (4) 每天清理。

84.（1） 下列何者為天然合法的抗氧化劑？ (1) 維生素 E (2) 吊白塊 (3) 胡蘿蔔素 (4) 卵磷脂。

工作項目 09
食品安全衛生法規

1. （3） 餐具經過衛生檢查其結果如下，何者為合格？ (1) 大腸桿菌為陽性，含有殘留油脂 (2) 生菌數 400 個，大腸菌群陰性 (3) 大腸桿菌陰性，不含有油脂，不含有殘留洗潔劑 (4) 沒有一定的規定。

2. （1） 不符合食品安全衛生標準之食品，主管機關應 (1) 沒入銷毀 (2) 沒入拍賣 (3) 轉運國外 (4) 准其贈與。

3. （4） 違反直轄市或縣（市）主管機關依食品安全衛生管理法第 14 條有關「公共飲食場所衛生管理辦法」之規定，主管機關至少可處負責人新台幣 (1)5 千元 (2)1 萬元 (3)2 萬元 (4)3 萬元。

4. （3） 市縣政府係依據「食品安全衛生管理法」第 14 條所訂之 (1) 營業衛生管理條例 (2) 食品良好衛生規範 (3) 公共飲食場所衛生管理辦法 (4) 食品安全管制系統 來輔導稽查轄內餐飲業者。
5. （1） 餐廳若發生食品中毒時，衛生機關可依據「食品安全衛生管理法」第幾條命令餐廳暫停作業，並全面進行改善？ (1)41 條 (2)42 條 (3)43 條 (4)44 條 以遏阻食品中毒擴散，並確保消費者飲食安全。
6. （3） 餐飲業者使用地下水源者，其水源應與化糞池廢棄物堆積場所等污染源至少保持 (1)5 公尺 (2)10 公尺 (3)15 公尺 (4)20 公尺 之距離。
7. （3） 餐飲業之蓄水池應保持清潔，其設置地點應距污穢場所、化糞池等污染源 (1)1 公尺 (2)2 公尺 (3)3 公尺 (4)4 公尺 以上。
8. （2） 廚房備有空氣補足系統，下列何者不為其目的？ (1) 降溫 (2) 降壓 (3) 隔熱 (4) 補足空氣。
9. （1） 廚房清潔區之空氣壓力應為 (1) 正壓 (2) 負壓 (3) 低壓 (4) 介於正壓與負壓之間。
10. （1） 廚房的工作區可分為清潔區、準清潔區和污染區，今有一餐盒食品工廠的包裝區，應屬於下列何區才對？ (1) 清潔區 (2) 介於清潔區與準清潔區之間 (3) 準清潔區 (4) 污染區。
11. （4） 生鮮原料蓄養場所可設置於 (1) 廚房內 (2) 污染區 (3) 準清潔區 (4) 與調理場所有效區隔。
12. （2） 關於食用色素的敘述，下列何者正確？ (1) 紅色 4 號，黃色 5 號 (2) 黃色 4 號，紅色 6 號 (3) 紅色 7 號，藍色 3 號 (4) 綠色 1 號，黃色 4 號 為食用色素。
13. （1） 下列哪種色素不是食用色素？ (1) 紅色 5 號 (2) 黃色 4 號 (3) 綠色 3 號 (4) 藍色 2 號。
14. （2） 食物中毒的定義（肉毒桿菌中毒除外）是 (1) 一人或一人以上 (2) 二人或二人以上 (3) 三人或三人以上 (4) 十人或十人以上 有相同的疾病症狀謂之。
15. （4） 有關防腐劑之規定，下列何者為正確？ (1) 使用對象無限制 (2) 使用量無限制 (3) 使用對象與用量均無限制 (4) 使用對象與用量均有限制。
16. （1） 下列食品何者不得添加任何的食品添加物？ (1) 鮮奶 (2) 醬油 (3) 奶油 (4) 火腿。
17. （1） 下列何者為乾熱殺菌法之方法？ (1)110℃以上 30 分鐘 (2)75℃以上 40 分鐘 (3)65℃以上 50 分鐘 (4)55℃以上 60 分鐘。
18. （1） 乾熱殺菌法屬於何種殺菌、消毒方法？ (1) 物理性 (2) 化學性 (3) 生物性 (4) 自然性。
19. （4） 抹布之殺菌方法是以 100℃蒸汽加熱至少幾分鐘以上？ (1)4 (2)6 (3)8 (4)10。
20. （1） 排油煙機應 (1) 每日清洗 (2) 隔日清洗 (3) 三日清洗 (4) 每週清洗。
21. （3） 罐頭食品上只有英文而沒有中文標示，這種罐頭 (1) 是外國的高級品 (2) 必定品質保證良好 (3) 不符合食品安全衛生管理法有關標示之規定 (4) 只要銷路好，就可以使用。
22. （2） 餐盒食品樣品留驗制度，係將餐盒以保鮮膜包好，置於 7℃以下保存二天，以備查驗，如上所謂的 7℃以下係指 (1) 冷凍 (2) 冷藏 (3) 室溫 (4) 冰藏 為佳。
23. （4） 廚房裡設置一間廁所可 (1) 使用方便 (2) 節省時間 (3) 增加效率 (4) 根本是違法的。
24. （1） 餐廳廁所應標示下列何種字樣？ (1) 如廁後應洗手 (2) 請上前一步 (3) 觀瀑台 (4) 聽雨軒。

25.（4） 防止病媒侵入設施，係以適當且有形的 (1) 殺蟲劑 (2) 滅蚊燈 (3) 捕蠅紙 (4) 隔離方式 以防範病媒侵入之裝置。

26.（2） 界面活性劑屬於何種殺菌、消毒方法？ (1) 物理性 (2) 化學性 (3) 生物性 (4) 自然性。

27.（1） 三槽式餐具洗滌方法，其第二槽必須有 (1) 流動充足之自來水 (2) 滿槽的自來水 (3) 添加有消毒水之自來水 (4) 添加清潔劑之洗滌水。

28.（2） 以漂白水消毒屬於何種殺菌、消毒方法？ (1) 物理性 (2) 化學性 (3) 生物性 (4) 自然性。

29.（3） 有關急速冷凍的敘述下列何者不正確？ (1) 可保持食物組織 (2) 有較差的殺菌力 (3) 有較強的殺菌力 (4) 可保持食物風味。

30.（3） 下列有關餐飲食品之敘述何者錯誤？ (1) 應以新鮮為主 (2) 減少食品添加物的使用量 (3) 增加油脂使用量，以提高美味 (4) 以原味烹調為主。

31.（1） 大部分的調味料均含有較高之 (1) 鈉鹽 (2) 鈣鹽 (3) 鎂鹽 (4) 鉀鹽 故應減少食用量。

32.（1） 無機污垢物的去除宜以 (1) 酸性 (2) 中性 (3) 鹼性 (4) 鹹性 洗潔劑為主。

33.（4） 下列果汁罐頭何者因具較低的安全性，應特別注意符合食品良好衛生規範準則之低酸性罐頭相關規定？ (1) 楊桃 (2) 鳳梨 (3) 葡萄柚 (4) 木瓜。

34.（4） 食補的廣告中，下列何者字眼未涉及療效？ (1) 補腎 (2) 保肝 (3) 消渴 (4) 生津。

35.（1） 食補的廣告中，提及「預防高血壓」(1) 涉及療效 (2) 未涉及療效 (3) 百分之五十涉及療效 (4) 百分之八十涉及療效。

36.（1） 食品的廣告中「預防」、「改善」、「減輕」等字句 (1) 涉及療效 (2) 未涉及療效 (3) 百分之五十涉及療效 (4) 百分之八十涉及療效。

37.（4） 選購食品時，應注意新鮮、包裝完整、標示清楚及 (1) 黑白分明 (2) 色彩奪目 (3) 銷售量大 (4) 公正機關推薦 等四大原則。

38.（1） 配膳區屬於 (1) 清潔區 (2) 準清潔區 (3) 污染區 (4) 一般作業區。

39.（2） 烹調區屬於下列何者？ (1) 清潔區 (2) 準清潔區 (3) 污染區 (4) 一般作業區。

40.（3） 洗滌區屬於下列何者？ (1) 清潔區 (2) 準清潔區 (3) 污染區 (4) 一般作業區。

41.（4） 廚務人員（人流）的動線，以下述何者為佳？ (1) 污染區→清潔區→準清潔區 (2) 污染區→準清潔區→清潔區 (3) 準清潔區→清潔區→污染區 (4) 清潔區→準清潔區→污染區。

42.（2） 某人吃了經污染的食物至他出現病症的一段時間，我們稱之為 (1) 病源 (2) 潛伏期 (3) 危險期 (4) 病症。

43.（4） A 型肝炎是屬於 (1) 細菌 (2) 寄生蟲 (3) 真菌 (4) 病毒。

44.（3） 最重要的個人衛生習慣是 (1) 一年體檢兩次 (2) 隨時戴手套操作 (3) 經常洗手 (4) 戒菸。

45.（4） 個人衛生是 (1) 個人一星期內的洗澡次數 (2) 個人完整的醫療紀錄 (3) 個人完整的教育訓練 (4) 保持身體健康、外貌整潔及良好衛生操作的習慣。

46.（1） 廚房器具沒有污漬的情形稱為 (1) 清潔 (2) 消毒 (3) 殺菌 (4) 滅菌。

47.（2） 幾乎無有害的微生物存在稱為 (1) 清潔 (2) 消毒 (3) 污染 (4) 滅菌。

48.（3） 污染是指下列何者？ (1) 食物未加熱至 70℃ (2) 前一天將食物煮好 (3) 食物中有不是蓄意存在的微生物或有害物質 (4) 混入其他食物。

49.（1） 國際觀光旅館使用地下水源者，每年至少檢驗 (1) 一次 (2) 二次 (3) 三次 (4) 四次。

50.（3） 廚師證照持有人，每年應接受 (1)4 小時 (2)6 小時 (3)8 小時 (4)12 小時 衛生講習。

51.（4） 廚師有下列何種情形者，不得從事與食品接觸之工作？ (1) 高血壓 (2) 心臟病 (3)B 型肝炎 (4) 肺結核。

52.（4） 下列何者與消防法有直接關係？ (1) 蔬菜供應商 (2) 進出口食品 (3) 餐具業 (4) 餐飲業。

53.（2） 衛生福利部食品藥物管理署核心職掌是 (1) 空調之管理 (2) 食品衛生之管理 (3) 環境之管理 (4) 餿水之管理。

54.（2） 一旦發生食物中毒 (1) 不要張揚、以免影響生意 (2) 迅速送患者就醫並通知所在地衛生機關 (3) 提供鮮奶讓患者解毒 (4) 先查明中毒原因再說。

55.（1） 食品或食品添加物之製造調配、加工、貯存場所應與廁所 (1) 完全隔離 (2) 不需隔離 (3) 隨便 (4) 方便為原則。

56.（3） 菜餚製作過程愈複雜 (1) 愈具有較高的口感及美感 (2) 愈具有較高的安全性 (3) 愈具有較高的危險性 (4) 愈具有高超的技術性。

57.（3） 餐飲新進從業人員依規定要在什麼時候做健康檢查？ (1)3 天內 (2) 一個禮拜內 (3) 報到上班前就先做好檢查 (4) 先做一天看看再去檢查。

58.（3） 中餐技術士術科檢定時洗滌用清潔劑應置放何處才符合衛生規定？ (1) 工作台上 (2) 水槽邊取用方便 (3) 水槽下的層架 (4) 靠近水槽的地面上。

新文京開發出版股份有限公司

新世紀・新視野・新文京－精選教科書・考試用書・專業參考書